AF294113

A. P. French (Hrsg.)

Albert Einstein
Wirkung und Nachwirkung

Einstein im Jahre 1946

A. P. French (Hrsg.)

Albert Einstein
Wirkung und Nachwirkung

Mit 53 Bildern

Aus dem Englischen übersetzt
von Sylvia Oeser

Friedr. Vieweg & Sohn   Braunschweig/Wiesbaden

Dieses Buch ist die deutsche Übersetzung von
Einstein. A Centenary Volume,
edited by A. P. French

© The International Commission on Physics Education, 1979
Erschienen bei Heinemann Educational Books Ltd., London

Die deutsche Ausgabe umfaßt nicht die Teile III (*Einstein's letters*)
und IV (*Einstein's writings*) der englischen Ausgabe.
Sie wurde stattdessen erweitert um den Teil „*Albert Einstein: Die ersten hundert Jahre*".

Aus dem Teil II der englischen Ausgabe wurden folgende Beiträge nicht übernommen:
A. P. French, *The story of general relativity;*
Gerald Holton, '*What, precisely, is "thinking"?' Einstein's answer;*
E. J. Burge, *Einstein on postage stamps.*

Übersetzung: Mag. *Sylvia Oeser,* Wien

1985

Umschlaggestaltung: Peter Morys, Salzhemmendorf
Satz: Vieweg, Braunschweig

ISBN-13: 978-3-322-83167-5   e-ISBN-13: 978-3-322-83166-8
DOI: 10.1007/978-3-322-83166-8

Autorenverzeichnis

Bergia, Silvio
Professor für Mathematische Methoden der Physik, Universität Bologna; Professor für Theoretische Physik, Universität Modena, Italien

Bondi, Sir Hermann
Chief Scientist, Department of Energy, Großbritannien; Professor für Mathematik, Kings College, London, Großbritannien

Chagas, Carlos
Professor für Biophysik, Rio de Janeiro; Vorsitzender der Päpstlichen Akademie der Wissenschaften

Cohen, I. Bernard
Victor S. Thomas Professor für Wissenschaftsgeschichte, Harvard University, USA

De Broglie, Prince Louis
Emeritierter Professor für Theoretische Physik, Universität Paris, Frankreich. Nobelpreis für Physik 1929. Ehemaliger Ständiger Sekretär der Französischen Akademie der Wissenschaften

Dirac, Paul A. M.
Nobelpreis für Physik 1933

Dorling, Geoffrey
Wymondham College, Wymondham, Norfolk, Großbritannien

French, A. P.
Professor für Physik, Massachusetts Institute of Technology, Cambridge, USA. Ehemaliger Vorsitzender der Internationalen Kommission für Physikerziehung

Halsman, Philippe
Photograph

Holton, Gerald
Mallinckrodt Professor für Physik und Professor für Wissenschaftsgeschichte, Harvard University, USA

Hörz, Herbert
Professor für Philosophie, Akademie der Wissenschaften der DDR, Berlin, DDR

Kemeny, John G.
Präsident des Dartmouth College, Hanover, New Hampshire, USA

Klein, Martin J.
Professor für Physik und Eugene Higgins Professor für Geschichte der Naturwissenschaft, Yale University, USA

Kuznetsov, Boris
Professor für Geschichte der Naturwissenschaft, Institut für die Geschichte der Naturwissenschaft und Technik, Moskau, UdSSR; Vizepräsident des Albert-Einstein-Komitees der Internationalen Union für die Geschichte und Philosophie der Naturwissenschaft

Loria, Arturo
Professor für Physik und Vorstand, Institut für Physik, Universität Modena, Italien

Pais, Abraham
Professor für Physik, Rockefeller University, New York, USA

Rogers, Eric M.
Professor Emeritus, Princeton University, USA

Sexl, Roman U.
Professor für Theoretische Physik und Didaktik der Physik, Universität Wien. Vorsitzender der Internationalen Kommission für Physikerziehung

Shankland, Robert S.
Ambrose Swasey Professor Emeritus für Physik, Case Western Reserve University, Cleveland, USA

Snow, Lord C. P.
Autor und Physiker

Speziali, Pierre
Chargé de Cours d'Histoire des Sciences à la Faculté des Sciences de Genevé, Schweiz; Korrespondierendes Mitglied der Internationalen Akademie für Wissenschaftsgeschichte

Straus, Ernst G.
Professor für Mathematik, University of California, Los Angeles, USA

Tauber, Gerald E.
Professor für Physik, Universität von Tel Aviv, Israel; Direktor des Israel Center für Relativistische Astrophysik und Gravitation

Teller, Edward
Hoover Institution, Stanford, USA; ehemaliger Associate Director-at-Large, Lawrence Livermore Laboratory, University of California, Berkeley, USA

Weisskopf, Viktor
Professor für Physik, MIT, Boston, USA

Wheeler, John Archibald
Direktor, Center for Theoretical Physics, University of Texas, Austin, USA; ehemaliger Präsident der Amerikanischen Physikalischen Gesellschaft

Wigner, Eugene P.
Thomas D. Jones Professor Emeritus für Mathematische Physik, Princeton University, USA; Nobelpreis 1935

Vorwort zur deutschen Ausgabe

Im Frühjahr 1976 beschloß die Internationale Kommission für Physikerziehung unter dem Vorsitz von Anthony French (MIT, Boston), die hundertste Wiederkehr des Geburtstages von Albert Einstein durch einen eigenen Beitrag zu würdigen. Einstein war ja nicht nur der bedeutendste Physiker des zwanzigsten Jahrhunderts, sondern in seiner gesamten Persönlichkeit für das wissenschaftlich-kulturelle Leben seiner Zeit entscheidend. Die Kommission, deren Aufgabe es ist, den Physikunterricht auf allenen Ebenen und in all seinen vielfältigen Aspekten zu fördern, beauftragte deshalb ihren Vorsitzenden mit der Herausgabe eines Einstein-Bandes, der sofort zu einem Bestseller wurde und hier nun in erweiterter Form in deutscher Sprache vorgelegt wird.

Die wichtigsten Veränderungen betreffen dabei die Ereignisse des Jahres 1979, nämlich die zahllosen Festveranstaltungen, mit denen Einsteins Geburtstag in aller Welt begangen wurde. Die Feier, die unter Leitung von Papst Johannes Paul II im Vatikan stattfand, war dabei wohl die außergewöhnlichste und vielleicht auch beeindruckendste. Der Bericht darüber ist deshalb in der vorliegenden deutschen Ausgabe voll abgedruckt. Aber auch die Ergebnisse der anderen Tagungen, die in Berlin, Bern, Jerusalem, Princeton, Ulm und an vielen anderen Orten stattfanden, waren zu berücksichtigen, und als derzeitiger Vorsitzender der Kommission für Physikerziehung wurde ich mit der Aufgabe betraut, die wichtigsten Resultate dieser Kongresse zusammenzufassen. Dieser Bericht enthält auch eine Bibliographie, in der sich die mir zugängliche neue Einstein-Literatur ebenso findet wie ein Verzeichnis der in deutscher Sprache erhältlichen Publikationen Einsteins. Deshalb konnte auch ein Teil der englischen Originalausgabe des vorliegenden Werkes entfallen, der Übersetzungen von ausgewählten Schriften Einsteins enthielt. Stattdessen hebt der Band mit einem handgeschriebenen Lebenslauf Einsteins an, der einen wunderbaren Einblick in sein Denken und seine Ziele bietet.

Doch nun zurück zur Entstehungsgeschichte dieses Buches. Ziel des Herausgebers war es, ein Werk zu schaffen, das sowohl dem Lehrer als auch dem Studenten und vielleicht auch dem Schüler der letzten Gymnasialklassen den vollen Reichtum der Gedankenwelt Einsteins erschließen würde. Der Mensch Einstein, sein wissenschaftliches Werk und sein Einfluß waren darin ebenso zu berücksichtigen wie sein humanitäres Streben und sein (indirekter) Einfluß auf die Weltpolitik.

VII

Zur Realisierung dieses Bandes haben viele Wissenschaftler und Organisationen in großzügiger Weise beigetragen. Zuerst sind natürlich die Autoren zu nennen, die Artikel und persönliche Erinnerungen zu diesem Band beigesteuert haben. Wesentliche Unterstützung ist aber auch der UNESCO zu verdanken, die sowohl bei der Entstehung dieses Bandes mitgewirkt als auch die konkrete Realisierung finanziell unterstützt hat. In der Anfangsphase der Planung des Buches war schließlich auch die Beratung durch die International Union of the History and Philosophy of Science und ihren Vorsitzenden, Professor R. Taton, wesentlich.

Neben Prof. Anthony French haben Peter Kennedy (University of Edinburgh), Nahum Joel (UNESCO) und John L. Lewis (Malvern College) dem Herausgeberkommittee angehört. Die zahlreichen Zitate, die die Seiten dieses Bandes bereichern, wurden von Maurice Ebison (Institute of Physics, London) sachkundig ausgewählt. Die Mitarbeiter des Niels-Bohr-Institutes in Kopenhagen und des Center for the History of Physics des American Institute of Physics (speziell Joan Warnow und Peter Dews) haben Illustrationen und andere Materialien beigetragen. Für die Hilfe bei der Auswahl der Einstein-Materialien und die Gewährung der Abdruckrechte ist Dr. Otto Nathan und der — leider inzwischen verstorbenen — langjährigen Mitarbeiterin Einsteins, Helen Dukas, zu danken.

Am Ende dieses Vorwortes sollen noch einige Bemerkungen über die Internationalen Kommission für Physikerziehung stehen, der dieser Band zu verdanken ist. Sie ist eine der Kommissionen der IUPAP, der International Union for Pure and Applied Physics. Hauptaufgabe der Kommission ist es, die internationale Zusammenarbeit auf dem Gebiet der Physikerziehung zu fördern. Dies geschieht vor allem durch die Planung und Durchführung von internationalen Kongressen, wie z.B. über „Teaching Modern Physics" (Genf 1984), „Communicating Physics" (Duisburg 1985), „Recent Developments in Physics Education" (Tokyo 1986) und durch kleinere Regionaltagungen, die in Zusammenarbeit mit lokalen Gruppen durchgeführt werden.

Ganz zum Schluß soll und muß aber noch ein ganz besonderes Wort des Dankes stehen: Die gesamten Einnahmen aus der Veröffentlichung dieses Gedenkbandes haben Prof. French und seine Mitarbeiter der Internationalen Kommission für Physikerziehung zur Verfügung gestellt. Dadurch war es möglich, die Aktivitäten der Kommission wesentlich zu erweitern, Stipendien zu gewähren und Tagungsbände zu veröffentlichen, die einen wichtigen Beitrag zur Weiterentwicklung der Physikdidaktik darstellen.

Roman U. Sexl

Wien, im Dezember 1984

Inhaltsverzeichnis

Teil III
Einstein und sein Werk

Teil I

Albert Einstein:
Die ersten 100 Jahre

1
Selbstbiographie Einsteins

Diese Selbstbiographie wurde erstmals vollständig abgedruckt in: *Festgabe zur Jahresversammlung 1979/80 Raum und Zeit.* Halle (S.): Deutsche Akademie der Naturforscher Leopoldina, 1980 (*Acta historica Leopoldina* Nr. 14), S. 93—96 und Faksimile. Wiedergegeben mit Genehmigung der Deutschen Akademie der Naturforscher Leopoldina.

I.   Ich bin in Ulm als Sohn jüdischer Eltern am 14. März 1879 geboren. Mein Vater war Kaufmann, zog bald nach meiner Geburt nach München, später 1893 nach Italien, wo er bis zu seinem Tode (1902) blieb. Ich habe keinen Bruder, aber eine Schwester, die in Italien lebt.

III.   Ich besuchte Elementarschule und Gymnasium bis zur 7. Klasse in München (Luitpoldgymnasium). 1894 ging ich zu meinen Eltern nach Italien, ein Jahr später nach Aarau auf die Gewerbeabteilung der Kantonsschule, wo ich 1896 die Maturität erhielt. 96—1900 studierte ich an der Schule für Fachlehrer mathematischer Richtung an der technischen Hochschule in Zürich und erwarb daselbst das Diplom. Von dortigen Lehrern seien H. F. Weber, Geiser und Minkowski genannt.

IV.   Von 1900 bis 1902 war ich in der Schweiz als Privatlehrer, eine Zeit lang auch als Hauslehrer tätig und erwarb das Schweizerische Bürgerrecht. 1902—1909 war ich als Experte (Vorprüfer) am Eidgen. Amt für geistiges Eigentum angestellt, 1909—11 als ausserordentl. Professor an der Züricher Universität. 1911—12 war ich als ordentl. Professor der theoret. Physik an der Universität Prag, 1912—14 an dem Eidg. Polytechnikum ebenfalls als Professor der theoret. Physik. Seit 1914 bin ich als bezahltes Mitglied an der Preuss. Akademie d. Wissensch. in Berlin und kann mich ausschließlich der wissenschaftlichen Forschungsarbeit widmen.

DIE KAISERLICH DEUTSCHE AKADEMIE DER NATURFORSCHER ZU HALLE

bittet Sie, alter Tradition gemäß, um eine kurze Selbstbiographie, in der Sie über folgende Fragen berichten:

I. Familie	IV. Äusserer Lebensgang	VII. Arbeitsziele
II. Jugend	V. Leistungen und Veröffentlichungen	VIII. Ehrungen
III. Ausbildung	VI. Wissenschaftliche Reisen	IX. Genaue Adresse

Auch bitten wir um ein Bild (auch ältere Aufnahme) mit Unterschrift für unser Album und um Zusendung Ihrer bisher veröffentlichten und künftigen Schriften für unsere Bibliothek

I. Ich bin in Ulm als Sohn jüdischer Eltern am 14. März 1879 geboren. Mein Vater war Kaufmann, zog bald nach meiner Geburt nach München, später 1893 nach Italien, wo er bis zu seinem Tode (1902) blieb. Ich habe keinen Bruder, aber eine Schwester, die in Italien lebt.

Ich besuchte Elementarschule und Gymnasium bis zur 7. Klasse in München (Luitpoldgymnasium). 1894 ging ich zu meinen Eltern nach Italien, ein Jahr später nach Aarau auf die Gewerbeabteilung der Kantonsschule, wo ich 1896 die Maturität erhielt. 96–1900 studierte ich an der Schule für Fachlehrer mathematischer Richtung an der technischen Hochschule in Zürich und erwarb daselbst das Diplom. Von dortigen Lehrern seien H. F. Weber, Geiser und Minkowski genannt.

IV. Von 1900 bis 1902 war ich in der Schweiz als Privatlehrer, eine Zeit lang auch als Hauslehrer thätig und erwarb das Schweizerische Bürgerrecht. 1902–1909 war ich als Experte (Vorprüfer) am Eidgen. Amt für geistiges Eigentum angestellt, 1909–11 als ausserordentl. Professor an der Züricher Universität. 1911–12 war ich als ordentl. Professor der theoret. Physik an der Universität Prag, 1912–14 an dem Eidg. Polytechnikum ebenfalls als Professor der theoret. Physik. Seit 1914 bin ich als bezahltes Mitglied an der Preuss. Akademie d. Wissensch. in Berlin und kann mich ausschliesslich der wissenschaftlichen Forschungsarbeit widmen.

V.   Meine Veröffentlichungen bestehen fast ausschließlich in kurzen
physikalischen Arbeiten, welche meist in den Annalen der Physik
und in den Sitzungsberichten der Preuss. Akademie erschienen
sind. Die wichtigsten betreffen folgende Themen
Brown'sche Bewegung (1905)
Theorie der Planck'schen Formel und der Lichtquanten (1905, 1917)
Spezielle Relativitätstheorie und Trägheit der Energie (1905)
Allgemeine Relativitätstheorie 1916 und später
Ferner sind Arbeiten über die thermischen Schwankungen
zu erwähnen, sowie eine 1917 gemeinsam mit Prof. W. Mayer
verfasste Arbeit über die einheitliche Natur von Gravitation
und Elektrizität.

VI.   Gelegentliche Vortragsreisen nach Frankreich, Italien, Japan
Argentinien, England, die vereinigten Staaten, die — abgesehen
von den Reisen nach Pasadena nicht eigentlich
Forschungs-Zwecken dienten.

VII.   Mein eigentliches Forschungsziel war stets die Vereinfachung
und Vereinheitlichung des physikalischen theoretischen Systems.
Dies Ziel erreichte ich befriedigend für die makroskopischen
Phänomene, nicht aber für die Phänomene der Quanten
und die atomistische Struktur. Ich glaube, dass auch
die moderne Quantenlehre von einer befriedigenden Lösung
des letzteren Problemkomplexes trotz erheblicher Erfolge
noch weit entfernt ist.

VIII.   Ich wurde Mitglied vieler wissenschaftlicher Gesellschaften,
und mehrere Medaillen wurden mir verliehen, auch eine
Art Gastprofessur an der Universität Leiden. In einer ähnlichen
Verbindung stehe ich zur Universität Oxford (Christ Church College)

IX.   Meine Adresse ist: Haberlandstr. 5, Berlin.

Eine Photographie sowie Separata (nicht vergriffene) meiner
Abhandlungen füge ich bei.

Albert Einstein 1932

V. Meine Veröffentlichungen bestehen fast ausschliesslich in kurzen physikalischen Arbeiten, welche meist in den Annalen der Physik und in den Sitzungsberichten der Preuss. Akademie erschienen sind. Die wichtigsten betreffen folgende Themen

Brown'sche Bewegung (1905)

Theorie der Planck'schen Formel und der Lichtquanten (1905, 1917)

Spezielle Relativitätstheorie und Trägheit der Energie (1905)

Allgemeine Relativitätstheorie 1916 und später

Ferner sind Arbeiten über die thermischen Schwankungen zu erwähnen, sowie eine 1912 gemeinsam mit Prof. W. Mayer verfasste Arbeit über die einheitliche Natur von Gravitation und Elektrizität.

VI. Gelegentliche Vortragsreisen nach Frankreich, Italien, Japan Argentinien, England, die vereinigten Staaten, die — abgesehen von den Reisen nach Pasadena nicht eigentlich Forschungs-Zwecken dienten.

VII. Mein eigentliches Forschungsziel war stets die Vereinfachung und Vereinheitlichung des physikalischen theoretischen Systems. Dies Ziel erreichte ich befriedigend für die makroskopischen Phänomene, nicht aber für die Phänomene der Quanten und die atomistische Struktur. Ich glaube, dass auch die moderne Quantenlehre von einer befriedigenden Lösung des letzteren Problemkomplexes trotz erheblicher Erfolge noch weit entfernt ist.

VIII. Ich wurde Mitglied vieler wissenschaftlicher Gesellschaften und mehrere Medaillen wurden mir verliehen, auch eine Art Gastprofessur an der Universität Leiden. In einer ähnlichen Verbindung stehe ich zur Universität Oxford (Christ Church College.

IX. Meine Adresse ist: Haberlandstr. 5. Berlin.

Eine Photographie sowie Separata (nicht vergriffene) meiner Abhandlungen füge ich bei.

Albert Einstein 1932.

2

Die Einstein-Sitzung der Päpstlichen Akademie

Am 10. November 1979 fand eine Sitzung der Päpstlichen Akademie der Wissenschaften in Rom zu Ehren des 100. Geburtstages von Albert Einstein statt. Den Vorsitz führte Papst Johannes Paul II.

Die Päpstliche Akademie entstand aus der Akademie de Lincei, die im Jahre 1603 gegründet wurde, und der päpstlichen Akademie der neuen Lincei, die 1847 entstand. Sie unterscheidet sich von der „Accademia Nazionale dei Lincei", die seit 1871 als nationale Akademie der Wissenschaften Italiens auftritt. Die Päpstliche Akademie wurde im Jahre 1936 durch Papst Pius XI. erneuert und erhielt den heutigen Titel. Sie besteht aus 70 Akademikern, die auf dem Gebiet der Mathematik, Physik und Naturwissenschaften der ganzen Welt arbeiten und die ohne religiöse oder rassische Diskriminierung ausgewählt werden. Ihr Zweck ist die Förderung des wissenschaftlichen Fortschrittes und die Untersuchung erkenntnistheoretischer Probleme.

Die Einstein-Sitzung war von dreifach historischem Charakter. Erstmals leitete der Papst selbst eine Sitzung der Päpstlichen Akademie. Erstmals wurde eine derartige Sitzung von den Kardinälen besucht, von denen viele damals in Rom anwesend waren. Auch war der Inhalt der päpstlichen Rede überaus bemerkenswert, besonders seine Betonung der Autonomie wissenschaftlicher Wahrheit und ihrer Unabhängigkeit von religiöser Wahrheit.

Die Ansprache von Carlos Chagas*

Im Laufe dieses Jahrhunderts haben zwei Arbeitsrichtungen der Wissenschaft das menschliche Leben völlig verändert. Eine dieser Richtungen ist die Grundlagenforschung, die andere ihre technische Anwendung. Dabei ist unerheblich, daß Grundlagenforschung oftmals mit Mißtrauen betrachtet wird und ihre technische Anwendung nicht immer mit der notwendigen Umsicht und Weis-

---

* Carlos Chagas ist der Vorsitzende der Päpstlichen Akademie der Wissenschaften im Vatikan und der Leiter des Instituts für Biophysik der Universität von Rio de Janeiro.

7

heit erfolgte. Die Bedeutung von Wissenschaft und Technik als mächtige Hilfsmittel unserer Gesellschaft kann auch durch die Irrationalität des Menschen nicht geschmälert werden. Wissenschaft und Technik sind vielmehr Hilfsmittel, die durch geistige, moralische und ethische Werte geleitet, die Hindernisse überwinden können, die eine materialistische und opportunistische Zivilisation dem Fortschritt des Menschen entgegenstellt, eine Zivilisation, in der Existenzprobleme das Wesen des Menschen zerstören und Liebe durch Besitz ersetzt wird.

Die Arbeiten Einsteins behandeln Themen der Grundlagenforschung. Sie betrachten die Gesetze der Natur auf einem Niveau, auf dem die allerhöchste Harmonie in der göttlichen Schöpfung obwaltet. Wegen der Bedeutung seiner Arbeiten wird Einstein mit den größten Geistern auf dem Gebiete des gesamten Denkens verglichen. Unter seinen Vorgängern möchte ich hier nur Galileo Galilei erwähnen, der alle Kraft seines genialen Geistes der Entwicklung der Wissenschaft widmete und wie Einstein zum Symbol einer Ära wurde. Beim Studium der Schriften über Einstein lernen wir nicht nur einen großartigen Wissenschaftler kennen, sondern auch ein außergewöhnliches menschliches Wesen, dessen Hauptanliegen die Gerechtigkeit war. Unvergleichlich ist ferner seine ständige Bescheidenheit und die unerschütterliche Treue zu moralischen Prinzipien. Mag er sich auch manchmal selbst widersprochen haben, so betrifft dies doch lediglich Details, die Konsequenz seiner gefestigten Grundhaltung waren. Sicher ist jedenfalls, daß er eine außergewöhnliche intellektuelle Kraft ausstrahlte und sein Charisma im Alter noch zunahm.

Während der Wissenschaftler Einstein völlig von der Suche nach einer vereinheitlichten Theorie der Naturkräfte absorbiert war, diente der Bürger Einstein den Anliegen der Gerechtigkeit mit dem gleichen Eifer und Mut. Von 1914 bis zu seinem Tode kämpfte er gegen Militarismus, den Mißbrauch der Macht, rassische Diskriminierung und verteidigte den Frieden mit größtem Einsatz.

Einsteins frühe Jahre

Am 14. März 1879 in Ulm geboren, verbrachte Einstein die ersten 15 Jahre seines Lebens in München. In München begann er auch seine Studien der Mathematik, und die Geometrie Euklids wurde zu seiner Abendlektüre. Er vertiefte sich auch in die Philosophie Kants. In dieser Zeit veranlaßte ihn seine Mutter, Musikunterricht zu nehmen; das Violinspiel wurde zur Liebhaberei und diente ihm in Augenblicken der Entspannung oder Not als Zuflucht. Die familiäre Atmosphäre half, seine Tugenden zu bilden; zu Hause erwarb er die Bescheidenheit und Einfachheit, die durch die Art, sich zu kleiden, und durch seine Gleichgültigkeit gegenüber allen materiellen Werten zum Ausdruck kam. „Die banalen Ziele menschlichen Strebens: Besitz, äußerer Erfolg, Luxus, erschienen mir seit meinen jungen Jahren verächtlich."

Bild 1 C. Chagas auf der Einstein-Sitzung der Päpstlichen Akademie

Nach der Grundschule besuchte Einstein das Luitpold-Gymnasium zu München, wo er entscheidende Eindrücke empfing. Die preußische Disziplin, ihre „Methodik der Furcht, Gewalt und künstlichen Autorität" schien ihm unerträglich. Im Gymnasium entstand seine lebenslängliche Auflehnung gegen Autoritäten und klassische Schuldisziplin ebenso wie die Wurzeln seines Anti-Militarismus. Auch begann er zu spüren, wie notwendig es war, die Bedeutung von Beweisen neu zu überdenken, die als unwiderleglich galten.

Einstein vollendete seine Studien in München nicht. Er unterbrach sie vielmehr, um seinen Eltern für ein Jahr nach Mailand zu folgen, bevor er weiter in die Schweiz reiste, wo er seine Gymnasialjahre in Aarau vollendete. Er begrüßte die demokratische Atmosphäre, die in Jahrhunderten in der Schweiz entstanden war, ebenso enthusiastisch wie das Fehlen einer Berufsarmee. In einer für einen 16-Jährigen überraschenden Entscheidung gab er seine deutsche Staatsbürgerschaft auf, um Schweizer zu werden. Er immatrikulierte sich an der Eidgenössischen Technischen Hochschule in Zürich, wo er 1900 sein Diplom erhielt. Die Züricher Jahre waren für ihn von größter Bedeutung, da sie die Grundlagen seiner wissenschaftlichen Laufbahn bedeuteten.

Seine treuen Begleiter — vor allem Michelangelo Besso, Konrad Habicht und Maurice Solovine — berichten von dem steten Erstaunen und der Bewunderung ob seiner intellektuellen Präsenz und seiner meisterlichen Beherrschung der Physik. Er studierte damals die Arbeiten Maxwells und erfuhr aus Vorlesungen Henri Poincarés, daß es vielleicht unmöglich sein würde, die Begriffe des absoluten Raumes und der absoluten Zeit beizubehalten. Vielleicht war sogar die Gültigkeit der Euklidischen Geometrie in der Mechanik anzuzweifeln. Besso brachte ihm auch Machs Buch *Die Mechanik in ihrer Entwicklung historisch-kritisch dargestellt*, welches die Schwierigkeiten bei der Deutung der erwähnten Newtonschen Konzepte noch weiter untersuchte. Dies bereitete ihn auf die Relativitätstheorie vor.

Bei seinen Lehrern war Einstein nicht beliebt. Trotz ernsthaftem Interesse besuchte er die Schulstunden nur unregelmäßig. Auch war er kritisch und manchmal sogar arrogant, stets impulsiv in seinen Bemerkungen, wodurch er manchmal die Gefühle anderer verletzte. Deshalb wurde es ihm unmöglich, seinen Traum von einer Lehrstelle an der ETH oder an einer anderen Universität zu verwirklichen. Eine glückliche Wendung führte ihn an das Patentamt zu Bern, wo er Ruhe und Freizeit fand, um seine unüblichen wissenschaftlichen Theorien auszuarbeiten. Im Jahre 1905 veröffentlichte er vier grundlegende Arbeiten, in denen er die spezielle Relativitätstheorie entwickelte, die Brownsche Bewegung erklärte, die Idee der Lichtquanten darstellte und die Beziehung zwischen Masse und Energie postulierte.

Nach 1911 wurde Einstein von zahlreichen Universitäten umworben. Nach einem kurzen Aufenthalt an der deutschen Universität zu Prag kehrte er nach Zürich an die gleiche Institution zurück, die ihn zunächst abgelehnt hatte. Im

Jahre 1914 konnte er aber schließlich der intellektuellen Anziehungskraft Berlins nicht widerstehen, wo unter anderen Planck und Nernst lehrten. Er verließ Zürich und wurde zu einem Kernstück der deutschen Physik; die Bedingungen zeugen von dem Ruhm, den er erreicht hatte. Er wurde zum Direktor des Kaiser-Wilhelm-Instituts für Physik ernannt, zum Professor ohne spezifische Lehraufgaben an der Universität Berlin und zum Mitglied der Preußischen Akademie der Wissenschaften, alles zu ganz außergewöhnlichen Konditionen. In dieser Berliner Zeit entstand die allgemeine Relativitätstheorie und die darauf aufbauende relativistische Kosmologie.

Der Einfluß politischer Entwicklungen

In Berlin konnte sich der Wissenschaftler Einstein nicht mehr auf seine Wissenschaft beschränken, vielmehr wurde er in das politische Leben seiner Zeit verwickelt. Sein Gerechtigkeitssinn schärfte sich, und er spielte eine aktive Rolle als Pazifist und Kämpfer gegen den Antisemitismus.

Während seiner Jugend in Zürich war Einstein für kurze Zeit an Problemen des Judaismus interessiert, aber erst in Prag, wo er zufällig einen jüdischen Friedhof des 5. Jahrhunderts kennenlernte, wurde er mit der jahrhundertealten Geschichte seines Volkes konfrontiert und fand sich darin integriert. In Berlin wurde er durch die antisemitische Haltung der Universität und der Regierung überrascht, die eine Bewegung vorwegnahm, die erst in der Nazizeit ihre volle Kraft entwickelte. Er sah, daß der Krieg der Jahre 1914—1918 sich vorbereitete und in militärischen, politischen und ökonomischen Kreisen erwartet, ja sogar erhofft wurde. Dies verblüffte ihn.

Nach der Kriegserklärung war er überrascht zu sehen, wie seine wissenschaftlichen Freunde ihren Rat als Experten anboten und eine aktive Rolle im Kriege spielten. Durch das „Manifest an die zivilisierte Welt" wurde aber auch Einstein in den Konflikt einbezogen. Dieses Manifest wurde im Oktober 1914 von 83 (darunter einige der hervorragendsten) deutschen Gelehrten unterzeichnet. Das Manifest sprach Deutschland jede Kriegsschuld ab, rechtfertigte die Invasion Belgiens und sprach in Ausdrücken, die später unhaltbar wurden, von der Vernichtung der weißen Rasse durch slawische Horden. Einstein unterzeichnete bereitwillig ein „Anti-Manifest", das er auch mitverfaßte. Ein Satz daraus war prophetisch: „Niemand wird die Schlacht gewinnen, die heute tobt; alle Nationen, die darin verwickelt sind, werden einen sehr hohen Preis zahlen." Diese Antikriegserklärung hatte nur vier Unterzeichner, aber Einstein gab nicht auf. Er trat sofort einer Bewegung bei, die der spätere Berliner Bürgermeister, Ernst Reuter, ins Leben gerufen hatte. Ihr Ziel war es, einen frühen Waffenstillstand herbeizuführen und eine internationale Organisation für die Erhaltung des Friedens zu schaffen, ein Ideal, dem Einstein Zeit seines Lebens verbunden blieb.

Die Jahre nach dem Ersten Weltkrieg waren für Einstein nicht leicht. Sein wissenschaftlicher Ruf war großartig. Die Relativitätstheorie wurde durch direkte Beobachtung einer ihrer Vorhersagen bestätigt. Im Jahre 1919 wurde während einer totalen Sonnenfinsternis die Ablenkung des Sternenlichts durch das Gravitationsfeld der Sonne in Übereinstimmung mit Einsteins Vorhersagen gemessen. Einstein war aber unzufrieden mit dem Verlauf der internationalen Ereignisse. Er lehnte es ab, den 4. Solvay Kongreß im Jahre 1924 zu besuchen, da deutsche Wissenschaftler dazu nicht eingeladen wurden. Seinen Internationalismus bestätigend, schrieb er an Madame Curie: „Ich verstehe, daß die Belgier und Franzosen nicht psychologisch bereit sind, die Deutschen zu treffen. Als ich aber hörte, daß die deutschen Wissenschaftler wegen ihrer Nationalität prinzipiell ausgeschlossen wurden, erkannte ich, daß ich durch meine Reise nach Brüssel eine solche Entscheidung unterstützen würde." Nach der Einnahme des Ruhrgebiets durch die französische Armee verdammte Einstein, trotz der anti-deutschen Ressentiments, die er so oft ausdrückte, die Alliierten.

Die Entwicklung der Weltpolitik und die Wiederbewaffnung beschäftigten Einstein damals so sehr, daß er oft pazifistischen Bewegungen beitrat und sie mit seinem Namen unterstützte. Sein Verlangen, zum Weltfrieden beizutragen, wurde in den 30er Jahren am stärksten. In New York hielt er 1930 eine Ansprache, in der er sagte: „Wenn nur zwei Prozent der Bürger die Einberufung ablehnten", würden die Regierungen ihre Fähigkeit verlieren, Kriege zu führen. Diese Rede — für die er den beleidigenden Beinahmen „Der 2-Prozent-Mann" erhielt — wurde von den Anhängern McCarthys gegen ihn verwendet, auch nachdem er die amerikanische Staatsbürgerschaft erlangt hatte. Seine Enttäuschung über die Anstrengungen des Völkerbundes und die zögernde Arbeit der Abrüstungskonferenz im Jahre 1932 in Genf war Anlaß zu weiteren vehementen Äußerungen. In einer Pressekonferenz appellierte er vor 60 ausländischen Korrespondenten an die Arbeiter aller Welt, ihre Arbeit in den Waffenfabriken niederzulegen und jeden Transport von Waffen zu verhindern. Nochmals trat er für die Wehrdienstverweigerung ein.

Nach Hitlers Machtergreifung zwangen ihn die Ereignisse in Deutschland, die Zunahme des Militarismus und der Aufrüstung sowie das Wiederaufleben des Antisemitismus, seine pazifistischen Positionen neu zu überdenken und seine Haltung zu ändern. Nur Gewalt konnte die düsteren Mächte besiegen. Er schrieb an König Albert von Belgien: „Im Herzen Europas gibt es eine Macht, Deutschland, die sich auf den Krieg mit allen möglichen Mitteln vorbereitet. Dies hat zu einer solchen Gefahr für die romanischen Länder, Belgien und Frankreich geführt, daß sie notwendigerweise ihre Armeen einsetzen müssen." Während des Zweiten Weltkriegs diente er den amerikanischen Kriegsanstrengungen und spielte auch in der Organisation des Manhattan Projekts und der Entwicklung der Atombombe eine Rolle, die manchmal übertrieben und manchmal verniedlicht wird. Da das Hitler-Regime es Einstein unmöglich machte, 1938 nach Deutschland zurückzukehren, etablierte er sich am Institute for Advanced Studies in Princeton, wo er bis zu seinem Tod am 25. April 1955 arbeitete. In Princeton setzte er seine Untersuchungen über vereinheitlichte Feldtheorien fort und versuchte vergeblich, die Unschärfen zu beseitigen, welche die Quantenmechanik, deren Pionier er gewesen war, in die Welt der atomaren und subatomaren Teilchen eingeführt hatte. Er widmete den Anliegen des Zionismus — denen er durch den Prager Zwischenfall und den deutschen Antisemitismus nähergekommen war — viel Zeit und nahm nach dem Krieg auch seine Anstrengungen zur Festigung des Friedens und des internationalen Verständnisses wieder auf. Als größte Bedrohung erschien nun der Schrecken eines Krieges mit Kernwaffen, zu dem er unbeabsichtigt beigetragen hatte.

Naturphilosoph

Langsam, aber stetig wurde Einstein zur grauen Eminenz, zum Weisen, dessen Rat man suchte und dessen Leben als beispielhaft zitiert wurde. In einem Land mit rapiden Kommunikationsmöglichkeiten brachten die Zeitungen, das Radio und das Fernsehen der Öffentlichkeit zahllose Details über sein tägliches Leben, obgleich er seine Privatsphäre zu schützen trachtete. Jede Woche erhielt er hunderte von Briefen und versuchte sie auch zu beantworten, speziell wenn er fühlte, daß Menschen in Not waren. Menschenmengen füllten die Straßen, um ihn vorbeigehen zu sehen, und Busse voller Touristen stoppten, damals wie heute, vor dem Haus Mercer Street 110, wo der Mann lebte, der die Wissenschaft in unserem Jahrhundert völlig veränderte.

Durch seine internationale Bedeutung wurde Einstein eine Art von Weltgewissen. Viele Jahre lang war er einer der größten Naturphilosophen, wenn nicht überhaupt der bedeutendste unserer Zeit. Eine neue Version der pythagoreischen Ideen war Teil seines Weltbildes. Die Harmonie des Universums, in Schönheit gekleidet, bildete das Zentrum seines Denkens. Um zu seinen größten Ideen zu gelangen, mußte Einstein die Existenz eines höheren Wesens oder Systems als Schöpfer eines vereinheitlichten Kraftfeldes und Organisator der mathematischen Harmonie dieser Welt postulieren. Dieses Konzept hat einen pantheistischen Zug und erinnert stark an das Denken Spinozas. Einstein selbst antwortete auf einige Fragen einmal: ,,Ich glaube an Spinozas Gott, der sich in der Harmonie aller Dinge offenbart, und nicht an einen Gott, der an den Handlungen und dem Schicksal jedes Individuums interessiert ist.''

Obgleich er sicher ein Rationalist war, war Einstein kein Atheist. Respekt für die Gedanken und die Geschichte seines Volkes führte ihn zu einer im Tiefsten religiösen Weltanschauung. Er meinte: ,,Wissenschaft ohne Religion ist lahm, und Religion ohne Wissenschaft ist blind.'' Der Gottesbegriff begleitete Einsteins Denken stets. ,,Ich möchte wissen, wie Gott die Welt erschaffen hat.

Ich bin nicht an diesem oder jenem Phänomen interessiert oder an den Spektren irgendeines chemischen Elements. Ich möchte Seine Gedanken wissen, der Rest ist Detail."

Während seiner Suche nach universeller Harmonie und Ästhetik der Naturgesetze verlor Einstein niemals die Lage des Menschen und die Bedeutung der Wirklichkeit jenseits aller Wissenschaft aus den Augen. Er meinte: „Unsere Zeit ist charakterisiert durch außerordentliche Entdeckungen auf dem Gebiet der Wissenschaft und ihrer technischen Anwendungen. Wer von uns ist davon nicht beeindruckt? Wir dürfen aber nicht vergessen, daß Wissen und technische Anwendungen die Menschheit nicht zu einem glücklichen und würdigen Leben führen. ..." Der Königin Elisabeth von Belgien drückte er einmal sein Beileid in einer Botschaft aus, aus der ich einige Worte zitiere: „Schließlich gibt es etwas Ewiges, das bleibt, jenseits des Morgen, jenseits des Schicksals und menschlicher Enttäuschungen."

Einstein war ein Sämann, und da er reichlich gesät hat, finden sich die Früchte seiner Aktivität — wie der Heilige Paulus einmal bemerkte — in reichem Maße in unseren Gedanken und in unserem Tun.

Die Ansprache von P. A. M. Dirac

Einstein hatte einen kaum zu unterschätzenden Einfluß auf zahllose Aktivitäten. Er war ein großer Vorkämpfer des Friedens und der Freiheit und hat der Menschheit unschätzbare Dienste geleistet. Hier möchte ich aber über seinen Einfluß auf die Physik sprechen, wo sein außergewöhnlicher Geist wohl die grundlegendsten und weitestreichenden Arbeiten hervorbrachte.

Einsteins Arbeiten hatten Pioniercharakter und eröffneten neue Denkmöglichkeiten in unerwarteten Richtungen. Ihm verdanken wir die Überraschungen, die dann von anderen Physikern ausgearbeitet wurden. Die drei wichtigsten Neuerungen, die wir Einstein verdanken, sind die spezielle Relativitätstheorie, die Beziehung zwischen Wellen und Teilchen und die allgemeine Relativitätstheorie. Jede dieser Neuerungen leitete eine neue Ära der Physik ein und hätte ihm, auch alleingenommen, einen unsterblichen Platz in der Geschichte der Wissenschaft gesichert. Wir verdanken Einstein aber alle drei.

Die spezielle Relativitätstheorie

In der speziellen Relativitätstheorie zeigte Einstein, daß so alltägliche Begriffe wie Raum und Zeit verändert werden müssen. Die traditionellen Ansichten bieten keine adäquate Grundlage für eine genaue Beschreibung physikalischer

Vorgänge. Sie müssen durch ein Bild ersetzt werden, in dem Raum und Zeit in enger Beziehung stehen und sich zu einem vierdimensionalen Kontinuum vereinen. Dies zieht auch Veränderungen der elementaren Begriffe der Kinematik und Dynamik nach sich.

Manchmal wird gesagt, daß die spezielle Relativitätstheorie durch Lorentz oder Poincaré entdeckt wurde, wobei Arbeiten dieser Autoren genannt werden, die vor Einsteins berühmter Abhandlung über Relativitätstheorie aus dem Jahre 1905 erschienen. Diese Feststellungen entsprechen der Wahrheit aber nur zu einem kleinen Teil. Lorentz und Poincaré glaubten an den Äther. Sie erhielten einige der Gleichungen der Relativitätstheorie innerhalb der Äthertheorie, die stets ihren geistigen Rahmen bildete.

Einstein zerstörte den Äther und damit den Rahmen, auf den die anderen aufgebaut hatten. Er führte ein neues Symmetrieprinzip zwischen Raum und Zeit ein. Für Einstein war das Symmetrieprinzip von überragender Bedeutung. Dies war seine große Leistung, die er allein vollbrachte. Symmetrieprinzipien sind auch heute von größter Bedeutung für wesentliche Teile der Physik. Viele der Symmetrieprinzipien, die derzeit benutzt werden, gelten aber nur näherungsweise. Die von Einstein entdeckte Symmetrie, die Raum und Zeit verbindet, ist ein exaktes Prinzip und spielt deshalb eine dominierende Rolle. Der Unterschied zwischen Einsteins Haltung und derjenigen von Lorentz und Poincaré zeigt sich sehr klar an ihren Einstellungen zu den experimentellen Ergebnissen. Lorentz hatte ein Modell des Elektrons konstruiert, das auf seinen Transformationsgleichungen beruhte und mit den Einsteinschen Symmetrieüberlegungen übereinstimmte. Es sollte das vorangegangene Kugelmodell von Abraham ersetzen. Die Experimente von Kaufmann hatten zum Ziel, zwischen diesen beiden Modellen zu entscheiden. Kaufmanns Ergebnisse stützten Abraham. Lorentz und Poincaré wurden dadurch völlig überzeugt. Einstein ließ sich aber nicht stören. Er glaubte an sein Symmetrieprinzip. Es war so schön, daß es auch richtig sein mußte, und er war sicher, daß die Kaufmannschen Experimente einen Fehler enthielten. Nach einigen Jahren wurde dieser Fehler auch gefunden.

Die spezielle Relativitätstheorie führte zu einer langen Entwicklung. Sie zeigte, daß es eine große Ruhenergie $E = mc^2$ gibt, die jeder Masse entspricht. Sie führte auch auf eine Quadratwurzel in der Gleichung für einen bewegten Körper, so daß die Energie rein mathematisch gesehen auch negative Werte annehmen kann. Dies schien zunächst belanglos, da man sagen konnte, daß negative Energiezustände einfach nicht auftreten. Mit der Schöpfung der Quantenmechanik entstand aber die Möglichkeit, daß ein Teilchen von einem positiven zu einem negativen Energiezustand übergeht, und man war daher gezwungen, die Bedeutung der negativen Energie zu erforschen. Dies führte zum Konzept der Antimaterie, welches deshalb eine direkte Konsequenz der Einsteinschen Relativitätstheorie ist.

Bild 2 P. A. M. Dirac mit dem Papst Johannes Paul II

Die spezielle Relativitätstheorie gab den Physikern in aller Welt viele Probleme auf — vor allem die Aufgabe, die Gleichungen der Physik so zu schreiben, daß die vierdimensionale Symmetrie explizit ersichtlich wurde. Dies war üblicherweise recht einfach. In der Quantenmechanik gibt es aber einige grundlegende Schwierigkeiten, die bis heute nicht überwunden sind.

Wellen und Teilchen

Im Jahre 1905 war die Wellentheorie des Lichtes, die auf den Maxwell-Gleichungen aufbaute, wohl etabliert. Gewisse Phänomene ließen sich aber nicht einfügen. Es schien, daß die Emission und Absorption von Licht diskontinuierlich erfolgt. Dies führte Einstein zur Ansicht, daß die Energie in diskreten Teilchen konzentriert ist. Diese revolutionäre Idee war sehr schwer zu verstehen, da die Erfolge der Wellentheorie unleugbar bestanden. Die Physiker mußten sich scheinbar mit der Idee abfinden, daß Licht manchmal als Welle, manchmal als Teilchen zu verstehen war. Diese Idee bildet einen wesentlichen Teil von Bohrs Theorie des Wasserstoffatoms.

Die Statistik eines Ensembles von Lichtteilchen wurde von Bose studiert, der zeigte, daß die gewöhnlichen Gesetze der Statistik darauf nicht angewendet werden konnten. Die Gesetze der neuen Statistik wurden gemeinsam von Bose und Einstein formuliert. Die Untersuchung eines Atoms im statistischen Gleichgewicht führte Einstein notwendig auf die stimulierte Emission von Strahlung. Dieser Effekt ist üblicherweise extrem klein, kann aber gerade wegen der neuartigen Statistik durch geeignete Apparate enorm verstärkt werden. Diese Tatsache führte zum Laser, einem nützlichen Werkzeug der heutigen Technik, das wir Einstein verdanken.

Das Auftreten von Wellen, die mit Teilchen einhergeben, wurde von de Broglie auf alle Arten von Teilchen verallgemeinert, nicht nur diejenigen, die sich mit Lichtgeschwindigkeit bewegen. De Broglie arbeitete die mathematischen Beziehungen zwischen Wellen und Teilchen aus, wobei er lediglich die Anforderungen der speziellen Relativitätstheorie berücksichtigte. Er fand, daß sich die Wellen mit Überlichtgeschwindigkeit ausbreiten. Sie können aber nicht zur Übermittlung von Signalen mit Überlichtgeschwindigkeit benutzt werden, was eine wesentliche Voraussetzung der speziellen Relativitätstheorie ist.

De Broglies Theorie wurde durch Schrödinger verallgemeinert und führte zur Wellenmechanik, einer der Grundlagen der modernen Atomtheorie. Hier liegt wieder eine lange Entwicklungslinie der Physik vor, die von Einstein ausging.

Die allgemeine Relativitätstheorie

Einstein gab ein geometrisches Bild der Gravitation und begann damit eine völlig neue Forschungsrichtung der Physik. Bis dahin waren nur zwei Modelle für Kräfte in der Physik allgemein verwendet worden: Fernwirkungen und durch Felder übertragene Nahwirkungen. Bei der Newtonschen Gravitation waren beide Bilder möglich. Bei elektrischen und magnetischen Kräften ist das Konzept der Fernwirkung nützlich, aber ihre Vermittlung durch ein Feld ergibt ein viel vollständigeres Bild, da es auch die Möglichkeit elektromagnetischer Wellen vorsieht. Nach Einstein wird die Gravitation durch die Krümmung des Raumes interpretiert, was nur mit dem Feldmodell verträglich ist.

Es gab einige kleine Unterschiede zwischen den Vorhersagen der Einsteinschen und der Newtonschen Theorien, was zu verschiedenen astronomischen und physikalischen Forschungsrichtungen Anlaß gab und eine Überprüfung gestattete. Erstens wies die Bewegung des Planeten Merkur nach der Newtonschen Theorie eine Anomalie auf, die Einstein brilliant erklärte. Zweitens sagte er eine Ablenkung eines Lichtstrahls an der Sonne vorher, die während einer totalen Sonnenfinsternis beobachtet werden kann. Derartige Beobachtungen wurden erstmals 1919 angestellt und bestätigten Einsteins Theorie. Seither wurden die Messungen oft wiederholt und die Theorie stets bestätigt.

Nach der Entdeckung von Quasaren kann man auch die Ablenkung von Radiowellen in der Nähe der Sonne beobachten. Dies hat den Vorteil, daß dazu keine vollständige Sonnenfinsternis erforderlich ist. Ferner gibt es auch eine Verlangsamung der Radiowellen, und auch dieser Effekt der Einsteinschen Theorie wurde später bestätigt.

Schließlich sagt die allgemeine Relativitätstheorie auch eine Verschiebung der Spektrallinien des Lichtes vorher, die in einem Gravitationsfeld emittiert werden. Die Möglichkeiten, diese Vorhersage zu testen, sind üblicherweise nicht sehr gut, aber die Ergebnisse haben die Theorie dennoch bestätigt, zumindest soweit, als man dies erwarten kann.

Neben diesen astronomischen und physikalischen Entwicklungen, die sich aus der allgemeinen Relativitätstheorie ergaben, hat sie auch einen wesentlichen Anstoß zu mathematischen Untersuchungen geliefert. Die einfache Art des gekrümmten Raumes, die Einstein verwendete, nämlich ein Riemannscher Raum, der in einen flachen Raum eingebettet werden kann, der allerdings eine höhere Dimensionszahl aufweist, hat sich im Falle der Gravitation als so erfolgreich erwiesen, daß viele Forscher sich fragten, ob nicht komplexere Arten gekrümmter Räume in ähnlicher Weise auch die anderen physikalischen Felder erklären könnten, insbesondere das elektromagnetische Feld. Einstein hat sich mit diesem Problem viele Jahre lang auseinandergesetzt.

Diese Anstrengungen hatten aber keinen überzeugenden Erfolg. Während Einsteins ursprüngliches Konzept des gekrümmten Raumes zu brillianten Erfolgen führte, haben die komplizierteren Raumbegriffe trotz der Anstrengungen zahlreicher Forscher bisher nicht zu physikalisch bedeutenden Ergebnissen geführt.

Wesentlich ist auch das Problem der Kosmologie, also das Verständnis des Universums in seiner Gesamtheit. Dieses Verständnis ist erforderlich, um die Randbedingungen in großer Entfernung zu gewinnen, die man zur Lösung der Einsteinschen Feldgleichungen benötigt. Ein kosmologisches Modell, das Einstein erstmals vorschlug, hat sich nicht als zufriedenstellend erwiesen. Ein weiteres Modell, dasjenige von de Sitter, hat sich ebenfalls nicht bewährt. Viele andere Modelle wurden in der Folge ausgearbeitet, von Friedmann, Levett und anderen, die auf den Einstein-Gleichungen aufbauen. Diese große Forschungsrichtung ist aus Einsteins allgemeiner Relativitätstheorie hervorgegangen. Das einfachste heute akzeptierte Modell ist eines, das von Einstein und de Sitter gemeinsam vorgeschlagen wurde, und es könnte sein, daß es sich sogar in Zukunft bewähren wird.

Auf alle die bisher besprochenen Arbeitsgebiete hatte Einstein ungeheuren Einfluß. Dies gilt sicherlich nicht nur heute, sondern auch in Zukunft.

Die Ansprache von Viktor F. Weisskopf

Um die enorme Bedeutung der Einsteinschen Ideen für unser Verständnis der Natur zu verdeutlichen, wollen wir uns auf zwei wichtige Erkenntnisse konzentrieren, die vor Einsteins Zeit im 19. Jahrhundert gewonnen wurden:

1. Die Erkenntnis, daß Elektrizität, Magnetismus und Licht Aspekte einer Kraft sind: Licht ist eine elektromagnetische Welle.
2. Die Erkenntnis der Existenz von Atomen und Molekülen, die aus elektrisch geladenen Teilchen bestehen.

Diese Entdeckungen führten auf zwei ernste Widersprüche. Einstein löste sie und führte dadurch zu einem tieferen Verständnis der Natur.

Galilei und Newton entwickelten die Bewegungsgesetze für Körper, die unter dem Einfluß von Kräften stehen. Sie zeigten, daß eine Kraft den Bewegungszustand eines Körpers verändert. Wie stark dies der Fall ist, wird durch die Masse bestimmt. Je größer die Masse ist, um so weniger ändert sich ihre Bewegung durch eine Kraft. Im Prinzip kann man aber jedes Objekt auf beliebig hohe Geschwindigkeiten beschleunigen — sogar auf Überlichtgeschwindigkeit — wenn die Kraft nur lange genug wirkt.

Dies führt uns auf den ersten Widerspruch: Nach den Gesetzen der Elektrodynamik kann ein elektrisch geladenes Teilchen sich nicht mit Überlichtgeschwindigkeit bewegen, da dies zu unendlich starken elektrischen Kräften führen würde. Materie besteht aber aus geladenen Teilchen.

Ganz anderer Natur ist der zweite Widerspruch. Er betrifft die überraschende Stabilität von Atomen und Molekülen und ihren charakteristischen Eigenschaften. Ein Sauerstoffmolekül der Luft erleidet eine Milliarde Stöße pro Sekunde, bleibt aber dennoch in all seinen spezifischen Eigenschaften als Sauerstoffmolekül unverändert. Die gewöhnliche Mechanik ist keinesfalls in der Lage, diese Stabilität und Konstanz eines Systems zu erklären, das aus geladenen Teilchen besteht, wie beispielsweise eines Atoms, das aus Elektronen aufgebaut ist, die sich um Atomkerne bewegen wie Planeten rund um die Sonne.

Einstein zeigte den Weg zur Lösung beider Widersprüche in einer für ihn typischen Weise: Nicht durch einige kleine Verbesserungen und Ausbauten bestehender Theorien, sondern durch die Schöpfung neuer Grundlagen unserer Naturbetrachtung. Er löste den ersten Widerspruch durch eine grundlegende Revision unserer Begriffe von Raum, Zeit und Energie. Er gab den entscheidenden Anstoß zur Lösung des zweiten Widerspruches durch die Einführung des Welle-Teilchen Dualismus in der Physik.

Vereinheitlichung von Elektromagnetismus und Mechanik

Die Lösung des ersten Widerspruchs ist in der speziellen Relativitätstheorie enthalten. Darin werden Elektromagnetismus und Mechanik in ein großes Begriffssystem inkorporiert. Dazu mußten unsere Alltagsbegriffe von Raum und Zeit grundlegend verändert werden. Die Gleichzeitigkeit von Ereignissen an verschiedenen Orten wurde zu einer relativen Beziehung, die vom Bewegungszustand abhängt. Zwei Ereignisse, die sich für einen Beobachter gleichzeitig abspielen, scheinen sich für einen bewegten Beobachter zu unterschiedlichen Zeiten zuzutragen. Der Ablauf der Zeit hängt auch vom Bewegungszustand ab. Dies mag zunächst unglaubwürdig erscheinen, wurde aber durch Experimente mit einigen schnell bewegten Teilchen klar bewiesen. Die Messungen zeigten, daß ihr innerer Zeitablauf in Vergleich zu ruhenden Teilchen verzögert war. In einem berühmten Experiment mit zerfallenden Teilchen lebten die schnell beweglichen Partikel viel länger als gleiche, aber ruhende Teilchen. Schließlich erlangt jede Form von Energie eine Masse, und jede Masse erweist sich als Form von Energie. Ein bewegter Körper erscheint schwerer als ein ruhender Körper, da seine Bewegungsenergie einen Beitrag zur Masse liefert. In einigen neueren Teilchenbeschleunigern erhalten Elektronen bei der Beschleunigung eine Masse, die mehr als 20 000 mal größer ist als ihre ursprüngliche Masse. Dies wird besonders dann augenscheinlich, wenn diese Elektronen mit einem Hindernis zusammenstoßen. Alle diese Eigenschaften beeinflussen die Bewegung schneller Elektronen in elektrischen und magnetischen Feldern. Tatsächlich beruhen viele Anwendungen der Elektronik auf diesen Eigenschaften.

Diese Vereinheitlichung von Mechanik und Elektrodynamik durch Einstein bedeutete nicht eine revolutionäre Eröffnung neuer Sichtweiten, sondern vielmehr eine Vereinheitlichung von scheinbar widersprüchlichen Ideen. Sie war der krönende Abschluß der klassischen Physik in einem neuen begrifflichen Rahmen von Raum und Zeit.

Der Dualismus Welle—Teilchen

Nun kommen wir zum zweiten Widerspruch oder vielmehr zur zweiten Unzulänglichkeit der klassischen Begriffe, nämlich zur Stabilität und den spezifischen Eigenschaften von Atomen und Molekülen. Hier wurden Einsteins Ideen zum Ausgangspunkt einer wahrhaft revolutionären Entwicklung in der Physik, der Quantenmechanik. Sie eröffnete neue und weite Horizonte und klärte viele offene Probleme bezüglich der Struktur der Materie. Die Quantenmechanik beruht auf dem Dualismus Welle—Teilchen. Einstein wendete diese Idee zunächst auf das Licht an, sie wurde aber bald auf die Natur anderer Elementarteilchen angewendet, auf Elektronen und andere Bausteine der Materie.

Bild 3 V. Weisskopf mit dem Heiligen Vater

Die Idee war, daß all diese Objekte sowohl Wellen als auch Teilcheneigenschaften aufweisen. Diese Doppelnatur stellt unsere Vorstellungskraft auf die Probe, denn wenige Dinge unterscheiden sich so sehr wie ein Teilchenstrom und eine laufende Welle. In einem Teilchenstrom ist nämlich die Materie in kleinen Einheiten konzentriert, während sich die Welle kontinuierlich im Raum ausbreitet. Dennoch werden sowohl Wellen als auch Teilcheneigenschaften an Elektronen und anderen Mikroobjekten beobachtet.

Die Wellennatur des Elektrons erklärt viele zuvor unverständliche Tatsachen. Wenn Wellen nämlich in einem beschränkten Gebiet des Raumes konzentriert sind, formen sie charakteristische Muster und Strukturen, die von der Art der Beschränkung abhängen. Bild 4 zeigt räumliche Wellenmuster, die sich auf die Umgebung eines Mittelpunktes beschränken. Nur diese und keine anderen Muster können sich bei dieser Art von Einschränkung entwickeln. Eine derartige Einschränkung erleiden Elektronen aber, wenn sie sich in der Um-

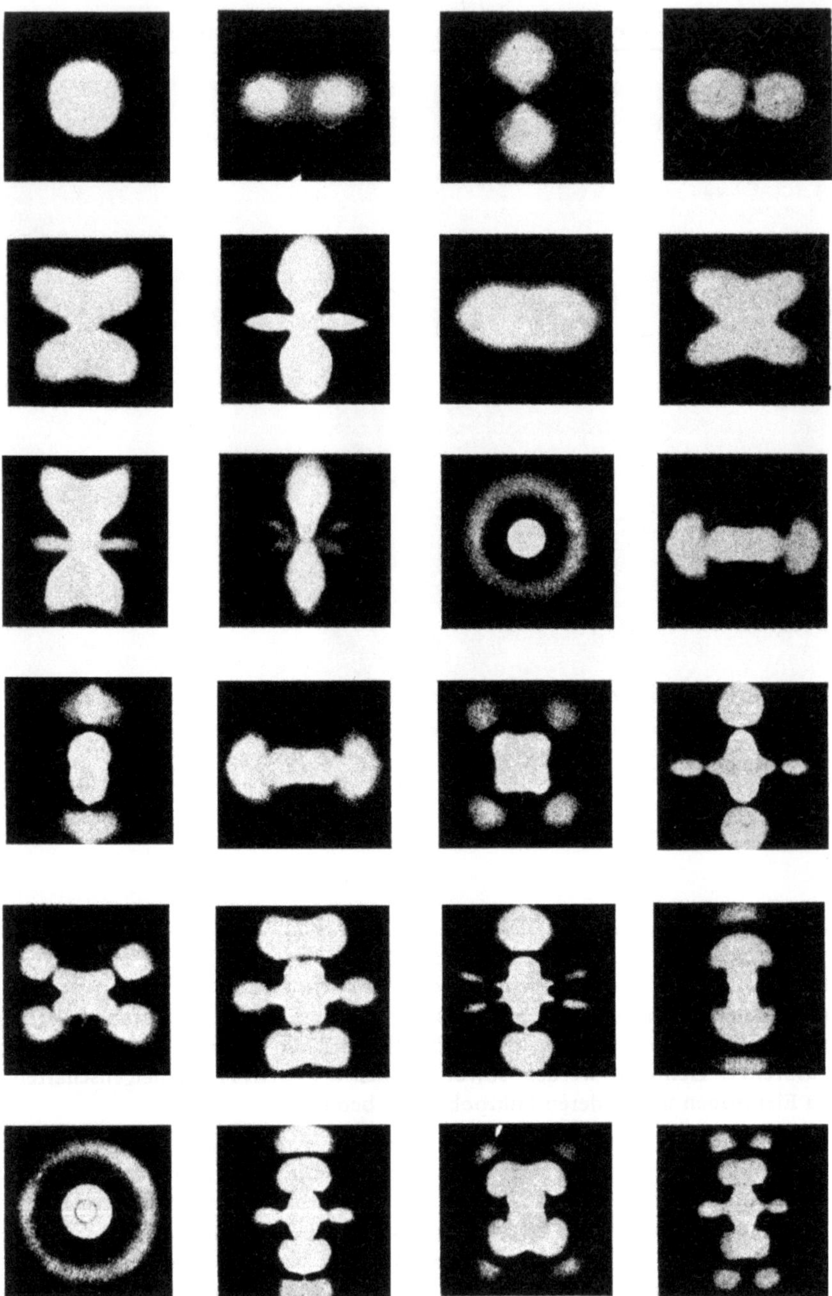

Bild 4 Wellenmuster des Elektrons (nach W. Finkelnburg, *Einführung in die Atomphysik*, Springer 1967)

gebung eines Atomkerns infolge seiner elektrischen Anziehung aufhalten. Die Elektronenwellen in Atomen müssen einem dieser Muster entsprechen. Die einfacheren Muster weisen niedrigere Energie auf als die komplexeren. Üblicherweise findet man die Elektronen im Atom im tiefstmöglichen Zustand.

Dies erklärt auch die Stabilität der Atome — es ist Energie erforderlich, um zum nächsthöheren Muster zu gelangen. Beispielsweise reicht die Energie der molekularen Stöße in Luft nicht aus, um die Elektronenmuster in Sauerstoff zu verändern. Deshalb überlebt Sauerstoff viele Millionen Zusammenstöße in der Luft völlig unverändert.

Die typischen Formen der Elektronenmuster bestimmen die spezifischen Eigenschaften der Atome. Beispielsweise füllen die Elektronen im Sauerstoffatom die untersten Muster bis zum vierten. Die entstehende Kombination von Mustern ist charakteristisch für Sauerstoff und erklärt seine Eigenschaften. Sie bestimmt, wie sich Sauerstoff mit anderen Atomen verbindet und beispielsweise mit Wasserstoff zusammen Wasser formt. Sie bestimmt auch, wie die Atome sich in eine symmetrische kristalline Ordnung fügen, wenn sie Festkörper, wie beispielsweise Eiskristalle, bilden.

Die Elektronenmuster sind die primären Gestalten der Natur. Sie liegen allen natürlichen Gestalten überhaupt zugrunde. Sogar die Eigenschaften lebender Substanzen beruhen auf diesem Muster, insbesondere auch die Eigenschaften der Moleküle, die den genetischen Code formulieren. So führt schließlich die Stabilität der Elektronen-Wellenmuster dazu, daß jeden Frühling die gleichen Blumen blühen, und sie macht auch Kinder ihren Eltern ähnlich.

Einstein begann diese großartige Entwicklung bereits 1905 in einem fast visionären Akt, indem er erkannte, daß der Begriff der elektromagnetischen Wellen nicht ausreicht, um wesentliche Eigenschaften des Lichtes zu erklären. Er zog den revolutionären Schluß, daß es Licht-Teilchen geben muß, die Photonen. Der Dualismus Teilchen—Welle war damit geboren. Einstein erkannte die Fruchtbarkeit dieser Idee, war aber niemals vollständig mit der begrifflichen Grundlage der Quantenmechanik zufrieden. Das Fehlen vollständiger Kausalität und die häufige Verwendung von Wahrscheinlichkeiten anstelle von Sicherheit beunruhigten ihn stets.

Die Symmetrie zwischen Materie und Antimaterie

Die nächste große Entwicklung in der Physik entsprang wiederum einer Idee Einsteins. Dirac war nicht zufrieden mit der Tatsache, daß die frühe Quantenmechanik nicht in den Begriffsrahmen der Relativitätstheorie paßte. Die Geschwindigkeit der Elektronen in üblichen Atomen ist so klein im Vergleich zur Lichtgeschwindigkeit, daß die Vernachlässigung der Relativitätstheorie keine Rolle spielte. Wie ist es aber um die Wellenmechanik von Teilchen bestellt, die sich weit schneller bewegen? Dirac war im Jahre 1927 in der Lage, Relativitätstheorie und Quantenmechanik zu einer Einheit zusammenzufassen.

Dabei entdeckte Dirac eine neue Symmetrie der Natur, die Symmetrie zwischen Materie und Antimaterie. Er entdeckte sie nicht durch Experimente, sondern allein durch eine Zusammenfügung zweier großartiger Ideen Einsteins: er verknüpfte die einheitliche Raum-Zeit der Relativitätstheorie mit dem Dualismus Welle-Teilchen der Quantenmechanik. Daraus ergab sich, daß es für jedes Teilchen ein Antiteilchen mit dem Gegengesetz der Ladung geben müsse. Wenn wir auch in unserer eigenen Umgebung nur negativ geladene Elektronen finden und Protonen mit positiver Ladung — was wir als gewöhnliche Materie betrachten — so muß nach den Überlegungen Diracs die Natur doch auch das Gegenstück dazu zulassen. Derartige Antimaterie, so sagte er voraus, würde in der Gegenwart gewöhnlicher Materie nicht stabil sein. Jede Berührung würde zu einer riesigen Explosion führen, bei der die Massen in Energie umgewandelt werden — eine direkte Folgerung aus der von Einstein gefundenen Äquivalenz von Masse und Energie.

Nur wenige Jahre später wurde das Antielektron gefunden und weitere fast 30 Jahre später das Antiproton. Antimaterie gibt es in der Natur tatsächlich, wie Dirac aufgrund von Einsteins Arbeiten voraussagen konnte. Diese theoretische Voraussage war eine der größten intellektuellen Errungenschaften der Wissenschaft. Heute werden Strahlen von Antimaterie in vielen Laboratorien produziert. Sie bewegen sich im Hochvakuum, um nicht mit gewöhnlicher Materie in Berührung zu kommen, bevor sie das Target erreichen, wo sie vernichtet werden.

Gravitationstheorie

Dirac hat den 1915 entstandenen dritten großen Beitrag Einsteins zur Physik bereits gewürdigt, nämlich die allgemeine Relativitätstheorie. Sie war eine neue Art, die Schwerkraft zu verstehen, nämlich als Krümmung von Raum und Zeit. Die Konsequenzen von Einsteins drittem Beitrag sind verblüffend. Viele der vorhergesagten Effekte sind bereits beobachtet worden — beispielsweise die Krümmung eines Lichtstrahls in der Umgebung der Sonne. Eine der interessantesten Folgerungen betrifft den Kollaps eines großen Sternes, der seine gesamten inneren Energiequellen verbraucht hat. Bei diesem Kollaps fällt auch der Raum in seiner Umgebung zusammen, und es entsteht ein Gebilde, das Astronomen als „Schwarzes Loch" bezeichnen, ein Gebilde, das alles in seiner Umgebung aufsaugt und nicht einmal Licht entweichen läßt. Objekte, die derartigen Schwarzen Löchern entsprechen könnten, wurden tatsächlich vor kurzem beobachtet.

Einsteins Erklärung der Schwerkraft als einer Verformung der Raum–Zeit-Struktur war von enormem Einfluß auf unsere Ideen über die Struktur des Universums, seinen Beginn, seine Entwicklung und seine Ausdehnung. Unseren heutigen Ansichten gemäß ist das Universum aus einer unendlich komprimierten Ansammlung primärer Materie im Urknall hervorgegangen. Dies und die Idee einer darauffolgenden Expansion sind Konsequenzen der Einsteinschen Begriffe von Raum und Zeit. Diese Ansicht über den Ursprung des Weltalls wurde vor kurzem durch die Beobachtung eines schwachen, aber unverkennbaren optischen Echos des Urknalls gestützt, eines Echos, das auch heute noch das Universum mit Infrarotstrahlung erfüllt.

Die drei großen Einsichten Einsteins — die Einheit von Raum und Zeit mit allen ihren Konsequenzen, der Dualismus Teilchen–Welle und die Theorie der Gravitation haben jede für sich neue Wege der Betrachtung der Realität eröffnet und geklärt. Einstein wurde der Kopernikus des 20. Jahrhunderts genannt. Er schuf drei unabhängige und doch zusammenhängende Ideengebäude, von denen jedes den intellektuellen Leistungen Kopernikus' vergleichbar ist.

Philosophische Folgerungen

Ich möchte hier noch zwei weitere Bemerkungen über den Charakter von Einsteins Ideen hinzufügen. Eine hängt mit der oft geäußerten Meinung zusammen, daß Einsteins Ideen unseren Glauben an absolute Werte unterminiert haben, da sie einen Relativismus in unser Denken brachten. Auch wird oft gesagt, daß die Quantenmechanik unseren Glauben an eine objektive natürliche Welt zerstört hat und daß die berühmten Unschärferelationen Heisenbergs die vage und irreale Auffassung der Natur in der modernen Wissenschaft illustrieren. Nichts steht der Wahrheit und Einsteins eigener Philosophie ferner. Einstein glaubte an ein geordnetes Universum mit absoluten, universellen Gesetzen und Symmetrien. Sein Konzept der Relativität führt uns vielmehr auf tieferliegende absolute Werte in der Natur, wie die Raum–Zeit-Symmetrien und den Wert der Lichtgeschwindigkeit. Die Heisenbergsche Unschärferelation ist ein logisches Hilfsmittel, die es ermöglicht, daß Mikroobjekte zugleich Wellen- und Teilcheneigenschaften aufweisen können. Dies ist die Vorbedingung für die Existenz wohldefinierter Gestalten und Muster, für die wir zahlreiche Beispiele der Natur vorfinden.

Die oft zitierten Unschärfen sind bloß Ausdruck der Beschränktheit unserer alten Ideen. Die neuen Konzepte der Quantenmechanik sind sehr wohldefiniert und führen auf ein tieferes Verständnis der Stabilität der natürlichen Formen und Muster. Sie bilden die Grundlage der wissenschaftlichen Erklärung für die Möglichkeiten des Lebens selbst.

Die zweite Bemerkung betrifft Einsteins Glauben an die Erklärbarkeit der
Natur. Er dachte, daß es möglich sein wird, das Endziel jeder Naturwissenschaft zu erreichen — nämlich die Entdeckung eines grundlegenden Natur-
gesetzes, aus dem alles Weitere folgt. Er glaubte, daß ein Grundprinzip alle
Naturvorgänge regelt. Andere große Wissenschaftler haben diesen Glauben
geteilt. So suchte Heisenberg nach einer Weltformel, die alle fundamentalen
Teilchen und Wechselwirkungen enthält.

Es gibt aber auch eine andere Ansicht. Je tiefer wir in die Struktur der Materie
eindringen, um so mehr unerklärte Phänomene erscheinen. Diese Phänomene
sind verborgen und unsichtbar, außer bei allerhöchsten Energien, bei Energien, die weit höher sind als jene, die wir üblicherweise unter irdischen Bedingungen antreffen. Nach dieser Ansicht ist die Natur unerschöpflich. Unsere
Konzepte, Theorien und Ideen passen nur auf die Dinge, die wir bisher beobachtet haben, aber jeder neue entscheidende Schritt zu tieferen Schichten der
Natur wird demnach weitere Arten und Spielarten von Phänomenen liefern.
Die Antworten auf diese grundlegenden Fragen können nur erneute Versuche
liefern, die Natur zu verstehen und zu beobachten.

Die Ansprache von Papst Johannes Paul II.

Gemeinsam mit Eurer Exzellenz [Dr. Chagas] und mit den beiden berühmten
Mitgliedern der Päpstlichen Akademie der Wissenschaften, den Doktoren
Dirac und Weisskopf, freue ich mich über diese Feierstunde zum Andenken
des 100. Geburtstages Albert Einsteins. Der Apostolische Stuhl möchte
Albert Einstein die Ehre erweisen, die ihm für seine eminenten Beiträge zum
Fortschritt der Wissenschaft gebührt — für seine Beiträge zur Kenntnis der
Wahrheit, die im Mysterium des Universums enthalten ist.

Ich fühle mich in voller Übereinstimmung mit meinem Vorgänger, Pius XI.,
und mit denen, die ihm auf dem Stuhl des Heiligen Petrus nachfolgten, wenn
ich die Mitglieder der Päpstlichen Akademie der Wissenschaften und alle
anderen Wissenschaftler einlade, ,,dem Fortschritt der Wissenschaften immer

nobler und intensiver zu dienen, ohne etwas anderes davon zu verlangen. Dieses ausgezeichnete Ziel und diese noble Anstrengung sind eine Mission im Dienste der Wahrheit, die wir den Wissenschaften anvertrauen müssen." (*Motu proprio in multis solaciis*, 28. Oktober 1936 in der Päpstlichen Akademie der Wissenschaften: Acta Apostolica Sedis 28, 1936, S. 424.)

Wissenschaft und Religion

Die Suche nach Wahrheit ist die Aufgabe der Grundlagenforschung. Der Forscher, der sich dieser primären Aufgabe aller Wissenschaft widmet, fühlt die ganze Faszination der Worte des Hl. Augustinus „*Intellectum valde ama*" (*Epist.* 120, 3, 13: *Patrologia Latina* 33, 459) — also „die Intelligenz innig zu lieben", und auch ihre Funktion, dem Wissen um Wahrheit. Grundlagenforschung ist ein Gut, das es wert ist, innig geliebt zu werden, da es Wissen und damit die Perfektion der menschlichen Intelligenz darstellt. Mehr noch als die technische Anwendung muß die Wissenschaft selbst als integraler Teil unserer Kultur geschätzt werden. Grundlagenforschung ist ein universelles Kulturgut, an dem alle Völker Anteil haben müssen, einen Anteil, der keinen intellektuellen Kolonialismus und keine internationale Unterwürfigkeit kennt.

Grundlagenforschung muß auch unabhängig von politischen und ökonomischen Mächten sein. Diese müssen viel mehr zur Entwicklung der Forschung beitragen, ohne deren Kreativität zu behindern oder sie ihren eigenen Zielen zu unterwerfen. Wie jede andere Wahrheit muß auch wissenschaftliche Wahrheit nur sich selbst und der obersten Wahrheit, Gott — dem Schöpfer des Menschen und aller Dinge — Rechenschaft geben.

Der zweite Aspekt der Wissenschaft sind ihre praktischen Anwendungen, die sich in den vielfältigen Aspekten der Technik voll entwickeln. Auf diesem Gebiet konkreter Anwendungen dient die Wissenschaft der Menschheit, um die gerechtfertigten Anforderungen des Lebens zu erfüllen und die verschiedenen Übel zu überwinden, die es bedrohen. Zweifellos hat die angewandte Wissenschaft dem Menschen ungeheure Dienste erwiesen und wird dies auch weiterhin tun, wenn sie durch Liebe inspiriert, durch Weisheit gelenkt und durch Mut begleitet wird, der sie gegen jede unerwünschte Einmischung der Tyrannei verteidigt. Angewandtes Wissen muß sich mit Gewissen verbünden, so daß die Triade Wissenschaft—Technik—Gewissen dem wahren Guten der Menschheit dient.

Unglücklicherweise gilt aber heute, was ich in meiner Enzyklika *Redemptor hominis* zum Ausdruck brachte: „Der Mensch scheint heute stets durch das bedroht, was er hervorbringt...dies erscheint heute als Haupthandlung des Dramas der menschlichen Existenz." (Nr. 15). Der Mensch muß siegreich aus diesem Drama hervorgehen, das sich zur Tragödie zu entwickeln droht, und er muß seine authentische Herrschaft über diese Welt wieder entdecken und seine volle Beherrschung über die Dinge, die er hervorbringt. In der gleichen Enzyklika habe ich geschrieben, daß heute „die grundlegende Bedeutung des ‚Königtums‘ und der ‚Herrschaft‘ des Menschen über die sichtbare Welt, die ihm als Aufgabe vom Schöpfer anvertraut wurde, in der Priorität der Ethik über der Technologie besteht, der Vorherrschaft der Völker über die Dinge und der Überlegenheit des Geistes über die Materie." (Nr. 16).

Diese dreifache Überlegenheit wird soweit aufrechterhalten, als dabei der Sinn der Transzendenz des Menschen über die Welt und Gottes über den Menschen erhalten bleibt. Die Kirche, die ihre Mission als Schützer und Advokat beider Transzendenzen ausführt, glaubt, daß sie der Wissenschaft behilflich ist, ihre Reinheit auf dem Gebiete der Grundlagenforschung zu bewahren und ihre Dienste am Menschen auf dem Gebiete der praktischen Anwendungen zu erreichen.

Andererseits erkennt die Kirche bereitwillig an, daß auch ihr die Wissenschaft von Nutzen war. Der Wissenschaft müssen wir unter anderem zuschreiben, was das Konzil über gewisse Aspekte der modernen Kultur sagte: „Neue Bedingungen beeinflussen schließlich auch das religiöse Leben selbst. Das Aufkommen kritischer Gedanken reinigt es von magischen Ansichten über diese Welt und vom Aberglauben, der immer noch existiert. Dadurch ergibt sich eine persönlichere und explizitere Treue zum Glauben. Dadurch können aber auch viele Menschen Gott lebendiger empfinden." (*Gaudium et spes*, Nr. 7.)

Die Zusammenarbeit zwischen Religion und moderner Wissenschaft dient dem Vorteil beider, ohne in irgendeiner Weise ihre wechselseitige Autonomie zu beeinträchtigen. So wie die Religion religiöse Freiheit erfordert, so fordert die Wissenschaft mit Recht die Freiheit, Forschung auszuführen. In Einklang mit dem ersten Vatikanischen Konzil hat auch das zweite Vatikanische Konzil die gerechte Freiheit der Künste und anderer Anliegen des Menschen auf den Gebieten ihrer eigenen Prinzipien und eigenen Methoden bestätigt und feierlich „die legitime Autonomie der menschlichen Kultur und speziell der Wissenschaften" anerkannt. (*Gaudium et spes*, Nr. 59.) Anläßlich dieses feierlichen Gedenkens an Einstein möchte ich heute wieder den Beschluß des Konzils über die Autonomie der Wissenschaften in ihrer Funktion, der Suche nach der Wahrheit, bestätigen, die der Schöpfung durch den Finger Gottes eingegeben wurde. Von Bewunderung für den Genius des großen Wissenschaftlers erfüllt, dem sich der Einfluß des schöpfenden Geistes offenbarte, und ohne irgendwie in die Lehren bezüglich der großen Systeme dieses Universums wertend eingreifen zu wollen, was nicht in der Macht dieser Kirche steht, empfiehlt die Kirche dennoch, daß diese Lehren von Theologen beachtet werden, um die grundlegende Harmonie zwischen wissenschaftlicher und offenbarter Wahrheit zu enthüllen.

Der Fall Galilei

Herr Vorsitzender, Sie haben sehr richtig betont, daß Galilei und Einstein jeweils eine Ära charakterisieren. Die Größe Galileis wird von allen anerkannt, ebenso wie diejenige Einsteins. Während wir aber den letzteren heute vor dem Kollegium der Kardinäle im Apostolischen Palast ehren, mußte der erstere — was wir nicht leugnen können — viel von Menschen und Organisationen innerhalb der Kirche erleiden. Das Vatikanische Konzil hat die Existenz ungerechtfertigter Eingriffe zugegeben und bedauert: „Wir können nur bedauern — wie in Nr. 36 des Konzilberichtes *Gaudium et spes* ausgeführt — daß sich gewisse Haltungen auch unter Christen finden, die unzureichend über die legitime Autonomie der Wissenschaft informiert sind. Dies führt zu Spannungen und Konflikten und hat vielfach zur Meinung Anlaß gegeben, daß Wissenschaft und Religion Gegenpole sind." Der Bezug auf Galilei geht klar aus der Anmerkung zu diesem Text hervor, der den Band *Vita e opere di Galileo Galilei* von Monsignore Pio Paschini zitiert, der von der Päpstlichen Akademie der Wissenschaften publiziert wurde.

Über diese Meinung des Konzils hinausgehend hoffe ich, daß Theologen, Wissenschaftler und Historiker im Geiste ehrlicher Zusammenarbeit den Fall Galilei noch weiter untersuchen werden. Das Eingeständnis von Fehlern, von welcher Seite sie auch gemacht worden seien, wird das Mißtrauen beseitigen, das diese Angelegenheit in vielen Köpfen noch hervorruft und das der fruchtbaren Harmonie zwischen Wissenschaft und Glauben, zwischen Kirche und der Welt entgegensteht. Ich unterstütze diese Aufgabe mit allen meinen Kräften, eine Aufgabe, die die Wahrheit von Glauben und Wissenschaft ehren und das Tor weiterer Zusammenarbeit öffnen wird.

Erlauben Sie mir, Sie an einige Punkte zu erinnern, die mir in Bezug auf eine richtige Beurteilung von Galileis Fall wichtig erscheinen. In dieser Angelegenheit sind die Übereinstimmungen zwischen Religion und Wissenschaft zahlreicher und vor allem wichtiger als der Mangel an Verständnis, der zu einem bitteren und schmerzlichen Konflikt führte und sich über Jahrhunderte hinwegzog.

Galilei, der mit Recht der Begründer der modernen Physik genannt wird, erklärte explizit, daß die zwei Wahrheiten, des Glaubens und der Wissenschaft, einander niemals widersprechen können. „Die Heilige Schrift und die Natur gehen gleichermaßen vom göttlichen Wort aus, die erstere, da sie vom Heiligen Geist diktiert wurde, die letztere durch ihre treue Ausführung von Gottes Befehlen," schrieb er in seinem Brief an Pater Benedetto Castelli am 21. Dezember 1613 (Nationalausgabe der Werke von Galileo, Band V, S. 282—285). Das zweite Vatikanische Konzil meint nichts anderes und benützt sogar ähnliche Worte, wenn es lehrt: „Methodische Untersuchungen auf jedem Gebiete der Forschung widersprechen niemals dem Glauben, wenn sie in echt wissenschaftlicher Weise und in Übereinstimmung mit moralischen Standards ausgeführt werden, denn die irdischen Angelegenheiten und die Angelegenheiten des Glaubens entstammen dem gleichen Gott." (*Gaudium et spes*, Nr. 36.)

Auch Galilei fühlt in seinen wissenschaftlichen Forschungen die Gegenwart des Schöpfers, der ihn inspiriert, seine Intuition leitet und auch seine innersten Gedanken beeinflußt. Bezüglich der Erfindung des Teleskops schreibt er am Anfang von *Sidereus Nuncius* bezüglich einiger seiner astronomischen Entdeckungen: *„Quae omnia ope Perspicilli a me excogitati divina prius illuminante gratia, paucis abhinc diebus reperta, atque observata fuerunt"* (*Sidereus Nuncius*, Venetiis, apud Thomam Baglionum, MDCX, fol. 4). „All dies wurde in den vergangenen Tagen mit dem ‚Teleskop' entdeckt und beobachtet, das ich erfunden habe, nachdem mich göttliche Gnade erleuchtet hat."

Galileis Berufung auf eine göttliche Erhellung seines Geistes widerspiegelt sich auch in dem Text des Konzils über die Rolle der Kirche in der modernen Welt: „Wer immer die Geheimnisse der Wirklichkeit bescheiden und stetig erforscht, dessen Geist wird durch die Hand Gottes geleitet, auch wenn er sich dessen nicht bewußt ist." (loc. cit.). Die Bescheidenheit, die der Text des Konzils betont, ist eine Tugend, die sowohl für wissenschaftliche Forschung, als auch für eine Hingabe an den Glauben erforderlich ist. Bescheidenheit schafft ein günstiges Klima für jeden Dialog zwischen dem Gläubigen und dem Wissenschaftler. Sie erfordert göttliche Erleuchtung, ob sie nun als solche anerkannt wird oder nicht, die in beiden Fällen von jedem geschätzt werden, der die Wahrheit in aller Bescheidenheit sucht.

Galilei formulierte wichtige Normen erkenntnistheoretischer Natur, die für eine Versöhnung zwischen der Heiligen Schrift und der Wissenschaft unerläßlich sind. In seinem Brief an Christine von Lothringen, der Großfürstin von Toscana, bestätigt er wieder die Wahrheit der Heiligen Schrift: „Die Heilige Schrift kann niemals lügen, sofern ihre wahre Bedeutung verstanden wird, die — was man meiner Meinung nach nicht leugnen kann — sich oft verbirgt und sehr verschieden von dem ist, was eine einfache Interpretation der Worte anzudeuten scheint" (Nationale Galilei-Ausgabe, Band V, S. 315). Galilei führt ein Prinzip der Deutung der Heiligen Bücher ein, das über die wörtliche Bedeutung hinausgeht, aber in Übereinstimmung mit den Absichten und der Art der Darstellung jedes dieser Bücher steht. Es ist notwendig, schreibt er, daß „weise Männer, die diese Bücher erklären, ihre wahre Bedeutung darlegen".

Auch die kirchlichen Autoritäten bestätigen, daß es mehr als eine Art gibt, die Heiligen Schriften zu deuten. Tatsächlich stellt die Enzyklika *Divino afflante Spiritu* von Pius XII. explizit fest, daß es in den Heiligen Büchern verschiedene literarische Stile gibt und sich daher die Interpretation nach dem jeweiligen Charakter richten muß. Die verschiedenen Punkte der Übereinstimmung, die ich erwähnt habe, lösen nicht nur alle Schwierigkeiten des Falles Galilei, sondern können auch beitragen, einen günstigen Anfang einer ehrenhaften Lösung zu finden und eine Geisteshaltung herbeizuführen, die für eine ehrliche und geradlinige Lösung des alten Konfliktes erforderlich ist.

Die Existenz der Päpstlichen Akademie der Wissenschaften, mit der Galilei in gewissem Sinne durch die alten Institutionen assoziiert war, die derjenigen vorangingen, der heute eminente Wissenschaftler angehören, ist ein sichtbares Zeichen, das den Völkern der Welt ohne jede Form der rassischen oder religiösen Diskriminierung zeigt, welch profunde Harmonie zwischen den Wahrheiten der Wissenschaft und den Wahrheiten der Religion bestehen kann.

3

Der unerschöpfliche Albert Einstein

Roman U. Sexl

Im Jahre 1979 feierte die Welt den 100. Geburtstag Albert Einsteins. Üblicherweise ist es eine Übertreibung, wenn jemand behauptet, daß „die Welt" irgendetwas feiert. Im Falle Einsteins trifft es jedoch fast wörtlich zu. In meiner Mappe des Jahres 1979 finden sich Einstein-Artikel aus Indien, Japan, USA, Deutschland ... *Newsweek* und *Time* widmeten Einstein Titelgeschichten, der *Holland Harald* beschäftigte sich mit „Einstein's Dutch Connections" und *Physics Today* brachte eine Portefolio von Einstein-Bildern. Wissenschaftliche Kongresse, Fernsehreihen und zahlreiche Bücher würdigten Einsteins Leben, Werk, Wirkung und Nachwirkung.

Welche Erkenntnisse hat uns diese Jahrhundertfeier gebracht? Welche offenen Probleme wurden geklärt, welche Fortschritte rund um Einsteins Beiträge zur Physik, zum Frieden, zur Erkenntnis- und Wissenschaftstheorie erzielt? Jeder Versuch eines systematischen Überblicks über die ungeheure Literatur, die 1979 und in der Folge erschien, muß notwendig unvollständig bleiben und kann nur persönliche Eindrücke wiedergeben. Dies um so mehr, als eines der wichtigsten Desiderata der Einstein-Forschung, nämlich die gesammelten Schriften, bisher noch nicht vorliegt und noch lange auf sich warten lassen wird. Die wesentlichen Probleme, die der Herausgabe dieses Hauptwerkes der Wissenschaftsgeschichte bisher im Wege standen, wurden aber seit 1979 geklärt, und rasche Fortschritte sind zu erwarten.[1]

Einsteins Beitrag zur statistischen Physik

Die ersten Arbeiten Albert Einsteins galten Problemen der statistischen Mechanik. Ihre historische Bedeutung, ihre Bedeutung innerhalb von Einsteins eigenem Werdegang und ihr grundlegender Charakter für Einsteins Gesamtwerk war vor 1979 nur unzureichend erkannt und untersucht worden.

Bereits in seinen Studienjahren in Zürich war Einstein von der statistischen Mechanik beeindruckt, und auch seine ersten Arbeiten galten diesem Problemkreis. Darin weist er immer wieder darauf hin, wie wenig eigentlich die

33

Statistik auf der Mechanik aufgebaut war und wie sehr sie eigenständig und unabhängig von den zugrundeliegenden mechanischen Systemen hergeleitet werden konnte.

Im Jahre 1903 behandelte Einstein auch das Problem der Irreversibilität und der Schwankungserscheinungen. Sowohl Boltzmann als auch Gibbs hatten vermutet, daß Fluktuationen in Gasen wegen ihrer ungeheuer großen Molekülzahlen niemals beobachtbar sein würden. In seiner Arbeit „Zur allgemeinen molekularen Theorie der Wärme" wendete sich Einstein diesem Problem nochmals zu und versuchte auch, Schwankungserscheinungen in der thermischen Strahlung zu berechnen[2]). Als er dann 1905 „Über die von der molekularkinetischen Theorie der Wärme geforderte Bewegung von den ruhenden Flüssigkeiten suspendierten Teilchen" schreibt, stößt er erstmals auf ein auch empirisch überprüfbares Ergebnis. Er hat den Mut, in der Brownschen Bewegung die von ihm geforderten Fluktuationen zu erblicken und auch einen quantitativen Test zur Überprüfung dieser Vorhersage anzugeben.

Martin Klein meint dazu in seiner Analyse von „Fluctuations and Statistical Physics in Einstein's Early Work": „In diesem Sinn ist Einstein der *Entdecker* der Brownschen Bewegung, der Mann, der die vorher ungedeutete Bewegung kleiner suspendierter Teilchen als etwas erkannte."[3])

Besonders prägnant hat Hiroshi Ezawa Einsteins Beitrag zur statistischen Mechanik zusammengefaßt:

„Erstens wies Einstein durch die Brownsche Bewegung auf die Beobachtbarkeit von Schwankungsphänomenen hin. Dies führte zum ersten überzeugenden Beweis für die Realität der Moleküle. Ferner machte er die Schwankungserscheinungen zu einem brauchbaren theoretischen Werkzeug auf der Suche nach der Fundamentalstruktur von Strahlung und Materie.

Zweitens verallgemeinerte Einstein die statistische Thermodynamik über die Mechanik hinaus. Diese Verallgemeinerung war für die Anwendung der Theorie auf die Strahlung wesentlich, für die ein Hamilton-Formalismus noch nicht entwickelt worden war.

Drittens initiierte Einstein die Quantenstatistik, indem er die Quantennatur der Strahlung auf die ‚verwandten' mechanischen Objekte übertrug."[4])

Vielleicht gibt es aber auch noch einen darüber hinausgehenden Beitrag Einsteins zur statistischen Mechanik: „Man kann Einsteins vierten Beitrag vielleicht darin sehen, daß er es verstand, einfache Bilder zu entwerfen und schlichte Interpretationen zu verschiedenen Problemen der statistischen Thermodynamik zu geben. In Übereinstimmung mit Born erscheint uns Einstein deshalb als einer der Väter der statistischen Mechanik."[4])

> *„Auf meine eigene Entwicklung hat das Michelson-Ergebnis keinen wesentlichen Einfluß gehabt. Ich erinnere mich nicht einmal, ob ich es überhaupt kannte, als ich meinen ersten Artikel über diesen Gegenstand schrieb (1905). Die Erklärung dafür ist, daß ich aus allgemeinen Gründen fest von der Nicht-Existenz einer absoluten Bewegung überzeugt war, und mein Problem war es nur, dies mit unserer Kenntnis der Elektrodynamik zu vereinbaren. Es wird damit verständlich, warum in meinem persönlichen Werdegang das Michelson-Experiment keine Rolle, oder zumindest keine entscheidende Rolle spielte.“*
> *Albert Einstein an F. C. Davenport, 9. Februar 1954*

Die Ursprünge der speziellen Relativitätstheorie

Die Relativitätstheorie ist derjenige Teil des Werkes Albert Einsteins, der seit jeher im Brennpunkt des öffentlichen Interesses stand und über dessen physikalische, erkenntnistheoretische und philosophische Implikationen es Tausende von Artikeln gibt. So könnte man erwarten, daß das Jahr 1979 in dieser Beziehung wenig neue Aspekte lieferte. Doch sind gerade rund um die Ursprünge der speziellen Relativitätstheorie einige wesentliche wissenschaftsgeschichtliche Fragen offen.

Eine der interessantesten Fragen betrifft die Quellen Einsteins. In seiner Originalarbeit zur speziellen Relativitätstheorie bezieht er sich nur in ganz allgemeiner Form auf die „mißlungenen Versuche, eine Bewegung der Erde relativ zum ‚Lichtmedium‘ zu konstatieren“, ohne dabei irgendein Experiment — und vor allem das Michelson-Morley-Experiment besonders hervorzuheben. In dem einleitend zitierten Brief, der allerdings fast 50 Jahre nach der Entstehung der speziellen Relativitätstheorie geschrieben wurde, bestreitet Einstein sogar den wesentlichen Einfluß, der diesem Experiment oft in der Entstehungsgeschichte seiner Theorie zugeschrieben wurde. In der vereinfachten Darstellung mancher moderner Lehrbücher wird die Relativitätstheorie sogar als logische Konsequenz des Michelson-Experiments betrachtet.

Was wußte Einstein? Welche Experimente und welche theoretischen Vorarbeiten von Poincaré, Lorentz und anderen waren dem damals ziemlich isoliert arbeitenden Forscher zugänglich?[5]) Seit Silvio Bergia seinen in diesem Band enthaltenen Artikel über die Ursprünge der Relativitätstheorie verfaßt hat, wurde eine Ansprache bekannt, die Einstein am 17. Dezember 1922 in Kyoto gehalten hatte. Diese Japan-Tournee hatte Einstein daran gehindert, an der Verleihung des Nobelpreises in Stockholm teilzunehmen.

Die auf deutsch gehaltene Ansprache wurde von Yun Ishiwara ins Japanische übersetzt und 1923 publiziert. 1979 erschienen Teile dieser Rede in englischer Übersetzung in einer japanischen Zeitschrift für Wissenschaftsgeschichte. Erst seit *Physics Today* im August 1982 die gesamte Rede Einsteins vorlegte, wurde die „inoffizielle Nobelpreisrede" einer breiteren Öffentlichkeit bekannt[6]). Darin schreibt Einstein über seine Studienzeit:

„Dann wollte ich selbst den Fluß des Äthers relativ zur Erde nachweisen oder, gleichbedeutend, die Bewegung der Erde. Als ich zum erstenmal über dieses Problem nachdachte, zog ich die Existenz des Äthers oder die Bewegung der Erde durch den Äther nicht in Zweifel. Ich dachte an das folgende Experiment mit zwei Thermoelementen: Zwei Spiegel werden so aufgestellt, daß das Licht von einer einzigen Lichtquelle in zwei verschiedene Richtungen reflektiert wird, eine Richtung parallel zur Bewegung der Erde und die andere entgegengesetzt dazu. Wenn wir annehmen, daß zwischen den beiden reflektierten Strahlen eine Energiedifferenz besteht, dann können wir diese Differenz durch die erzeugte Wärme mittels der zwei Thermoelemente messen. Obwohl die Idee dieses Experiments sehr ähnlich derjenigen von Michelson ist, habe ich das Experiment nicht durchgeführt.

Während ich über dieses Problem in meiner Studienzeit nachdachte, erfuhr ich vom seltsamen Resultat des Michelson-Experiments. Bald kam ich zum Schluß, daß unsere Idee über die Bewegung der Erde relativ zum Äther unkorrekt ist, wenn wir Michelsons Null-Resultat als Faktum anerkennen. Das war der erste Weg, der mich zur speziellen Relativitätstheorie führte."

Bemerkenswert ist ferner die Parallelität zwischen Einsteins Aussagen und denjenigen von W. Wien, der in einem Artikel „Über die Differentialgleichungen der Elektrodynamik für bewegte Körper"[6a]) ein Jahr zuvor in den *Annalen der Physik* gemeint hatte: „Da bisher alle Versuche, eine Bewegung des Lichtäthers in dem von Materie freien Raum nachzuweisen, gescheitert sind, liegt für die Theorie keine Veranlassung vor, sich mit der Komplikation einer derartigen Möglichkeit zu befassen". Auch Einstein hatte nur allgemein von den „mißlungenen Versuchen, eine Bewegung der Erde relativ zum Lichtmedium zu konstatieren" gesprochen, ohne dabei ein Experiment hervorzuheben. Wenige Zeilen weiter unten spricht Wien dann vom „negativen Ergebnis des Michelsonschen Interferenzversuches", ohne es für notwendig zu erachten, dieses damals bereits allgemein bekannte Experiment durch ein Zitat zu belegen.

Auch als Wien im nächsten Band der *Annalen der Physik* in eine Polemik mit E. Cohn über seine „Differentialgleichungen der Elektrodynamik" verwickelt wird, erwähnt er nochmals den „Michelson-Morleyschen Interferenzversuch"[6b]), ohne sich veranlaßt zu sehen, ein Literaturzitat anzuführen. Er meint lediglich: „Die Hauptschwierigkeit, auf welche die Lorentzsche Theorie bisher gestoßen ist, die Erklärung des Michelsonschen Interferenzversuches scheint mir noch einer gründlichen theoretischen und experimentellen Bearbeitung zu bedürfen…"

In ähnlicher Weise schreibt auch M. Abraham[6c]) im gleichen Band der *Annalen der Physik*: „Um das negative Resultat des Michelsonschen Interferenzversuches zu erklären, nimmt Lorentz bekanntlich an, daß im Ruhezustand feste Körper infolge der Erdbewegung eine Formveränderung erfahren, mithin anisotrop werden." Wieder werden das Michelsonsche Experiment und seine Erklärung durch Lorentz als bekannt vorausgesetzt.

In seiner „Erwiderung auf die Kritik des Hrn. M. Abraham" schreibt Wien über die „negativen Ergebnisse der Versuche von Michelson und Morley, Rayleigh und Brace über den Einfluß der Erdbewegung auf optische Erscheinungen"[6d]. Wieder fällt das Fehlen von Zitaten auf, aber auch die mangelnde Hervorhebung des Michelson-Morley Experiments unter den anderen Belegen für die Unmöglichkeit, die Erdbewegung im Äther zu bestimmen.

Es erscheint plausibel, daß Einstein diese Artikel, die in der Zeitschrift erschienen, in der er seit einigen Jahren publizierte, gekannt hat.

Warum hatte Einstein später die Rolle des Michelson-Experiments so heruntergespielt? Abraham Pais zitiert dazu in seiner Einstein-Biographie[7]) die Rede „Zur Methodik der theoretischen Physik", die 1930 entstand. Dort heißt es „Nach unserer bisherigen Erfahrung sind wir nämlich zum Vertrauen berechtigt, daß die Natur die Realisierung des mathematisch denkbar Einfachsten ist. Durch rein mathematische Konstruktion vermögen wir nach meiner Überzeugung diejenigen Begriffe und diejenige gesetzliche Verknüpfung zwischen ihnen zu finden, die den Schlüssel für das Verstehen der Naturerscheinungen liefern."[8]) Pais meint dazu: „Es scheint mir, daß Einstein hier die Fähigkeiten des menschlichen Geistes wesentlich überschätzt, sogar eines solch großen Geistes, wie er selbst einer war. Es ist wahr, daß der theoretische Physiker, der keinen Sinn für mathematische Eleganz, Schönheit und Einfachheit hat, in einer wesentlichen Hinsicht verloren ist. In gleicher Weise ist es gefährlich und tödlich, sich ausschließlich auf formale Argumente zu verlassen. Dieser Gefahr ist auch Einstein in seinen späteren Jahren nicht entkommen." Pais vermutet, daß Einstein bereits 1905 von der kinematischen Struktur seiner neu entdeckten Theorie so begeistert war, daß er, von der Mathematik geblendet, seine früheren Überlegungen und Informationen vergaß, die ihn zur Theorie geführt hatten.

Auch eine andere Interpretation von Einsteins zwiespältiger Haltung zum Michelson-Experiment erscheint plausibel. Innerhalb der Äthertheorie spielte das Michelson-Experiment eine besondere Rolle. Während die zahlreichen

Experimente erster Ordnung, die zur Auffindung der Erdbewegung im Äther unternommen worden waren, nach den Ergebnissen von Lorentz keinerlei positives Resultat erwarten ließen und deshalb auch für eine Bestimmung der Erdgeschwindigkeit ungeeignet waren, kam der negative Ausgang des Michelson-Experiments auch für die raffiniertesten Äthertheoretiker ihrer Zeit völlig unerwartet. Nur eine *Ad-hoc*-Hypothese, die Lorentz-Kontraktion, vermochte die Theorie zu retten. So spielte innerhalb der Tradition der Äthertheorie das neue Experiment eine ausgezeichnete Rolle und unterschied sich in seiner Bedeutung wesentlich von den bis dahin vorliegenden Resultaten. Gänzlich anders stellte sich die Lage dar, nachdem Einstein zur Relativitätstheorie gelangt war. All die vielen Experimente, all die „mißlungenen Versuche, eine Bewegung der Erde" zu konstatieren, belegten nun gleichermaßen die Nicht-Existenz des Äthers. Die Auszeichnung des Michelson-Experiments war damit verschwunden, und es war zu einem von vielen Belegen für die Grundpostulate der neuen Theorie geworden. So scheint es nur allzu verständlich, wenn es in der weiteren Diskussion im Rahmen der neuen Theorie keine besondere Rolle mehr spielen sollte[9]).

Vielleicht waren es aber auch Einsteins Erfahrungen im Patentamt, die ihn zu einer skeptischen Haltung gegenüber Experiment und Empirie geführt hatten. Vielleicht hatten allzu viele mangelhafte und unausgereifte Patente ihm das komplexe Verhältnis von Theorie und Experiment nur allzu deutlich demonstriert. So wäre es auch erklärlich, warum Einstein die ihm höchstwahrscheinlich bekannten Experimente von Kaufmann zur Massenbestimmung rasch bewegter Elektronen in Paragraph 10 seiner „Elektrodynamik bewegter Körper" nicht erwähnt. Diese Messungen widersprachen nämlich der dort hergeleiteten „Dynamik des (langsam beschleunigten) Elektrons". Auch läßt er unerwähnt, daß seine Ergebnisse mit denjenigen von Lorentz übereinstimmen, und schließt sich der Darstellungsweise von Abraham an, die diese Übereinstimmung verschleiert. Er vermeidet es auch, spezielle Experimente zur Bestimmung von longitudinaler und transversaler Masse anzugeben und meint nur: „Natürlich würde man bei anderer Definition der Kraft und Beschleunigung andere Zahlen für die Masse erhalten; man ersieht daraus, daß man bei der Vergleichung verschiedener Theorien der Bewegung des Elektrons sehr vorsichtig verfahren muß."

Arthur Miller hat in seiner umfangreichen Geschichte der speziellen Relativitätstheorie[10]), die sich mit ihrer Entstehung und frühen Interpretation beschäftigt, auf diese bemerkenswerten Tatsachen hingewiesen und auch verdeutlicht, wie sehr sich hier Einsteins Haltung von dem übergroßen Respekt unterschied, den beispielsweise Lorentz den Experimenten entgegenbrachte, als er am 8. März 1906 an Poincaré schrieb: „Unglücklicherweise steht meine Hypothese des abgeplatteten Elektrons in Widerspruch zu Kaufmanns Ergebnissen und ich muß sie aufgeben. Ich bin nun mit meinem Latein zu Ende."

Wie sehr unterscheidet sich diese Haltung von Einsteins Schlußworten seiner „Elektrodynamik bewegter Körper": „Diese drei Beziehungen sind ein vollständiger Ausdruck für die Gesetze, nach denen sich gemäß vorliegender Theorie das Elektron bewegen muß."

Gott würfelt nicht!

Während die Relativitätstheorie eine Flut von Publikationen und eine Welle größten öffentlichen Interesses auslöste, war dies bei der Quantentheorie nie im gleichen Ausmaß der Fall. Vielleicht ist dies darauf zurückzuführen, daß ein Verständnis der speziellen Relativitätstheorie scheinbar nur rudimentäre Kenntnisse des Quadratwurzelziehens voraussetzt, während die Wellenmechanik auf Differentialgleichungen aufbaut, die sich weit schwerer auf elementarem Niveau vermitteln lassen. Vielleicht ist es aber auch darauf zurückzuführen, daß sich die Ergebnisse der Relativitätstheorie ohne allzu große Schwierigkeiten in Alltagssprache interpretieren lassen, während eine Ausdeutung des Formalismus der Quantenmechanik in der Sprache des täglichen Lebens weit schwerer ist.

In der Einschätzung Einsteins als Pionier, Wegbereiter, aber auch Skeptiker der Quantenmechanik haben das Jahr 1979 und einige Entwicklungen, die sich unabhängig davon in letzter Zeit vollzogen, Entscheidendes beigetragen.

Wie konnte ein Mann die berühmten drei Arbeiten des Jahres 1905 schreiben? Scheinbar völlig unzusammenhängend, behandeln sie ein Problem der statistischen Mechanik, nämlich die Brownsche Bewegung, das Problem der Lichtquanten und damit ein Grundproblem der Quantenmechanik und schließlich die spezielle Relativitätstheorie, die Lehre von Raum, Zeit und Materie. Es liegt nahe, Zusammenhänge und gemeinsame Grundideen aufzusuchen, wobei Martin J. Klein das Problem der Fluktuationen in seinem Beitrag zu der Tagung in Jerusalem als gemeinsamen Ursprung der Überlegungen zum Konzept des Lichtquants und zur Brownschen Bewegung erweist[11]. Besonders klar wurde dies im Jahre 1909, als Einstein auf der Naturforschertagung zu Salzburg die Schwankungen des Strahlungsfeldes analysierte und zeigte, daß nur Quanten und Wellen gemeinsam zu den richtigen Ausdrücken für die Schwankungserscheinungen eines kleinen Spiegels führen, der in einem Strahlungsfeld frei drehbar aufgehängt ist.

Das Lichtquant war ursprünglich nur als Energiepaket definiert. Das Konzept des Photons als Teilchen mit definierter Energie und definiertem Impuls entstand nur langsam, meint A. Pais in seiner Biographie[12]. Bemerkenswerterweise war es Johannes Stark, später entschiedener Gegner Einsteins, der hier einen wesentlichen Beitrag leistete: „Johannes Stark hatte die Salzburger Tagung besucht, bei der Einstein die Schwankungen des Strahlungsfeldes disku-

*„Die ganzen 50 Jahre bewußter Grübelei haben mich der
Antwort der Frage: ‚Was sind Lichtquanten?‘ nicht näher ge-
bracht.‘‘
Einstein an Besso (1951)*

tiert hatte. Wenige Monate später stellte Stark fest, daß nach der Lichtquan-
tenhypothese der gesamte elektromagnetische Impuls, der von einem beschleunigten Elektron emittiert wird, verschieden von Null ist...‘‘ Als Beispiel
dafür zitiert Stark die Bremsstrahlung, bei der er erstmals eine explizite Berücksichtigung des Photonenimpulses vornahm[12]).

Einstein selbst beschäftigte sich erst wieder 1917, in der bemerkenswerten
Arbeit, die eigentlich die Grundlage des Lasers legte, mit dem Photon.

Aber auch damals blieb noch eine entscheidende Frage ungelöst, ja sogar un-
bemerkt: Das Problem der Statistik der Photonen.

Im Jahre 1924 wandte sich ein junger indischer Physiker, Satjendra Nath Bose
an Albert Einstein, da eine seiner wissenschaftlichen Arbeiten vom *Philosophical Magazine* abgelehnt worden war. Er hatte darin eine neue Herleitung
des Planckschen Strahlungsgesetzes gegeben, aber selbst nicht erkannt, wie
sehr der Inhalt seines Artikels der klassischen Logik widersprach: ,,Ich wußte
nicht, daß meine Ideen wirklich neu waren ... ich kannte statistische Methoden nicht hinreichend genau, um zu erkennen, daß ich etwas ganz anderes als
die Boltzmann-Statistik anwendete. Statt das Lichtquant als ein Teilchen zu
betrachten, sprach ich nur von Zuständen‘‘, meinte Bose später[13]). Einstein
erkannte die Bedeutung der Arbeit sofort, übersetzte sie persönlich ins Deutsche und erklärte in einer Reihe weiterer Arbeiten die Grundlagen der revolutionären Zählweise, die als Bose-Einstein-Statistik in die Geschichte eingegan-
gen ist.

Im gleichen Jahr trug Einstein nochmals entscheidend zur Weiterentwicklung
der Quantenmechanik bei. Bei einer Physiker-Tagung, die im September 1924
in Innsbruck stattfand, schlug er vor, nach ,,Interferenz und Beugungsphäno-
menen mit Molekularstrahlen‘‘ zu suchen. Einstein hatte also zu diesem Zeitpunkt de Broglies Ideen über die Welleneigenschaften der Materie voll aufgegriffen, auf die er nach de Broglies Erinnerungen folgendermaßen gestoßen
war:

,,Als ich im Jahre 1923 den Text meiner Dissertation für das Doktorat de
science geschrieben hatte, wurden drei Exemplare davon angefertigt. Ich
übergab eine davon an M. Langevin, der entscheiden sollte, ob die Arbeit als

> *„Das Gedankenexperiment von Einstein, Podolsky und Rosen ist die Schachtel der Pandora der modernen Physik. Ganz unbeabsichtigt illustrierte es eine unerklärliche Verknüpfung zwischen Teilchen an zwei verschiedenen Orten."*
> *Gary Zukav*, Die tanzenden Wu-Li-Meister

Dissertation angenommen werden konnte. M. Langevin war wahrscheinlich von der Neuheit meiner Ideen ziemlich erstaunt und bat mich, ihm eine zweite maschinengeschriebene Kopie meiner Arbeit zur Übermittlung an Einstein zu übergeben. Nach der Lektüre meiner Ideen meinte Einstein, daß sie ihm sehr interessant erschienen. Daraufhin akzeptierte Langevin meine Arbeit."[14]

Mit der Entstehung der endgültigen Form der Wellenmechanik und ihrer statistischen Interpretation erfolgte Einsteins Abkehr von der von ihm selbst so entscheidend mitgeschaffenen Theorie. Als die 5. Solvay-Konferenz im Oktober 1927 alle Begründer der Quantenmechanik vereinte, dominierte bei Einstein die Skepsis, wie Otto Stern berichtete:

„Einstein kam zum Frühstück und drückte sein Unbehagen über die neue Quantentheorie jedesmal aus, wenn er ein neues Experiment zur Widerlegung der Theorie ersonnen hatte ... Heisenberg und Pauli reagierten aber nicht, sondern meinten nur, ‚ach was, das stimmt schon, das stimmt schon'. Bohr dachte andererseits darüber sehr sorgfältig nach und hatte die Angelegenheit am Abend beim Nachtmahl, zu dem wir uns alle versammelten, im Detail aufgeklärt."[15]

Dennoch nominierte Einstein im Jahre 1931 Heisenberg und Schrödinger für den Nobelpreis und meinte in seinem Begleitschreiben: „Diese Lehre enthält nach meiner Überzeugung ohne Zweifel ein Stück endgültiger Wahrheit."[16]

Doch auch in seiner Skepsis trug Einstein Entscheidendes zur Weiterentwicklung der neuen Theorie bei. Im Jahre 1935 erschien im *Physical Review* der Artikel „Kann man die quantenmechanische Beschreibung der physikalischen Wirklichkeit als vollständig betrachten?" von Albert Einstein, Boris Podolski und Nathan Rosen[17], der seither eine unabsehbare Flut von Reaktionen und Publikationen ausgelöst hat, die mit der Entdeckung der „Bellschen Ungleichungen" durch John Bell im Jahre 1965 einen ersten Höhepunkt fand.

Bells Ergebnisse zeigten, daß die Annahme einer Welt, die in voneinander unabhängige, räumlich getrennte Objekte zerfällt, mit den Vorhersagen der Quantentheorie im Widerspruch steht, wie dies auch Einstein stets betont hatte, als er von der Notwendigkeit einer Theorie ohne „spukhafte Fernwirkungen" sprach. Die volle Bedeutung der neuen Ergebnisse, die von der klassichen Einstein-Podolski-Rosen-Arbeit ausgehend in den letzten Jahren erzielt wurden, hat Selleri in seinem Buch *Die Debatte um die Quantentheorie* zusammengefaßt[18]). An anderer Stelle hat Nathan Rosen seinen heutigen Standpunkt zu der Problematik in einem bemerkenswerten Artikel dargelegt[19]).

Physik und Philosophie im Werke Einsteins

Die Worte Arnold Sommerfelds eröffnen den Reigen der Beiträge zu dem heute schon klassischen Werk *Albert Einstein als Philosoph und Naturforscher*, das erstmals 1955 erschien[20]). Sie sind von einem bemerkenswerten Optimismus getragen, sowohl was die Bedeutung der Physik für die Philosophie betrifft, als auch für den Frieden, der zwischen diesen beiden großen Gebieten menschlicher Erkenntnis eingetreten sein soll. Doch finden wir in den Jahrzehnten davor auch ähnliche Zeugnisse von Philosophen. Der Wiener Philosoph Moritz Schlick beispielsweise stellt an den Beginn seines Werkes *Raum und Zeit in der gegenwärtigen Physik* (1917) die Worte:

„In unseren Tagen ist die physikalische Erkenntnis zu einer solchen Allgemeinheit ihrer letzten Prinzipien und zu einer solchen wahrhaft philosophischen Höhe ihres Standpunktes hinaufgestiegen, daß sie an Kühnheit alle bisherigen Leistungen wissenschaftlichen Denkens weit hinter sich läßt. Die Physik hat Gipfel erreicht, zu denen sonst nur der Erkenntnistheoretiker emporschaute, ohne sie jedoch immer ganz frei von metaphysischer Bewölkung zu erblicken. Der Führer, der einen gangbaren Weg zu diesen Gipfeln zeigte, ist Albert Einstein. ... Die Verbindung der erkenntniskritischen Klärung der Begriffe mit der physikalischen Anwendung, durch die er seine Ideen sofort in empirisch prüfbarer Weise nutzbar machte, ist wohl das Bedeutendste an seiner Leistung..."[21])

Drei Jahre später schreibt dann Hans Reichenbach, einer der Begründer der analytischen Wissenschaftstheorie, in seinem Buch *Relativitätstheorie und Erkenntnis a priori*:

„Die Einsteinsche Relativitätstheorie hat die philosophischen Grundlagen der Erkenntnis in schwere Erschütterung versetzt. Es hat gar keinen Zweck, das zu leugnen, so zu tun, als ob diese physikalische Theorie nur physikalische Auffassungen ändern konnte, und als ob die philosophischen Wahrheiten von ihr unberührt in alter Höhe thronten."[22])

In seiner *Philosophie der Raum-Zeit-Lehre*, die 1928 erschien und von dem amerikanischen Philosophen Wesley C. Salmon als Favorit für den Ehrentitel

> *„Adolf Harnack sagte einmal, wie mir berichtet wurde, im Sprechzimmer der Berliner Universität: ,Man klagt darüber, daß unsere Generation keine Philosophen habe. Mit Unrecht: die Philosophen sitzen jetzt nur in der anderen Fakultät, sie heißen Planck und Einstein.' In der Tat ist mit der großen Arbeit Einsteins im Jahre 1905 das gegenseitige Mißtrauen, das im vorigen Jahrhundert zwischen Philosophie und Physik herrschte, geschwunden.*
> Arnold Sommerfeld, in: Albert Einstein als Philosoph und Naturforscher

„Größtes Werk der Wissenschaftstheorie des 20. Jahrhunderts" bezeichnet wurde[23]), meint Reichenbach:

„Während die klassischen Philosophen im engsten Zusammenhang mit der Naturerkenntnis ihrer Zeit standen, ja zum Teil selbst, wie Descartes und Leibniz, führende Mathematiker und Physiker waren, ist in unserer Zeit zwischen Philosophie und Naturwissenschaft eine Entfremdung eingetreten, die zu einer unfruchtbaren Spannung zwischen beiden Gruppen geführt hat. ... So stehen wir vor dem eigentümlichen Resultat, daß die Entwicklung der exakten Erkenntnistheorie im letzten Jahrhundert nicht von den Philosophen, sondern von den Naturwissenschaftlern vollzogen wurde, daß da, wo man auf einzelwissenschaftliche Dinge zielte, Erkenntnistheorie in sehr viel höherem Maße produziert wurde als da, wo man sie in philosophischen Spekulationen suchte. Und es sind wirklich erkenntnistheoretische Probleme, die hier gelöst wurden."[24])

Auch später, in seinem *Aufstieg der wissenschaftlichen Philosophie*, äußert sich Reichenbach ähnlich:

„In derselben Weise, wie die neue Philosophie ein Nebenprodukt wissenschaftlicher Untersuchungen war, kann man ihre Schöpfer auch nicht Philosophen im eigentlichen Sinne nennen. Es waren Mathematiker, Physiker, Biologen oder Psychologen. ... Erst in unserer Generation gibt es wieder Philosophen von Beruf, die die Naturwissenschaften einschließlich der Mathematik studiert haben und sich auf philosophische Analyse konzentrieren."[25])

„Einstein und Kant", diese Kombination von Namen findet sich in zahlreichen Publikationen der 20er und 30er Jahre, in denen das Verhältnis der neuen Physik zur alten Philosophie analysiert wurde. Ein Beispiel dafür ist „Das Raum-Zeit-Problem bei Kant und Einstein" von Ilse Schneider[26]), einer heute in Australien lebenden Philosophin, die sich anläßlich der Einstein-Feiern an die Kontroversen der 20er Jahre erinnerte:

„Einstein war auch an den erkenntnistheoretischen Folgerungen seiner Theorien sehr interessiert, die zu einer Debatte geführt hatten, die damals hitzig und voller Mißinterpretationen war.

Ganz unerwartet erhielt ich von ihm eine Postkarte, in der er mich bat, eine Arbeit über dieses kontroversielle Thema zu lesen und mit ihm zu besprechen. ... Er schien seine Gedanken im Gespräch zu schaffen und ihnen dabei zugleich eine klare und exakte Formulierung zu geben, wobei er mit spitzbübischem Lächeln oft eine humorvolle Wendung hinzufügte.

Dieses Lächeln stand auch auf seinem Gesicht, wenn er mich herausfordern wollte und beispielsweise meinte: „Ist die gesamte Philosophie nicht wie eine Schrift in Honig? Zunächst erscheint sie wunderbar, aber wenn man genauer hinsieht, so bleibt nur die Oberfläche, nur das Papier." Er selbst hatte nicht nur die Schriften vieler Philosophen gelesen, sondern diskutierte auch gerne über Themen wie Spinozas Metaphysik oder die Erkenntnistheorie von Jung und Kant — worin ich gerne einstimmte.

Nachdem wir einige kompliziertere Probleme über Kants Ansichten über Naturgesetze und ihre Beziehung zur Geometrie diskutiert hatten — Ansichten, die sehr mit Einsteins Meinungen übereinstimmten — ließ mich sein charakteristisches Lächeln eine andere Bemerkung erwarten:

„Kant ist eine Art Landstraße mit zahlreichen Meilensteinen. Dann aber kommen viele kleine Hunde und deponieren ihre Beiträge an diesen Meilensteinen." Scheinbar indigniert meinte ich: „Welch ein Vergleich!" Mit lautem bübischen Gelächter meinte er: „Was wollen Sie? Ihr Kant ist schließlich die Landstraße, und die wird er auch bleiben."[27])

Ernest Nagel schreibt in seinem Beitrag zum Princeton-Symposium über „Relativität und das intellektuelle Leben des 20. Jahrhunderts" über Einsteins Einfluß:

„Das vielleicht klarste und am wenigsten kontroversielle Beispiel dafür, wie die Relativitätstheorie das allgemeine geistige Klima verändert hat, ist der Beitrag zur Wissenschaftstheorie. Die offensichtlichste Erkenntnis, die die Relativitätstheorie zu diesem Gebiet beigetragen hat, ist ihre starke Stütze für die keinesfalls neue Behauptung, daß wissenschaftliche Theorien nicht mit absoluter Sicherheit etabliert werden können."[28])

Einstein selbst hat sich wiederholt zu Fragen der Erkenntnistheorie und der Wissenschaftstheorie (die damals noch nicht voneinander klar abgetrennte Gebiete waren) geäußert. Seine wichtigsten Schriften dazu sind:

Prinzipien der Forschung (1918)
Äther und Relativitätstheorie (1920)
Geometrie und Erfahrung (1921)
Über den Äther (1924)

Zur Methodik der theoretischen Physik (1933)
Physik und Realität (1936)
Das Fundament der Physik (1940)
Quantenmechanik und Wirklichkeit (1948)

Es stellt sich die Frage, ob diese Schriften Einsteins, in denen er seine philosophischen Reflexionen festhielt, ebenso von Einfluß auf die Entwicklung der neuentstehenden Wissenschaftstheorie gewesen sind, wie es seine „Taten", nämlich die Relativitätstheorien waren, die nach den obigen Zeugnissen unzweifelhaft anregend für die Entstehung einer neuen Disziplin der Philosophie gewesen waren. Zu einer sehr negativen Schlußfolgerung kommt hier der Marburger Philosoph Peter Janich in seinem Beitrag „Die erkenntnistheoretischen Quellen Einsteins" zum Berliner Symposion:

„Wer in Einstein den Philosophen oder zumindest den Wissenschaftstheoretiker sehen möchte, wird geneigt sein zu fragen, warum die erkenntnistheoretischen Quellen Einsteins nicht ins Verhältnis zu diesen Traktaten gesetzt werden, wenn sich schon ein Einfluß auf die physikalischen Theorien selbst nicht nachweisen läßt. Meine Antwort ist einfach, wenn sie auch meine Verehrer Einsteins enttäuschen wird. Einsteins ‚gelegentliche Äußerungen erkenntnistheoretischen Inhalts', wie er sie selbst bezeichnete, zählen meines Erachtens nicht zu seinen großen Leistungen. ...

Vom heutigen Standpunkt der Diskussionen der Wissenschaftstheorie hält kein wissenschaftstheoretischer Beitrag Einsteins der Überprüfung stand.

Als Resümee läßt sich deshalb vielleicht ziehen: Es ist zumindest nicht nachweisbar, daß es erkenntnistheoretische Quellen waren, die eine neue Physik durch Albert Einstein haben entstehen lassen. Möglicherweise hat Einstein an diesen Quellen Ermutigung und Bestätigung für seine ohnehin vorhandene Haltung gefunden, möglicherweise auch gesucht. Einstein als Erkenntnistheoretiker und Philosoph ist aber meines Erachtens Teil der Einstein-Legende."[29]

Diese weitreichenden Behauptungen erscheinen im Lichte der gesamten Entstehungsgeschichte der Wissenschaftstheorie überraschend. Denn welcher Beitrag der Wissenschaftstheorie der 20er und 30er Jahre hält „vom heutigen Standpunkt der Diskussion ... der Überprüfung stand"? Gilt dies nur für Einstein oder nicht vielmehr auch für alle anderen Beiträge, auch der „professionellen Philosophen", die damals die ersten Entwicklungsschritte einer neu entstehenden Disziplin wagten? Ist nicht Poppers „Logik der Forschung" in mancher Beziehung nur eine radikalisierte Weiterentwicklung von Einsteins Auffassung über die Bildung physikalischer Theorien? Wenn Einstein in „Geometrie und Erfahrung" schreibt: „Insofern sich die Sätze der Mathematik auf die Wirklichkeit beziehen, sind sie nicht sicher, und insofern sie sicher sind, beziehen sie sich nicht auf die Wirklichkeit." War dies nicht von größtem Einfluß auf Cassirer oder Carnap und ihre Analyse des *A-priori* in der Kantschen Erkenntnistheorie? Viele Fragen bleiben hier offen.

Einstein und die Öffentlichkeit

So wie Ludwig Boltzmann für Karl Kraus und seine *Fackel* in den ersten Jahren dieses Jahrhunderts das Symbol der Naturwissenschaft darstellte, so wurde später Einstein zu eben diesem Symbol. Auch für Karl Kraus:[30])

Sensationelles

Revolverattentat im D-Zug
Prag-Paris

Der Täter springt in einer süd-
deutschen Station aus dem Zug,
wird aber festgenommen.

,,Welche Gleichungen auch immer
gebraucht werden mögen, der
Raum kann niemals etwas sein,
was dem symmetrischen sphäri-
schen Raum der alten Theorie
gleich ist!"

Das rechts soll Einstein in Kalifornien plötzlich ausgerufen haben, wonach großes Aufsehen entstand. Es ist aber — und darin hält die Relativitätstheorie — einleuchtend, daß es im 6 Uhr-Blatt nie wie das links in Fettdruck erscheinen dürfte.

Einstein hat eine neue Weltall-Theorie?
Großes Aufsehen bei einer Diskussion in Kalifornien.

Alles andere interessiert in Wien mehr, und wenn man hört, daß Einstein erklärt habe,

die Grundlagen der allgemeinen Relativitätstheorie seien unbefriedigend und bedürfen einer weiteren Entwicklung,

so ist man nicht so sehr gespannt als befriedigt. Auch die Arbeiter-Zeitung soll mir und sich nichts vormachen, indem sie fragt:

Einstein ändert seine Theorie?

Alle diese Titelfragen haben zwar den Jargon der Neugierde, aber man hört doch stark heraus, daß wir andere Sorgen haben. Gegen die Entscheidung, man müsse ,,genauere Mitteilungen abwarten", ist nichts einzuwenden und eine gewisse Beruhigung der Leser stellt sich zum Schluß ein:

Aber die Relativitätstheorie als solche dürfte davon kaum berührt werden.

Noch beruhigter werden sie sein, wenn sie erfahren, daß der Schreiber der Notiz von jener so wenig weiß wie sie selbst.

Boltzmann auf dem Concordia-Ball: Der Anblick hat etwas Rührendes. Das sind die Gegenbesuche, zu denen sich die Männer der Wissenschaft verpflichtet glauben, nachdem ihnen das ganze Jahr hindurch Reporter die Tür eingerannt haben. Niemand wird durch Schaden weniger klug als ein Professor.
Karl Kraus, Die Fackel, Nr. 177 vom 11. März 1905, Seite 13

Aufschlußreich sind auch die Tagebücher von Harry Graf Kessler, die Einstein in Berlin zeigen:

„Abends gegessen bei Albert Einsteins. Ruhige, hübsche Wohnung im Berliner Westen (Haberlandstraße 5), etwas zu großes und großindustrielles Diner, dem dieses wirklich liebe, fast noch kindlich wirkende Ehepaar eine gewisse Naivität verlieh. Der steinreiche Koppel, Mendelssohns, der Präsident Warburg, Bernhard Dernburg, schäbig wie immer angezogen, usw. Irgendeine Ausstrahlung von Güte und Einfachheit entrückte selbst diese typisch Berliner Gesellschaft dem Gewöhnlichen und verklärte sie durch etwas fast Patriarchalisches und Märchenhaftes.

Einstein und seine Frau, die ich seit ihrer großen Auslandsreise nicht gesehen hatte, antworteten auf meine Fragen über den Empfang in Amerika und England ganz unbefangen, es seien in der Tat große Triumphe gewesen, wobei Einstein die Sache etwas ironisch und skeptisch drehte und meinte, er wisse nicht, warum eigentlich die Leute sich so für seine Theorien interessierten, und die Frau mir erzählte, ihr Mann habe immer gesagt: er komme sich vor wie ein Schwindler, wie ein Hochstapler, der den Leuten gar nicht das bringe, was sie von ihm erwarteten.

. . . . .

Als alle Gäste fort waren, behielten er und seine Frau mich noch zurück, und wir plauderten in der Sofaecke, wobei das Gespräch auf seine Theorien überglitt, indem ich sagte, ich fühlte mehr ihre Bedeutung, als daß ich sie wirklich begriffe. Einstein lächelte und sagte, sie seien aber doch sehr einfach, er wolle sie mir in wenigen Worten so auseinandersetzen, daß ich sie sofort begreifen werde.

Ich solle mir eine Glaskugel denken, die auf dem Tisch ruhte und auf deren Spitze ein Licht angebracht sei. Auf der Oberfläche der Kugel flache (zweidimensionale) Kreise oder ‚Käfer‘, die sich darauf bewegten. Also eine ganz einfache Vorstellung. Die Oberfläche der Kugel sei, wenn man sie zweidimensional betrachte, eine *unbegrenzte, aber endliche* Fläche. Die Käfer bewegten sich also (zweidimensional) auf einer unbegrenzten, aber endlichen Fläche. Wenn man nun die *Schatten* betrachte, die die Käfer dank dem Licht in der

Kugel auf den Tisch würfen, so sei die Fläche, die diese Schatten auf der Tischplatte und deren Verlängerung nach allen Seiten bedeckten, ebenfalls, genau wie die Fläche auf der Kugel, unbegrenzt, aber doch endlich, das heißt, die Zahl der Schattenkegel oder Kegelschnitte durch die ideal vergrößerte Tischplatte entspreche immer nur der Zahl der Käfer auf der Kugel; und da diese Zahl endlich sei, so sei notwendig auch die Zahl der Schatten endlich. Hier hätten wir also die Vorstellung einer zwar unbegrenzten, aber doch endlichen *Fläche*.

Wenn man sich nun statt der zweidimensionalen Käferschatten dreidimensionale konzentrische Kugeln denke, so könne man auf diese genau dieselbe Vorstellung übertragen und habe dann das Bild eines zwar unbegrenzten, aber doch endlichen *Raumes* (dreidimensional). Er fügte hinzu: In diesen Gedankengängen und Vorstellungen beruhe aber gar nicht die Bedeutung seiner Theorie, sondern *in der Verknüpfung von Materie, Raum und Zeit,* im Nachweis, daß keines von diesen dreien für sich allein bestünde, sondern jedes immer von den beiden andren bedingt sei.

Diese unauflösliche Verkettung von Materie, Raum und Zeit sei das Neue an der Relativitätstheorie. Aber er begriffe nicht, warum sich die Leute so darüber aufregten. Als Kopernikus die Erde aus ihrer Rolle als Mittelpunkt der Schöpfung stürzte, sei wohl das Aufsehen begreiflich gewesen, weil in der Tat eine Revolution aller menschlichen Anschauungen dadurch vollzogen wurde. Aber was ändere seine Theorie an der Vorstellungswelt der Allgemeinheit? Diese Theorie vertrage sich mit jeder vernünftigen Weltanschauung oder Philosophie; man könne mit ihr Idealist oder Materialist, Pragmatist oder sonst was sein!" (März 1922)[31])

,,Der ironische (narquois) Zug in Einsteins Gesichtsausdruck, das ›Pierrot lunaire‹-hafte, der lächelnde und schmerzhafte Skeptizismus, der ihm um die Augen spielt, tritt immer stärker hervor. Man muß, wenn er spricht und man sein Gesicht beobachtet, manchmal an den Dichter Lichtenstein denken, an einen Lichtenstein, der nicht über die Oberfläche, sondern über die Wurzeln des menschlichen Hochmuts lächelt." (Dezember 1924)[32])

,,Abends aßen bei mir Albert Einstein mit Frau, die Roland de Margeries, die Gräfin Sierstorpff geb. Stumm, Theodor Wolffs, Helene und Jean Schlumberger (von der Nouvelle Revue Française). Nach Tisch Mme. Mayrisch und Tochter, Goertz, Guseck, Alfred.

Einstein majestätisch trotz seiner übergroßen Bescheidenheit und Schnürstiefeln zum Smoking. Er ist etwas fetter geworden, die Augen aber immer noch fast kindlich strahlend und schalkhaft.

Seine Frau erzählte mir, ihr Mann habe neulich nach vielen Mahnungen endlich die beiden goldenen Medaillen, die ihm von der englischen Royal Society und Royal Astronomical Society verliehen worden sind, im Amt abgeholt, und nachher hätte sie sich mit ihm in einem Kino getroffen. Als sie ihn fragte, wie die Medaillen aussähen, habe er geantwortet, er habe das Paket noch gar nicht geöffnet. Er hat kein Interesse für solche Kinkerlitzchen. Sie gab mir davon noch andre Beispiele. Als die amerikanische Barnard-Medaille, die nur alle vier Jahre an einen hervorragenden Naturforscher verliehen wird, in diesem Jahre Nils Bohr verliehen wurde, stand in den Zeitungen, das letzte Mal habe sie Albert Einstein bekommen. Einstein zeigte ihr eine Zeitung und fragte: Ist das denn wahr? Er hatte es vollkommen vergessen. Er ist nicht dazu zu bringen, den Pour le mérite umzuhängen. Bei einer der letzten Akademiesitzungen machte ihn Nernst darauf aufmerksam, daß er seinen Pour le mérite nicht umhabe, ‚die Frau hat es wohl vergessen, ihn Ihnen umzuhängen; Toilettenfehler‘. Aber Einstein antwortete: ‚Nicht vergessen, nein, nicht vergessen. Ich habe ihn nicht anlegen wollen.‘

Bei Tisch entspann sich ein Gespräch über den Sirius-Mond. Einstein erklärte die sensationelle Entdeckung seiner Schwere und ihrer Bedeutung für die Rotabweichung im Spektrum. Zu Hertz (der ein Neffe des großen Physikers ist) sagte er: „Ihr Onkel hat ein großes Buch geschrieben. Es war darin alles falsch; aber es war trotzdem ein großes Buch.‘" (Februar 1926)[33]

Charakteristisch für Einstein ist auch seine Liebe zur Musik, wobei Robert Mann über ein bemerkenswertes Konzert berichtet, das an einem Sonntag Nachmittag im Jahre 1952 stattfand. Damals spielte das berühmte amerikanische Juilliard-Quartett in Einsteins Haus in Princeton. Nach einem Bartok- und Beethoven-Konzert luden sie Einstein überraschend ein, mit ihnen Mozart zu spielen:

„Einstein protestierte zwar zunächst, daß er schon seit mehr als sieben Jahren nicht mehr zum Violinspiel gekommen sei, ließ sich aber dann doch überreden. Mit größter Konzentration, Koordination und Gefühl für die Tonlage stimmte er ein — doch wurde unser Spiel langsam, langsamer und am langsamsten, um mit Einstein in Einklang zu bleiben...‘"

Beim Abschied meinte Einstein: „Ich liebe Amerika und die amerikanischen Musiker. Sie sind wunderbar. Meine einzige Klage ist, daß amerikanische Musiker ihre Musik in Einklang mit dem Lebenstempo hier zu rasch spielen." Robert Mann antwortete: „Wissen Sie, Herr Dr. Einstein, ich muß leider berichten, daß dies auch für das Juilliard-Quartett gelten soll." Einen Moment schwieg er, und man konnte spüren, wie seine Gedanken dem Mozart nachhingen, den wir so ohne Eile und mit liebendem Respekt für seine Tempowünsche gespielt hatten. „Sie werden auch wegen Ihres schnellen Spiels kritisiert?" Er schüttelte seinen Kopf und sagte: „Ich verstehe nicht warum."[34]

,,Was ist die Zeit? Ein Geheimnis — wesenlos und allmächtig. Eine Bedingung der Erscheinungswelt, eine Bewegung ver-koppelt und vermengt dem Dasein der Körper im Raum und ihrer Bewegung. Wäre aber keine Zeit, wenn keine Bewegung wäre? Keine Bewegung, wenn keine Zeit? Frage nur! Ist die Zeit eine Funktion des Raumes? Oder umgekehrt? Oder sind beide identisch? Nur zu gefragt!"
Thomas Mann, Der Zauberberg, Fischer, Frankfurt 1958, S. 316

Einstein und die Kunst

Wer würde nicht bei der Lektüre dieses Abschnitts aus Thomas Manns *Zauberberg* unmittelbar den Einfluß erkennen, den die Revolution auf dem Gebiet der Physik auf die Kunst hatte? Sollte es nicht viele ähnliche Beispiele für die Wechselwirkung zwischen unterschiedlichen Sphären menschlicher Kultur geben?

Ein Blick in den Briefwechsel von Thomas Mann zeigt die Problematik jeder derartigen Analyse. Schreibt er doch am 12. Oktober 1932 an Käthe Hamburger:

,,Die Schrift über Novalis war mir neu und ich war verblüfft — nicht nur durch ihre mathematische Versiertheit, sondern besonders von Novalis' träumerisch vorwegnehmenden Beziehungen zu Einstein und seinen Theorien. Merkwürdig genug, wie er aus dem Kantisch-Erkenntnistheoretischen ins Physikalische vordringt. Ich hatte das nie beachtet, aber es zeigt sich, daß die Zeit-Spintisierereien im ,Zauberberg' ganz anderer Herkunft sind als die Proustschen, nämlich einer romantischen — so gut wie das ,Biologische' darin. Auch ich verstand mich früher nur (durch Schopenhauer) auf die ,Idealität' von Zeit und Raum, und kam auf ihre physikalischen Beziehungen, ohne Novalis, geschweige Einstein, ordentlich gelesen zu haben."[35]

Kubismus, Futurismus und Marcel Duchamps ,,Akt, eine Treppe herabsteigend" werden oft als andere Beispiele für Entwicklungen genannt, in denen künstlerische Neuerungen zumindest Parallelen zu physikalischen Ereignissen darstellen. Heißt es doch beispielsweise in Marinettis erstem futuristischen Manifest im Jahre 1909:

,,Zeit und Raum starben gestern. Schon leben wir im Absoluten, da wir die Geschwindigkeit geschaffen haben, die ewig und stets gegenwärtig ist."[36]

Was liegt näher als ein Vergleich mit Hermann Minkowskis berühmten einleitenden Worten zu seinem Vortrag ,,Raum und Zeit", den er am 21. September 1908 auf der Naturforscherversammlung zu Köln gehalten hatte:

> *„Licht braucht nicht nur Millionen, sondern gar Milliarden von Jahren, um den Teil der Schöpfung zu durchqueren, den wir mit unseren Teleskopen beobachten. Wenn Gott also den Gesetzen gehorcht, die er anscheinend schuf, kann er zu jeder gegebenen Zeit nur einen infinitesimal kleinen Teil des Universums kontrollieren. Die Hölle könnte (wörtlich?) in 10 Lichtjahren Entfernung ausbrechen, in allernächster kosmischer Nachbarschaft also, und die schlechte Nachricht würde ihn frühestens nach 10 Jahren erreichen. Und nochmals 10 Jahre würden vergehen, bevor Gott irgendetwas dagegen tun könnte…"*
> *Arthur C. Clarke,* Gott und Einstein *(1965)*

„Meine Herren! Die Anschauungen über Raum und Zeit, die ich Ihnen entwickeln möchte, sind auf experimentell-physikalischem Boden erwachsen. Darin liegt ihre Stärke. Ihre Tendenz ist eine radikale. Von Stund' an sollen Raum für sich und Zeit für sich völlig zu Schatten herabsinken, und nur noch eine Art Union der beiden soll Selbständigkeit bewahren."[37])

In einem bemerkenswerten Aufsatz über „Einstein and Art" geht Philip Courtenay diesen Parallelen nach[38]). Die Rolle der neuen Entwicklungen auf dem Gebiet der Telegraphie, die neu geschaffene weltumspannende Kommunikation, wurde ebenso zum Ansatzpunkt umwälzender physikalischer Theorien wie zur Inspiration der Kunst. „Sind Radiowellen ‚abstrakt' oder ‚naturalistisch'?" fragt der revolutionäre russische Architekt El Lissitzky[39]).

Parallelentwicklungen, gemeinsame Wurzeln oder wechselseitige Beeinflussungen von Kunst und Wissenschaft, all dies gilt es im 20. Jahrhundert zu registrieren. Es gab geglückte Beispiele einer Symbiose der „zwei Kulturen", wie C.P. Snow sie später nannte — und es gab auch zahlreiche Mißverständnisse.

Das obenstehende Zitat von Clarke, das aus einem Aufsatz stammt, der Einstein und seinen Einfluß auf die Science Fiction-Literatur charakterisieren soll[40]), gehört wohl nicht zu den besten Beispielen der Wechselwirkungen zwischen Kunst und Kultur. Sollte Gott vielleicht ein Tachyonenfeld sein? Oder ist die Nicht-Lokalität des quantenmechanischen Objektes Gott die Ursache seiner Allgegenwart? Hunderte glücklichere Beispiele für den Einfluß, den Einsteins Revolution auf die Kunst der Utopie hatte, ließen sich finden. Bemerkenswerte Beispiele finden sich etwa bei Jerry Pournelle[41]) oder Peter Schattschneider[42]).

Erst langsam entdecken aber die einschlägigen Institute unserer Universitäten die literarischen Qualitäten, die so manche Science Fiction-Geschichte oder auch mancher Kriminalroman aufzuweisen hat. Aber selbst in den „offiziell" registrierten Literaturgattungen finden sich bereits bemerkenswert frühe Beispiele für den Einfluß von Einsteins Ideen. Aldous Huxley, Bernard Shaw, C.P. Snow oder auch Lawrence Durrell vermag eine Studie von Lee Calcraft hier anzuführen[43]), und Hermann Broch gibt in seiner Trilogie *Die Schlafwandler* sogar eine theoretische Darstellung derjenigen Aspekte von Einsteins Werk, die für Stil und Struktur dieses Romans bedeutend wurden.

Aber auch in Einsteins Werk selbst spielt die Sprache eine bedeutende Rolle. Seine Schwester Maja schreibt in ihren Erinnerungen, daß seine Sprachbeherrschung nur „langsam wuchs und ihm das gesprochene Wort solche Schwierigkeiten bereitete, daß seine Umgebung fürchtete, er würde niemals zu sprechen lernen." Auch Gerald Holton führt in seiner Studie von Einsteins Werk die Schwierigkeiten an, die Einstein bei der Erlernung von Sprachen hatte, und weist auf die entscheidende Rolle hin, die Bilder und Gedankenexperimente bei der Entstehung von Einsteins Theorien spielten[44]). Auffallend — und für mich ungeklärt — ist aber der bemerkenswert flüssige, auch heute noch viel zitierte Stil von Einsteins späteren Schriften und Reden, die durch ihre leichte Lesbarkeit auffallen.

Bemerkenswert ist auch der Einfluß, den Roman Jacobson in seinem Aufsatz „Einstein und die Sprachwissenschaft" den Theorien Einsteins auf diesem Gebiete zuschreibt[45]):

„Diejenigen von uns, die sich mit der Sprache beschäftigten, lernten das Relativitätsprinzip auf linguistische Operationen anzuwenden. Die spektakulären Entwicklungen der modernen Physik trieben uns in diese Richtung, ebenso wie die Bildtheorie und die Praxis des Kubismus, in dem alles ‚auf Beziehungen beruht' und Wechselwirkungen zwischen Teilen und dem Ganzen, zwischen Farbe und Gestalt, zwischen der Darstellung und dem Dargestellten dominieren." „Ich glaube nicht an Dinge" erklärte Bracqe „ich glaube nur an ihre Beziehungen." „... Sowohl der Moskauer Linguistenkreis, eine junge experimentelle Gruppe, die um eine Erneuerung der Sprachtheorie und Poesie kämpfte, als auch die spätere historische Verkörperung dieses Trends, die sogenannte Prager strukturelle Schule, bezogen sich explizit auf Einsteins methodologische Anstrengungen bei ihren Versuchen, die Grundprobleme der Relativität und Invarianz zu verknüpfen."[46])

Auf dem Gebiet der Architektur wurde der von Erich Mendelsohn 1919 zu Berlin errichtete „Einstein-Turm" zum Symbol einer neuen Entwicklung. Zum Studium der Rotverschiebung von Spektrallinien im Schwerefeld erbaut, erfüllte er zwar nie die darin gesetzten Erwartungen, wurde jedoch zu einem bedeutenden Symbol der neuen künstlerischen und wissenschaftlichen Entwicklung. Weniger glücklich war dagegen Sigfried Giedion, dessen „Raum-Zeit und Architektur" wohl Eddingtons „Raum-Zeit und Gravitation" widerspiegeln sollte, dem jedoch Einstein nur sarkastische Worte widmete.

Amüsant ist auch die Anekdote, die Bill Chaitkin in seinem Aufsatz über „Einstein und die Architektur"[47] über Le Corbusier zu berichten weiß, der Einstein 1946 während der Arbeit an seinem Buch *Der Modulor* traf. So uninteressiert war Einstein an der nicht ganz geglückten Präsentation von Le Corbusiers Ideen, daß er sogar inmitten der Unterhaltung eine angefangene Rechnung wieder aufnahm. Am Abend schrieb er gleichsam entschuldigend an Le Corbusier, daß der „Modulor das Schlechte schwer und das Gute einfach macht." So entstand die im Vorwort von Le Corbusiers Werk abgedruckte Einsteinsche „Buchkritik".

Wesentlich ist der Einfluß, den Einstein auf R. Buckminster Fuller hatte, in dessen geodätischen Domen Chaitkin eine „einzigartige strukturelle Verwirklichung der nicht-euklidischen Geometrie" sieht[48].

Wo stehen wir heute?

Was haben die Einstein-Jubiläen nun wirklich gebracht? Was wurde geklärt und was verbleibt noch zu tun?

Zu den bedeutendsten Ergebnissen, die in der umfangreichen Einstein-Literatur zu finden sind, die im Gefolge des Jubiläums von 1979 entstand, gehören zweifellos neben den Berichten von den großen Symposien in Berlin[49], Bern[50], Jerusalem[51] und Princeton[52] die große Einstein-Biographie von Abraham Pais[53], in der erstmals der Versuch gewagt wurde, das gesamte wissenschaftliche Werk Einsteins mit den Kenntnissen und Methoden eines historisch interessierten theoretischen Physikers zu beschreiben und zu analysieren. Zu den bedeutenden Schriften zählt sicher auch Arthur Millers Analyse der Entstehungsgeschichte und der frühen Interpretationen der speziellen Relativitätstheorie[54].

Aus der Geschichte hinaustretend und in den Gegenwartsbezug der heutigen theoretischen Physik zurückkehrend, sind auch die bedeutenden Sammelbände *General Relativity — An Einstein Centenary Survey*[55], der von Steven Hawking und Werner Israel herausgegeben wurde, sowie der von Alan Held betreute Doppelband *General Relativity and Gravitation: One Hundred Years after the Birth of Albert Einstein*[56], der unter dem Patronat der internationalen Gesellschaft für Allgemeine Relativitätstheorie und Gravitation entstanden ist, zu nennen. Diese Bände zeigen, daß in der Fortentwicklung von Einsteins Werk seit 1955, dem Todesjahr Einsteins und dem Berner Kongreß[57], der die „klassische Entwicklung" auf dem Gebiete der Relativitätstheorie gleichsam zusammenfaßte, ein völliger Umbruch und eine fruchtbare Neuentwicklung ungeahnten Ausmaßes eingetreten ist. Kannte man 1955 erst wenige Lösungen der Einsteinschen Feldgleichungen, die gleichsam iso-

Bild 5 Viele Zeitschriften widmeten Einstein anläßlich des 100. Geburtstages ihre Titelseite.

liert und ohne innere Beziehungen zueinander entstanden waren, so sind heute zahlreiche Lösungsfamilien bekannt. Gab es damals nur die berühmten „drei klassischen Tests der allgemeinen Relativitätstheorie", so ist durch die neue Entwicklung auf dem Gebiet der Astrophysik hier eine völlige Wende eingetreten. Quasare, Pulsare und die mögliche Entdeckung Schwarzer Löcher — die auch die Energiequellen der Quasare sein könnten — haben die Physik starker Gravitationsfelder und des Gravitationskollapses zu einem der wichtigsten Forschungsthemen gemacht. Mit den „Singularitätentheoremen", die wir vor allen Steven Hawking und Roger Penrose verdanken[58]), wurde klar, daß die Besonderheiten der Schwarzschild-Metrik, nämlich ihre Singularität im Mittelpunkt, nicht nur ein mathematisches Kuriosum einer Einzellösung der Einsteinschen Gleichungen ist, sondern Singularitäten im allgemeinen unvermeidbar sind und in den entsprechend starken Gravitationsfeldern, die in ihrer Umgebung zu erwarten sind, Gravitation und Quantentheorie eine neue Symbiose eingehen müssen. Steven Hawkings Entdeckung der thermischen Strahlung kleiner Schwarzer Löcher war vielleicht der bedeutendste Fortschritt in Hinblick auf eine konkrete Vereinigung dieser früher so getrennten Teilgebiete der Physik[59]).

Besonders stürmisch verläuft derzeit die Entwicklung auf dem Gebiet der Kosmologie. Die Entdeckung der „kosmischen Hintergrundstrahlung" hat den früher als rein spekulativ empfundenen Urknall zur fast handgreiflichen Realität werden lassen und zu zahlreichen Theorien über die Frühzeit, die ersten drei Minuten oder gar Bruchteile von Sekunden nach der Schöpfung dieses Universums geführt, die ihrerseits Quelle von neuartigen Wechselbeziehungen zwischen Elementarteilchenphysik und Relativitätstheorie wurden.

Zur Wissenschaftsgeschichte zurückkehrend stellt sich nun die Frage: Was verbleibt noch zu leisten? Neben der großen Aufgabe der Herausgabe von Einsteins gesammelten Schriften, die auf einige Jahrzehnte zu veranschlagen ist, sollte die Erarbeitung und Edition von kleineren Teilen des Einstein-Werkes nicht vernachlässigt werden. Auffällig ist, wie wenige von Einsteins Originalarbeiten in der fast unübersehbaren Fülle von Literatur zum Jubiläumsjahr zu finden sind. Als bedeutendstes Beispiel sind hier wohl Einsteins Berliner Akademie-Arbeiten zu nennen[60]), die von der dortigen Akademie der Wissenschaften neu abgedruckt wurden. Die historische Forschung sollte sich aber nicht nur auf Einstein allein beziehen. Zahlreiche andere Physiker haben wesentliche Beiträge zur Weiterentwicklung seiner Theorien geleistet. Auf dem Gebiet der Quantenphysik, auf dem Einstein als einer der großen Neuerer auftrat, ist dies völlig eindeutig, und die Leistungen Heisenbergs, Schrödingers, Paulis, Sommerfelds und vieler anderer wurden hier bereits in wissenschaftshistorischen Werken in ihren geschichtlichen Zusammenhang gebracht. Auf dem Gebiet der Relativitätstheorie verbleibt dagegen noch viel zu tun, um die Schriften von Minkowski, Planck, Laue, Hermann Weyl, Schwarzschild, de Sitter, Eddington und vielen anderen in ihrem Zusammenhang zu analysieren. Darüber hinaus müßte aber auch die Relation von Einsteins Werk zu seinen philosophischen Interpretationen, zu seinen populären Darstellungen, seiner Aufnahme oder Ablehnung unter wissenschaftlichen, philosophischen, politischen und anderen Gesichtspunkten beschrieben und analysiert werden. Angesichts von Tausenden von Titeln, die die Bibliographien zur Relativitätstheorie registrieren, ist dies eine Aufgabe, die innerhalb der heutigen wissenschaftspolitischen Organisation der Wissenschaftsgeschichte kaum lösbar erscheint und ein Teamwork erfordern würde, wie es derzeit nur bei Großforschungsprojekten etwa auf dem Gebiete der Elementarteilchenphysik zu finden ist.

So bleibt Albert Einsteins Einfluß auf unser Jahrhundert für uns auch heute noch, trotz der großen Anstrengungen des Jubiläumsjahres, unerschöpflich und voller Überraschungen.

Anmerkungen

1 Der Einstein-Nachlaß befindet sich nunmehr an der Hebrew University in Jerusalem. Kopien der Dokumente werden in Princeton aufbewahrt. Die Princeton University press bereitet die Herausgabe der Einstein-Schriften vor.
2 A. Einstein, Ann. der Physik 14, 354—362 (1904)
3 Martin J. Klein, Fluctuations and Statistical Physics in Einstein's Early Work. In: Holton/Elkana (1982), S. 39—59.
4 Hiroshi Ezawa, Einsteins Beitrag zur statistischen Mechanik. In: Aichelburg/Sexl (1979), S. 71—90
5 Eine ausführliche Analyse gibt Pais (1982), S. 111—128
6 Y. A. Ono, Einstein's Speech at Kyoto University, Physics Today (1982). Abgedruckt in: NTM Schriftenr. Gesch. Natw. Technik 20, 25—28 (1983). Deutsche Übersetzung: Tagesanzeiger 4.1.1983
6a W. Wien, Ann. d. Physik 13, 641 (1904)
6b W. Wien, Ann. d. Physik 14, 632 (1904)
6c M. Abraham, Ann. d. Physik 14, 236 (1904)
6d W. Wien, Ann. d. Physik 14, 635 (1904)
7 Pais (1982), S. 172
8 Einstein (1956), S. 117
9 Siehe auch G. Holton, Einstein, Michelson und das experimentum crucis. In: Holton (1981), S. 255—371. Hier geht Holton auch auf die Geschichtsverfälschung durch die empirische Grundhaltung vieler Lehrbücher ein.
10 Miller (1981). Siehe 328—32. Millers Schlußfolgerungen wurden von A. French, Science (in Druck), kritisiert.
11 Siehe Anm. 3. Siehe auch G. Holton „Einstein's Scientific Program: The Formative Years", in: Woolf (1980), S. 49—65
12 Pais (1982), S. 198
13 Zitiert nach A. Pais, Einstein on Particles, Fields, and Quantum Theory. In Woolf (1980), S. 197—252. Dort S. 216
14 Private Mitteilung an A. Pais. Siehe Anm. 13, S. 226
15 Anm. 13, S. 229

16 Zitiert nach A. Pais, Anm. 13, S. 231
17 A. Einstein, B. Podolsky, N. Rosen, Phys. Rev. **47**, 777 (1935). Deutsche Übersetzung in: K. Baumann, R. Sexl, Die Deutungen der Quantentheorie, Vieweg, Wiesbaden 1984
18 F. Selleri, Die Debatte um die Quantentheorie, Vieweg, Wiesbaden 1983
19 N. Rosen, Kann man die quantenmechanische Beschreibung der physikalischen Wirklichkeit als vollständig betrachten? In: Aichelburg/Sexl (1979), S. 59−70
20 Schilpp (1979)
21 M. Schlick (1917)
22 H. Reichenbach, Relativitätstheorie und Erkenntnis a priori, Springer Berlin 1920, S. 1. Abgedruckt in: Reichenbach (1977), Band 3.
23 Wesley Salmon, Hans Reichenbachs Leben und die Tragweite seiner Philosophie, S. 25. In: Reichenbach (1977), Band 1, S. 5−82
24 Reichenbach (1977), Band 2, S. 9 und 11
25 Reichenbach (1977), Band 1, S. 223
26 Ilse Schneider (1921)
27 Ilse Rosenthal-Schneider, Reminiscences of Einstein. In: Woolf (1980), S. 521−523
28 Ernest Nagel, Relativity and Twentieth-Century Intellectual Life. In: Woolf (1980), S. 38−46
29 Peter Janich, Die erkenntnistheoretischen Quellen Einsteins. In: Nelkowski (1979), S. 412−427
30 K. Kraus, Die Fackel, Nr. 847−851, März 1931, S. 5−6
31 Harry Graf Kessler, Tagebücher 1918−1937. Herausgegeben von W. Pfeiffer-Belli, Insel, Frankfurt 1982, S. 289−291
32 Anm. 31, S. 414
33 Anm. 31, S. 480
34 Robert Mann, On Playing with Scientists: Remarks at the Einstein Centennial Celebration Concert by the Juilliard Quartet. In: Woolf (1980), S. 526−528
35 Thomas Mann, Briefe 1889−1936, Fischer, Frankfurt 1979, S. 323
36 F. T. Marinetti, Grundlage und erstes Manifest des Futurismus, Le Figaro, 20.2.1909
37 H. Minkowski, Raum und Zeit. In: Lorentz (1958). Dieses Buch ist historisch nicht ganz verläßlich, da es zwischen Fußnoten der Autoren und des Herausgebers nicht erkennbar unterscheidet.
38 Philip Courtenay, Einstein and Art. In: Goldsmith (1980), S. 145−158. Siehe auch Artikel von Erni, Weisskopf und Feinberg in: Epistemologia (1980)
39 Zitiert nach Anm. 38, S. 155
40 Arthur C. Clarke, Einstein and science fiction. In: Goldsmith (1980), S. 159−162
41 Jerry Pournelle, Black Holes, 16 SF-Stories. Bastei, Gergisch Gladbach 1980
42 Peter Schattschneider, Zeitstopp, Suhrkamp, Frankfurt 1982
43 Lee Calcraft, Einstein and relativity theory in modern literature. In: Goldsmith (1980), S. 163−182
44 Holton (1984)
45 Roman Jacobson, Einstein and the Science of Language. In: Holton/Elkana (1982), S. 139−150
46 Anm. 45, S. 146
47 Bill Chaitkin, Einstein and architecture. In: Goldsmith (1980), S. 133−144
48 Anm. 47, S. 142−143
49 Nelkowski (1980)
50 Epistemologia, 3. Jahrgang 1980: Numero Speciale: Centenary Celebration of Albert Einstein (Bern, 12.−17. März 1979)
51 Holton/Elkana (1982)

52 Woolf (1980)
53 Pais (1982)
54 Miller (1981)
55 Hawking/Israel (1979)
56 Held (1980)
57 Helvetica Physica Acta, Supplementum IV. 1956
58 Siehe Artikel von Tipler, Clarke und Ellis, in: Held (1980), 2. Band
59 S. Hawking, Nature **248**, 30—31 (1974)
60 Albert Einstein, Akademie Vorträge, Akademie-Verlag, Berlin, (1979)

1. Schriften Albert Einsteins

Albert Einstein: Mein Weltbild. Ullstein, Frankfurt 1956

Albert Einstein: Briefe an Maurice Solovine. Gauthier-Villars, Paris 1956

A. Einstein und L. Infeld: Die Evolution der Physik. Rowohlt, Reinbek bei Hamburg 1957

A. Einstein und A. Sommerfeld: Briefwechsel. Schwabe, Basel 1968

A. Einstein und M. Born: Briefwechsel. Rowohlt, Reinbek bei Hamburg 1972

A. Einstein und M. Besso: Correspondance 1903—1955. Hermann, Paris 1972

A. Einstein: Grundzüge der Relativitätstheorie. Vieweg, Braunschweig 1969

A. Einstein: Akademie-Vorträge. Akademie-Verlag, Berlin 1979

A. Einstein: Aus meinen späten Jahren. Deutsche Verlagsanstalt, Stuttgart 1979

H. Dukas und B. Hoffmann: Albert Einstein — Briefe. Diogenes, Zürich 1981 (Engl.: Albert Einstein — The Human Side. Princeton U.P. 1975)

C. Kirsten und H.J. Treder (Hrsg.): Albert Einstein in Berlin. Akademie der Wissenschaften, Berlin 1979

H.A. Lorentz, A. Einstein und H. Minkowski: Das Relativitätsprinzip. Wissenschaftliche Buchgesellschaft, Darmstadt 1958

O. Nathan und H. Norden: Albert Einstein — Über den Frieden. Herbert Lang, Bern 1975

2. Biographien und Dokumente zu seinem Leben

E. Broda: Einstein und Österreich. Verlag der Österreichischen Akademie der Wissenschaften, Wien 1980

R. Clark: Albert Einstein — Leben und Werk. Bechtle, Essingen 1974

M. Flückinger: Albert Einstein in Bern. Haupt, Bern 1974

Ph. Frank: Einstein — Sein Leben und sein Werk. Vieweg, Braunschweig 1979

F. Herneck: Einstein und sein Weltbild. Der Morgen, Berlin 1976

F. Herneck: Einstein Privat — Herta W. erinnert sich an die Jahre 1927 bis 1933. Der Morgen, Berlin 1979

C. Lanczos: The Einstein Decade. Academic Press, New York 1974

A. Pais: Subtle is the Lord — The Science and Life of Albert Einstein. Oxfort University Press, Oxford 1982. Deutsch in Vorbereitung bei Vieweg, Braunschweig.

P.A. Schilpp: Albert Einstein als Philosoph und Naturforscher, Vieweg, Braunschweig 1979

W. Schlicker: Albert Einstein — Physiker und Humanist. Illustrierte historische Hefte 26, herausg. vom Zentralinstitut für Geschichte der Wissenschaft der DDR. VEB Deutscher Verlag der Wissenschaften, Berlin 1981
N. Stiller: Albert Einstein. Dressler Verlag, Hamburg 1981
E. Weil: Albert Einstein — A Bibliography of his Scientific Papers 1901—1954. London 1960

3. Tagungsberichte, Kataloge und Jubiläumsberichte

P.C. Aichelburg und R.U. Sexl (Hrsg.): Albert Einstein — Sein Einfluß auf Physik, Philosophie und Politik. Vieweg, Braunschweig 1979
F. Dürrenmatt: Albert Einstein. Diogenes, Zürich 1979
Epistemologia, 3. Jahrgang 1980, Numero Speciale: Centenary Celebration of Albert Einstein (Bern, 12.—17. März 1979)
Gedächtnisausstellung zum 100. Geburtstag von Albert Einstein, Otto Hahn, Max von Laue, Lise Meitner. Berlin, Staatsbibliothek, 1979
M. Goldsmith, A. Mackay und J. Woudhuysen (Hrsg.): Einstein — the first hundred years. Pergamon Press, Oxford 1980
G. Holton und Y. Elkana (Hrsg.): Albert Einstein — Historical and Cultural Perspectives. Princeton University Press, Princeton 1982
Colette M. Kinnon (Hrsg.): The Impact of Modern Scientific Ideas on Society. Reidel, Dordrecht 1981
Feier der 100. Geburtstage von Albert Einstein, Otto Hahn, Max von Laue, Lise Meitner. Berichte und Mitteilungen der Max-Planck-Gesellschaft, Berlin 1979
H. Melcher: Albert Einstein wider Vorurteile und Denkgewohnheiten. Vieweg, Braunschweig 1979
H. Nelkowski et al. (Hrsg.): Einstein Symposium Berlin. Springer, Berlin 1980
National Museum of History and Technology: Einstein — A Centennial Exhibition. Smithsonian Institute, Washington 1979
H.E. Specker (Hrsg.): Einstein und Ulm. Kommissionsverlag W. Kohlhammer, Stuttgart-Ulm 1979
H.J. Treder, Einstein-Centenarium, Akademie-Verlag, Berlin 1979
H. Woolf (Hrsg.): Some Strangeness in the Proportion — A Centennial Symposium to Celebrate the Achievements of Albert Einstein. Addison-Wesley, Reading 1980

4. Zum wissenschaftlichen Werk Albert Einsteins

St. Detweiler: Black Holes, Selected Reprints. American Association of Physics Teachers, New York 1982
S. Goldberg, Understanding Relativity, Birkhäuser, Basel 1984
S.W. Hawking und W. Israel (Hrsg.): General Relativity — An Einstein Centenary Survey. Cambridge University Press, Cambridge 1979
E. Harrison: Kosmologie. Darmstädter Blätter, Darmstadt 1983
A. Held (Hrsg.): General Relativity and Gravitation — One Hundred Years after the Birth of Albert Einstein. Plenum, New York 1980
D. Kramer et al.: Exact Solutions of Einstein's Field Equations. Cambridge University Press, Cambridge 1980
A.I.Miller: Albert Einstein's Special Theory of Relativity. Addison Wesley, Reading 1981
A. Perlmutter und L. Scott: On the Path of Einstein. Plenum, New York 1979

E. Schmutzer: Relativitätstheorie — aktuell. Teubner, Leipzig 1979

R.U. Sexl und H.K. Urbantke: Gravitation und Kosmologie. Bibliographisches Institut, Mannheim 1983

G. Tauber: Albert Einstein's Theory of General Relativity. Crown, New York 1979

C.M. Will: Theory and Experiment in Gravitational Physics. Cambridge University Press, Cambridge 1979

5. Philosophie und Physik

R.B. Angel: Relativity — The Theory and its Philosophy. Pergamon Press, Oxford 1980

J. Earman, C. Glymour und J. Stachel (Hrsg.): Foundations of Space-Time Theories. University of Minnesota Press, Minneapolis 1977

J. Giedymin: Science and Convention. Pergamon Press, Oxford 1982

Loren R. Graham: Dialektischer Materialismus und Naturwissenschaft in der UdSSR. Fischer, Frankfurt 1974

A. Grünbaum: Philosophical Problems of Space and Time. Reidel, Dordrecht 1973

G. Holton: Thematische Analyse der Wissenschaft. Suhrkamp, Frankfurt 1981

G. Holton: Themata. Zur Ideengeschichte der Physik. Vieweg, Braunschweig 1984

B. Kanitscheider: Geometrie und Wirklichkeit. Duncker & Humblot, Berlin 1971

B. Kanitscheider: Philosophie und moderne Physik. Wissenschaftliche Buchgesellschaft, Darmstadt 1979

Hans Reichenbach Gesammelte Werke in 9 Bänden, herausg. von A. Kamlah und Maria Reichenbach. Vieweg, Braunschweig 1977

M. Schlick: Raum und Zeit in der gegenwärtigen Physik. Springer, Berlin 1917

Ilse Schneider: Das Raum-Zeit Problem bei Kant und Einstein. Springer, Berlin 1921

Ilse Rosenthal-Schneider: Reality and Scientific Truth. Discussions with Einstein, v. Laue and Planck. Th. Braum (Hrsg.) Wayne State University Press, Detroit 1980

R. Torretti: Relativity and Geometry. Pergamon Press, Oxford 1983

R. Torrretti: Philosophy of Geometry from Riemann to Poincaré. Reidel, Dordrecht 1978

Teil II

Reminiszenzen

1
Albert Einstein 1879–1955

C. P. Snow *

Im Jahre 1905 veröffentlichte der 26-jährige Albert Einstein fünf Abhandlungen über völlig verschiedene Themen in den „Annalen der Physik". Drei davon gehören zu den bedeutendsten in der Geschichte der Physik. Eine lieferte auf sehr einfache Weise die Quantenerklärung des photoelektrischen Effekts — es war die Arbeit, für die ihm 16 Jahre später der Nobelpreis verliehen wurde. Eine andere befaßte sich mit dem Phänomen der Brownschen Bewegung, der anscheinend regellosen Bewegung von winzigen, in einer Flüssigkeit schwebenden Partikeln. Einstein zeigte, daß diese Bewegungen einem bestimmten statistischen Gesetz folgen. Es war beinahe wie bei einem Zaubertrick — ganz einfach, nachdem es einmal erklärt war. Vorher hatten gestandene Wissenschaftler die konkrete Existenz von Atomen und Molekülen noch bezweifeln können; diese Arbeit aber kam einem direkten Beweis ihrer konkreten Realität so nahe, wie er überhaupt von einem Theoretiker geliefert werden konnte. Die dritte Abhandlung war die spezielle Relativitätstheorie, in der Raum, Zeit und Materie in einer fundamentalen Einheit verbunden wurden. Diese letztere Arbeit enthält weder Literaturverweise noch bezieht sie sich auf eine fachliche Autorität.

Alle fünf Abhandlungen unterscheiden sich stilistisch völlig von den Arbeiten irgendeines anderen theoretischen Physikers. Sie enthalten nur wenig mathematische Berechnungen, dafür aber sehr viele verbale Erläuterungen. Die Schlußfolgerungen — und zwar sehr bizarre Folgerungen — ergeben sich scheinbar mit der allergrößten Leichtigkeit: Die Beweisführung ist unwiderlegbar; sie erweckt den Eindruck, als habe Einstein die Schlußfolgerungen ohne Hilfe der Erfahrung, durch reines Denken und ohne auf die Meinungen anderer zu hören, erreicht — was in einem erstaunlich großen Ausmaß auch tatsächlich der Fall gewesen ist.

---

* *Der Physiker C. P. Snow war zunächst wissenschaftlicher Berater, dann Mitglied der englischen Regierung und wurde zudem als Romanschriftsteller bekannt. In der folgenden Denkschrift sind Auszüge aus seinem Buch* Variety of Men *zusammengestellt.*

Man kann getrost sagen: So lange es die Physik geben wird, wird es sicherlich niemandem gelingen, in einem Jahr drei so bahnbrechende wissenschaftliche Leistungen zu vollbringen. Viele Leute bedauern, daß Einstein nicht sofort anerkannt wurde. Diese Leute sind aber im Irrtum. Schon innerhalb weniger Monate sprachen Physiker in Krakau davon, daß ein neuer Kopernikus geboren worden sei. Und es dauerte dann noch etwa vier Jahre, bis die bedeutendsten deutschen Physiker, wie Planck, Nernst und von Laue, begannen, ihn als ein Genie zu bezeichnen. Einstein hatte noch keine akademische Anstellung, da wurde ihm bereits 1909 in Genf ein akademischer Ehrengrad verliehen. Kurz darauf bot ihm die Universität Zürich (nicht die Technische Hochschule) eine Professur an. Im Jahre 1911 erhielt er einen ordentlichen Lehrstuhl an der Deutschen Universität in Prag. Im Jahre 1912 wurde er nach Zürich an die Technische Hochschule berufen, die ihn zwölf Jahre zuvor nicht hatte anstellen wollen. Im folgenden Jahr wurde er dann in die Preußische Akademie der Wissenschaften — mit einem für damalige Zeiten ungewöhnlich hohen Gehalt — gewählt, wobei er von allen Pflichten außer seinen eigenen Forschungen freigestellt wurde. Zu diesem Zeitpunkt war Einstein 34 Jahre alt. Er wurde also sehr großzügig behandelt, und ich bin deshalb der Meinung, daß sich die akademische Welt, insbesondere die deutschsprachige, in dieser Hinsicht recht gut verhalten hat.

Einige Monate, bevor der Krieg ausbrach, kam Einstein nach Berlin. In der Welt der Wissenschaft war er bereits ein berühmter Mann; und er sollte auch in der Welt außerhalb der Wissenschaft eine solche Berühmtheit erlangen, wie sie kein anderer Wissenschaftler jemals vor ihm und auch nach ihm erfahren hat. Er war Pazifist und beobachtete bald das, was er als den deutschen Wahnsinn bezeichnete, nicht nur in der Bevölkerung, sondern auch bei Mitgliedern der Akademie. Seine Schweizer Nationalität hatte Einstein nicht aufgegeben; sie erwies sich als Schutz, als er mit der für ihn typischen Courage ein Verbündeter von Romain Rolland wurde. Doch schon kurz darauf sollte er das größte Ausmaß an Unpopularität kennenlernen. Er konnte sich darüber jedoch achselzuckend hinwegsetzen; im Mai 1915 schrieb er in diesem Zusammenhang an Rolland: „Sogar die Wissenschaftler aus anderen Ländern benehmen sich so, als habe man ihnen vor acht Monaten das Gehirn amputiert."

Dennoch fand er inmitten des militärischen Getümmels sowohl persönlichen als auch schöpferischen Frieden. Im November 1915 schrieb er an Arnold Sommerfeld, ebenfalls ein ausgezeichneter Physiker, einen der klassischen Briefe der Geschichte der Naturwissenschaften: „Ich hatte im letzten Monat eine der aufregendsten, anstrengendsten Zeiten meines Lebens, allerdings auch der erfolgreichsten. Ans Schreiben konnte ich nicht denken. Ich erkannte nämlich, daß meine bisherigen Feldgleichungen der Gravitation gänzlich haltlos waren! Nachdem so jedes Vertrauen in Resultate und Methoden der früheren Theorie gewichen war, sah ich klar, daß nur durch einen Anschluß an die allgemeine Kovariantentheorie, d. h. an Riemanns Kovariante, eine befriedigende Lösung gefunden werden konnte. Das Herrliche, was ich erlebte, war nun, daß sich nicht nur Newtons Theorie als erste Näherung, sondern auch die Perihelbewegung des Merkur als zweite Näherung ergab. Für die Lichtablenkung an der Sonne ergab sich der doppelte Betrag wie früher."

Sommerfeld schrieb eine vorsichtige und skeptische Antwort. Einstein sandte ihm daraufhin eine Postkarte: „Sie werden von der allgemeinen Relativitätstheorie überzeugt sein, sobald Sie diese studiert haben. Deshalb sage ich vorerst kein Wort zu ihrer Verteidigung."

Sie bedurfte auch keiner Verteidigung. Im Jahre 1916 wurde sie veröffentlicht. Und sobald sie — trotz der wachsenden Wirren des Krieges — England erreicht hatte, waren die englischen Naturwissenschaftler auch sofort der Meinung, daß sie mit größter Wahrscheinlichkeit als richtig anzusehen sei. „Die größte Revolution des Denkens seit Newton", meinten sie sogar. Als Konsequenz seiner Theorie sagte Einstein einen experimentellen Effekt voraus, der von den Astronomen überprüft werden konnte. In seiner Arbeit forderte er sie sogar selbst zu dieser Überprüfung auf. Und die englischen Astronomen entschlossen sich daraufhin, seiner Aufforderung nachzukommen. Im März 1919 — also inmitten der Nachkriegswirren — kündigten sie an, daß am 29. März eine totale Sonnenfinsternis eintreten würde und daß das entscheidende Experiment durchgeführt und Einsteins Theorie getestet werden sollte. Das aber ist eine alte und bekannte Geschichte. Der Test endete natürlich wie von Einstein vorhergesagt, und damit war die Theorie Einsteins gültig.

Wie bei Rutherford und bei vielen anderen Naturwissenschaftlern, so ist es auch im Falle Einsteins: Hätte er nicht gelebt, so wäre doch der größte Teil seiner Arbeit schon bald von einem anderen geleistet worden, vermutlich sogar in ziemlich gleicher Form. Einstein sagte selbst, daß das auf die spezielle Relativitätstheorie durchaus zutreffe. Doch als er dann daran ging, die spezielle Theorie zu verallgemeinern, so daß sie auch das Gravitationsfeld miteinschloß, da leistete er etwas, das sicherlich eine Generation lang nicht geleistet worden wäre, vor allem nicht auf diese Weise. Bekannte und gute Theoretiker meinten in diesem Zusammenhang, daß die Theorie dann doch letztlich in einer Weise formuliert worden wäre, die es anderen leichter gemacht hätte, sie zu verstehen. So aber bleibt sie wie ein außergewöhnlicher Monolith — wie eine Skulptur von Henry Moore —, den nur Einstein allein geformt haben konnte und den er für den Rest seines wissenschaftlichen Lebens bearbeitete, in der Hoffnung, etwas noch Großartigeres daraus zu formen.

Sobald dann die allgemeine Theorie veröffentlicht war (Einsteins Ruhm hatte sich bereits vor der Bestätigung der Theorie verbreitet), gestaltete sich sein öffentliches Leben in einer Weise, wie sie kein anderer Naturwissenschaftler wahrscheinlich jemals erleben wird. Niemand weiß genau warum, doch überall auf der ganzen Welt drang sein Name ins öffentliche Bewußtsein als das Symbol für die Naturwissenschaft schlechthin; er galt als das große intellektuelle Genie des 20. Jahrhunderts und oft sogar als der Fürsprecher für die Hoffnungen der Menschen. Es scheint, daß die Menschen — vielleicht als eine Art Befreiung von den Schrecken des Krieges — ein menschliches Wesen brauchten, das sie verehren konnten. Es stimmt wohl, daß sie das, was sie da verehrten, gar nicht verstanden. Doch das machte wohl nichts: Sie glaubten, jemanden von höchster, wenn auch mysteriöser Vortrefflichkeit vor sich zu haben.

Während der 20er Jahre wurde Einstein zum Verfechter vieler gerechter Anliegen. Er wurde Zionist, obwohl sein religiöses Denken ganz und gar nicht judaistisch war: Doch er stand auf der Seite Zions, und zwar aus Gründen der Loyalität und auch, weil er empfand, daß die Juden die Beleidigten und Geschlagenen dieser Welt seien. Er bemühte sich sehr, den internationalen Pazifismus zu verbreiten. Heute klingt das für uns vielleicht seltsam, aber die 20er Jahre waren eine Zeit der Ideale; und sogar Einstein, einer der am wenigsten beeinflußbaren Männer, glaubte an sie. In seinen späteren Lebensjahren pflegten ihn einige Amerikaner als naiv zu bezeichnen. Das stört mich jedoch: Er war nicht im geringsten naiv. Was sie damit meinten, war vielmehr folgendes: Er war nicht der Auffassung, die Vereinigten Staaten seien immer hundertprozentig im Recht und die Sowjetunion stets im Unrecht.

Einstein war einer der größten öffentlichen Gegner Hitlers. Er hielt sich in der Zeit, als Hitler Kanzler wurde, nicht in Deutschland auf. Er war zwar ein mutiger Mann, doch nun mußte er befürchten, daß er getötet würde, kehrte er nach Deutschland zurück. Und so verlebte er den größten Teil des Jahres 1933 in dem kleinen flämischen Badeort De Haan (Le Coq-sur-mer). Belgien gefiel ihm, denn er fühlte sich immer am wohlsten in kleinen beschaulichen Ländern (Holland war ihm eigentlich das liebste Land). Doch andererseits fühlte er sich dort vor den Nazis nicht sicher. Nur widerwillig begab er sich daher erneut auf Reisen: Er ging nach Princeton und blieb dort bis zu seinem Tode.

Es war freilich eine Art Exil, denn es besteht kein Zweifel, daß er, der eigentlich niemals irgendeinen Ort als seine Heimat angesehen hatte, doch manchmal Sehnsucht nach den Lauten und Gerüchen Europas verspürte. Wie auch immer: in Amerika sollte er die höchste Weisheit erlangen und auch das höchste Leid erleben. Seine Frau starb schon bald, nachdem er in Amerika angekommen war. Sein jüngster Sohn kam während dieser Zeit in eine Nervenklinik. Einsteins Heiterkeit war dadurch schließlich zerstört worden. Ihm blieb nur seine Pflicht gegenüber den anderen Menschen.

Doch noch etwas anderes war ihm geblieben: Noch immer konnte er sich selbst und alles andere vergessen, wenn er über die Welt der Natur nachdachte. Das wurde zur tiefsten Wurzel seines Daseins; sie blieb stark bis zu jener Nacht, in der er starb. In der Öffentlichkeit sagte er einmal: „Wer auch immer einen Gedanken findet, der einen auch nur etwas tieferen Einblick in die ewigen Geheimnisse der Natur ermöglicht, dem ist große Gnade zuteil geworden." Er selbst hörte niemals auf — und das war die Gnade seiner Einsamkeit — gerade solche Gedanken zu suchen. Anders als Newton, der die Physik ganz aufgab, um "Master of the Mint" (Meister des Münzamtes) zu werden und Bibeltextforschungen zu betreiben, arbeitete Einstein unbeirrbar weiter an der Wissenschaft, und zwar auch dann noch, als die meisten Theoretiker, selbst die besten, sich längst etwas weniger Beschwerlichem zugewandt haben. Doch schlug er bei seiner Arbeit einen Weg ein, der — und das war das eigentlich Seltsame in seinem Leben — dem seiner bedeutendsten Kollegen genau entgegengesetzt war. Bei den Problemen des öffentlichen Lebens, d. h. in seiner Haltung gegenüber dem Militarismus, gegenüber Hitler, gegenüber Grausamkeit und Unvernunft, hatte ihn nichts dazu bringen können, seinen Standpunkt zu ändern. In der stilleren Welt der theoretischen Physik beharrte er mit derselben ruhigen, aber totalen Unnachgiebigkeit auf seinem Standpunkt — selbst gegenüber dem geballten Druck der Kollegen, die er schätzte, wie Bohr, Dirac und Heisenberg, den größten Köpfen seines Faches.

Sie waren der Meinung, daß die fundamentalen Gesetze statistischer Natur seien und daß, wenn es um Quantenphänomene ging, Gott würfeln müsse — um es in Einsteins bildhafter Sprache auszudrücken. Er selbst glaubte jedoch an die klassische Determination und an die Möglichkeit, schließlich eine große Feldtheorie zu erstellen, in der der traditionelle Begriff der Kausalität wieder hervortreten würde. Jahr für Jahr bemühte er sich, seine eigene Position zu erklären und immer wieder neu zu bestimmen.

So schrieb er an Carl Seelig: „Ich unterscheide mich in meinen Ansichten über die Grundlagen der Physik ganz klar von beinahe allein meinen Zeitgenossen, und deshalb kann ich es mir nicht erlauben, als Sprecher der theoretischen Physiker aufzutreten. Insbesondere glaube ich nicht an die Notwendigkeit einer statistischen Formulierung der Gesetze."

An Max Born schrieb er: „Ich kann nämlich sehr gut verstehen, warum Du mich für einen verstockten alten Sünder ansiehst. Aber ich fühle deutlich, daß Du nicht verstehst, wie ich zu meinem einsamen Weg komme; es würde Dich gewiß amüsieren, wenn es auch ausgeschlossen ist, daß Du meine Einstellung billigen würdest. Ich würde auch Vergnügen daran haben, Deine positivistische philosophische Einstellung zu zerzupfen."

An James Franck schrieb er: „Schlimmstenfalls kann ich mir noch vorstellen, daß Gott eine Welt hätte schaffen können, in der es keine natürlichen Gesetze — also kurz gesagt: ein Chaos — gibt. Aber daß es statistische Gesetze mit endgültigen Lösungen geben soll, d. h. Gesetze, die Gott in jedem einzelnen Fall zwingen zu würfeln, das finde ich im höchsten Maße unangenehm."

Gott würfelt nicht, sagte er immer wieder. Und obwohl er fast 40 Jahre daran arbeitete, entdeckte er doch niemals seine einheitliche Feldtheorie. Es stimmte wohl, daß seine Kollegen, die ihn leidenschaftlich verehrten, ihn manchmal auch für einen „verstockten alten Sünder" hielten, denn sie waren der Meinung, daß er die Hälfte der geistigen Schaffenskraft des größten lebenden Intellekts vergeudet habe.

Die Argumente sind auf beiden Seiten höchst beeindruckend und scharfsinnig. Man kann ihnen jedoch ohne ein gewisses Maß an physikalischen Kenntnissen nicht folgen; dennoch sollten Bohrs „*Diskussion über erkenntnistheoretische Probleme*" und Einsteins Antwort darauf zum Bildungsprogramm eines jeden Menschen gehören. Niemals wieder hat es eine so tiefgründige intellektuelle Auseinandersetzung gegeben; und da beide Männer von großmütiger Gesinnung waren, wurde sie auf beiden Seiten mit noblem Feingefühl geführt. Wenn Menschen schon einmal in Widerspruch geraten über ein Problem, das ihnen am Herzen liegt, so ist dies die Art und Weise, wie sie sich dabei verhalten sollten.

Die große Auseinandersetzung erreichte erst ihren Höhepunkt, als Einstein schon alt war, also Jahre nach dem Krieg. Sie wurde niemals entschieden. In gegenseitiger Bewunderung zogen sich Einstein und Bohr geistig immer weiter voneinander zurück. Als ich Einstein im Jahr 1937 traf, hatte er sich innerlich bereits völlig und, wie sich schließlich zeigen sollte, endgültig von den anderen Theoretikern gelöst.

Zwei Jahre später unterschrieb Einstein dann jenen wohlbekannten Brief an Roosevelt über die Möglichkeit einer Atombombe. Doch dieses Ereignis wurde viel zu sehr dramatisiert. Einsteins Wesen war wohl dazu angetan, jede Art von Mythenbildung zu fördern. Einige dieser Mythen sind wahr und auch bedeutsam; der hier angesprochene Mythos aber ist unbedeutend, obwohl er tatsächlich der Wahrheit entspricht.

Ich will versuchen, den Hintergrund dieser Sache zu erklären. Zunächst sei darauf hingewiesen, daß Einsteins Arbeit weder mit der Entdeckung noch mit dem potentiellen Nutzen der Kernspaltung zu tun hatte. Seit Erscheinen der Abhandlung von Meitner und Frisch im Januar 1939 war die Kernspaltung für alle interessierten Physiker eine bekannte Tatsache. Wie Niels Bohr damals sagte, hätte eigentlich jeder die Bedeutung von Hahns Experimenten im Jahre 1938 bereits viel früher erkennen müssen. „Wir waren alle Narren!" Zweitens spekulierte man über den möglichen Nutzen der Kernenergie bereits lange bevor Einstein die Gleichung $E = mc^2$ vorlegte. Nach den Spaltungsexperimenten hätte das empirisch klar ersichtlich sein müssen, auch wenn es gar keine Theorie gegeben hätte. Jeder Atomphysiker auf der Welt — und auch mancher Nicht-Atomphysiker — sprach ab Anfang 1939 über die Vorstellbarkeit einer Atombombe. Drittens wollten alle verantwortungsbewußten Nuklearphysiker ihren Regierungen diese Neuigkeit so eindringlich als möglich ins Bewußtsein rufen. Das geschah in England Monate bevor der Einstein-Brief unterschrieben wurde. Viertens hatte eine Gruppe von geflüchteten Naturwissenschaftlern (Szilard, Wigner, Teller, Fermi) natürlich keinen direkten Zugang zum Weißen Haus. Sie erklärten Einstein diese Situation sehr einleuchtend, und er verstand das auch. Dagegen würde ein von ihnen verfaßter und von Einstein unterschriebener Brief, weitergeleitet von einem Wirtschaftsfachmann namens Sachs, der Zutritt zum Präsidenten hatte, direkt zu Roosevelt gelangen. „Ich diente nur als Briefkasten", sagte Einstein. Der Brief wurde am 2. August auf Long Island unterschrieben; er erreichte Roosevelt jedoch erst am 11. Oktober. Fünftens: Wäre dieser Brief nicht geschrieben worden, so wären Roosevelt eben andere Botschaften ähnlichen Inhalts vorgelegt worden.

Es ist zu bedauern, daß die Geschichte mit dem Brief das eigentliche moralische Dilemma der letzten Jahre Einsteins verdunkelt hat, und das lag in der Frage: Nun, da die Bombe existiert, was soll da der Mensch tun? Einstein konnte keine Antwort finden, auf die die Menschen gehört hätten. Er trat als Verfechter eines Weltstaates auf, doch das machte ihn nur verdächtig, und zwar sowohl in der Sowjetunion als auch in den Vereinigten Staaten. Schließlich gab er 1950 im Fernsehen vor Millionen Zuschauern eine eschatologische Warnung ab:

„Die H-Bombe erscheint am Horizont der Öffentlichkeit als wahrscheinlich erreichbares Ziel. Ihre beschleunigte Entwicklung wird vom Präsidenten feierlich proklamiert. Ist sie erfolgreich, so bringt sie die radioaktive Verseuchung der Atmosphäre und damit die Vernichtung alles Lebendigen auf der Erde in den Bereich des technisch Möglichen. *Das Gespenstige dieser Entwicklung liegt in ihrer scheinbaren Zwangsläufigkeit. Jeder Schritt erscheint als unvermeidliche Folge des vorangehenden. Als Ende winkt immer deutlicher die allgemeine Vernichtung.*"

Nach dieser Rede schlug ihm in Amerika noch mehr Mißtrauen entgegen. Praktische Folgen zeigten sich nicht, denn niemand schenkte ihm Gehör. Nach Ansicht der meisten zeitgenössischen Militärwissenschaftler wäre es überdies weitaus schwieriger, den Menschen völlig zu eliminieren, als Einstein damals glaubte. Doch die interessantesten Sätze sind zweifellos die kursiv gedruckten: Sie entsprechen ganz und gar der Wahrheit. Und je mehr man mit diesen Schrecken zu tun gehabt hat, umso wahrer erscheinen sie einem.

Einstein unterstützte auch andere warnende Appelle an die Öffentlichkeit; einen davon unterschrieb er noch in der letzten Woche seines Lebens. Er erwartete nicht, daß sie tatsächlich Wirkung zeigen würden. Zwar bewahrte er sich die Hoffnung seines starken Gemüts, doch in intellektueller Hinsicht scheint er keinerlei Hoffnung mehr gehabt zu haben.

Einstein war von kräftiger Natur. Auch seine Gesinnung und sein Charakter waren so stark, wie man es sich bei einem Menschen nur wünschen kann. Er war es gewöhnt, einsam zu sein. „Es ist seltsam", schrieb er einmal, „allgemein so bekannt und doch so einsam zu sein". Doch es machte ihm nichts aus. Auch in seiner Suche nach der einheitlichen Feldtheorie war er einsam; und diese war das große Thema seines Lebens. Doch er trug das alles unerschütterlich und arbeitete mit stoischer Ruhe weiter. Er sagte: „Man muß seine Zeit zwischen Politik und mathematischen Gleichungen einteilen, doch die Gleichungen sind mir sehr viel wichtiger."

Von seinen späten 60er Jahren bis zu seinem Tod im Alter von 76 Jahren war er ständig krank. Er litt an einer Darmwucherung, einer Lebererkrankung und schließlich einer Schwächung der Aortawand. Gegen Ende begleiteten ihn körperliche Beschwerden und oft akute Schmerzen. Und doch blieb er dabei heiter, gelassen und distanziert, sowohl gegenüber der eigenen Krankheit als auch gegenüber dem Herannahen des Todes. Er arbeitete stets weiter, und so war sein Lebensende weder besonders elend noch pathetisch. „Hier auf Erden habe ich meine Arbeit getan", sagte er ohne Selbstmitleid.

Eines Sonntagabends lagen an seinem Bett einige Manuskriptseiten. Sie enthielten weitere Gleichungen, die zur einheitlichen Feldtheorie führen sollten, die er niemals gefunden hat. Er hoffte, am nächsten Morgen weniger Schmerzen zu haben, um daran weiterarbeiten zu können. Am frühen Morgen starb er; die Todesursache war arterielles Aneurysma.

(Aus: *Variety of Men*)

2

Auszüge aus einer Denkschrift

*Maurice Solovine**

Als ich eines Tages während der Osterferien 1902 durch die Straßen Berns spazierte, kaufte ich mir eine Zeitung und sah zufällig eine Anzeige, die besagte, daß Albert Einstein, ein ehemaliger Student der Züricher Technischen Hochschule, Physikunterricht für drei Franken die Stunde anbot. Ich sagte mir: „Vielleicht kann mich dieser Mann in die Geheimnisse der Physik einführen." Ich machte mich also auf den Weg zur angegebenen Adresse, stieg die Treppe hoch und klingelte. Ich hörte ein lautes „Herein", und dann erschien Einstein. Da die Tür seiner Wohnung in einen dunklen Vorraum führte, fiel mir besonders die außergewöhnliche Klarheit seiner großen Augen auf.

Nachdem ich eingetreten war und mich gesetzt hatte, erklärte ich ihm, daß ich zwar Philosophie studiere, daß ich aber auch meine Physikkenntnisse zu vertiefen wünsche, um eine sichere Kenntnis der Natur zu bekommen. Er erzählte mir daraufhin, daß er selbst in jüngeren Jahren ein brennendes Interesse an der Philosophie gehabt hätte, daß ihn aber deren Unbestimmtheit und Willkür schließlich davon abgebracht hätten und daß er sich nun auf die Physik beschränke. Wir sprachen beinahe zwei Stunden lang über alle möglichen Dinge, und wir schienen viele gemeinsame Ideen und verwandte persönliche Neigungen zu haben. Als ich mich dann anschickte zu gehen, begleitete er mich, und wir unterhielten uns auf der Straße noch ungefähr eine halbe Stunde lang und kamen dann überein, uns am nächsten Tag wieder zu treffen ...

Ich bewunderte seinen außergewöhnlich durchdringenden Verstand und seine erstaunliche Beherrschung der physikalischen Probleme. Er war kein brillanter Sprecher und benutzte auch keine lebendigen, bildhaften Ausdrücke. Er erklärte die Dinge vielmehr mit langsamer und gleichmäßiger Stimme, aber bemerkenswert leicht verständlich. Um seine abstrakten Vorstellungen leichter

---

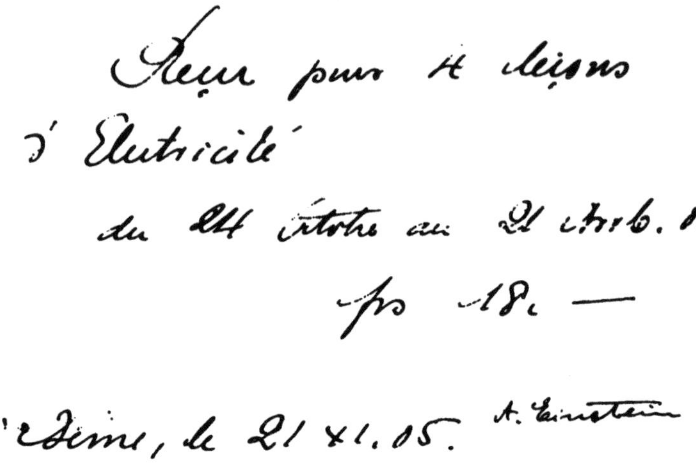

Reçu pour 4 leçons d'Electricité du 24 octobre au 21 Nov. 05 frs 18.—

Berne, le 21 XI. 05. A. Einstein

Bild 6 Quittung für vier Unterrichtsstunden über „Elektrizität", die Einstein Ende 1905 gegeben hat

verstehbar zu machen, pflegte er manchmal Beispiele aus der Alltagserfahrung zu bringen. Obwohl Einstein die Mathematik mit unvergleichlicher Geschicklichkeit beherrschte, beklagte er doch oft den Mißbrauch der Mathematik in der Physik. „Physik" meinte er, „ist im wesentlichen eine intuitive und konkrete Wissenschaft. Die Mathematik dagegen ist nur ein Mittel, um die Gesetze zum Ausdruck zu bringen, die die Phänomene beherrschen."

Einige Wochen später schloß sich unseren Zusammenkünften Conrad Habicht an, den Einstein bereits in Schaffhausen gekannt hatte und der nun nach Bern gekommen war, um sein Studium abzuschließen mit der Absicht, später Mathematik an der Mittelschule zu unterrichten. Wir trafen uns mit Einstein auch zum Essen. Diese Essen waren überaus frugal. Für gewöhnlich bestand das Menü aus Wurst, einem Stück Greyerzer Käse, aus Obst und einem kleinen Topf Honig und einer oder zwei Tassen Tee. Aber dabei schäumten wir über vor Heiterkeit.

Zu der Zeit, da ich Einstein kennenlernte, hatte er nur eine Stellung auf Probe beim Patentamt und wartete voll Ungeduld auf eine endgültige Anstellung. Zur Verbesserung seines Lebensunterhalts war er gezwungen, Schüler anzunehmen, die freilich nur schwer zu finden waren und außerdem nicht viel Geld einbrachten. Eines Tages sagte er zu mir, daß man als Violinspieler auf öffentlichen Plätzen wesentlich leichter seinen Lebensunterhalt verdienen könne. Darauf antwortete ich ihm, daß ich — falls er sich dazu entschließe — das Gitarrespielen erlernen würde, um ihn begleiten zu können.

Das Ende des 19. und der Beginn des 20. Jahrhunderts war eine heroische Zeit für die Grundlagen der Wissenschaft, und diesem Thema galt unser Hauptinteresse. Einstein bevorzugte die genetische Methode beim Studium grundlegender Ideen: Zu ihrer Veranschaulichung griff er auf seine Beobachtungen von Kindern zurück. Außerdem ergötzte er uns von Zeit zu Zeit mit Schilderungen seiner eigenen Arbeit, die bereits seine Verstandeskraft und große Originalität erkennen ließ. Es war im Jahre 1903, als er seinen bemerkenswerten Aufsatz *Theorie der Grundlagen der Thermodynamik* veröffentlichte, 1904 folgte *Allgemeine molekulare Theorie der Wärme* und 1905 schließlich sein großes Werk *Elektrodynamik bewegter Körper*, in dem er die spezielle Relativitätstheorie vorlegte. Hier muß erwähnt werden, daß damals niemand, mit Ausnahme von Max Planck, die außerordentliche Bedeutung dieser Abhandlung erkannte.

Ich will eine Geschichte erzählen, die zeigt, wie stark Einstein von Problemen gefesselt werden konnte, die ihn interessierten: Auf unseren Spaziergängen durch Bern kamen wir gewöhnlich an einem Lebensmittelgeschäft vorbei, in dessen Schaufenster die verschiedensten Delikatessen ausgestellt waren, darunter auch Kaviar. Wenn ich ihn sah, mußte ich immer daran denken, wie gern ich in meinem Elternhaus in Rumänien Kaviar gegessen hatte. Dort war er relativ billig gewesen, in Bern dagegen unerschwinglich teuer. Das hinderte mich aber nicht daran, Einstein gegenüber davon zu schwärmen. „Ist er wirklich so gut?" fragte er. „Du kannst Dir nicht vorstellen, wie köstlich er ist", antwortete ich. Und eines Tages im Februar sagte ich dann zu Habicht: „Wir wollen Einstein eine besondere Freude machen und ihm an seinem Geburtstag am 14. März Kaviar servieren." Wenn Einstein etwas Außergewöhnliches aß, pflegte er ganz ekstatisch zu werden und es in den höchsten Tönen zu preisen. Und so freuten wir uns schon bei dem Gedanken, wie begeistert er sich wohl diesmal äußern würde, bei diesem ganz besonderen Anlaß. Am 14. März gingen wir nun zum Essen in seine Wohnung, und wie ich sonst die Wurst usw. serviert haben würde, verteilte ich den Kaviar auf drei Tellern, bevor ich mich zu Einstein gesellte. Wie es der Zufall so wollte, sprach er an diesem Abend gerade über Galileis Trägheitsprinzip, und während er so sprach, verlor er jedes Bewußtsein um weltliche Freuden und Leiden. Als wir uns dann zu Tisch setzten, nahm Einstein einen Mundvoll Kaviar nach dem andern und sprach dabei immer weiter über das Trägheitsprinzip. Habicht und ich wechselten verstohlen erstaunte Blicke, und als Einstein schließlich allen Kaviar verspeist hatte, sagte ich: „Ist Dir eigentlich klar, was Du da gegessen hast?" Er schaute mich mit seinen großen Augen an und fragte „Was war es denn?" „Um Himmels willen," rief ich, „das war doch der berühmte Kaviar."

Bild 7 Die Olympia-Akademie: Conrad Habicht, Maurice Solovine und Albert Einstein

,,Also *das* war Kaviar,'' antwortete er verwundert, und nach einem Moment des Schweigens fügte er hinzu ,,Nun, wenn Du einem Bauern wie mir Delikatessen vorsetzt, so mußt Du auch wissen, daß er sie nicht zu würdigen weiß.''

Bern hat den Vorteil, daß hervorragende Musiker auf Europatournee dort immer Station zu machen pflegen, um ein oder zwei Konzerte zu geben, und wir machten es uns zum Prinzip, von Zeit zu Zeit diese zu besuchen. Eines Tages sah ich ein Plakat, das ein Programm mit Musik von Beethoven, Smetana und Dvorak ankündigte, gespielt vom damals gefeierten Tschechischen Quartett. Als ich nun an diesem Abend zu unserer üblichen Studiensitzung in Einsteins Wohnung ankam, erwähnte ich dieses besondere Ereignis und sagte, daß ich beabsichtige, drei Plätze für uns reservieren zu lassen. Darauf antwortete Einstein: ,,*Ich* denke, wir sollten auf das Konzert verzichten und statt dessen lieber David Hume lesen,'' ,,In Ordnung'', sagte ich. Doch als ich dann am Tag des Konzerts an der Konzerthalle vorbeiging, überwältigten mich meine Gefühle, ich verlor meinen Kopf und kaufte mir eine Eintrittskarte.

Da die Akademiesitzung an diesem Abend in meiner Wohnung stattfand, lief ich schnell nach Hause, um das Essen vorzubereiten. Ich wußte, daß sie hartgekochte Eier gerne mochten, und fügte deshalb dem üblichen Menu vier Eier hinzu. Ich legte ein Blatt Papier darauf, auf das ich auf Latein schrieb: „Für meine lieben Freunde, ein paar hartgekochte Eier und einen Gruß!" Dann bat ich meine Wirtin, als Entschuldigung zu bestellen, daß ich wegen dringender Geschäfte leider abwesend sein müsse. Als sie schließlich zum Essen kamen und diese Geschichte hörten, verstanden sie natürlich sofort, was geschehen war. Da sie wußten, daß ich Tabak in jeder Form verabscheute, fingen sie nach dem Essen an, wie wild zu rauchen, Einstein seine Pfeife und Habicht eine dicke Zigarre. Dann türmten sie alle meine Möbel und das ganze Geschirr auf meinem Bett auf und hefteten einen Zettel an die Wand, auf dem — ebenfalls auf Latein — geschrieben stand: „Für einen lieben Freund, dichten Rauch und einen Gruß!"

Es war meine Gewohnheit, nach einem Konzert für eine Weile spazierenzugehen, um die Musik in mir nachwirken zu lassen und die Themen und Variationen meinem Geist einzuprägen. Das tat ich auch an diesem Abend, indem ich bis ein Uhr in der Frühe durch die Straßen schlenderte. Als ich endlich nach Hause kam und meinen Raum betrat, wurde ich von dem gräßlichen Tabakrauch beinahe umgeworfen und meinte, ersticken zu müssen. Ich öffnete weit das Fenster und machte mich dann daran, den Berg von Gegenständen, der beinahe bis zur Decke reichte, von meinem Bett zu entfernen. Aber als ich mich dann niederlegte, konnte ich nicht einschlafen; die Kissen und das Bettzeug waren von diesem entsetzlichen Tabakrauch zu durchtränkt. Es war beinahe Morgen, bevor ich einschlafen konnte. Am nächsten Abend, als ich zum Essen und unserer nächsten Akademie-Sitzung bei Einstein eintraf, kam er mir mit grimmigem Stirnrunzeln entgegen und rief: „Du schlimmer Mensch, nur wegen ein paar Geigenspielern einer Studiensitzung fernzubleiben! Du Barbar, wenn Du Dich noch einmal auf eine solche Eskapade einläßt, wirst Du in Ungnade aus der Akademie verbannt."

So war das fruchtbare und interessante Leben, das wir für mehr als drei Jahre führten. Im November 1905 verließ ich dann Einstein, um an der Universität Lyon zu studieren.

Ich liebte und bewunderte Einstein wegen seiner tiefen Güte, seines einzigartigen originellen Verstandes und seines unbezwingbaren moralischen Mutes. Sein Gerechtigkeitssinn war in einem außergewöhnlichen Maße entwickelt. Im Gegensatz zu dem beklagenswerten Moralverfall der meisten, die sich Intellektuelle nennen, wandte er sich immer offen gegen Ungerechtigkeit und Gewalt. Er wird in der Erinnerung kommender Generationen nicht nur als wissenschaftliches Genie, sondern auch als Mensch, der die moralischen Ideen in höchstem Maße verkörperte, weiterleben.

(Übersetzt aus dem Vorwort von *Lettres à Maurice Solovine*)

3

Einsteins Freundschaft mit Michele Besso

*Pierre Speziali**

Für die Dauer von fünf Jahren (1904–1909) sollten Einstein und Besso Seite an Seite arbeiten, und dabei wurden sie mit den Vorgängen um Patente und Erfindungen vertraut. Von materiellen Sorgen befreit, verlebten sie eine glückliche Zeit, an die sie sich sehr viel später in ihren Briefen mit Vergnügen erinnerten. Jeden Tag gingen sie gemeinsam nach Hause, und manchmal gingen sie auch am Morgen gemeinsam zur Arbeit. Sie trafen sich außerdem noch an Abenden und Feiertagen. Ihre Familien kamen gut miteinander aus, und Bessos junger Sohn, Vero, pflegte dem Freund seines Vaters interessiert zuzuhören. Dieser Freund war immer guter Stimmung, er war amüsant und lustig, und vor allem wußte er eine Menge Dinge.

Eines Tages im Jahre 1904 (oder 1905?) baute er für Vero einen prächtigen Drachen. Alle wanderten hinaus aufs Land in Richtung auf einen kleinen Berg im Süden Berns und nahmen den Drachen mit. Am Fuße des Berges probierte einer von ihnen den Drachen aus und drückte dann Vero die Schnur in die Hand. War es Vaters Freund Albert, der den ersten Versuch machte? Das war gar nicht so wichtig. Was Vero hingegen niemals vergaß, war die Tatsache, daß Einstein den Drachen nicht nur gemacht hatte, sondern ihm außerdem erklären konnte, *warum* er überhaupt flog.

(Übersetzt aus der Einleitung zum Buch *Albert Einstein — Michele Besso Correspondance 1903–1955*)

---

* *Michele Bessos lebenslange Freundschaft mit Einstein wird von Pierre Speziali an anderer Stelle ausführlicher beschrieben. Die folgende kurze Anekdote stammt aus der Einleitung zu dem Buch* Albert Einstein — Michele Besso Correspondance 1903–1955, *das von Professor Speziali herausgegeben wurde und im Verlag Hermann (Paris) 1972 erschien.*

76

4

Mein Zusammentreffen mit Einstein bei der Solvey-Konferenz im Jahre 1927

*Louis de Broglie**

Seit ich mich im Alter von 19 Jahren dem Studium der Theoretischen Physik zugewandt habe, bin ich stets ein glühender Bewunderer sowohl der Person als auch des Werkes von Albert Einstein gewesen. Ich wußte, daß dieser berühmte und immer noch jugendliche Gelehrte bereits im Alter von 25 Jahren Ideen in die Physik eingebracht hatte, die in ihrer Neuartigkeit so revolutionär waren, daß sie ihn zum Newton der modernen Naturwissenschaften werden ließen. Ich vertiefte mich mit Eifer und Sorgfalt in diese elegante Relativitätstheorie, die seinen Namen trug, denn ich war damals nur ein Anfänger. Ich wußte auch — und da ich die Quantentheorie intensiv studierte, interessierte mich dieser Teil seiner Arbeit natürlich besonders —, daß Einstein eine kühne Hypothese in bezug auf das Licht verfaßt hatte, seine Theorie der Lichtquanten, in der er den alten Korpuskularbegriff der Strahlung, der seit Fresnel aufgegeben worden war, neu formuliert hatte. Ich wußte außerdem, daß es ihm gelungen war, die Gesetze des photoelektrischen Effekts zu interpretieren und das Problem der Energieschwankungen (Fluktuationen) in der Strahlung eines schwarzen Körpers zu analysieren. Kurz gesagt: Bei jedem Schritt meiner Studien stieß ich mit ständig wachsender Begeisterung auf das Werk dieses erhabenen Denkers.

Als ich nach der langen Unterbrechung, die der Erste Weltkrieg verursacht hatte, mich mit größerer Reife wieder meinen Studien zuwenden konnte, waren es wieder die Ideen Einsteins — dieses Mal über den Welle-Teilchen-Dualismus beim Licht —, die mich bei meinen Versuchen, diesen Dualismus auf die Materie auszudehnen, leiteten und mich dazu führten, die Grundbegriffe der Wellenmechanik in den *Comptes Rendus de l'Académie des Sciences* am Ende des Sommers 1923 vorzutragen. Damals bekam ich Einstein — wenn auch nur

* *Louis de Broglie, ein weltberühmter Theoretischer Physiker und einer der Schöpfer der Wellenmechanik, stammt aus einer bekannten französischen Familie. Die vorliegende Erinnerung beschreibt sein erstes Zusammentreffen mit Einstein.*

von weitem — einmal flüchtig zu sehen, als er zu Besuch in Paris war. Er befand sich auf einer weltweiten Vortragsreise, um seine Ideen von der Relativitätstheorie, die durch seine Entdeckung der allgemeinen Relativität im Jahre 1916 erst vollendet worden war, vorzustellen. Während ich seine Vorlesungen an der Sorbonne und am Collège de France besuchte, war ich tief beeindruckt von seinem Charme und seiner wechselnden Mimik; manchmal wirkte er nachdenklich und sogar geistesabwesend, dann wieder erschien er lebhaft und heiter.

Im November 1924 reichte ich der Universität Paris meine Dissertation ein, in der ich meine neuen Ideen über die Wellenmechanik dargelegt hatte. Paul Langevin hatte meine Arbeit an Einstein gesandt, der auch sogleich Interesse daran bekundete. Ein wenig später, im Januar 1925, legte dann das berühmte Mitglied der Berliner Akademie der Wissenschaften eine Abhandlung vor, in der er die Bedeutung jener Ideen, die meiner Dissertation zugrunde lagen, hervorhob und eine Reihe von Konsequenzen daraus ableitete. Diese Schrift Einsteins lenkte die Aufmerksamkeit der Naturwissenschaftler auch auf meine Arbeit, die bis zu diesem Zeitpunkt nur wenig beachtet worden war, und schon aus diesem Grund allein habe ich immer empfunden, daß ich ihm für die Ermutigung, die er mir damit gab, zu großem persönlichen Dank verpflichtet bin.

Um 1927 wurden dann die Grundbegriffe der Wellenmechanik allgemein mit Beifall aufgenommen, und zwar dank der 1926 von Schrödinger veröffentlichten großartigen Schriften und der bemerkenswerten Experimente von Davisson und Germer und von G. P. Thomson über die Elektronenbeugung. Im Juni lud mich H. A. Lorentz ein, an der 5. Solvay-Konferenz teilzunehmen, die im Oktober in Brüssel stattfinden und sich mit dem Studium der neuesten Entwicklungen im Bereich der Quantenphysik beschäftigen sollte. Ich wurde aufgefordert, bei dieser Tagung ein Referat über Wellenmechanik zu halten. Zu meiner wissenschaftlichen Befriedigung darüber, daß man mich gebeten hatte, am Kongreß teilzunehmen, kamen noch Freude und Neugier angesichts der Aussicht, Albert Einstein treffen und mit ihm diskutieren zu können.

Meine Hoffnungen wurden nicht enttäuscht; ich begegnete tatsächlich dem Idol meiner Jugend. Während eines recht langen Gesprächs machte er einen tiefen Eindruck auf mich und bestätigte ganz und gar meine Erwartungen. Ich war besonders eingenommen von seiner Milde und seinem gedankenvollen Ausdruck, seiner allgemeinen Güte, seiner Schlichtheit und Freundlichkeit. Bisweilen gewann seine Heiterkeit die Oberhand, er schlug einen persönlicheren Ton an und erzählte sogar Einzelheiten aus seinem Alltagsleben. Und dann wieder, wenn er in die ihm charakteristische Stimmung der Reflexion und Meditation zurückfiel, stürzte er sich in eine tiefgründige und originelle Diskussion über die verschiedensten wissenschaftlichen und nicht-wissenschaft-

Bild 8 Die 5. Solvay-Konferenz, Brüssel 1927. (Es ist interessant, dieses Foto mit dem der 1. Solvay-Konferenz von 1911, Bild 37 auf Seite 244, zu vergleichen.)

lichen Probleme. Ich fühlte mich von diesem großartigen und sympathischen Menschen stark angezogen und habe immer eine liebevolle Erinnerung an ihn bewahrt.

Ich muß aber auch von der wissenschaftlichen Kontroverse berichten, in die wir beide während der oft sehr lebhaften Auseinandersetzungen dieser Versammlung von bedeutenden Physikern verwickelt waren. Obwohl die Begriffe, die durch die Wellenmechanik eingeführt worden waren, zu dieser Zeit allgemein anerkannt waren, blieben doch Einzelheiten der physikalischen Interpretation des Welle-Korpuskel-Dualismus sehr umstritten. Während einige Naturwissenschaftler, die direkt zu der schnellen Entwicklung der neuen Formen der Quantenphysik beigetragen hatten, so wie Schrödinger und ich selbst, versuchten, eine konkrete und kausale Interpretation im großen und ganzen in Übereinstimmung mit den traditionellen Begriffen der Physik zu liefern, präsentierten andere, so wie Born, Bohr, Heisenberg, Pauli und Dirac, eine neue, rein probabilistische Interpretation, die auf der kurz zuvor von Heisenberg entdeckten Unschärferelation basierte.

Während der vorangegangenen 18 Monate hatte ich meine „Theorie der doppelten Lösung" entworfen, von der ich meinte, daß sie eine quasi-klassische Interpretation der wesentlichsten experimentellen Ergebnisse der Wellenmechanik liefere. In meinem Referat auf dem Solvay-Kongreß stellte ich diese Theorie nun in gekürzter Form vor und wartete mit Spannung, wie sie von der illustren Versammlung würde aufgenommen werden. Es zeigte sich, daß die indeterministische Schule, deren Anhänger zum größten Teil jung und unnachgiebig waren, meiner Theorie mit kalter Ablehnung begegneten. Andererseits war Schrödinger etwas schwankend, und Lorentz, der die Sitzung leitete, äußerte sich als überzeugter Verfechter des Determinismus und der konkreten Bilder der klassischen Physik. Er legte sich in bezug auf meine Theorie nicht fest, die er im übrigen auch kaum Gelegenheit gehabt hatte zu studieren, sondern präsentierte vielmehr eine in ihrer Präzision großartige Schilderung dessen, wie eine zufriedenstellende physikalische Theorie seiner Meinung nach sein sollte.

Aber was würde Einstein sagen? Ich war sehr gespannt darauf. Denn obwohl er niemals die Meinung geäußert hatte, daß ich eine definitive Lösung des Problems gefunden hätte, hatte er mich in privaten Gesprächen doch immer ermutigt, an meinem Weg festzuhalten. Aber alles, was er dann tat, war, in einer kurzen Ansprache die rein probabilistische Interpretation zu kritisieren, indem er durch verblüffende Beispiele zeigte, warum er sie für unzulänglich hielt.

Nach unserer gemeinsamen Rückreise von Brüssel nach Paris zu einer Gedächtnisfeier aus Anlaß des 100jährigen Todestages des großen französischen Physikers Augustin Fresnel hatte ich auf dem Bahnsteig des Gare du Nord noch eine letzte Unterhaltung mit Einstein. Er sagte mir wieder, daß er wenig Vertrauen in die indeterministische Interpretation habe und daß er besorgt sei, über die übertriebene Hinwendung zum Formalismus, die die Quantenphysik eingeschlagen habe. Dann aber sagte er mir — und ging damit möglicherweise weiter, als er es normalerweise tat —, daß alle physikalischen Theorien, von ihren mathematischen Ausdrücken natürlich abgesehen, sich einer so einfachen Beschreibung bedienen sollten, „daß selbst ein Kind sie verstehen könnte". Und was könnte weniger einfach sein als die rein statistische Interpretation der Wellenmechanik! Außerhalb des Bahnhofs verließ er mich dann mit den Worten: „Machen Sie weiter so! Sie sind auf dem richtigen Weg!"

Außer bei einer kurzen Zusammenkunft bei einem Vortrag, den er zwei Jahre später am Henri-Poincaré-Institut hielt, wo ich in der Zwischenzeit zum Professor ernannt worden war, sollte ich ihn niemals wiedersehen. Es kam die grausame Zeit der Sorgen und Leiden, welche die Folge der Machtergreifung Hitlers in Deutschland war. Gezwungen, sein Heimatland zu verlassen, emigrierte Einstein in die Vereinigten Staaten, wo er mit offenen Armen empfangen wurde. Er kehrte niemals nach Europa zurück, und meine weiteren Kontakte zu ihm waren nur brieflicher Natur, zwar immer herzlich, doch eher selten.

Was nun die Kontroverse um die Interpretation der Quantenphysik anbelangte, so war sie bald zugunsten von Bohrs und Heisenbergs indeterministischer Theorie entschieden. Entmutigt durch die Schwierigkeiten beim Versuch, meine Theorie der doppelten Lösung weiterzuentwickeln, übernahm auch ich schließlich 1928 die fast einmütige Auffassung der Quantenphysiker und habe sie seitdem stets gelehrt und erläutert. Einstein dagegen blieb fest und bestand weiterhin darauf, daß die rein statistische Interpretation der Wellenmechanik unmöglich vollständig sein könne.

Seitdem ich 1952 zu meinen früheren Ideen zurückgekehrt bin, habe ich von neuem an der kausalen Interpretation der Wellenmechanik gearbeitet. Und Einstein war während der letzten Jahre seines Lebens sehr glücklich, von dieser Entwicklung zu hören, und er ermutigte mich, meine Bemühungen in dieser Richtung fortzusetzen.

5

Erinnerungen an Einstein

*Lawrence L. Whyte**

Zu Beginn des Jahres 1928 war allgemein bekannt, daß Einstein sich nach einem Assistenten umsehe, der ihm bei mathematischen Problemen helfen sollte; es sollte jemand sein, der mit den Methoden der Relativitätstheorie vollkommen vertraut und von möglichst wesensverwandtem Temperament war. Einer jener Mitläufer, die stets in der Umgebung eines Genies anzutreffen sind, schlug Cornelius (Cornel) Lanczos vor, einen ungarischen Mathematiker, der zu dieser Zeit in Frankfurt am Main lebte. Cornel war tatsächlich der geeignete Kandidat: ein Jude mit religiösen Idealen, der wie der Nachfahre einer ganzen Linie von Rabbis aussah und vor allem ein außergewöhnlich brillanter Mathematiker sowie ein glühender Bewunderer Einsteins und dessen Werks war. Er war außerdem Musikliebhaber und ein sehr feinfühliger Mensch.

Einstein schrieb also an Lanczos; sie trafen sich daraufhin und kamen überein, daß Lanczos im Oktober des gleichen Jahres zumindest für die Dauer eines Jahres nach Berlin kommen sollte. Eines Tages im Oktober trafen sich schließlich Einstein und Lanczos zur ersten ihrer allwöchentlichen Diskussionen. Einstein erklärte ihm, er sei interessiert an einer bestimmten Art von Feldgleichung E, die das Gravitationsfeld und das elektromagnetische Feld vielleicht in Einklang bringen könne, und daß er eine Lösung dieser Gleichung suche, die bestimmte, genau beschriebene Eigenschaften, nämlich α, β und γ, enthalten solle. Lanczos sollte nun das Problem überdenken und nach einer geeigneten Lösung suchen. In der folgenden Woche sollte er dann wiederkommen und das Ergebnis seiner Überlegungen vorlegen.

Für Lanczos war das eine einmalige Gelegenheit; eine Gelegenheit, die man mit religiöser Demut und Geduld angehen mußte. Er wollte die Gleichung sorgfältig studieren und gelassen auf eine Eingebung hoffen. Vielleicht würden ihm die himmlischen Mächte die notwendige Einsicht bescheren — falls er ihrer überhaupt würdig war. Nach ein paar Tagen, so erzählte mir Cornel, fand

---

* *Lawrence L. Whyte war Theoretischer Physiker an der Universität Cambridge; er ging Ende der 20er Jahre nach Deutschland und begegnete dort Einstein, der zu jener Zeit in Berlin arbeitete. Die vorliegende Anekdote über Einstein und den berühmten ungarischen Theoretiker Cornelius Lanczos ist Whytes Buch* Focus and Diversion *entnommen.*

82

er dann eine Lösung; und zu seiner großen Freude enthielt sie auch die geforderten Eigenschaften α, β und γ. Er war ganz aufgeregt, doch er zwang sich, geduldig, gelassen und auch demütig zu sein, da er vom Schicksal so begünstigt war.

Der Tag kam, und ganz beiläufig berichtete er Einstein, daß es ihm wirklich gelungen sei, eine Lösung zu finden, und daß sie sogar die gewünschten drei Eigenschaften besitze. Einstein saß schweigend da. „Ja, sehr bemerkenswert", meinte er dann ganz langsam und ruhig, „ja, Sie haben recht, sie hat α, β und γ. Interessant!" Und dann in einem Ungeduldsausbruch: „Aber haben Sie nicht bemerkt, daß ich Ihnen die falsche Gleichung gegeben habe? Haben Sie nicht gesehen, daß E gar nicht die richtige Gleichung sein konnte? E ist ganz und gar nicht das, was erforderlich ist; E kann für das Problem gar nicht in Frage kommen." Schweigen breitete sich aus. Doch es war auch gar nicht notwendig, daß zwischen diesen beiden intelligenten und sensiblen Menschen noch irgendetwas ausgesprochen wurde. Cornel war sich darüber im klaren, daß er es nicht einmal seinem verehrten Einstein zuliebe zulassen konnte, daß die göttliche Gabe der mathematischen Vorstellungskraft so mißbraucht wurde. Niemand sagte ein Wort. Cornel erzählte mir später, daß Einstein schweigend nach seiner Violine gegriffen habe, während er selbst sich ans Klavier setzte, und gemeinsam spielten sie für den Rest der Stunde Bach. Vielleicht spielten sie auch während der folgenden Monate. Ich weiß nicht, ob Cornel Einstein danach noch bei weiteren mathematischen Problemen geholfen hat oder nicht.

Cornel sagte mir, es sei ihm damals klar geworden, daß Einsteins Urteilsvermögen nicht länger untrüglich sei, und seine Meinungsänderung habe gezeigt, daß er nicht mehr so unfehlbar sei, wie er es früher gewesen war. Das ist jedoch etwas, worüber Theoretische Physiker verschiedener Meinung sein können. Ich unterwerfe mich niemanden, wenn es um meine Bewunderung für Einsteins größte Leistungen geht, und das sind diejenigen aus der Zeit von 1905 bis ungefähr 1925. Aber ich habe auch keinen Zweifel daran, daß die Methoden, die er während jener zwanzig Jahre, als er selbst zwischen 26 und 46 Jahre alt war, vor allem auf die spezielle und die allgemeine Relativitätstheorie anwandte, bereits im Jahre 1925 in einem bestimmten Sinn verbraucht waren: Sie waren nämlich nicht mehr passend für die *neuen* grundlegenden Probleme, die zweifellos im Lichte der Quantentheorie von 1923 bis 1928 betrachtet werden mußten. Vielleicht erkannte Einstein das unbewußt — oder befürchtete vielmehr, daß es so sein könnte. Wie auch immer: Die richtige Urteilskraft, eines der Kennzeichen des Genies, begann ihn auf jeden Fall in den Jahren ab 1925 im Stich zu lassen. Die Schwierigkeit mit Lanczos entsprang einer inneren Unsicherheit, die er früher nicht gekannt hatte. Sie war ein Symptom für etwas sowohl in Einstein selbst als auch in der Position der Physik oder auch in der Beziehung beider zueinander, die um 1928 allmählich immer gestörter wurde.

Einstein bestätigte später, daß es Teil seines Glaubens war, in seiner Suche nach neuen fundamentalen Gesetzen fortzufahren und dies nach Gesetzen zu tun, die ihm immer als passend erschienen waren. Darin liegt freilich Ironie. Aber dieser Glaube war vermutlich unerläßlich für Einsteins Persönlichkeit. Er konnte und wollte sich nicht abfinden mit dem, was für mich und wahrscheinlich für die meisten Quantentheoretiker längst zur Tatsache geworden war: Daß nämlich ab 1925 radikal neue Methoden in den physikalischen Grundlagentheorien notwendig waren, und man konnte von Einstein, der 1879 geboren und um 1900 bis 1905 gereift war, natürlich keine Sympathie für sie erwarten. Wären Einsteins spätere Jahre, nämlich die Zeit von 1935 bis zu seinem Tode 1955, wohl glücklicher gewesen, wenn er in der Lage gewesen wäre, das zu erkennen? Niemand kann das beantworten, und so ist die Frage sinnlos. Denn ungeachtet dessen, was eilfertig über die „Einsteinsche Revolution" geschrieben worden ist, und ungeachtet seiner unbestrittenen Vormachtstellung in diesem Jahrhundert war er doch in vieler Hinsicht ein „klassischer" Geist. Ich meine damit, daß er die klassischen Ideale der Schönheit, der Wahrheit und des Guten als Grundideale akzeptierte, daß er nach einer exakten mathematischen Harmonie, ausgedrückt in einer invarianten geometrischen Form, suchte und daß er *seiner innersten Natur* nach nur wenig vom charakteristischen mühevollen Ringen dieses Jahrhunderts, von seinen tiefen moralischen Unsicherheiten, seinen Mißverhältnissen und seinen Widersprüchen wußte. Zwar litt er an der allgemeinen Situation des Menschen, nicht aber an seiner eigenen. Er empfand das höchste Vergnügen bei der Lektüre Dostojewskijs — nicht bei naturwissenschaftlichen oder philosophischen Schriften —, und zwar deshalb, weil Dostojewskij das intensive Sehnen der Menschen, das Göttliche auch dort zu verstehen, wo die christlichen Kirchen versagt haben, zum Ausdruck bringt und nicht, so glaube ich, wegen Dostojewskis Darstellung der Verzerrungen, Verwicklungen und der Dunkelheit der menschlichen Natur.

Wir mögen zwar versuchen, aus Einstein ein Symbol der Moral zu machen, sein wahrer Platz ist jedoch neben Kepler und Newton.

(Aus: *Focus and Diversions*)

6

Erinnerungen an Begegnungen mit Einstein

*John Archibald Wheeler**

Die erste Gelegenheit, Albert Einstein zu sehen und zu hören, ergab sich für mich eines Nachmittags im Semester 1933/34. Es war mein erstes Forschungsjahr nach meiner Promotion bei Gregory Breit in New York. Er erzählte mir, daß an jenem Nachmittag im kleinen Kreis ein nicht angekündigtes Seminar von Einstein stattfände. Wir nahmen den Zug nach Princeton und gingen zur Fine Hall. Die einheitliche Feldtheorie sollte das Thema sein; das wurde deutlich, nachdem Einstein den Raum betreten hatte und zu reden begann. Obwohl sein Englisch einen leichten Akzent hatte, war es doch wunderschön verständlich und langsam. Seine Sätze kamen spontan; der Ton seines Vortrags war eindringlich und ernsthaft, hin und wieder klang dennoch eine Spur Humor durch. Zu dieser Zeit war ich mit seinem Vortragsthema nicht sehr vertraut, aber ich spürte doch, daß Einstein selbst gewisse Zweifel hegte hinsichtlich der speziellen Version der einheitlichen Feldtheorie, die er gerade vortrug. Vorher hatte ich eigentlich nur Physikseminare kennengelernt, in denen man sich Gleichungen einzeln vornahm und sie einzeln analysierte, wo man sich mit ihnen — wenn ich so sagen darf — wie im Einzelhandel beschäftigte. Hier erlebte ich nun zum ersten Mal, wie man sich mit Gleichungen quasi *en gros* befaßte. Man zählte die Anzahl der Unbekannten und die Anzahl der Randbedingungen, und dann verglich man sie mit der Anzahl der Gleichungen und der Anzahl der Freiheitsgrade. Es ging nicht so sehr darum, die Gleichungen zu lösen, sondern vielmehr um die Entscheidung, ob sie überhaupt eine Lösung besäßen und ob diese Lösung die einzig mögliche sei. Schon bei diesem ersten Zusammentreffen war erkennbar, daß Einstein unbeirrbar seinen eigenen Weg ging, unbeeinflußt von jenem großen Interesse an der Kernphysik, das zu dieser Zeit in den Vereinigten Staaten vorherrschte.

---

* *John Archibald Wheeler, einer der bedeutendsten in Amerika geborenen Physiker, ist wohl durch jenen historischen Aufsatz, den er 1939 gemeinsam mit Niels Bohr über das* liquid-drop model *der Kernspaltung veröffentlichte, am meisten bekannt geworden. Er war Professor an der Princeton University in den Jahren, als auch Einstein in Princeton war, und zwar am* Institute for Advanced Study.

85

1938 zog ich selbst nach Princeton, und in der Folge besuchte ich Einstein des öfteren in seinem Haus in der Mercer Street 112, wo er in der zweiten Etage sein Arbeitszimmer hatte, das einen guten Ausblick auf das Graduierten-College bot. Besonders lebhaft erinnere ich mich an einen Besuch im Jahre 1941: Ich wollte über jene neue Darstellungsmethode der Quantentheorie sprechen, die Richard Feynman, zu dieser Zeit einer meiner graduierten Studenten, gerade entwickelt hatte. Ich hegte die Hoffnung, Einstein von der Richtigkeit der Quantentheorie zu überzeugen: Man mußte sie nur in diesem neuen Lichte sehen, und schon wurde klar, wie eng und wunderbar sie mit dem Variationsprinzip der klassischen Mechanik verbunden war. Einstein hörte mir zwanzig Minuten lang geduldig zu, bis ich endlich zu Ende gesprochen hatte. Dann aber wiederholte er nur seine wohlbekannte Bemerkung: „Ich kann immer noch nicht glauben, daß Gott würfelt." In seiner getragenen, verständlichen, angenehmen und humorvollen Art fügte er hinzu: „Natürlich mag ich Unrecht haben, doch vielleicht habe ich mir inzwischen das Recht erworben, auch einmal Fehler zu machen."

Aus „nationalen Gründen" konnte ich von 1942 bis 1945 und später von 1950 bis 1953 nicht in Princeton sein. Aber nach meiner Rückkehr dorthin im Herbst des Jahres 1953 hielt ich dann zum ersten Mal den Kurs über allgemeine Relativitätstheorie, in welchem ich, auch in den Folgejahren, sehr viel von meinen Studenten lernen sollte. Im Herbst des gleichen Jahres, also ungefähr eineinhalb Jahre vor seinem Tod, lud Einstein mich und die acht bis zehn Studenten aus meinem Kurs freundlicherweise zu sich nach Hause ein. Margot Einstein und Helen Dukas brachten den Tee, als wir alle um den Eßzimmertisch versammelt waren. Die Studenten stellten Fragen über die verschiedensten Themen — angefangen von der Beschaffenheit der Elektrizität und der einheitlichen Feldtheorie bis hin zum expandierenden Universum und zu Einsteins Meinung über die Quantentheorie; Einstein antwortete ihnen ausführlich und faszinierte alle. Schließlich übertraf einer der Studenten alle anderen durch die Kühnheit seiner Frage: „Herr Professor Einstein, was mag wohl aus diesem Haus werden, wenn Sie einmal nicht mehr leben?" Auf Einsteins Gesicht zeigte sich jenes besondere, humorvolle Lächeln, und er sagte in seinem wundervollen, getragenen, leicht akzentuierten Englisch, das man sogleich unverändert hätte abdrucken können: „Dieses Haus wird sicherlich niemals ein Wallfahrtsort werden, zu dem die Pilger kommen, um die Gebeine des Heiligen zu betrachten." Und so ist es heutzutage: Die Touristenbusse fahren vor, die „Pilger" steigen aus, um das Haus zu photographieren — doch sie gehen nicht hinein.

Folgende Begegnung mit Einstein war meine letzte: Wir hatten ihn dazu überredet, für einen begrenzten Teilnehmerkreis ein Seminar abzuhalten. Das Hauptthema der Veranstaltung sollte das Quant sein. Niemand wird vergessen können, wie Einstein bei dieser Gelegenheit sein Unbehagen über die Rolle des Beobachters zum Ausdruck brachte: „Wenn eine Maus beobachtet, verändert das den Zustand des Universums?"

In der gesamten Geschichte des menschlichen Denkens findet man keinen bedeutenderen wissenschaftlichen Dialog als denjenigen, der über Jahre zwischen Niels Bohr und Albert Einstein über die Bedeutung des Quants stattgefunden hat. Ihre Diskussion ist bereits zum Denkmal geworden, und eines Tages wird sie sicherlich auch in Bildern und Worten beschrieben werden. Niemand wird Einsteins Brief an den jungen Bohr vergessen können, den er diesem schrieb, nachdem er ihn zum ersten Male getroffen hatte: „Ich studiere Ihre großen Werke, und wenn ich irgendwo nicht weiterkomme, so habe ich nun das Vergnügen, Ihr freundliches junges Gesicht vor mir zu sehen — lächelnd und erklärend." Am besten wird dieser Dialog in Erinnerung weiterleben durch Bohrs eigene Darstellung in seinem Aufsatz „Diskussion mit Einstein über erkenntnistheoretische Probleme in der Atomphysik", den er zu Ehren von Einsteins 70. Geburtstag für das Buch *Albert Einstein als Philosoph und Naturforscher* (herausgegeben von P. A Schilpp, Nachdruck Vieweg 1979) geschrieben hat.

7

Anekdoten

*Philipp Frank**

Vor ungefähr zehn Jahren sprach ich einmal mit Einstein über die verblüffende Tatsache, daß sich so viele Geistliche der verschiedensten Konfessionen sehr stark für die Relativitätstheorie interessieren. Einstein meinte dazu, daß es seiner Einschätzung nach mehr Geistliche als Physiker gebe, die an der Relativität interessiert seien. Etwas verwirrt fragte ich ihn, wie er sich diese merkwürdige Tatsache erkläre. Er antwortete mit einem leichten Lächeln: „Weil eben Geistliche an den allgemeinen Gesetzen der Natur interessiert sind — Physiker dagegen sind es sehr oft nicht."

Ein anderes Mal sprachen wir über einen bestimmten Physiker, der mit seiner Forschungsarbeit nur sehr wenig Erfolg hatte. Meistens nahm er Probleme in Angriff, die enorme Schwierigkeiten boten. Er wandte zwar scharfsinnige Analysen an, erreichte damit aber nur, mehr und mehr Schwierigkeiten aufzudecken. Von den meisten seiner Kollegen wurde er nicht sehr geschätzt. Einstein jedoch sagte über ihn: „Ich bewundere einen Mann dieses Typs. Ich kann dagegen solche Wissenschaftler nicht leiden, die ein Stück Holz nehmen, die dünnste Stelle suchen und eine Menge Löcher bohren, wo das Bohren leicht ist."

(Aus: *Einstein's Philosophie of Science*)

---

* *Philipp Frank, Theoretischer Physiker, schrieb eine der besten und noch von Einstein authorisierten Biographie über seinen engen Freund. Die hier wiedergegebenen zwei kurzen Anekdoten sind dem Artikel „Einstein's philosophy of science" entnommen, der 1949 in* Reviews of Modern Physics *veröffentlicht wurde.*

8

Erinnerungen an Einstein

*Edward Teller**

Im Sommer 1939 brauchte mein guter und genialer Freund Leo Szilard — „Geschäftspartner" Einsteins, seitdem sie gemeinsam eine neue Kältemaschine erfunden hatten — ganz dringend einen Chauffeur. Ich bot meine Dienste an und fuhr ihn zum Nordende von Long Island in die Gegend, wo Einstein seine Sommerferien verbrachte. Es war etwas schwierig, Einstein zu finden. Verschiedene Nachforschungen ergaben nichts über den Aufenthaltsort dieser obskuren Person. Schließlich fragten wir ein kleines Mädchen von noch nicht einmal zehn Jahren und mit zwei langen Zöpfen, das endlich positiv antwortete auf die Frage nach einem netten älteren Herrn mit einer Menge weißer Haare.

Einstein gab Szilard und auch seinem Chauffeur eine Tasse Tee und erhielt von Szilard einen Brief, dessen Inhalt ihm einigermaßen vertraut zu sein schien. Der Brief war an Präsident Roosevelt gerichtet; er prophezeite die Atombombe und empfahl ihre Entwicklung. Einstein unterzeichnete ihn fast ohne jeden Kommentar.

Jahre später schrieb Einstein einen zweiten Brief an Präsident Roosevelt, in dem er vorschlug, daß die Atombombe den Japanern demonstriert werden sollte, bevor sie je zur Anwendung gebracht würde. (Um diese Zeit hatte ich bereits meine Position als Chauffeur verloren.) Dieser zweite Brief wurde an dem Tag gefunden, an dem Roosevelt in Warm Springs, Georgia, starb.

---

* *Edward Teller, Theoretischer Kernphysiker, kam in den 30er Jahren von Ungarn nach Amerika. In der hier wiedergegebenen Erinnerung ist er vielleicht etwas zu bescheiden, denn es wird von anderer Quelle berichtet, daß Teller selbst einer derjenigen war, die bei der Abfassung von Einsteins berühmten Brief an Roosevelt beteiligt waren.*

Nr. 140217

Klasse 108a

SCHWEIZERISCHE EIDGENOSSENSCHAFT

EIDGEN. AMT FÜR GEISTIGES EIGENTUM

PATENTSCHRIFT

Veröffentlicht am 16. August 1930

Gesuch eingereicht: 21. Dezember 1928, 19 Uhr. — Patent eingetragen: 31. Mai 1930.
(Prioritäten: Deutschland, 27. Dezember 1927 und 3. Dezember 1928.)

HAUPTPATENT

Prof. Dr. Albert EINSTEIN, Berlin, und Dr. Leo SZILARD,
Berlin-Wilmersdorf (Deutschland).

Kältemaschine.

Die Erfindung betrifft eine Kältemaschine, bei welcher erfindungsgemäß die Betriebsenergie dadurch zugeführt wird, daß unter der Einwirkung eines Magnetfeldes, ein durch elektrischen Strom durchflossenes flüssiges Metall fortbewegt wird. Als flüssiges Metall kommen, neben Quecksilber, besonders auch Leichtmetalle in flüssigem Zustande in Frage, zum Beispiel Natrium-Kaliumlegierungen, insbesondere solche mit etwa 75 % K.

Um nicht zu viele Ampèrewindungen aufwenden zu müssen, wird man dazu geführt die Einrichtung so zu treffen, daß die magnetische Kraftlinie zum größten Teil in Eisen verläuft und nur auf eine kurze Strecke das flüssige Metall durchsetzt, das heißt das flüssige Metall wird in einem Spalte, dessen Breite nur klein ist, die bewegende elektromagnetische Kraft erfahren. Da dort, wo die bewegende Wirkung auf das Metall erfolgt, die Dicke des Metalles im Verhältnis zur Breite und Länge klein ist, kann man vereinfachend auch sagen, daß das Metall auf einer Fläche sich fortbewegt, und das Vektorfeld der ponderomotorischen Kraft auf dieser Fläche (2. dimensionales Gebilde) betrachten.

Man wird nun zweckmäßigerweise die Anordnung so treffen, daß dieses Vektorfeld der ponderomotorischen Kraft wirbelfrei ist, das heißt daß für jede geschlossene, innerhalb der Fläche verlaufende (innerhalb des flüssigen Metalles im Spalt) Linie das Linienintegral der ponderomotorischen Kraft = 0 ist. Haben wir es mit einer ebenen Fläche zu tun, so ist die mathematische Bedingung hierfür

$$\frac{d\,X\,(xy)}{d\,y} - \frac{d\,Y\,(xy)}{d\,x} = 0$$

wobei x und y die kartesischen Koordinaten innerhalb der Ebene und X, Y die Kraftkomponenten bedeuten.

Bild 9 Erste Seite der von Albert Einstein und Leo Szilard verfaßten Patentschrift über eine Kältemaschine

9

Einstein

*Philippe Halsman**

Ich bewunderte Albert Einstein mehr als jede andere Person, die ich jemals photographiert hatte, und zwar nicht nur als das Genie, das die Grundlagen der Physik auf eigene Faust verändert hatte, sondern mehr noch als einen außergewöhnlichen und idealistischen Menschen. Ich war ihm persönlich zu überaus großer Dankbarkeit verpflichtet. Denn nach dem Fall Frankreichs gelang es durch seine persönliche Intervention, daß mein Name auf die Liste jener Künstler und Wissenschaftler gesetzt wurde, die Gefahr liefen, von den Nazis eingesperrt zu werden, und die deshalb Notvisa in die Vereinigten Staaten ausgestellt bekamen.

Nach meiner wundersamen Rettung begab ich mich nach Princeton, um Einstein zu danken, und ich erinnere mich lebhaft meines ersten Eindrucks. Statt eines zerbrechlichen Naturwissenschaftlers traf ich einen Mann mit mächtiger Brust, einer resonanten Stimme und einem herzhaften Lachen. Sein langes Haar, das ihm auf manchen Fotos das Aussehen einer alten Frau verlieh, umrahmte sein wunderbares Gesicht wie eine Art Löwenmähne. Er trug lange weite Hosen, einen grauen Pullover, an dessen Kragen ein Füllhalter steckte, schwarze Lederschuhe, aber keine Socken.

Bei meinem dritten Besuch hatte ich endlich den Mut, ihn zu fragen, warum er keine Socken trüge. Seine Sekretärin, Miss Dukas, hörte mich zufällig und antwortete: „Der Professor trägt niemals Socken. Selbst als er von Mr. Roosevelt ins Weiße Haus eingeladen war, trug er keine Socken." Ich schaute überrascht zu Professor Einstein. Er lächelte und erklärte: „Als ich jung war, fand ich heraus, daß die große Zehe immer die Angewohnheit hat, ein Loch in die Socke zu machen. Und so habe ich aufgehört, Socken zu tragen." So leichthin diese Bemerkung auch war, sie machte doch einen unauslöschlichen Eindruck auf mich. Dieses Detail erschien mir symbolisch für Einsteins absolute und

---

* *Philippe Halsman ist einer der besten und bekanntesten Photographen von bedeutenden Persönlichkeiten. Diese Erinnerung stammt aus seinem Buch* Sight and Insight *und beschreibt seine Begegnung mit Einstein im Jahre 1947.*

totale Unabhängigkeit des Denkens. Es war diese Unabhängigkeit, die ihm auch den Mut gab, als unbekannter 26jähriger Patentamtsangestellter eine wissenschaftliche Arbeit zu veröffentlichen, die alle die Axiome umstürzte, die die bedeutendsten Physiker seiner Zeit für heilig hielten.

Die Frage, wie man das Wesen eines solchen Mannes in einem Portrait einfangen könnte, bereitete mir Sorgen. Schließlich brachte ich 1947 den Mut auf, meine Kamera und ein paar Scheinwerfer bei einem meiner Besuche mitzubringen. Nach dem Tee bat ich um die Erlaubnis, die Scheinwerfer in seinem Arbeitszimmer aufbauen zu dürfen. Der Professor setzte sich und begann, in Ruhe an seinen mathematischen Berechnungen zu arbeiten. Ich machte ein paar Aufnahmen. Normalerweise mochte Einstein keine Photographen, die er „Lichtaffen" nannte. Doch dieses Mal machte er mit, weil ich sein Gast war, und letzten Endes hatte er ja auch geholfen, mich zu retten.

Plötzlich, während er in meine Kamera schaute, begann er zu reden. Er sprach über seine Verzweifelung darüber, daß seine Gleichung $E = mc^2$ und sein Brief an Präsident Roosevelt die Atombombe möglich gemacht hatten und daß seine wissenschaftlichen Forschungen den Tod von so vielen Menschen zur Folge gehabt hatten. „Haben Sie darüber gelesen," fragte er mich, „daß viele einflußreiche Stimmen in den Vereinigten Staaten sogar fordern, daß die Bombe jetzt über Rußland abgeworfen wird, bevor nämlich die Russen Zeit haben, ihre eigene fertigzustellen?" Mit meinem ganzen Wesen empfand ich, wie sehr dieser unendlich gute und mitleidsvolle Mann unter der Erkenntnis litt, den Politikern eine furchtbare Waffe der Verwüstung und des Todes in die Hand gegeben zu haben. Endlich schwieg er. Seine Augen zeigten einen Ausdruck unermeßlicher Traurigkeit. Eine Frage und ein Vorwurf zugleich lagen in ihnen. Der Bann dieses Augenblicks lähmte mich beinahe. Dann, mit großer Mühe, löste ich den Verschluß meiner Kamera aus. Einstein schaute auf, und ich fragte ihn: „So glauben Sie also nicht daran, daß es jemals Frieden gegen wird?" „Nein," antwortete er, „so lange es Menschen gibt, so lange wird es auch Kriege geben."

(Aus: *Sight and Insight*)

Bild 10 Einstein am 10. Mai 1947

10

Erinnerungen

*George Gamov**

Es gibt über meine Beraterdienste für die Streitkräfte der Vereinigten Staaten während des 2. Weltkriegs nur sehr wenig zu sagen. Es wäre für mich natürlich das Gegebene gewesen, über Nuklearexplosionen zu arbeiten, doch war ich für solche Arbeit bis 1948, also nach Hiroshima, nicht überprüft und für vertrauenswürdig erklärt worden. Der Grund war vermutlich meine russische Abstammung und jene Geschichte, die ich meinen Freunden freimütig erzählt hatte, daß ich nämlich im Alter von ungefähr 20 Jahren Oberst bei der Feldartillerie der Roten Armee gewesen war. Und so war ich natürlich sehr erfreut, als man mir schließlich eine Beratertätigkeit in der Abteilung für hochexplosive Sprengstoffe im Bureau of Ordnance der US-Marine anbot.

Wesentlich interessanter während dieser Zeit war freilich mein periodischer Kontakt mit Albert Einstein, der ebenso wie andere prominente Experten, wie etwa John von Neumann, als Berater für die Abteilung für hochexplosive Sprengstoffe tätig war. Als Einstein diese Tätigkeit annahm, legte er jedoch fest, daß er wegen seines fortgeschrittenen Alters nicht in der Lage sein würde, regelmäßig von Princeton nach Washington, D.C., reisen zu können und daß deshalb jemand zu ihm nach Princeton kommen und die Fragen mitbringen müsse. Da ich Einstein früher zufällig im außermilitärischen Bereich gekannt hatte, wählte man mich aus, diese Aufgabe zu übernehmen. Und so fuhr ich jeden zweiten Freitag mit dem Morgenzug nach Princeton und nahm dabei eine Aktentasche mit, die mit vertraulichen und geheimen Marine-Projekten vollgepackt war. Es gab eine Vielzahl von Vorschlägen, wie beispielsweise den, eine Reihe von Unterwasserminen, entlang einer parabolischen, zum Eingang einer japanischen Marinebasis führenden Linie explodieren zu lassen und dann Bomben aus der Luft auf Flugzeugdecks der japanischen Flugzeugträger zu

---

* *George Gamov, geboren und aufgewachsen in Rußland, war nicht nur berühmt als ein in hohem Maße schöpferischer und origineller Theoretischer Physiker, vor allem im Bereich der Theoretischen Kernphysik und der Kosmologie, sondern wurde durch seine unterhaltsamen, aber sehr genauen volkstümlichen Umsetzungen wissenschaftlicher Iden bekannt. Diese Anekdote ist seiner Autobiographie* My World Line *entnommen.*

werfen. Einstein empfing mich stets im Arbeitszimmer seines Hauses, wobei er immer einen seiner berühmten weichen Sweater trug, und wir gingen dann alle Vorschläge einzeln durch. Er genehmigte praktisch alle, indem er sagte: „Oh ja, sehr interessant, sehr, sehr klug angelegt." Und am nächsten Tag war dann der mit der Führung des Büros beauftragte Admiral sehr zufrieden, wenn ich ihm von Einsteins Kommentaren berichtete.

Wenn der geschäftliche Teil des Besuchs vorüber war, aßen wir gemeinsam zu Mittag, entweder bei Einstein zu Hause oder in der nahegelegenen Cafeteria des Institutsgeländes. Unsere Unterhaltung wandte sich dann den Problemen der Astrophysik und Kosmologie zu. In Einsteins Arbeitszimmer lagen immer Stöße von Papier auf seinem Schreibtisch und auf einem zweiten Tisch verstreut; und ich sah, daß sie mit Tensor-Formeln, die zur einheitlichen Feldtheorie zu gehören schienen, vollgeschrieben waren, doch Einstein sprach niemals darüber. Wenn er jedoch rein physikalische und astronomische Probleme mit mir diskutierte, war er geradezu erfrischend und von scharfem Verstand wie immer.

Ich erinnere mich, daß ich einmal auf dem Weg zum Institut die Idee Pascual Jordans erwähnte, nach der ein Stern aus dem Nichts geschaffen werden kann, da sein negativer Gravitations-Massendefekt am Punkt Null seiner positiven Ruhemasse numerisch gleich ist. Einstein blieb plötzlich stehen, und da wir gerade eine Straße überquerten, mußten mehrere Autos anhalten, um uns nicht zu überfahren. Ich werde diese Besuche in Princeton niemals vergessen, da ich Einstein in dieser Zeit viel besser kennenlernte als in all den Jahren zuvor.

(Aus: *My World Line* von G. Gamov. Copyright 1970 by the Estate of George Gamov. Nachgedruckt mit Erlaubnis von Viking Press.)

11

Denkschrift

*Ernst G. Straus**

Da nicht mehr viele von uns übriggeblieben sind, die mit Einstein zusammengearbeitet haben, mag es einmal gut sein, sich in Erinnerung zu rufen, wie er seine eigenen Motivierungen und seine Art zu denken beschrieb.

Er pflegte immer zu sagen: „Alles, was ich habe, ist die Hartnäckigkeit eines Esels; aber nein, das ist nicht alles: Ich habe auch eine Nase." Diese „Hartnäckigkeit eines Esels" war für ihn sehr wichtig, denn er war der Meinung, daß es die Hauptaufgabe des Wissenschaftlers sei, die allerwichtigste Frage zu finden und sie dann, ohne vom Hauptproblem abzuweichen, zu verfolgen. „Man darf sich niemals von irgendeinem Problem, gleichgültig wie schwierig es ist, ablenken lassen." In diesem Sinne meinte er auch, daß wissenschaftliche Größe primär eine Frage des Charakters sei, nämlich die Entschlossenheit, keinen Kompromiß zu schließen und keine unvollständigen Antworten zu akzeptieren. Ich muß in diesem Zusammenhang jene einzige Gelegenheit erwähnen, bei der er selbst sagte: „Das würde eine gute Anekdote über mich abgeben." Wir hatten einen Artikel fertiggestellt und suchten nach einer Büroklammer. Nach langem Suchen in Schubladen, fanden wir endlich eine, die allerdings zu verbogen war, um sie zu gebrauchen. Also suchten wir ein Werkzeug, um die Klammer zurechtzubiegen. Nachdem wir noch mehr Schubladen geöffnet hatten, stießen wir auf eine ganze Schachtel von unbenutzten Büroklammern. Einstein machte sich sofort daran, eine davon zu einem Werkzeug umzuformen, mit dem er die verbogene wieder gerade biegen konnte. Als ich ihn fragte, was er denn da mache, antwortete er: „Wenn ich einmal ein Ziel verfolge, dann ist es schwer, mich davon abzubringen."

Seine „Nase", d.h. das intuitive Erfassen der richtigen Richtung in der Forschung und das Erkennen der richtigen Antwort, pflegte er auf verschiedene Weise zu beschreiben: „Logische Einfachheit" — ein Ausdruck, der meine

---

* *Ernst G. Straus, ein 1922 in Deutschland geborener amerikanischer Mathematiker, war Assistent Einsteins am* Institute for Advanced Study *in Princeton in der Zeit von 1944 bis 1948.*

Bild 11 Eine Karikatur von Ippei Okamoto, mit einem Zusatz von Einstein: „Albert Einstein oder Die Nase als Ge-
danken-Reservoir"

Logiker-Freunde stets unweigerlich ärgert — war einer seiner bevorzugten Begriffe. Es war eher ein ästhetisches als ein logisches Kriterium. „Für einen mu-
sikalischen Menschen ist das überzeugend." „Das ist so wunderschön, Gott
hätte nicht darauf verzichten können." Oder umgekehrt: „Das ist eine Sünde
wider den Heiligen Geist." Als ich ihm erzählte, daß Max Planck gestorben
sei, sagte er: „Er war einer der großartigsten Menschen, die ich je gekannt
habe, und einer meiner besten Freunde; aber Sie wissen ja, er verstand die
Physik nicht wirklich." Als ich ihn fragte, wie er so etwas von Planck sagen
könne, meinte er: „Während der Finsternis von 1919 blieb Planck die ganze

Nacht auf, um zu sehen, ob sie die Ablenkung des Lichts durch das Gravitationsfeld der Sonne bestätigen würde. Hätte er wirklich verstanden, wie die allgemeine Relativitätstheorie die Äquivalenz von träger und schwerer Masse erklärt, so wäre er ins Bett gegangen, so wie ich."

Etwas taktlos fragte ich ihn einmal, wie denn das Älterwerden sein Denken beeinflußt hätte. Seine überraschende Antwort lautete, daß er so viele Ideen wie zuvor habe, daß es aber für ihn schwieriger geworden sei zu entscheiden, welche davon verworfen werden sollten und welche es wert wären, daß man ihnen weiter nachgehe. Kurz gesagt, er glaube, daß seine Nase weniger sicher geworden sei.

Er war davon überzeugt, daß es eine äußerst korrekte und ästhetisch perfekte physikalische Theorie geben müsse, und mit seiner berühmten Bemerkung: „Raffiniert ist der Herrgott, aber boshaft ist er nicht" meinte er, daß die Entdeckung der Elementargesetze zwar große mathematische und technische Spitzfindigkeit erfordern würde, doch wenn man einmal Gottes „Raffiniertheit" überwunden habe, so werde er den Menschen nicht um seinen Triumph bringen.

„Wenn du ein glückliches Leben leben willst, verbinde es mit einem Ziel, nicht aber mit Menschen oder Dingen."

12

Erinnerung an Einstein

*Eugene P. Wigner**

Die ganz charakteristische Eigenschaft Einsteins, die ich besonders lebhaft im Gedächtnis habe und an die ich mich gern erinnere, ist sein Gefühl der Gleichheit mit seinen Kollegen, seine Wertschätzung und Erwiderung ihrer Freundschaft. Meine Liebe zur Physik und meine frühe Bewunderung für sie — ich studierte eigentlich Technische Chemie — rühren in großem Maße von dem Seminar her, das er in den frühen 20er Jahren in Berlin über Statistische Mechanik veranstaltete. Viele Teilnehmer, ich selbst eingeschlossen, wurden ermutigt, ihn zu Hause zu persönlichen Gesprächen aufzusuchen. Bei solchen Gelegenheiten diskutierten wir nicht nur über Statistische Mechanik oder Physik, sondern auch über persönliche und gesellschaftliche Probleme. Seine tiefen Einblicke in die Dinge machten einen nachhaltigen Eindruck auf die meisten von uns; doch der Meinungsaustausch verlief auf der Basis der Gleichheit aller, und er antwortete mit Interesse auf die Bemerkungen seiner Besucher. In späteren Jahren wandte sich die Unterhaltung oft der Politik zu, und seine Verurteilung aller Diktaturen, vor allem der Hitlers, hatte großen Einfluß auf seine Freunde und Studenten. Und seine Meinung über die UdSSR: Als er einmal gebeten wurde, eine Petition zu unterzeichnen, schrieb er: „Wegen der Verherrlichung Sowjetrußlands, die diese Petition impliziert, bringe ich es nicht übers Herz, sie zu unterschreiben."

Nach seiner Übersiedlung nach Princeton wurde es für ihn schwerer, ein ähnlich herzliches Verhältnis zu seinen älteren und jüngeren Kollegen zu unterhalten. Obwohl er Englisch sprechen konnte, fühlte er sich doch nicht wirklich vertraut damit. Seine Beziehungen zu zahlreichen Mitarbeitern in Princeton waren dennoch stets freundlich, und obgleich sie nicht nur weniger allgemein anerkannt, sondern auch beträchtlich jünger als er selbst waren, sprach er doch niemals herablassend zu ihnen, sondern behandelte sie als Gleichgestellte. Er ging gerne spazieren, oft mit Freunden wie mir, mit denen er sich auf Deutsch unterhalten konnte.

---

* *Eugene P. Wigner, einer der bedeutendsten Theoretischen Physiker der Welt, verließ Ungarn in den 30er Jahren und ließ sich in den Vereinigten Staaten nieder, und zwar an der Universität Princeton, wo er während vieler Jahre ein Freund Einsteins war.*

99

Eine andere charakteristische Eigenschaft Einsteins, die nur selten erwähnt wird, war seine Liebe zu Kindern. Ich erinnere mich, daß meine Frau einmal ein paar Schriftstücke zu ihm nach Hause bringen sollte; und als Einstein sie nach unseren Kindern fragte, mußte sie gestehen, daß sie die Windpocken hätten und deshalb, den örtlichen Gepflogenheiten entsprechend, das Auto nicht verlassen dürften. Einstein sagte daraufhin sofort: „Oh, ich habe selbst Windpocken gehabt. Es wird nichts machen, wenn ich sie sehe." Und er ging hinunter und hatte ein freundliches Gespräch mit den beiden. Sie haben sich noch lange daran erinnert, und meine Frau bezweifelt noch heute sehr, daß er überhaupt wußte, was Windpocken sind.

13

Eine Einstein-Anekdote

*John G. Kemeny**

Ich war 22 Jahre alt, als ich Einsteins Assistent wurde. Nachdem er mir die Stelle angeboten hatte, ließ er mir jedoch noch Zeit, meine Doktorarbeit zu Ende zu schreiben, bevor ich wirklich mit der Arbeit bei ihm begann.

Ich war sehr aufgeregt, als ich mich eines Nachmittags, etwa einen Monat später, in seinem Haus einfand. Ich konnte kaum glauben, daß ich tatsächlich dort war, um mit Einstein über die einheitliche Feldtheorie zu arbeiten. Und so war ich völlig erstaunt, als seine ersten Worte lauteten: „Ah, Kemeny, nun müssen Sie mir aber von Ihrer Dissertation erzählen."

Ich protestierte energisch. Ich war doch gekommen, um ihm, soweit es in meiner Macht stand, zu helfen, und nicht, um seine Zeit mit Rederei über meine Doktorarbeit zu vergeuden. Außerdem handelte meine Dissertation von mathematischer Logik, einem sehr abstrakten Thema, das weit von Einsteins Interessen entfernt lag. Aber kein noch so großer Protest konnte seine Absicht ändern. Ich mußte ganz am Anfang beginnen, ihm eine detaillierte Schilderung geben, wie ich zu diesem Thema und zu welchem Ergebnis ich gekommen war. Er hörte mir ungefähr eine halbe Stunde lang ganz geduldig zu, stellte viele Fragen, und als ich schließlich geendet hatte, sagte er: „Und nun will ich Ihnen von meiner Arbeit erzählen."

Er war immerhin der große Einstein, der sich im Alter von 70 Jahren noch einmal bemühte, eine bahnbrechende Leistung in bezug auf die Gesetze der Physik zu vollbringen. Ich dagegen war nur ein 22jähriger Unbekannter. Doch wenn ich echtes Interesse an seiner Arbeit gewinnen sollte, so mußte auch er sich — wie er meinte — für meine Arbeit interessieren.

---

* *John G. Kemeny, ein 1926 in Ungarn geborener amerikanischer Mathematiker, war einer der jüngsten Assistenten Einsteins am* Institute for Advanced Study. *Er arbeitete bei ihm während der Jahre 1948 bis 1949.*

14

Einstein, Newton und der Erfolg

*Abraham Pais**

Wenn ich Einstein mit einem einzigen Wort charakterisieren sollte, so würde ich das Wort „In-sich-zurückgezogen-Sein" wählen. Diese Haltung entsprach seinem tiefsten emotionellen Bedürfnis. Sie sollte ihm bei seinen zielstrebigen Studien — und ganz besonders auf seinem Weg des Triumphes von der speziellen zur allgemeinen Relativitätstheorie — eine große Hilfe sein. Sie sollte für ihn sogar zur praktischen Notwendigkeit werden, als es nämlich darum ging, seine von ihm so hochgeschätzte Privatsphäre vor einer Welt, die nach Legenden und Charisma verlangte, zu schützen. Während seiner gesamten wissenschaftlichen Karriere zeigte sich dieses „Für-sich-Sein" Einsteins jedoch niemals ausgeprägter als in seiner Einstellung zur Quantentheorie. Zwei verschiedene Perioden lassen sich dabei unterscheiden. Von 1905 bis 1923 war er der einzige oder doch fast der einzige, der seine eigene Lichtquanten-Hypothese ernst nahm: Unter bestimmten Bedingungen verhält sich das Licht so, als ob es eine besondere Struktur hätte. Während der zweiten Periode, von 1926 bis zum Ende seines Lebens, war er wieder der einzige oder doch wieder fast der einzige, der eine zutiefst skeptische Haltung gegenüber der Quantenmechanik einnahm.

Dennoch hat Einstein die „statistische Quantentheorie", d. h. die Quantenmechanik, als die „erfolgreichste physikalische Theorie unserer Zeit" bezeichnet. Warum aber war er dann nicht überzeugt von ihr? Ich glaube, Einstein hat diese Frage 1933 indirekt selbst beantwortet, und zwar in seinem Spencer-Vortrag „Zur Methodik der theoretischen Physik", in dem seine Denkweise vielleicht am deutlichsten und aufschlußreichsten zum Ausdruck kommt. Der Schlüssel zum Verständnis liegt zweifellos in seinen Bemerkungen über Newton und die klassische Mechanik.

In diesem Vortrag bemerkt Einstein, daß Newton „der Begriff des absoluten Raumes ... der absoluten Ruhe ... und die Einführung der Fernkräfte" Unbehagen bereiteten. Einstein fährt dann fort, auf den Erfolg der Theorie Newtons

* *Abraham Pais, eine Autorität auf dem Gebiet der modernen Theoretischen Physik, wurde in Amsterdam geboren. Von 1951 bis 1963 war er Professor für Physik am Princeton Institute for Advanced Study, wo er Einstein sehr gut kennenlernte.*

hinzuweisen: „Aber der ungeheure praktische Erfolg seiner Lehre mag ihn und die Physiker des 18. und 19. Jahrhunderts gehindert haben, den fiktiven Charakter der Grundlagen seines Systems zu erkennen." Es ist wichtig festzuhalten, daß Einstein mit „fiktiv" die freien Erfindungen des menschlichen Geistes meint. Danach vergleicht er die Mechanik Newtons mit seiner eigenen Arbeit über die allgemeine Relativität: „Der fiktive Charakter der Grundlagen wird dadurch völlig evident, daß zwei wesentlich verschiedene Grundlagen aufgezeigt werden können, die mit der Erfahrung weitgehend übereinstimmen."

Nun zurück zur Quantentheorie: Im Spencer-Vortrag erwähnte Einstein nicht nur den Erfolg der klassischen Mechanik, sondern auch den der statistischen Interpretation der Quantentheorie: „Diese Auffassung ist logisch einwandfrei und hat bedeutende Erfolge aufzuweisen." Doch dann fügt er hinzu: „Ich glaube noch an die Möglichkeit eines Modells der Wirklichkeit, d. h. einer Theorie, die die Dinge selbst und nicht nur die Wahrscheinlichkeit ihres Auftretens darstellt."

Auf Grund dieses Vortrags und zahlreicher Diskussionen, die ich mit ihm über die Grundlagen der Quantenphysik führte, habe ich folgenden Eindruck gewonnen: Einstein neigte dazu, die Erfolge der klassischen Mechanik mit denen der Quantenmechanik zu vergleichen. Beide Theorien waren seiner Meinung nach gleichwertig; beide waren erfolgreich, doch unvollständig. Länger als ein Jahrzehnt hatte Einstein über die eine Frage nachgedacht, wie nämlich die Invarianz bei gleichförmigen Translationen auf allgemeine Bewegungsvorgänge auszudehnen sei. Seine sich daraus ergebende Theorie von 1916, die allgemeine Relativitätstheorie, hatte zu nur geringen Abweichungen von der Theorie Newtons geführt. Große Abweichungen wurden erst sehr viel später diskutiert. Einstein war in gleicher Weise darauf eingestellt, die Suche nach seinem eigenen „Modell der Wirklichkeit" zu übernehmen, gleichgültig wie lange das dauern würde, wie er ebenso auch auf die Fortdauer der praktischen Erfolge der Quantenmechanik vorbereitet war. Es erscheint ganz einleuchtend, daß gerade der Erfolg seiner bedeutendsten Leistung, der allgemeinen Relativitätstheorie, ein zusätzlicher Ansporn zu Einsteins „In-sich-zurückgezogen-Sein" war. Vergessen wir aber nicht, daß diese Haltung sein gesamtes Werk und seine Art zu leben charakterisiert.

Was wollte Einstein eigentlich? Um seine Denkweise zu verstehen, müssen wir uns vergegenwärtigen, daß seine Einstellung zur Quantenmechanik zwei unterschiedliche Facetten hatte. Da war einmal der Kritiker Einstein, der niemals von seiner Ablehnung der „Komplementarität" abging, der zufolge der Begriff des „physikalischen Phänomens" *unwiderruflich* die spezifischen experimentellen Bedingungen der Beobachtung einbezieht. Und dann gab es den Visionär Einstein, der immer wieder versuchte, ein „objektiv reales" Weltmodell zu verwirklichen, ein tieferliegendes theoretisches Rahmenwerk also, das die Beschreibung der Phänomene unabhängig von diesen Bedingungen zuläßt.

Er meinte, daß sich die Quantenmechanik als Grenzfall einer solchen zukünftigen Theorie herleiten lassen sollte, so wie auch die „Elektrostatik von den Maxwellschen Gleichungen des elektromagnetischen Feldes oder die Thermodynamik von der statistischen Mechanik ableitbar ist". Er glaubte jedoch nicht, daß die Quantenmechanik selbst ebenfalls ein brauchbarer Ausgangspunkt bei der Suche nach dieser zukünftigen Theorie sein würde, so „wie man von der Thermodynamik oder der statistischen Mechanik auch nicht zu den Grundlagen der Mechanik gelangen kann".

Diese Vision, die Einstein ständig begleitete, kann zumindest bis 1920 zurückverfolgt werden, also bis weit vor dem Aufkommen der Quantenmechanik. Es war eine einheitliche Feldtheorie. Doch Einstein verstand darunter etwas ganz anderes als sonst irgendjemand darunter verstand oder noch versteht. Er forderte, daß sie eine lokale Feldtheorie, d. h. kausal im klassischen Sinn, sein müsse, daß sie die Kräfte der Natur vereinige, daß die Teilchen der Physik dabei als spezielle Lösungen der Gleichungen der allgemeinen Feldtheorie auftauchen und die Quantenpostulate *eine Konsequenz dieser Gleichungen sein sollten.*

Wenn es darum ging, seine einsame Einstellung zur Quantenmechanik zu verteidigen, verhielt sich Einstein weder wie ein Heiliger, noch war er ohne Humor; auch war er nicht blind gegenüber den aus seiner Haltung resultierenden negativen Reaktionen anderer. Er mag zwar nicht alle seine Gefühle über diese Dinge zum Ausdruck gebracht haben, da dies nicht seiner Art entsprach. Er meinte: „Das Wesentliche im Dasein eines Menschen meiner Art liegt eben in dem, *was* er denkt und *wie* er denkt, nicht aber in dem, was er tut oder erleidet." Er hielt auf jeden Fall an seiner Meinung fest. „Momentaner Erfolg hat für die meisten Menschen mehr Überzeugungskraft als Reflexionen über Grundlagen."

Als jedoch sein Leben dem Ende zuging, kamen ihm gelegentlich Zweifel an seiner Vision. So sagte er einmal in den frühen 50er Jahren sinngemäß zu mir: „Ich bin gar nicht so sicher, ob die Differentialgeometrie wirklich das Rahmenwerk für weiteren Fortschritt ist; doch wenn sie es ist, dann glaube ich, auf dem richtigen Weg zu sein." Ähnliche Vorbehalte finden sich auch in seinen Briefen aus dieser Zeit an Max Born und seinen lebenslangen Freund Michele Besso.

Otto Stern hat sich einer Aussage erinnert, die Einstein ihm gegenüber machte: „Ich habe hundertmal so viel über Quantenprobleme nachgedacht wie über die allgemeine Relativitätstheorie." Und Einstein hörte tatsächlich bis zu seinem Ende nicht auf, über das Quant nachzudenken. Seine letzte autobiographische Studie schrieb er im März 1955 ungefähr einen Monat vor seinem Tod in Princeton. Die letzten Sätze handeln von der Quantentheorie: „Es erscheint zweifelhaft, ob eine Feldtheorie die atomistische Struktur der Materie und der Strahlung ebenso erklären kann wie die der Quantenphänomene. Die meisten Physiker werden gewiß mit einem entschiedenen ‚nein' antworten, da sie der Meinung sind, daß das Quantenproblem im Prinzip bereits durch andere Mittel gelöst worden ist. Wie auch immer das sein mag, es bleibt uns das tröstende Wort Lessings: ‚Das Streben nach Wahrheit ist wertvoller als ihr gesicherter Besitz'."

(Dieser Aufsatz ist Teil eines längeren Artikels mit dem Titel *Einstein and the Quantum Theory*, der in der Oktoberausgabe 1979 von *Reviews of Modern Physics* erschienen ist.)

Literatur

Einstein, A., in: *Albert Einstein: Philosoph-Scientist* (Evanston: Library of Living Philosophers, 1949). S. 1
Einstein A., *"On the Method of Theoretical Physics"* (New York: Oxford University Press, 1933); nachgedruckt in: *Phil. Sci.* I, 162 (1934)
Einstein, A., *J. Franklin Inst.* 221, (1936), 313
Einstein, A., Brief an M. Besso, 24. Juli 1949
Einstein A., in: *Helle Zeit, Dunkle Zeit*, hrsg. von C. Seelig (Zürich: Europa Verlag, 1956)
Jost, R., Brief an A. Pais, 17. August 1977

15

Gespräche mit Albert Einstein

*Robert S. Shankland**

Ich hatte das Glück, Albert Einstein fünfmal während der Jahre 1950 bis 1954 in Princeton besuchen zu dürfen. Bei diesen Begegnungen sprachen wir über die Experimente, die zur Entwicklung der Relativitätstheorie beitrugen, vor allem über diejenigen, die Michelson, Morley und Miller in Cleveland durchgeführt hatten — Arbeiten, an der ich seit meiner Studentenzeit am Case Institute und der Universität Chicago besonders stark interessiert war. Zu meiner Freude und Überraschung zeigte Einstein wirklich echtes Interesse an diesen Experimenten und war bestens über die wesentlichen experimentellen Details informiert. Besonderes Interesse zeigte er an Experimenten über die Messung der Lichtgeschwindigkeit im bewegten Wasser, die Fizeau im Jahre 1851 durchführte, und an der wesentlich verbesserten Modifizierung dieses Experiments durch Michelson und Morley im Jahre 1886 im Cleveland. Auch sprach er ausführlich über die astronomische Aberration: sowohl über Bradleys ursprüngliche Entdeckung aus dem Jahre 1728 als auch über die späteren Beobachtungen mit dem wassergefüllten Teleskop von Airy im Jahre 1871. Er erzählte mir, daß er auch über die Ergebnisse des Experiments mit dem bewegten Wasser während der Jahre, da er selbst an der speziellen Relativität arbeitete, lange nachgegrübelt habe, weil sie nämlich für seine relativistische Formel über die Addition der Geschwindigkeit und die Transformationsgleichungen im allgemeinen von grundlegender Bedeutung waren. Er war gleichfalls interessiert an den neuesten Lichtgeschwindigkeitsmessungen und speziell an der zu diesem Zeitpunkt aufgestellten Behauptung, daß sich der Wert mit der Zeit ändern könne.

Unsere ausführlichsten Gespräche drehten sich jedoch um das berühmte Michelson-Morley-Experiment aus dem Jahre 1887 und um dessen Wiederholungen 1904 durch Morley und Miller und dann durch Miller allein am Mount

---

* *Robert S. Shankland war Professor am* Case Institute of Technology, *wo Albert Michelson mit Morley Ätherdriftexperimente durchführte. In den letzten Lebensjahren Einsteins machte Shankland mehrere Besuche in Princeton, um von Einstein Erinnerungen aus erster Hand über Einzelheiten der Entstehung der speziellen Relativitätstheorie zu hören.*

Wilson in den Jahren 1921 bis 1926. Mit Einsteins Unterstützung und Hilfe konnten wir dann zeigen, daß Millers breite Beobachtungen tatsächlich mit allen anderen Null-Resultaten übereinstimmten, wenn man das Temperaturgefälle auf dem Interferometer mitberücksichtigt. In Bezug auf das ursprüngliche Michelson-Morley-Experiment und dessen Einfluß auf seine eigene Arbeit änderten sich Einsteins Aussagen im Laufe unserer fünf Zusammentreffen ganz beträchtlich. Ich bin aber überzeugt, daß er bereits vor 1905 mit dessen Resultat wohl vertraut war, und er zeigte sich mir gegenüber überaus großzügig in seinen Bemerkungen über jene Arbeit. Von Michelson sagte er: „Ich denke an Michelson immer als an den Künstler in der Wissenschaft. Größte Freude scheinen ihm die Schönheit des Experiments selbst und die Eleganz der dabei angewandten Methoden bereitet zu haben. Er selbst hielt sich niemals für einen streng ‚Professionellen' der Wissenschaft, was er tatsächlich auch nicht war, sondern immer für den Künstler."

Wiederholt rühmte er H. A. Lorentz. Bei unserer letzten Begegnung meinte er zu mir: „Die Leute sind sich gar nicht darüber im klaren, wie groß der Einfluß von Lorentz auf die Entwicklung der Physik gewesen ist. Wir können uns gar nicht vorstellen, wie alles gelaufen wäre, hätte Lorentz nicht so viele Beiträge geleistet."

Einstein sprach mit mir über viele Dinge, vor allem über die Quantenmechanik. Seine wohlbekannte Skepsis gegenüber diesem Thema war ganz deutlich, und seine Äußerungen über die Quantenmechanik und ihre Verfechter waren oft sehr kritisch und emotionell — ganz im Gegensatz zu seinen zurückhaltenden, ruhigen Erklärungen zur Relativität. Mehrmals drückte er seine Überzeugung aus, daß kommende große Fortschritte in der Physik von einem Neubeginn ausgehen werden, der zwar mit der allgemeinen Relativität einsetzt, doch dann größere Entwicklungen in der Mathematik wird abwarten müssen, damit genaue Lösungen der Grundlagengleichungen möglich werden. Er sagte mir ganz offen, daß ihn seine eigenen Bemühungen in dieser Richtung nicht befriedigt hätten, daß aber die Fortschritte, auf die er hoffe, mit der Zeit sicherlich kommen würden.

16

Einstein und Newton

*I. Bernard Cohen**

An einem Sonntagmorgen im April, zwei Wochen vor seinem Tod, besuchte ich Albert Einstein. Wir sprachen über die Geschichte des wissenschaftlichen Denkens und über die bedeutenden Männer der Physik der Vergangenheit.

Um 10 Uhr morgens traf ich bei Einsteins Haus, einem kleinen Holzhaus mit grünen Fensterläden, ein und wurde von Helen Dukas, der Sekretärin und Haushälterin Einsteins, begrüßt. Sie führte mich in ein freundliches, auf der zweiten Etage gelegenes Zimmer auf der Rückseite des Hauses. Es war Einsteins Arbeitszimmer. Zwei Wände waren bis zur Decke mit Büchern bedeckt, ansonsten befand sich darin ein großer niedriger Tisch voll mit Schreibblöcken, Bleistiften, Krimskrams, Büchern und einer Ansammlung oft benutzter Pfeifen. Es gab einen Plattenspieler und Schallplatten. Der Raum wurde von einem großen Fenster mit einer schönen Aussicht ins Grüne beherrscht. Auf der dritten Wand schließlich hingen die Portraits der zwei Begründer der elektromagnetischen Theorie: Michael Faraday und James Clerk Maxwell.

Wenig später betrat Einstein den Raum, und Miss Dukas stellte uns vor. Er begrüßte mich mit einem warmen Lächeln, ging dann in das angrenzende Schlafzimmer und kehrte mit einer gestopften Pfeife zurück. Er trug ein offenes blaues Hemd, graue Flanellhosen und Lederslipper. Da es etwas kühl war, legte er eine Decke um seine Füße. Sein Gesicht zeigte tiefe Falten, es war gedankenvoll, beinahe tragisch, und doch ließen ihn seine funkelnden Augen zeitlos erscheinen. Er sprach leise und deutlich und bemerkenswert gut Englisch, obwohl er einen deutschen Akzent hatte. Der Gegensatz zwischen seiner gedämpften Sprechweise und seinem schallenden Lachen war gewaltig. Er fand Vergnügen daran, Späße zu machen, und jedes Mal, wenn er eine Pointe von sich gab, die ihm gefiel, oder wenn er etwas hörte, das ihm zusagte, brach er in dröhnendes Gelächter aus.

---

* *Der amerikanische Wissenschaftshistoriker I. Bernard Cohen, Spezialist für Leben und Werk Newtons, besuchte Einstein in Princeton, zwei Wochen bevor dieser starb. Professor Cohen gibt hier eine kürzere Fassung seines Besuchsprotokolls, das in* Scientific American *im Juli 1955 erschienen ist.*

Bild 12 Einstein in Princeton im Alter von 75 Jahren

Wir saßen nebeneinander am Tisch, dem Fenster mit der schönen Aussicht zugekehrt. Einstein spürte, wie schwierig es für mich war, eine Unterhaltung mit ihm zu beginnen, und wendete sich nach ein paar Sekunden zu mir, so als beantworte er meine noch nicht gestellten Fragen; er sagte: ,,Es gibt so viele ungelöste Probleme in der Physik. Es gibt so vieles, was wir nicht wissen, und unsere Theorien sind weit davon entfernt, adäquat zu sein.`` Unser Gespräch drehte sich dann sogleich um das Problem, wie oft schon in der Geschichte der Wissenschaften große Fragen gelöst zu sein schienen, um dann doch in anderer Form erneut aufzutauchen. Einstein vertrat die Ansicht, daß das vielleicht ein Charakteristikum der Physik sei, und meinte, daß einige der grundlegenden Probleme wahrscheinlich immer bestehen bleiben würden.

Einstein war ganz besonders an der facettenreichen Persönlichkeit Newtons interessiert. Wir diskutierten in diesem Zusammenhang auch Newtons Prioritätenstreit mit Hooke über die umgekehrt quadratische Proportion des Gravitationsgesetzes. Hooke wollte nur im Vorwort zu Newtons „*Principia*" erwähnt werden — eine kleine Anerkennung seiner Bemühungen, die ihm Newton dennoch verweigerte. Newton schrieb sogar an Halley, der die Veröffentlichung der großen „*Principia*" überwachte, daß er Hooke auf keinen Fall zitieren wolle; eher würde er den krönenden Höhepunkt der Abhandlung, das dritte und letzte Buch, das vom System der Welt handelt, ganz weglassen. Dazu meinte Einstein: „Das — leider — ist Eitelkeit! Man findet sie bei so vielen Wissenschaftlern. Wissen Sie, der Gedanke, daß Galilei das Werk Keplers nicht anerkannt hat, hat mir immer weh getan."

Eine großen Teil der gemeinsam verbrachten Zeit widmeten wir der Geschichte der Naturwissenschaften, einem Thema, das Einstein schon immer interessiert hatte. Er hatte schon viele Aufsätze über Newton geschrieben und auch Vorworte zu historischen Abhandlungen sowie biographische Skizzen über Newtons Zeitgenossen und bedeutende Wissenschaftler der Vergangenheit verfaßt. Einmal dachte er gleichsam laut über das Wesen der Arbeit des Historikers nach und verglich dabei die Geschichtswissenschaft mit der Naturwissenschaft. Ganz gewiß, sagte er, ist die Geschichtswissenschaft weniger objektiv als die Naturwissenschaft. Er erklärte das folgendermaßen: Wenn zum Beispiel zwei Menschen das gleiche historische Thema untersuchen, so wird natürlich jeder den Teil des Themas hervorheben, der ihn interessiert oder ihn am meisten anspricht. Nach Ansicht Einsteins gibt es eine innere oder intuitiv erfaßbare Geschichte und eine äußere oder dokumentarische Geschichte. Die letztere sei objektiver, doch die erstere sei zweifellos interessanter. Der Gebrauch der Intuition sei zwar gefährlich, doch andererseits notwendig bei allen möglichen historischen Arbeiten, vor allem wenn man versuche, die Gedankengänge eines bereits Verstorbenen nachzuvollziehen. Diese Art der Geschichte sei trotz ihrer Risiken sehr aufschlußreich, meinte Einstein. Auch sei es wichtig zu wissen, was Newton dachte und warum er bestimmte Dinge tat. Wir stimmten überein, daß die Herausforderung, die ein solches Problem darstelle, die Hauptmotivation eines guten Wissenschaftshistorikers sein sollte. Ein Beispiel: Wie und warum entwickelte Newton sein Konzept des Äthers? Trotz des Erfolges seiner Gravitationstheorie war Newton mit seinem Konzept der Schwerkraft nicht zufrieden. Wogegen sich Newton am meisten wandte, war nach Ansicht Einsteins die Vorstellung einer Kraft, die in der Lage ist, durch den leeren Raum hindurch zu wirken. Nach

Einsteins Meinung hoffte Newton nämlich, die Fernwirkung der Schwerkraft durch das Einführen eines Äthers, der Schwerkrafteffekte produzieren kann, auszuschalten. Auf diese Weise würden die Gravitationskräfte reduziert zu Kontaktkräften einer alles durchdringenden ätherhaften Materie. Dies sei nun eine sehr interessante Aussage über den Gedankenprozeß Newtons, erklärte Einstein, doch es stelle sich dabei die Frage, ob — oder vielmehr in welchem Ausmaß — man überhaupt eine solche Intuition dokumentarisch festhalten könne. Die ungeeigneteste Person, irgendetwas über die Entstehung von Entdeckungen dokumentarisch auszusagen, sei ganz gewiß der Entdecker selbst, betonte Einstein mit großem Nachdruck. Und er fuhr fort: Schon viele Leute hätten ihn gefragt, wie er dazu gekommen sei, dieses oder jenes zu denken. Er habe sich immer als eine sehr schlechte Informationsquelle betrachtet, wenn es um die Entstehungsgeschichte seiner eigenen Ideen gegangen war. Einstein glaubte vielmehr, daß der Historiker höchstwahrscheinlich einen besseren Einblick in den Gedankenprozeß eines Wissenschaftlers habe als der Wissenschatler selbst.

Einstein sagte weiterhin: Wenn er zurückblicke und alle Ideen Newtons überschaue, so meine er, daß Newtons größte Leistung zweifellos seine Anerkennung der Funktion der ausgezeichneten Systeme gewesen sei. Diese Meinung wiederholte Einstein mehrere Male mit größtem Nachdruck. Ich empfand das als verwirrend, denn heutzutage sind wir doch überzeugt, daß es keine ausgezeichneten Systeme, sondern nur Inertialsysteme gibt. Es gibt kein ausgezeichnetes System — nicht einmal unser Sonnensystem ist ein solches —, von dem wir sagen könnten, es sei in dem Sinne ausgezeichnet, daß es im Raume fixiert sei oder spezielle, in anderen Systemen nicht mögliche Eigenschaften besäße. Aufgrund Einsteins eigener Werke glauben wir, anders als Newton, nicht länger an den Begriff des absoluten Raums oder den der absoluten Zeit und auch nicht an ausgezeichnete Systeme, die in bezug auf den absoluten Raum in Ruhe oder in Bewegung sind. Newtons Lösung erschien Einstein großartig und zu dessen Zeit auch notwendig. Ich mußte an Einsteins eigenes Wort denken: „Newton, Du fandest den einzigen Weg, der für einen Mann von so erhabenem Geist und so schöpferischer Kraft zu Deiner Zeit überhaupt möglich war."

17
Eine Huldigung
Pablo Casals *

Obwohl ich niemals das Glück hatte, Einstein persönlich kennenzulernen, habe ich doch die höchste Wertschätzung für ihn empfunden. Gewiß war er ein hervorragender Gelehrter, doch darüber hinaus war er auch eine Stütze des menschlichen Gewissens in einer Zeit, da so viele Kulturwerte zu wanken schienen. Ich war ihm stets dankbar für seinen Protest gegen die Ungerechtigkeit, der mein Heimatland zum Opfer fiel. Es kommt mir vor, als habe die Welt durch Einsteins Tod einen Teil ihrer Substanz verloren.

(Aus: *Albert Einstein. Eine dokumentarische Biographie* von Carl Seelig)

---

* *Der große spanische Cellist, selbst ein Kämpfer für Gerechtigkeit und Menschlichkeit, bringt hier seine Trauer über den Tod Einsteins zum Ausdruck.*

18

Über Albert Einstein

*J. Robert Oppenheimer**

Obwohl ich Einstein bereits zwei oder drei Jahrzehnte lang kannte, wurden wir doch erst in den letzten zehn Jahren seines Lebens enge Kollegen und so etwas wie Freunde. Ich denke, es kann nur nützlich sein, wenn man zunächst die Wolken des Mythos, der Einstein umgibt, zerstreut, um die hohe Bergspitze zu sehen, die sich dahinter verbirgt, denn ich bin sicher, daß es dafür keineswegs zu früh ist — im Gegenteil, für unsere Generation ist es dafür vielleicht schon zu spät. Natürlich hat der Mythos, wie fast immer, seinen eigenen Reiz, doch die Wahrheit dahinter ist bei weitem schöner.

Im hohen Alter sagte Einstein einmal, als von seiner Verzweifelung über Waffengewalt und Kriege die Rede war, daß er — müßte er das alles noch einmal erleben — am liebsten Installateur geworden wäre. In dieser Bemerkung lag eine Ausgewogenheit von Ernsthaftigkeit und Scherz, die man heute gar nicht zu verändern suchen sollte. Glauben Sie mir, er hatte keine Ahnung, was es tatsächlich heißt, Installateur zu sein — zumindest in den Vereinigten Staaten, wo man scherzhaft sagt, daß das typische Verhalten dieses Handwerkers darin bestehe, sein Werkzeug niemals zum Einsatzort mitzubringen. Einstein dagegen brachte stets seine Werkzeuge mit: Einstein war Physiker und Naturphilosoph, der größte unserer Zeit.

Einsteins ungewöhnliche Originalität ist in der Tat der wahre Kern dieses Mythos — wir alle wissen das. Die Entdeckung der Quanten wäre ganz gewiß auf die eine oder andere Weise auch erfolgt, doch er war es, der sie entdeckte. Das wirkliche Erfassen dessen, was es bedeutet, daß sich kein Signal schneller

---

* *J. Robert Oppenheimer, ein brillanter amerikanischer Theoretischer Physiker und Gelehrter von großer Allgemeinbildung, war von 1947 bis 1966 Direktor des* Institute for Advanced Study in Princeton. *Während dieser Zeit lernte er Einstein gut kennen. Sein hier vorliegender eloquenter und bewegender Vortrag wurde 1965 bei einer Feier aus Anlaß des zehnjährigen Todestages sowohl von Einstein wie auch von Teilhard de Chardin, dem Wissenschaftler und Philosophen, gehalten. Er ist in einem Essay-Sammelband der UNESCO mit dem Titel* Science and Synthesis *erschienen.*

als das Licht bewegen kann, wäre sicherlich irgendwann auch gekommen: Die
formalen Gleichungen waren ja bereits bekannt. Doch dieses simple, brillante
Verständnis der Physik hätte auch ganz langsam und nur verschwommen erreicht werden können, wenn er es nicht für uns gehabt hätte. Und auch die
allgemeine Relativitätstheorie, die selbst heutzutage experimentell noch nicht
völlig bewiesen ist, hätte kein anderer als nur er auf eine lange, lange Zeit
schaffen können. Man hat tatsächlich erst im letzten Jahrzehnt, genauer in
den letzten Jahren, sehen können, wie überhaupt ein normaler, hart arbeiten-
der Physiker — oder viele von ihnen — bis zu dieser Theorie gelangen und die
einzigartige Verbindung von Geometrie und Gravitation begreifen kann. Und
auch das gelingt uns heutzutage nur deshalb, weil einige der *a priori* offenen
Möglichkeiten durch die Bestätigung der Entdeckung Einsteins, daß nämlich
das Licht durch die Gravitation abgelenkt wird, ausgeschaltet worden sind.

Es gibt noch eine andere Seite Einsteins: Neben der Originalität brachte er
auch tiefgreifende Elemente der Tradition in seine Arbeit ein, was sich leider
nur teilweise aus seiner Lektüre, seinen Freundschaften und den wenigen Informationen, die wir darüber haben, rekonstruieren läßt. Von diesen tiefwur-
zelnden Elementen der Tradition — ich will gar nicht versuchen, sie alle auf-
zuzählen, ich kenne sie nicht einmal alle — waren zumindest drei unerläßlich
für ihn; sie bestimmten ihn sein Leben lang:

Das erste Element wurzelt in jenem sehr schönen, aber wenig bekannten Teil
der Physik, der die Gesetze der Thermodynamik in der Sprache jener Mechanik erklärt, die sich mit einem großen Ensemble von Teilchen beschäftigt —
der statistischen Mechanik also. Diese Wurzeln ermöglichten es ihm, aus der
Planckschen Entdeckung des Gesetzes der Strahlung schwarzer Körper den
Schluß zu ziehen, daß das Licht nicht nur aus Wellen besteht, sondern auch
aus Teilchen mit einer Energie, die proportional zu ihrer Frequenz ist, und
einem Impuls, der durch ihre Wellenanzahl bestimmt ist, jene berühmten Re-
lationen also, die de Broglie auf die gesamte Materie — zuerst auf die Elektronen und dann ganz deutlich auf die gesamte Materie — ausdehnen sollte.

Diese statistische Tradition war es auch, die Einstein zu jenen Gesetzen führte,
die die Emission und Absorption des Lichtes durch atomistische Systeme bestimmen. Sie ermöglichte ihm, die Verbindung zwischen de Broglies Wellen
und der Statistik der Lichtquanten, die Bose vorgeschlagen hat, zu erkennen.
Und sie war es auch, die ihn bis ins Jahr 1925 zum aktiven Verfechter und
Entdecker der neuen Phänomene der Quantenphysik werden ließ.

Das zweite und ebenso tiefreichende Element — und in diesem Fall bin ich
der Meinung, daß wir durchaus wissen, woher es stammt — war seine unein-
geschränkte Vorliebe für die Idee des Feldes, d. h. für die Vorstellung, daß
sich alle physikalischen Phänomene in jedem winzigen und unendlich unter-
teilbaren Detail in Raum und Zeit ergeben. Diese Idee stellte ihn auch vor
seine erste große und dramatische Aufgabe — vor die Frage nämlich, wie die

Maxwellschen Gleichungen wahr sein könnten. Sie waren die ersten Feldgleichungen der Physik; sie sind mit nur geringen und sehr verständlichen Modifizierungen auch heute noch als wahr anzusehen. Gerade diese Tradition ließ Einstein erkennen, daß es eine Feldtheorie der Gravitation geben mußte, und zwar wurde er sich dessen zu einer Zeit bewußt, da er noch keineswegs die Schlüssel zu dieser Theorie sicher in der Hand hatte.

Die dritte Tradition berührt weniger die Physik als vielmehr die Philosophie. Sie ist eine Form des „Prinzips vom hinreichenden Grund". Einstein fragte sich: Was meinen wir, was können wir messen, und welche Elemente der Physik sind als konventionell zu bezeichnen? Er war der Ansicht, daß die konventionellen physikalischen Elemente keinerlei Anteil an den wirklichen Voraussagen der Physik haben könnten. Diese Haltung hat gleichfalls ihre historischen Wurzeln: Einmal ist sie auf die Entdeckung Riemanns zurückzuführen, der erkannt hat, wie eingeschränkt, ja, sogar unvernünftig eingeschränkt die Geometrie der Griechen doch gewesen war. In einem wesentlich wichtigeren Sinn folgte sie jedoch aus einer langen Tradition der europäischen Philosophie, die bei Descartes beginnt (man kann sogar schon im 13. Jahrhundert die ersten Ansätze erkennen), dann weiter zu den englischen Empiristen führt und sehr klar von Charles Pierce, der damit in Europa freilich ohne Einfluß blieb, formuliert worden ist. Man mußte sich fragen: Was tun wir eigentlich, wenn wir in der Wissenschaft etwas annehmen? Ist es nur etwas, das wir zum Rechnen brauchen oder ist es etwas, das wir in der Natur auch tatsächlich mit physikalischen Mitteln untersuchen können? Denn es geht darum, daß die Gesetze der Natur nicht nur die Resultate der Beobachtungen beschreiben, sondern daß die Gesetze der Natur auch das Feld der Beobachtungen abgrenzen. Unter diesem Aspekt verstand Einstein den beschränkenden Charakter der Lichtgeschwindigkeit; es war auch das Wesentliche an der Lösung der Quantentheorie, wo das Wirkungsquantum, die Plancksche Konstante, als beschränkend für die Feinheit der Wechselwirkungen erkannt wurde; jener Wechselwirkungen nämlich, die zwischen dem System und der Maschinerie, die zur Untersuchung dieses Systems benutzt wird, bestehen. Es beschränkt diese Feinheit in einer Form von Atomartigkeit, die anders und wesentlich radikaler ist als das, was sich die Griechen vorgestellt hatten oder was von der atomistischen Theorie der Chemie her bekannt war.

Während der letzten 25 Jahre im Leben Einsteins — das waren die Jahre in Princeton — ließ ihn seine Tradition in einem gewissen Sinne im Stich. Man sollte diese Tatsache, so sehr man sie auch bedauern mag, keineswegs verhehlen. Einstein hatte durchaus ein Recht auf dieses Versagen. Damals versuchte er zunächst zu beweisen, daß die Quantentheorie innere Widersprüche enthalte. Niemand hätte beim Ersinnen von unvermuteten und komplizierten Beispielen erfinderischer sein können als er; doch stets zeigte sich dann, daß diese Inkonsequenzen gar nicht vorhanden waren. Ja, oft konnte man ihre Lösungen sogar in früheren Werken Einsteins selbst nachlesen. Wenn also ein Nachweis nach wiederholten Bemühungen nicht so recht gelingen wollte, brauchte Einstein nur zu sagen, daß er diese Theorie ganz einfach nicht mochte. Er mochte die Elemente der Indeterminiertheit nicht. Er mochte auch das Preisgeben von Kontinuität und Kausalität nicht. Denn das waren die Themen, mit denen er aufgewachsen war, die er gerettet und mit denen er sich beschäftigt hatte. Und zusehen zu müssen, wie sie aufgegeben wurden, das setzte ihm doch hart zu — auch wenn er es schließlich selbst gewesen war, der mit seiner Arbeit den „Mördern" den Dolch gleichsam in die Hand gedrückt hatte. Er kämpfte auf eine zwar edle, aber doch sehr verbissene Weise gegen Bohr; und er kämpfte gegen die Theorie, die er zwar in gewisser Weise geschaffen hatte, die er aber nichtsdestoweniger haßte. Es ist nicht das erste Mal, daß in der Geschichte der Wissenschaft derartiges vorgekommen ist.

Einstein arbeitete gleichzeitig an einem sehr ehrgeizigen Programm, an dem Versuch nämlich, das Verständnis der Elektrizität und der Gravitation so zu kombinieren, daß dadurch das erklärt werden konnte, was er als den Anschein bzw. die Illusion der Diskretheit der Teilchen ansah. Meiner Meinung nach war aber damals schon klar (und heutzutage ist es sogar ganz offensichtlich), daß nämlich die Grundlagen, mit denen diese Theorie arbeitete, viel zu dürftig waren und zu viel von dem unbeachtet ließen, was den Physikern zwar bekannt, aber zu Einsteins Studentenzeit noch keineswegs allgemein bekannt war. Und so ergab das Ganze einen hoffnungslos beschränkten und historisch eher durch den Zufall bestimmten Ansatzpunkt. Obwohl Einstein jedermann Zuneigung oder richtiger noch Liebe abnötigte für seine Entschlossenheit, sein Programm auch zu Ende zu führen, verlor er doch mehr und mehr den Kontakt mit den eigentlichen Berufsphysikern; denn es gab Ergebnisse und Erkenntnisse, die für Einstein zu spät kamen, als daß er sich um sie noch hätte kümmern können.

Einstein war wirklich einer der freundlichsten Menschen. Aber ich hatte den Eindruck, daß er auch in einem ganz tiefen Sinne allein war. Viele bedeutende Männer sind einsam. Obwohl er ein enger und loyaler Freund war, schien es mir doch, daß die stärkeren menschlichen Gefühle in seinem Leben keine sehr tiefgehende oder sehr zentrale Rolle spielten. Er hatte natürlich unglaublich viele Schüler, allerdings nur in dem Sinn, daß diejenigen, die seine Arbeit lasen oder sie von ihm vorgetragen bekamen, auch von ihm lernten und dadurch selbstverständlich auch eine neue Auffassung über die Physik, die Philosophie der Physik und über das Wesen der Welt, in der wir leben, gewannen. Aber er hatte nicht das, was man in Fachkreisen eine „Schule" nennt. Er hatte nicht viele Studenten, um die er sich gleichsam wie um seine Lehrlinge und Anhänger gekümmert hätte. Und es gab jenen Wesenszug des einsamen Arbeiters in ihm — natürlich ein krasser Gegensatz zu den heutigen Arbeitsteams und zu jener höchst kooperativen Arbeitsweise, durch die sich viele naturwissen-

Bild 13 Einsteins Wandtafel im *Institute for Advanced Studies,* so wie er sie zurückgelassen hat, als er im April 1955 ins Krankenhaus ging

schaftliche Disziplinen weiterentwickelt haben. In späteren Jahren hatte er Menschen um sich, die mit ihm zusammenarbeiteten. Sie wurden bezeichnenderweise Assistenten genannt und hatten ein herrliches Leben. Schon mit ihm zusammenzusein war wunderbar. Auch seine Sekretärin hatte ein gutes Leben. Sein Sinn für Erhabenheit und auch sein Sinn für Humor verließen ihn keinen Augenblick. Seine Assistenten schafften etwas, was ihm in seinen jungen Jahren nicht gelungen war: Seine frühen Schriften sind zwar atemberaubend schön, doch sie enthalten sehr viele Druckfehler — diese gab es dann nicht mehr. Ich hatte den Eindruck, daß ihm sein Ruhm trotz dessen unangenehmen Seiten auch Vergnügen bereitete, nicht nur das menschliche Vergnügen, andere Leute kennenzulernen, sondern auch das ganz besondere Vergnügen, nicht nur mit Elisabeth von Belgien, sondern vor allem mit Adolf Busch Musik gespielt zu haben, obgleich er gar nicht ein so guter Violinist war. Einstein liebte auch die See, er segelte gern und war stets dankbar für ein Schiff. Ich erinnere mich, wie ich an seinem 71. Geburtstag mit ihm nach Hause ging; er sagte zu mir: „Wissen Sie, wenn es einem Menschen einmal gegeben ist, etwas Vernünftiges zu tun, dann ist das Leben danach ein wenig seltsam."

Einstein ist auch für sein Wohlwollen und seine große Menschlichkeit bekannt — und wie ich meine, mit Recht. Wenn ich seine Haltung menschlichen Problemen gegenüber mit einem einzigen Wort beschreiben sollte, so würde ich in der Tat das Sanskritwort „Ahinsa" wählen. Es drückt die Haltung aus, niemandem Schaden zufügen zu wollen. Der Macht gegenüber empfand Einstein das größte Mißtrauen; er hatte nicht den nützlichen und natürlichen Kontakt mit Staatsmännern oder anderen einflußreichen Leuten, der Rutherford und Bohr — den vielleicht beiden einzigen Physikern unseres Jahrhunderts, die es mit Einstein an Bedeutung beinahe aufnehmen konnten — so leicht fiel. Im Jahre 1915, als er gerade seine Theorie der allgemeinen Relativität verfaßte, wurde Europa fast in Stücke gerissen und ging beinahe seiner Vergangenheit verlustig. Einstein war immer ein Pazifist gewesen. Und erst als die Nazis in Deutschland an die Macht gelangten, kamen ihm die ersten Zweifel, wie sein berühmter und sehr eindringlicher Briefwechsel mit Freud zeigte. Wenn auch mit Melancholie und ohne es wirklich zu akzeptieren, so begann er doch allmählich einzusehen, daß der Mensch außer dem Verständnis manchmal auch die Pflicht zu handeln hat.

Nach allem, was Sie nun gehört haben, muß ich die leuchtende Kraft seiner Intelligenz nicht extra hervorheben. Einstein war zudem ein Mensch, der frei war von jeder Sophisterei, frei von jeder weltlichen Eitelkeit. Ich glaube, in England würde man sagen, er habe nicht viel "background" gehabt, und in Amerika würde man dazu sagen, es fehle ihm an „Bildung" (education), was freilich auch einiges Licht darauf wirft, wie diese Worte gebraucht werden. Ich meine vielmehr, daß diese Einfachheit, dieses Fehlen von innerer Unruhe und dieses Fehlen jeder Scheinheiligkeit sehr viel mit einem gewissen reinen, eher Spinoza entsprechenden philosophischen Monismus zu tun hat, den sich Einstein sein Leben lang bewahrte; eine Haltung, die natürlich kaum bewahrt werden kann, wenn man „gebildet" ist oder „background" hat. Einstein umgab stets eine wunderbare Reinheit, die zugleich kindlich und doch auch zutiefst starrköpfig war.

Einstein ist wegen der schrecklichen Atombomben oft getadelt und auch gelobt worden, oder man hat sie ihm überhaupt zugeschrieben. Das ist meiner Meinung nach nicht richtig. Die spezielle Relativitätstheorie wäre zwar vielleicht ohne Einstein nicht so wunderschön geworden, doch sie wäre dennoch ein Werkzeug für die Physiker geworden, denn um 1932 war das experimentelle Beweismaterial für die wechselseitige Umwandelbarkeit von Materie und Energie, die Einstein vorausgesagt hatte, bereits unwiderlegbar. Die Möglichkeit, mit ihr etwas so Gewaltsames zu produzieren, wurde erst sieben Jahre später und dann auch nur durch Zufall offensichtlich. Das hatte aber Einstein gar nicht gewollt. Sein Anteil bestand vielmehr darin, eine intellektuelle Revolution bewirkt und mehr als jeder andere Wissenschaftler unserer Zeit erkannt zu haben, wie tiefgreifend die Irrtümer früherer Zeiten gewesen waren. Er schrieb tatsächlich einen Brief über die Atombombe an Roosevelt, aber ich glaube, das geschah zum Teil aus Furcht vor den Untaten der Nazis und zum Teil, weil er niemandem in irgendeiner Weise Schaden zufügen wollte. Doch ich sollte auch erwähnen, daß dieser Brief nur sehr wenig Wirkung zeitigte und daß Einstein selbst nicht verantwortlich ist für das, was später kam. Ich glaube, er hat es selbst auch so gesehen.

Einstein erhob seine Stimme mit ungeheurem Nachdruck gegen Gewalttätigkeit und Grausamkeit, wann immer er ihnen begegnete. Nach dem Krieg wandte er sich mit tiefempfundener Überzeugung und, wie ich meine, mit ebenso großem Nachdruck gegen die Atomwaffen. In seiner schlichten Art meinte er einmal: „Nun müssen wir eine Weltregierung bilden." Das war sehr geradeheraus gesprochen; es war sehr abrupt. Er war zweifelsohne „ungebildet" und ohne „background" — und doch müssen wir alle, wenn wir darüber nachdenken, zugeben, daß er Recht hatte.

Er hatte weder Macht, noch war er berechnend oder von jenem zutiefst politischen Humor, der Gandhi auszeichnete, und dennoch vermochte er die politische Welt in Bewegung zu versetzen. Eine der letzten Handlungen in seinem Leben bestand darin, gemeinsam mit Lord Russell vorzuschlagen, daß alle Wissenschaftler zusammenkommen und versuchen sollten, einander zu verstehen und die Katastrophe abzuwenden, die er aus dem Wettrüsten voraussah. Die sogenannte Pugwash-Bewegung, die inzwischen einen längeren Namen hat, war ein direktes Ergebnis dieses Appells. Ich weiß mit Sicherheit, daß er auch eine wesentliche Rolle im Vertrag von Moskau, dem Vertrag über die Begrenzung von Atomtests, spielte, der ein vielleicht nur versuchsweises — aber für mich doch sehr wertvolles — Manifest dafür ist, daß die Vernunft doch noch den Sieg davontragen könnte.

In seinen letzten Jahren kann man Einstein — so wie ich ihn kannte — gewissermaßen als einen Prediger Salomons im 20. Jahrhundert bezeichnen, der mit unbeugsamer und unbezwingbarer Heiterkeit sagte: „Eitelkeit der Eitelkeiten — alles ist Eitelkeit."

Teil III
Einstein und sein Werk

1

Einstein – Eine Kurzbiographie

„Das Unbegreifliche am Universum ist wohl, daß es verständlich ist."
Albert Einstein, Physics and Reality

Albert Einstein wurde am 14. März 1879 in Ulm geboren. Seine Eltern, Hermann Einstein und Pauline Einstein, geborene Koch, stammten — wie schon viele Generationen ihrer Vorfahren — aus dieser Gegend.

Ein Jahr nach Alberts Geburts ging das Geschäft Hermann Einsteins zugrunde, und er zog nach München, um einen neuen Anfang zu versuchen. Hier wuchs Einstein in seiner Familie auf, die trotz ihrer jüdischen Abstammung sehr liberal war und sich nur wenig um die jüdische Tradition kümmerte; so gering war das Interesse, daß Einstein sogar in eine katholische Volksschule geschickt wurde, die er von 1884 bis 1889 besuchte. In der Erinnerung Einsteins war das bemerkenswerteste Ereignis dieser frühen Jahre jene Begebenheit, als sein Vater ihm im Alter von etwa fünf Jahren einen Taschenkompaß zeigte. Das gezielte Reagieren dieser isolierten Nadel machte einen tiefen Eindruck auf ihn; es war seine erste Erfahrung mit einem Kraftfeld! An gewöhnlichen Maßstäben gemessen war Einstein jedoch ein Spätentwickler. Er lernte erst sehr spät sprechen, und selbst im Alter von neun Jahren war seine Sprechweise noch alles andere als fließend. Seine Eltern fürchteten sogar, er könnte etwas zurückgeblieben sein.

1889, als er zehn Jahre alt war, trat Einstein ins Luitpold-Gymnasium ein. Für die damalige Zeit scheint dies eine typische Schule gewesen zu sein — alles verlief streng reglementiert. Einstein mochte die Schule ganz und gar nicht. Doch das hinderte ihn nicht daran, im Alter von 12 Jahren von der euklidschen Geometrie der Ebene ganz fasziniert zu sein. Die Vorstellung, daß man durch reines Denken konkrete Resultate erzielen kann, erschien ihm geradezu wunderbar. Insgesamt aber weckten die Erlebnisse im Gymnasium seinen Widerwillen gegen die konventionelle Schulerziehung — seine spätere lebens-

*Einsteins Umzug nach Bern war ein Wendepunkt in seinem
Leben. Obwohl er keinerlei vorherige Erfahrungen mit technischen Erfindungen hatte, fand er die Arbeit beim Patentamt doch sehr interessant. Er hatte die Aufgabe, die An-
träge in eine klare Form zu bringen und die eigentliche Idee
aus den oft sehr vage formulierten Beschreibungen der Er-
finder herauszuarbeiten. Vielleicht hat diese Tätigkeit seine
bemerkenswerte Fähigkeit, den Kern eines Problems zu erkennen und die Konsequenzen einer Hypothese schnell zu
erfassen, gefördert und entwickelt. Außerdem ließ ihm diese
Arbeit genügend Zeit, seinen eigenen Ideen nachzugehen. Es
scheint tatsächlich für ihn in diesem Stadium seiner Karriere
in vielerlei Hinsichten der ideale Posten gewesen zu sein.*

G. J. Whitrow: Einstein, The Man and His Achievement

lange Antipathie gegenüber jeder Form von Autorität wurde dadurch zweifellos gefördert.

Schon in früher Kindheit wurde Einstein in die Welt der Musik eingeführt, besonders in das Violinspiel, das er bereits im Alter von sechs Jahren erlernte.
Im Jünglingsalter schätzte er dann immer mehr die Kraft und Schönheit der
Musik, die ihm sein Leben lang eine Quelle der Freude und des Trostes blieb.
In dieser Phase seines Lebens entwickelte er auch eine vorübergehende, aber
doch sehr starke Religiosität, die aus seinem Bewußtsein, Jude zu sein, her-
rührte.

1894 erlitt sein Vater erneut einen geschäftlichen Rückschlag, und seine Eltern zogen zusammen mit Einsteins jüngerer Schwester Maja, die 1881 zur
Welt gekommen war, nach Mailand. Einstein blieb in München zurück, um
seine Schulzeit zu beenden. Doch schon innerhalb eines halben Jahres reiste
er seiner Familie nach — allerdings ohne Abschlußzeugnis. Es folgte eine
Periode des Reisens und vergnüglicher, unbeschwerter Aktivitäten. Ein Jahr
später entschied man aber, daß er versuchen solle, an der Schweizer Eidgenössischen Technischen Hochschule (ETH) aufgenommen zu werden, um später Elektrotechniker zu werden. Als 16jähriger versuchte Einstein 1895 die
Aufnahmeprüfung, fiel jedoch durch. Um für einen zweiten Versuch besser
gerüstet zu sein, wurde er Student an der Schweizer Kantonschule in Aarau,
ungefähr 40 Kilometer von Zürich entfernt. Unter Leitung des Schuldirektors
Jost Winteler, bei dessen Familie er auch wohnte, stellte Einstein plötzlich
fest, daß ihm seine Studien sogar Spaß machten. Die Schweizer Art der Schulerziehung, die von der demokratischen Tradition des Landes stark beeinflußt
war, unterschied sich völlig von der preußischen Art des Münchner Gymna-

siums. Das bewog Einstein, seine deutsche Staatsbürgerschaft aufzugeben, und so lebte er während der folgenden sechs Jahre offiziell ohne jede Staatszugehörigkeit.

Das Unterrichtsjahr in Aarau stärkte Einsteins Wissen so sehr, daß er die Aufnahmeprüfung an der ETH bei seinem zweiten Versuch schaffte. Im Oktober 1896 begann er einen vierjährigen Studienkurs für Lehrer der Naturwissenschaften und der Mathematik. Er fand den offiziellen Lehrbetrieb nicht sonderlich nützlich, obwohl einer seiner Lehrer Hermann Minkowski war. Er verließ sich vielmehr auf die Mitschriften seines Freundes und Kommilitonen Marcel Grossmann, um so den Lehrstoff der vielen versäumten Vorlesungen doch noch mitzubekommen. Seine eigene Methode des Lernens bestand eher darin, sich in die Originalliteratur der Physik, in die meisterhaften Werke eines Kirchhoff, Hertz und Maxwell zu vertiefen. Er lernte auch die Arbeiten des Philosophen Ernst Mach kennen, dessen klassisches Werk *Die Mechanik in ihrer Entwicklung* sich eingehend mit den fundamentalen Ideen und Annahmen der Physik auseinandersetzte.

Im Jahre 1900 bestand Einstein sein Abschlußexamen. Der Nachgeschmack des formalen Zwangs seiner Studienzeit war ihm so unangenehm, daß er im folgenden Jahr nur sehr wenig arbeitete. Und es gelang ihm nicht, eine geregelte akademische Stellung zu finden. Er blieb in Zürich und verdiente sich seinen Unterhalt durch Nachhilfeunterricht oder Aushilfsunterricht und Ähnliches. 1901 wurde er Schweizer Staatsbürger. Im selben Jahr schrieb er seine erste veröffentlichte wissenschaftliche Abhandlung über Kapillaritätserscheinungen. Ende des Jahres bewarb er sich um eine Stellung am Schweizer Patentamt in Bern; im Juni 1902 wurde seine Bewerbung positiv entschieden, und er erhielt eine Anstellung auf Probe, wobei ihm das nachdrückliche Empfehlungsschreiben des Vaters seines Freundes Marcel Grossmann an den Direktor des Amtes sehr geholfen hatte.

Mit dem Umzug nach Bern bahnte sich eine glückliche Wende in Einsteins finanziellen Verhältnissen an. Er verbesserte sein mageres Einkommen durch Einkünfte aus Nachhilfestunden. So lernte er auch Maurice Solovine kennen, der sein lebenslanger Freund werden sollte. Mit Solovine und einem Bekannten aus früheren Zeiten, Conrad Habicht, gründete er die „Olympia-Akademie", wie sie es nannten: Am Abend trafen sie sich zu dritt, um gemeinsam zu essen und über alle möglichen Fragen der Physik, der Philosophie und anderer Fächer zu sprechen.

1903 heiratete Einstein eine Studienkollegin aus seinem Kursus in Zürich — sie hieß Mileva Mario und stammte aus Ungarn. Sie hatten zwei Söhne: Hans Albert, der 1904 geboren wurde, und Edward, der 1910 zur Welt kam. Über Einsteins Privatleben ist nur sehr wenig bekannt, doch es ist ganz offensichtlich, daß seine wissenschaftlichen Aktivitäten dadurch in keiner Weise behin-

*Er bemerkte einmal, daß er bis zu seinem 30. Lebensjahr
eigentlich niemals einen wirklichen Physiker getroffen habe.
Die einzige Person, mit der er seine Ideen diskutieren konnte,
war ein Ingenieur, Michelangelo Besso, der damals auch An-
gestellter des Patentamtes war. Einstein hatte ihn schon seit
seinen Studientagen in Zürich gekannt, und ihn hat er im
letzten Satz seiner Schrift von 1905 gleichsam unsterblich
gemacht: „Zum Schlusse bemerke ich, daß mir beim Arbeiten an dem hier behandelten Probleme mein Freund und
Kollege M. Besso treu zur Seite stand und daß ich demselben manche wertvolle Anregung verdanke."*
Jeremy Bernstein: Einstein

dert wurde. In die ersten Jahre in Bern fiel die Blütezeit seines Genius als
Theoretischer Physiker. Dabei scheint er vor allem von seinen zahlreichen
Diskussionen mit Michele Besso, einem Ingenieur und Kollegen am Patentamt,
der gleichfalls ein Freund fürs Leben wurde, sehr profitiert zu haben.

Das Jahr 1905 war für Einstein das *annus mirabilis* — ein Datum, das man
gleichrangig neben dem Jahr 1543, in dem Copernicus *De Revolutionibus
Coelestium* veröffentlichte, und neben 1686, in dem Newton seine *Principia*
beendete, nennen muß. Es war nicht nur das Jahr des Erscheinens seiner
speziellen Relativitätstheorie in der Abhandlung „*Elektrodynamik bewegter
Körper*", sondern auch das Jahr, in dem er zwei weitere wichtige Arbeiten
veröffentlichte: die eine handelte von der Theorie der Brownschen Bewegung, die andere befaßte sich mit den Eigenschaften des Lichtes und entwickelte dabei vor allem den fundamentalen Begriff der Quantenphysik — die
Existenz von Energiequanten. Auch die schicksalhafte Gleichung $E = mc^2$ erschien etwas später im selben Jahr in der Schrift „*Ist die Trägheit eines Körpers von seinem Energieinhalt abhängig?*"

Welche Ironie in der Geschichte der Physik, daß Einstein seine Arbeit über die
spezielle Relativitätstheorie der Universität Bern als Bewerbung um das
Doktorat und damit um eine Dozentur einreichte und daß sie abgelehnt
wurde. Dennoch zog die Arbeit das Interesse so bedeutender Männer wie Max
Planck in Deutschland und H. A. Lorentz in Holland auf sich. 1908 unternahm Einstein einen zweiten Versuch, Privatdozent in Bern zu werden, und
dieses Mal hatte er Erfolg. 1909 wurde er dann zum Professor an der Universität Zürich ernannt. Im gleichen Jahr hielt er beim jährlichen Kongreß der Gesellschaft deutscher Naturforscher einen Vortrag über das Wesen und die Kon-
stitution der Strahlung. Er traf dort auch mit Max Planck zusammen. Kurz
zuvor hatte Minkowski, zu dieser Zeit in Göttingen, die Einsteinsche Entwick-

lung der speziellen Relativität aufgegriffen und ihr in Verbindung mit seinen eigenen Ideen über das vierdimensionale Raum-Zeit-Kontinuum zu Berühmtheit verholfen.

Der Aufenthalt in Zürich war jedoch nur von kurzer Dauer. 1911 bot man Einstein eine ordentliche Professur an der deutschen Universität in Prag an. Er nahm an, doch er blieb dort nur eineinhalb Jahre. Während dieser Zeit entwickelte er seine Vorstellungen über die allgemeine Relativitätstheorie. Auch in persönlicher Hinsicht war dieser Zeitabschnitt von Bedeutung, denn in Prag traf er den brillanten Theoretischen Physiker Paul Ehrenfest, der ein enger Freund werden sollte. Mittlerweile war Einstein völlig in die Gemeinschaft der weltbesten Physiker aufgenommen und erhielt auch eine Einladung zum 1. Solvay-Kongreß in Brüssel Ende 1911, zusammen mit Berühmtheiten der älteren Generation wie Lorentz und Madame Curie und mit jüngeren weltbekannten Wissenschaftlern wie etwa Rutherford.

Von verschiedensten Seiten wurde Einstein hofiert; er aber nahm 1912 eine Einladung, nach Zürich zurückzukehren, an. In Zürich arbeitete er während der Jahre 1912 und 1913 gemeinsam mit Marcel Grossmann, der inzwischen Professor für Mathematik in Zürich geworden war, an den gewaltigen mathematischen Problemen, die die allgemeine Theorie stützen sollten. 1913 veröffentlichten sie eine Gemeinschaftsarbeit über dieses Thema.

Der Ruf der weiten Welt erreichte Einstein erneut und führte ihn in Versuchung, die Schweiz wieder zu verlassen. Im Sommer 1913 wandten sich Nernst und Planck an ihn; sie wollten ihn dazu überreden, einen Lehrstuhl in Berlin anzunehmen. Trotz seiner ablehnenden Haltung gegenüber Deutschland — vor allem gegenüber dem deutschen Militarismus — entschloß sich Einstein, den Ruf anzunehmen, und im April 1914 zog er mit seiner Familie nach Berlin. Er war offiziell als Professor an der Preußischen Akademie und als Direktor des Kaiser-Wilhelm-Instituts für Physik angestellt. Nur wenige Monate nach Ausbruch des Krieges kehrten seine Frau und die Kinder nach Zürich zurück. Das war praktisch das Ende ihrer Ehe, obwohl sie erst 1919 offiziell geschieden wurden.

Die Hauptbeschäftigung Einsteins zu dieser Zeit bestand in der Vollendung seiner allgemeinen Relativitätstheorie. Zwei Jahre sollten jedoch noch vergehen, bevor er dieses Ziel erreichte; aber er hatte bereits eine Prognose vorzuweisen, die überprüft werden konnte — die Ablenkung des Lichts durch die Schwerkraft der Sonne. Es waren bereits Pläne im Gange, dieses Phänomen noch im gleichen Jahr während einer totalen Sonnenfinsternis im südlichen Rußland zu beobachten. Die Expedition sollte von einem jungen Astronomen des Berliner Observatoriums, von Finlay-Freundlich, geleitet werden. Der Krieg vereitelte dieses Vorhaben jedoch, was vielleicht auch sein Gutes hatte, denn Einsteins Theorie war im damaligen Stadium noch unvollständig und fehlerhaft.

Mit der Annahme des Lehrstuhls in Berlin hatte Einstein auch automatisch die deutsche Staatsbürgerschaft erhalten, doch er selbst betrachtete sich immer noch als Schweizer Staatsbürger. Bei den herrschenden Zuständen während des Krieges konnte er sich natürlich in seinem Geburtsland keinesfalls wohlfühlen, und so äußerte er seine pazifistischen und internationalistischen Vorstellungen ganz offen. Trotz des Kriegszustandes war es ihm möglich, Besuche in der Schweiz und in Holland zu machen. In Holland führte er ausgiebige Gespräche mit Lorentz über die allgemeine Theorie, die schließlich 1916 in ihrer endgültigen Fassung veröffentlicht wurde.

Fast unmittelbar danach fing Einstein an, die Implikationen der Theorie auf das Universum als Ganzes zu übertragen; seine Vorstellungen darüber veröffentlichte er 1917 in der Schrift *„Kosmologische Betrachtungen zur allgemeinen Relativitätstheorie"*. In diesem Aufsatz entwickelte er auch seinen berühmten Begriff des „endlichen aber unbegrenzten" Universums. Obwohl sein spezielles kosmologisches Modell schon bald durch andere Modelle abgelöst wurde, ebnete es doch den Weg für die Modelle von Willem de Sitter, Alexander Friedmann, Georges Lemaître und anderen. Zwischen 1916 und 1918 führte Einstein mit de Sitter einen regen Briefwechsel über diese Fragen.

Bild 14 Scherenschnitte von Einsteins Familie (A. E., seine zweite Frau und seine beiden Stieftöchter), von Albert Einstein 1919 angefertigt

Das geschah aber, bevor noch Hubble und andere in den 20er Jahren die allgemeine Expansion des Universums entdeckten, die sich in der Rotverschiebung des Lichts von fernen Galaxien manifestiert — eine Tatsache, die danach in jeder lebensfähigen kosmologischen Theorie als Grundbestandteil aufgenommen werden mußte.

Im Jahre 1917 war Einstein während mehrerer Monate ernstlich krank. Unter der Obhut seiner Cousine Elsa, einer Witwe mit zwei Kindern, Ilse und Margot, schritt seine Genesung jedoch voran. Dieses Wiederaufleben einer Freundschaft, die bereits begonnen hatte, als beide noch Kinder in München waren, gipfelte schließlich in ihrer Heirat im Jahre 1919.

Als der Krieg seinem Ende zuging, hörte Einstein von Plänen in England, seine Theorie über die Ablenkung des Sternenlichts durch die Schwerkraft 1919 bei einer Sonnenfinsternis-Expedition zu überprüfen. Die großartige Bestätigung der überarbeiteten Version seiner Theorie wird sein Ansehen bei den Naturwissenschaftlern wahrscheinlich noch mehr gesteigert haben. Was aber vielleicht noch bemerkenswerter war, das war die Art und Weise, in der dieser eigentlich nur für Eingeweihte verständliche Triumph die öffentliche Vorstellungskraft beflügelte und Einstein zu einem Gast-Gott in den Augen der Öffentlichkeit werden ließ. Von diesem Zeitpunkt an sollte sich sein Leben völlig verändern.

Obwohl die Zustände in Deutschland nach Kriegsende chaotisch waren und Einstein sehr leicht in ein anderes Land hätte gehen können, zog er es doch vor zu bleiben, wo er war. Er nahm sogar ganz offiziell die deutsche Staatsangehörigkeit wieder an. Als Pazifist und Jude war er in Deutschland natürlich vielerlei Attacken ausgesetzt. Selbst seine Relativitätstheorie wurde zur Zielscheibe des Angriffs. Einige seiner deutschen Physiker-Kollegen verteidigten ihn vehement gegen solche Angriffe. In der übrigen Welt brauchte er freilich keine Verteidiger, er galt dort als Held. Er war regelmäßig als Gastprofessor in Leiden tätig, wo er 1920 Niels Bohr zum ersten Mal traf. Im folgenden Jahr machte er dann seine erste Reise nach Amerika. Der Hauptzweck dieses Besuchs war zwar, Geldmittel für eine Hebräische Universität in Jerusalem aufzubringen, aber Einstein wurde mit Bitten um Vorträge auch von vielen anderen Vereinigungen aus akademischen, politischen oder sozialen Kreisen geradezu bestürmt. Er erhielt sogar einen akademischen Ehrengrad der Universität Princeton. Auf seinem Rückweg nach Deutschland besuchte er England, wo er trotz einer seit der Kriegszeit immer noch leichten Antipathie gegen Deutschland allgemein mit Beifall begrüßt wurde. Es folgten weitere internationale Reisen — nach Frankreich und in den Fernen Osten, nach Südost-Asien sowie nach Palästina.

Gegen Ende 1922 wurde bekannt, daß Einstein der Gewinner des Nobelpreises für Physik für das Jahr 1921 war, und zwar „für seine Verdienste um die Theorie der Physik, insbesondere für seine Entdeckung des Gesetzes des photoelektrischen Effekts". Obwohl das photoelektrische Resultat natürlich von großer Bedeutung ist, erscheint es doch ziemlich überraschend, daß der Preis nicht für die doch wesentlich bedeutenderen Leistungen Einsteins auf dem Gebiet der Relativitätstheorie vergeben wurde. Das aber mag aus dem Grunde geschehen sein, weil das Testament Alfred Nobels bestimmt, daß die Preise nur für solche Entdeckungen zu vergeben sind, die der Menschheit nützen — und die möglichen praktischen Implikationen der Gleichung $E = mc^2$, seien sie nun gut oder schlecht, waren zu diesem Zeitpunkt noch nicht absehbar.

Zurück in Berlin arbeitete Einstein während der 20er Jahre an seinem nächsten und letzten großen Projekt, an der Suche nach der einheitlichen Feldtheorie, welche die Phänomene der Gravitation und des Elektromagnetismus in einem System vereinigen sollte. Sein Leben vollzog sich in einem politischen und sozialen Klima, das in zunehmendem Maße unangenehmer und bedrohlicher wurde. Gleichzeitig brachte sein Ruhm es mit sich, daß seine Zeit durch diverse Briefwechsel über eine Vielzahl von Themen stark beansprucht wurde. Seine Position war immer noch die eines Professors der Preußischen Akademie der Wissenschaften sowie die des Direktors für physikalische Forschungen des Kaiser-Wilhelm-Instituts, jene Position also, die er 1914 erhalten hatte. Zu seinen Kollegen zählten Nernst, Planck und von Laue.

In der Physik hatte sich das Hauptinteresse auf die Quantentheorie und ihre Konsequenzen verlagert. Beim 5. Solvay-Kongreß 1927, zu einem Zeitpunkt also, da die Wellenmechanik bereits eine völlig ausgearbeitete Theorie war, führte Einstein mit Bohr zahlreiche Gespräche über seine Weigerung, ein grundsätzliches Versagen des Determinismus in der Natur zu akzeptieren. Die Debatte darüber wurde auch beim 6. Kongreß drei Jahre später noch fortgesetzt. In deren Verlauf begann Einstein, sich intellektuell immer mehr von den wesentlichen Elementen des physikalischen Denkens und von den meisten Physikern zu entfernen.

Im Jahre 1929 feierte Einstein seinen 50. Geburtstag. Er war der Anlaß für viele Grußbotschaften und Ehrungen, darunter eine Plakette, die Max Planck in seinem eigenen Namen verliehen hatte. Aber es war auch das Jahr, in dem sich die Zeichen mehrten, daß Deutschland kein gutes oder überhaupt sicheres Land mehr für Einstein war. Die NSDAP wurde mächtiger, die organisierten Ausschreitungen gegen die Jugen nahmen zu. Obwohl es noch mehrere Jahre dauerte, bevor Einstein das Land für immer verließ, deutete sich bereits an, welcher Art die Zukunft sein würde.

Gleichfalls im Jahre 1929 knüpfte Einstein eine eher unerwartete Beziehung, die bis an sein Lebensende halten sollte. Im Verlaufe einer seiner regelmäßigen Reisen nach Leiden erhielt er die Einladung, die Königin von Belgien zu

Bild 15 Max Planck überreicht Albert Einstein 1929 eine Erinnerungsplakette aus Anlaß seines Doktorjubiläums

besuchen. Der König selbst war bei dieser ersten Gelegenheit zwar abwesend, doch er interessierte sich sehr für die Naturwissenschaften, während die Königin großes Interesse an der Musik hatte; ebenso wie Einstein spielte sie Geige. Der König und die Königin wünschten beide, Einsteins Bekanntschaft zu machen. Dem ersten Besuch folgten weitere, und selbst nachdem der König 1934 durch einen Unfall beim Bergsteigen gestorben war, unterhielt Einstein, der zu dieser Zeit bereits ständig in Amerika lebte, weiterhin regelmäßigen Briefkontakt mit der Königin.

1930 reiste Einstein zweimal nach England. Auf einer dieser Reisen begegnete er Eddington, der viel dazu beigetragen hatte, daß die erste Beobachtung der Ablenkung des Lichtes durch die Schwerkraft überhaupt möglich wurde. Durch einen glücklichen Zufall wurde die Nachricht, daß Eddington die Ritterwürde erhalten sollte, gerade zur Zeit dieses Besuches bekannt. Einstein selbst erhielt anläßlich dieses Besuches einen akademischen Ehrengrad der Universität Cambridge.

Im gleichen Jahr fand auch die zweite Reise Einsteins in die Vereinigten Staaten statt. Dieses Mal war das *California Institute of Technology*, dessen Präsident R. A. Millikan war, sein Ziel. Die Rotverschiebung ferner Nebel und die Tragweite dieses Phänomens für sein eigenes kosmologisches Modell und für die verschiedenen Modelle anderer waren von besonderem wissenschaftlichen Interesse für Einstein. Die alles entscheidenden Beobachtungen in diesem Zusammenhang hatten die Astronomen des Observatoriums am Mount Wilson in der Nähe von Pasadena, das dem *California Institute* angeschlossen war, gemacht. Ein besonders denkwürdiges und bewegendes Ereignis während dieses Besuches war ein Essen, an dem sowohl Michelson als auch Millikan teilnahmen — also jene beiden noch lebenden Männer, mit denen und mit deren Experimenten die frühe Arbeit Einsteins über die spezielle Relativität und die Lichtquanten sehr eng verbunden war. Michelson war damals bereits 78 Jahre alt und bei schlechter Gesundheit; er starb nur wenige Monate später.

Kurz nach seiner Rückkehr aus Amerika reiste Einstein erneut nach England, dieses Mal, um Vorträge an der Universität Oxford zu halten, wo er dann gleichfalls einen akademischen Ehrengrad verliehen bekam. Er wurde eingeladen, künftig jedes Jahr für eine kurze Zeit als Gastprofessor nach Oxford zu kommen. Zur selben Zeit waren schon Bemühungen im Gange, Einstein für immer in die Vereinigten Staaten zu holen. Die erste Anfrage kam vom *California Institute of Technology*, wohin er zu einer Wiederholung seines Vorjahresbesuchs zurückkehren sollte. Doch schon bald eröffnete sich eine völlig neue Aussicht. Während sich Einstein im Frühjahr 1932 in Oxford aufhielt, trat man mit dem Angebot an ihn heran, er möge sich der Fakultät eines neuen *Institute for Advanced Study* in Princeton, das finanziell bereits abgesichert, aber noch nicht gegründet war, anschließen. Einige Monate später, als Einstein schon wieder nach Deutschland zurückgereist war, entschloß er sich, diesen Vorschlag anzunehmen und die angebotene Stellung zumindest zeitweise zu übernehmen, denn er hatte den Gedanken, Deutschland für immer den Rücken zu kehren, innerlich noch nicht akzeptiert. Er war jedoch noch zu einem weiteren Besuch in Kalifornien im Winter 1932 verpflichtet.

Der Lauf der Weltereignisse übernahm dann die Entscheidung. Noch ehe Einstein nach Europa zurückgekehrt war, gelangte Hitler Ende Januar 1933 in Deutschland an die Macht. Einstein empfand, daß er nun nicht mehr nach Berlin zurückreisen könne. Abgesehen von Bedenken um seine persönliche Sicherheit hatte er auch ganz prinzipielle Einwände: „Solange mir eine Möglichkeit offensteht, werde ich mich nur in einem Land aufhalten, in dem politische Freiheit, Toleranz und Gleichheit aller Bürger vor dem Gesetz herrschen... Diese Bedingungen sind gegenwärtig in Deutschland nicht erfüllt." Und so wählte er als seinen vorübergehenden Wohnsitz den kleinen belgischen Badeort Le Coq sur Mer. Dort erreichten ihn verschiedene ehrenvolle Angebote für einen neuen Wirkungskreis, darunter auch ein Angebot der Hebräi-

Bild 16 Albert Einstein mit Michelson und Millikan im *California Institute of Technology* (1930)

schen Universität in Jerusalem. Doch der Würfel war bereits gefallen: Nach einem letzten Besuch und einer Vortragsreise in England schiffte sich Einstein mit seiner Frau von Southampton aus ein, um in Princeton der erste Professor am *Institute for Advanced Study* zu werden.

In Princeton, seinem selbstgewählten Exil, begann für Einstein ein ganz neues Leben. Es sollte im großen und ganzen ein Leben der Isolation sein – teils auf eigenen Wunsch, teils aus anderen Gründen. Er schrieb einmal: „Ich bin ein richtiger ,Einspänner', der dem Staat, der Heimat, dem Freundeskreis, ja selbst der engeren Familie nie mit ganzem Herzen angehört hat, sondern all diesen Bindungen gegenüber ein nie sich legendes Gefühl der Fremdheit und des Bedürfnisses nach Einsamkeit empfunden hat, ein Gefühl, das sich mit dem Lebensalter noch steigert." Einstein hörte niemals auf, sich in kultureller Hinsicht als Europäer zu fühlen, und ebenso fühlte er sich in keiner anderen Sprache als nur im Deutschen wirklich zu Hause. Nach dem anfänglichen Aufsehen, das seine Übersiedlung nach Amerika hervorgerufen hatte –

Einstein und seine Frau waren unter anderem sogar vom Präsidenten Roosevelt ins Weiße Haus zum Essen eingeladen worden und verbrachten dort eine Nacht —, nahm Einstein seine gewohnte Arbeit über die einheitliche Feldtheorie wieder auf. Einige promovierte Assistenten standen ihm nacheinander zur Seite, Männer mit hervorragenden mathematischen Fähigkeiten, wie es die Natur seiner Arbeit erforderte. Privat lebte Einstein wie immer äußerst einfach; seine Ansprüche ans Essen waren gering, und er haßte jede formelle Kleidung. Einstein segelte sehr gern, zum Teil „weil das der Sport ist, der die geringste Energie beansprucht"; und vor allem liebte er die Musik.

Natürlich wurde Einstein sehr häufig um Untersützung bei verschiedensten Anliegen gebeten. Einige dieser Anliegen — z. B. Bemühungen um die Bewahrung des Friedens, die Förderung des Zionismus oder das Wohlergehen der Juden in Europa — unterstützte er nach besten Kräften. Viele andere dagegen wies er zu Recht als zu frivol oder als zu unbedeutend oder auch als unvereinbar mit seinen eigenen Ansichten ab. Er hätte seine Zeit unschwer mit nicht-wissenschaftlichen Tätigkeiten ausfüllen können, aber die Aufklärung der Grundstrukturen der physischen Welt blieb die alles beherrschende Aufgabe in seinem Leben.

Im Dezember 1936 starb seine Frau, doch sein Lebensrhythmus änderte sich dadurch kaum. Er selbst lebte noch beinahe zwanzig Jahre, und bis zum allerletzten Moment gab er seinen Versuch, eine gültige Struktur für seine einheitliche Feldtheorie zu finden, nicht auf. In der Zwischenzeit begann der 2. Weltkrieg. Einstein, zwar nur am Rande, aber doch keineswegs oberflächlich davon betroffen, unterschrieb den berühmten Brief an Roosevelt. Mit Kriegsende 1945 kam auch Einsteins offizielle Verabschiedung vom Institut. Noch im selben Jahr gelang ihm eine neue Formulierung seiner einheitlichen Feldtheorie, die sich eng an jene, die er 1925 in Deutschland veröffentlich hatte, anschloß.

Das Ende des Krieges brachte für Einstein auch die Möglichkeit, nun wieder in ein anderes Land zu gehen — vor allem nach Israel —, doch er zog es vor, in Princeton zu bleiben. Alter und Krankheit hielten ihn vermutlich vor einem solchen Wechsel zurück. Princeton hatte auch viele Vorteile: Das Institut und die Universität bildeten gemeinsam ein Zentrum von hohem akademischen Ansehen, zu dem die bedeutendsten Wissenschaftler der Welt hinströmten. Niels Bohr machte zwischen 1946 und 1948 mehrere Besuche; seine Meinungsverschiedenheit mit Einstein über die Interpretation der Quantenmechanik beeinträchtigte nicht den großen Respekt, den sie füreinander hegten, und die gegenseitige Zuneigung, obwohl Einstein weiterhin darauf beharrte, daß „Gott mit der Welt nicht würfelt".

Trotz seines offiziellen Abschieds vom Institut ging Einstein doch jeden Tag für mehrere Stunden dorthin. Zu Hause hatte er die Gesellschaft sowohl sei-

Bild 17 Einstein beim Segeln (1936)

ner Tochter Margot als auch die seiner langjährigen Sekretärin Helen Dukas und, bis zu ihrem Tode im Jahre 1951, die seiner Schwester Maja.

Sein 70. Geburtstag 1949 wurde in Princeton mit einer Feier geehrt. Das Jahr 1952 brachte dann eine Auszeichnung ganz außergewöhnlicher Art: die Einladung nämlich, Präsident von Israel zu werden — was Einstein freilich sofort ablehnte. Er spürte, daß es mit ihm nicht mehr so recht zum besten stand. In einem Brief aus dem Jahre 1952 schrieb er: „Was meine Arbeit angeht, so kommt nicht mehr viel dabei heraus. Ich erhalte nicht mehr allzu viele Ergebnisse und muß mich damit begnügen, den 'Elder Statesman' und den „jüdischen Heiligen', hauptsächlich letzteren, zu spielen." Es gab nur noch wenige Verbindungen zu seinen frühen Jahren. 1953 erhielt er noch einmal eine Postkarte von Conrad Habicht und Maurice Solovine, die sich in Paris getroffen hatten und sich der Zusammenkünfte der „Olympia-Akademie" in Bern vor 50 Jahren erinnerten. Zwar im Spaß, aber doch auch mit echter Sehnsucht nach den vergangenen Tagen schrieben sie ihm, daß sie ihm einen Stuhl freihielten.

Das Ende kam nicht früher, als er selbst es sich vermutlich gewünscht hätte. Zu Beginn des Jahres 1955 hatte er sich noch einem Appell an die Regierungen der ganzen Welt angeschlossen, worin gefordert wurde, die Differenzen untereinander mit friedlichen Mitteln zu bereinigen. Bevor dieser Appell noch veröffentlicht werden konnte, wurde Einstein ernstlich krank. Noch im Krankenhaus arbeitete er an der Abfassung einer Grußbotschaft, die er für die Feiern zum Unabhängigkeitstag in Israel zugesagt hatte. Und bei sich hatte er auch seine letzten Notizen über sein großes theoretisches Projekt. In den ersten Stunden des 18. April kam es zum Aneurysma einer bereits lange bestehenden Aortaerweiterung. Nach 76 Jahren war sein langes und reiches Leben zu Ende. Es war vielleicht symbolhaft, daß seine einheitliche Feldtheorie unvollendet an seiner Seite liegenblieb, als er starb. Es ist wohl keinem Menschen — nicht einmal Einstein — gegeben, die abschließenden Kapitel in der Darstellung der Natur zu schreiben.

Bibliographie

Einige Einstein-Biographien:

Frank, Philipp, *Einstein: His Life and Times* (Knopf, New York 1947)

Seelig, Carl, *Albert Einstein. Eine dokumentarische Biographie* (Europa-Verlag, Zürich 1954)

Kuznetsov, Boris, *Einstein* (Moskau 1965)

Clark, Ronald W., *Einstein: The Life and Times* (The World Publishing Co., New York 1971)

Hoffmann, Banesh (mit Dukas, Helen), *Albert Einstein: Creator and Rebel* (Viking Press, New York 1972)

Bernstein, Jeremy, *Einstein* (Fontana, New York 1973)

An dieser Stelle sei auch auf Einsteins Autobiographisches hingewiesen:

Einstein, Albert, *Autobiographisches*, in: P. A. Schilpp (Hrsg.), *Albert Einstein als Philosoph und Naturforscher* (Reprint: Vieweg, Braunschweig 1979)

2

Einstein und die Geburt der speziellen Relativität

Silvio Bergia

Einstein verwarf kurzerhand die Vorstellung der Präsenz des Menschen im absoluten Raum und in der ebenso absoluten intuitiven Zeit. Er sagte uns, daß der Raum und die Zeit, die uns umgeben, nicht die Struktur haben, die wir vermuten — jene Struktur also, die Kant für so offensichtlich hielt, daß er sie zu einer seiner Denkkategorien machte. War das nicht tatsächlich revolutionär? Kann man wirklich behaupten, daß die Zeit für eine so radikale Revolution bereits reif war? Es ist wahrscheinlich die größte Veränderung, die jemals in der Geschichte des Denkens stattgefunden hat bzw. stattfinden wird.

Jean Ullmo, "From Plurality to Unity", in: Science and Synthesis

Einleitung

Es ist heute fast weltweit anerkannt, daß die spezielle Relativitätstheorie — inzwischen zum gemeinsamen Erbe der gesamten wissenschaftlichen Gemeinschaft geworden — eine Revolution in den Begriffen und den Gesetzen der klassischen Physik hervorgerufen hat. Eine historische Analyse des Prozesses, der zu dieser Revolution geführt hat, verlangt zunächst die Identifizierung der Probleme, die durch die Relativitätstheorie schließlich gelöst wurden. Selbstverständlich waren diese Probleme bereits im Verlauf der Entwicklung der klassischen Physik aufgetaucht. Das ist der erste Grund, warum es wünschenswert erscheint, einer Diskussion über die „Geburt" der speziellen Relativität eine Analyse der Entstehung und Entwicklung der damals anstehenden Probleme vorauszuschicken. Zweiten erscheint es — vor allem in einem Buch, das dem Andenken Einsteins gewidmet ist, und angesichts der Meinung, daß die Theorie bereits durch Lorentz und Poincaré vorweggenommen worden sei — als äußerst wichtig, vollständig zu klären, ob und in welchem Ausmaß die Theorie allein Einstein zugeschrieben werden kann. Die ersten drei Kapitel

*Eines habe ich in meinem langen Leben gelernt, daß nämlich
unsere gesamte Wissenschaft — gemessen an der Realität —
primitiv und kindlich ist; und doch ist sie das Wertvollste,
was wir besitzen.*
Albert Einstein

des vorliegenden Artikels beschäftigen sich deshalb mit der historischen Entwicklung der relativistischen Ideen von Galilei bis Poincaré. Es folgt dann eine Erörterung der Motive und Leistungen Einsteins. Zum Schluß wird die Entwicklung der Theorie, die mit Einsteins berühmter Schrift aus dem Jahre 1905 entstanden ist, untersucht und gezeigt, wie sie sich in den folgenden Jahren sowohl durch Einsteins eigene Arbeiten als auch durch die anderer Autoren durchsetzte. Besondere Betonung liegt dabei auf den historischen Experimenten, die eine erste Bestätigung der grundlegenden Aspekte der Theorie lieferten.

Das Relativitätsprinzip von Galilei bis Newton

In einem berühmten Passus aus dem *Dialog über die beiden hauptsächlichen Weltsysteme,* der — obwohl nicht ganz im Stil einer modernen Zeitschrift — eine Vielzahl guter physikalischer Aussagen enthält, untersuchte Galilei, was mit verschiedenen physikalischen Phänomenen geschehen würde, die „in der Hauptkabine unter Deck irgendeines großen Schiffs" vorkommen, wobei sich das Schiff „mit welcher Geschwindigkeit auch immer" vorwärtsbewegt, vorausgesetzt, die „Bewegung ist gleichförmig und schwankt nicht in die eine oder andere Richtung". Seine Schlußfolgerung war, „daß nicht die geringste Veränderung in allen genannten Wirkungen" eintreten würde und daß von „keiner gesagt werden könne, ob sich das Schiff dabei bewege oder nicht". Mit diesem Passus wollte Galilei einen Einwand gegen die Idee der Erdbewegung widerlegen: Die Gegner dieser Vorstellung behaupteten nämlich, daß auf der Erdoberfläche liegende Gegenstände während der Bewegung zurückgelassen würden. Auch wenn diese Idee selbst bereits Vorläufer gehabt hat, so kann sie doch, symbolisch, den Beginn jener langen Zeit der „Schwangerschaft" der Relativitätstheorie markieren. Wir sagen mit Absicht „symbolisch", denn natürlich wäre es naiv, wollte man annehmen, daß genau von dem Moment an, da Galilei die Gültigkeit eines Relativitätsprinzips, das die mechanischen Phänomene und die ihm damals bekannten Gesetze betraf, bewiesen hatte, auch alle Naturphilosophen an diesem Prinzip festgehalten hätten.

*Ich würde gerne wissen, wie Gott diese Welt geschaffen hat.
Ich bin nicht an diesem oder jenem Phänomen oder am Spektrum dieses oder jenes Elements interessiert. Ich würde gerne
seine Gedanken kennen; alles andere ist nur Detail.*
Albert Einstein

Descartes akzeptierte dieses Prinzip mit Sicherheit (1644), obwohl er sich vorsichtig ausdrückte, um die absolute Ruhe der Erde, wie sie die Heilige Schrift verlangte, nicht leugnen zu müssen. In einem seiner Briefe findet sich eine Formulierung, die den relativen Charakter des Galileischen Prinzips betont: „... von zwei Menschen bewegt sich der eine mit einem Schiff, und der andere steht am Ufer... Es ist in der Bewegung des ersteren nichts Wirklicheres als in der Ruhe des letzteren."

Newton widmete dem Thema in seinen *Principia* einen einzigen Zusatz: „Die relativen Bewegungen zweier Körper in einem gegebenen Raum sind identisch, gleichgültig ob sich dieser Raum im Zustand der Ruhe befindet oder ob er sich gleichförmig in einer geraden Linie ohne Kreisbewegung bewegt." Wie Mach in seinem Buch *Die Mechanik in ihrer Entwicklung* darlegt, ist dieser Zusatz für Newton jedoch wichtig, um zu betonen, daß seine Gesetze der Mechanik in einem sich in bezug auf die Fixsterne gleichförmig und geradlinig bewegenden Bezugssystem gelten. Newtons Aussage bestätigt also die Gültigkeit des Relativitätsprinzips. Dennoch blieb er — wie Mach bedauernd vermerkt — nicht beim „Faktischen, Gegebenen", sondern postulierte die Existenz eines absoluten Raumes. Das entscheidende Problem der speziellen Relativität lag freilich auch nie im Mittelpunkt seiner Interessen; ihm ging es vielmehr darum zu zeigen — wie bei seinem berühmten Experiment über die Einwärtskrümmung der Wasseroberfläche in einem rotierenden Eimer —, daß Kreisbewegungen absolut sind. Neben der Idee eines absoluten Raumes, der „seiner eigenen Natur nach ohne Beziehung auf irgendetwas Äußeres immer gleich und unbeweglich bleibt", modifizierte Newton auch den Begriff der „absoluten, wahren und mathematischen Zeit", die „aus sich selbst und aus ihrer eigenen Natur heraus ohne Beziehung auf irgendetwas Äußeres gleichförmig dahinfließt und mit einem anderen Namen ,Dauer' genannt wird".

Diese Begriffe Newtons wurden jedoch bereits zu seinen Lebzeiten auch kritisiert. So fand eine lange Diskussion über den Begriff des absoluten Raumes statt — mit Huygens und Leibniz als Hauptgegnern. Seltsamerweise befaßte sich dieser Streit niemals mit der Äquivalenz von Systemen in relativer gleichförmiger und geradliniger Bewegung, sondern konzentrierte sich auf Kreisbewegungen, die nach Newton infolge der Trägheitskräfte als absolute Bewegungen aufzufassen waren. Die schärfste Kritik — und diese kam Mach um ein Jahrhundert zuvor — stammte von Bischof Berkeley.

Erst im 19. Jahrhundert geschah es, daß die gleichförmigen geradlinigen Bewegungen getrennt betrachtet wurden und daß ihre Sonderstellung deutlich in den Vordergrund rückte. Das geschah erst, nachdem das Problem nach langem und mühsamem Weg in einer ganz anderen Disziplin, nämlich der Optik, auftauchte und nachdem eine Reihe von Fakten und Überlegungen die Lehrsätze des Newtonschen Erbes — jene Lehrsätze also, die von den oben genannten Autoren nicht einmal andeutungsweise in Frage gestellt worden waren —, ganz offensichtlich in Frage stellten.

Die Optik und die Frage der absoluten Bewegung der Erde

Dieser Zusammenhang geht auf das mechanistische System des Universums von Descartes zurück. Für Descartes waren während des Evolutionsprozesses des Universums drei unterschiedliche Formen der Materie entstanden: „Alle Körper der sichtbaren Welt sind aus diesen drei Formen der Materie wie aus drei verschiedenen Elementen zusammengesetzt; die Sonne und die Fixsterne sind aus dem ersten dieser Elemente geformt, der interplanetare Raum aus dem zweiten und die Erde mit den Planeten und Kometen aus dem dritten." (Zit. nach E. T. Whittaker, *A History of the Theories of Aether and Electricity*, im folgenden nur als Whittaker zitiert). Die Materie der zweiten Form ist für Descartes „das Medium des Lichtes im interplanetaren Raum".

Der gesamten Entwicklung, die hier beschrieben werden soll, liegt die Idee eines Mediums, das die interplanetaren und interstellaren Räume durchdringt, zugrunde. Diesem Medium wurde der Name „Äther", „Lichtäther" oder „kosmischer Äther" gegeben — ein Begriff, der der griechischen Wissenschaft entnommen ist, wo der Äther zusammen mit der Erde, dem Wasser, der Luft und dem Feuer die himmlischen Regionen füllte. Die physikalische Notwendigkeit seiner Existenz wurde zum ersten Mal mit der Formulierung der Wellentheorie des Lichts erklärt; im Werk von Robert Hooke (1667) wurde diese bereits angedeutet und von Huygens (1678) ausführlicher dargelegt. Wesentliches Element dieser Theorie, die auf der Analyse von bekannten Wellen-Phänomenen basierte, war die Idee eines Mediums als Träger für die Ausbreitung der Wellen. Torricelli hatte bereits früher gezeigt, daß das Licht durch das Vakuum wie durch die Luft weitergeleitet wird, woraus Huygens schloß, daß das Medium oder der Äther, in dem die Ausbreitung des Lichtes stattfindet, alle Materie durchdringen und selbst im Vakuum vorhanden sein müsse.

So begann also auf eine scheinbar ganz harmlose Weise die Geschichte eines Begriffs, der für die Physik der zweiten Hälfte des 19. Jahrhunderts so entscheidend werden sollte. Es ist dennoch nicht möglich, diesen Trend von Anbeginn an zu erkennen, und das hauptsächlich deshalb, weil die Naturphilosophen der Generation Newtons auf die Annahme der korpuskularen Auffassung des Lichtes drängten, womit sie sich tatsächlich als königlicher als der König erwiesen: Newton unterließ es nämlich stets, „sich an irgendeine Doktrin hinsichtlich der elementaren Natur des Lichts zu binden" (Whittaker). Es sollte auch nicht vergessen werden, daß sich bereits Beweismaterial für die Beugung des Lichtes (Grimaldi 1665, Hooke 1667) sowie für das Vorhandensein von interferometrischen Phänomenen (wie die „Newtonschen Ringe", die schon von Boyle und Hooke beobachtet worden waren) angesammelt hatte.

Die wichtigste optische Entdeckung der ersten Hälfte des 18. Jahrhunderts bedeutete jedoch eine Unterstützung der Korpuskel-Theorie, wodurch diese zum ersten Mal und umso leichter erklärt werden konnte. Es handelte sich dabei um die im Jahre 1728 durch den Astronomen Bradley entdeckte stellare Aberration, eine offensichtliche elliptische Bewegung der Sterne am Himmelsgewölbe, die mit der Bewegung der Erde um die Sonne assoziiert ist und die nicht als ein Ergebnis der Parallaxe erklärt werden kann. Das Phänomen kann jedoch sofort erklärt werden, wenn angenommen wird, daß sich die Lichtgeschwindigkeit und die Geschwindigkeit des Bezugssystems (der Erde) wie Vektoren addieren, so als ob das Licht aus Korpuskeln bestehe, und zwar in der gleichen Weise wie die Geschwindigkeit des Windes und die des Bootes addiert werden müssen, um die Richtung der Flagge auf dem Mast zu bestimmen.

Das Schicksal der Wellentheorie begann sich gegen Ende des Jahrhunderts aufzuhellen, wie Whittaker es formuliert, als ein neuer Verfechter der Theorie auftrat — es war Thomas Young. Im Jahre 1799 begann er über Fragen der Optik zu schreiben. Nachdem er die Überlegenheit der Wellentheorie bei der Erklärung der Reflexion und Brechung des Lichtes betont hatte, entwickelte er ausführlich „das allgemeine Gesetz der Interferenz des Lichtes", das er benutzte, um die Newtonschen Ringe zu erklären und die Diffraktion zu interpretieren. Young lieferte auch mit Hilfe der Wellentheorie eine einfache Erklärung der stellaren Aberration: Wenn wir annehmen, daß der die Erde umgebende Äther im Ruhezustand und von der Bewegung der Erde beeinflußt ist, dann werden die Lichtwellen an der Bewegung des Teleskops nicht teilhaben, und das Bild des Sternes wird damit um eine Entfernung verschoben, die gleich dem von der Erde während der Ausbreitung des Lichts durch das Teleskop zurückgelegten Weg ist. Damit ergibt sich eine Übereinstimmung mit der Beobachtung. Man sollte beachten, was diese Hypothese impliziert: Daß nämlich auch der Äther innerhalb des Teleskops von der Bewegung der Materie, aus der dieses besteht, unbeeinflußt ist. Young glaubte deshalb, „daß der Lichtäther die Substanz aller materiellen Körper mit geringem oder sogar gar keinem Widerstand durchdringt — so frei wie der Wind, der einen Hain

Wenn ihr von den theoretischen Physikern etwas lernen wollt über die von ihnen benutzten Methoden, so schlage ich euch vor, am Grundsatz festzuhalten: Höret nicht auf ihre Worte, sondern haltet euch an ihre Taten! Wer da nämlich erfindet, dem erscheinen die Erzeugnisse seiner Phantasie so notwendig und naturgegeben, daß er sie nicht für Gebilde des Denkens, sondern für gegebene Realitäten ansieht und angesehen wissen möchte.

Albert Einstein, „Zur Methodik der theoretischen Physik"

von Bäumen durchzieht" (s. Whittaker, S. 115) — ein Standpunkt, der nicht allgemein geteilt wurde.

Eine Reihe weiterer Probleme war in der Zwischenzeit aufgekommen. Die Entdeckung von Malus (1808), daß sich Licht durch Brechung polarisieren läßt, zog die allgemeine Aufmerksamkeit auf dieses Phänomen und bewirkte, daß sich die Anhänger der Korpuskel-Theorie ermutigt fühlten. Die Wellentheoretiker, durch die Analogie zwischen Licht und Schall fehlgeleitet, waren in der Tat nicht in der Lage, irgendeine Erklärung für die Polarisation zu geben. Fresnel und Arago (1816) führten ein Schlüssel-Experiment durch, als sie versuchten, mit zwei Strahlen, die im rechten Winkel polarisiert waren, eine Interferenz zu erzielen. Auf Grund des negativen Resultats schlossen Fresnel und Young unabhängig voneinander, daß die Lichtschwingungen transversal sein müßten. Dieser Schluß sollte die Äther-Theoretiker später vor viele Probleme stellen.

In der Zwischenzeit warf ein Experiment von Arago (1810) eine neue Frage auf, die indirekt einen erheblichen Einfluß auf die zukünftige Entwicklung ausüben und eine Wende bewirken sollte. Die Frage, ob von Sternen stammende Strahlen anders abgelenkt werden als Strahlen, die aus terrestrischen Quellen stammen, war ursprünglich von John Mitchell in Cambridge (1784) gestellt worden. Arago erkannte, wie dieses Problem experimentell überprüft werden konnte: Nach der Korpuskel-Theorie hängt die auf die Erde bezogene Geschwindigkeit der Lichtprojektile, die von einem Stern ausgesandt werden, von der Richtung der Erdbewegung ab. Solche Strahlen von unterschiedlichen Geschwindigkeiten müßten verschiedene Ablenkungen erfahren, wenn sie durch ein Prisma hindurchgehen. Wenn man also um sechs Uhr morgens einen Stern beobachtet, der sich an die Bewegung der Erde anschließt, und wenn man dann um sechs Uhr abends einen Stern beobachtet, der in der entgegengesetzten Richtung liegt, dann müßte man einen Unterschied im Ablenkungswinkel in der Größenordnung des Verhältnisses der Geschwindigkeit der

Bild 18 Einstein an seinem Schreibtisch im Berner Patentamt (Anfang dieses Jahrhunderts)

Erde zur Geschwindigkeit des Lichtes, v/c, beobachten. Das zumindest war das Prinzip des Experiments von Arago. Man sollte sich ins Gedächtnis zurückrufen, daß die Lichtgeschwindigkeit von Römer (1675) auf der Basis der Verzögerungen gemessen worden war, die bei den Finsternissen der Jupitersatelliten beobachtet worden waren, und der erhaltene Wert war durch den Wert der Aberration, einem anderen Phänomen, das linear von v/c abhängt, präzisiert worden. Auf Grund eines Wertes von v von der Größenordnung der Geschwindigkeit der Orbitalbewegung der Erde konnte man erwarten, daß v/c von der Größenordnung 10^{-4} war. Der Effekt, nach dem man suchte, war also nur ein sehr geringer. Arago jedoch fand überhaupt keinen Effekt. Fresnel, den Arago fragte, ob er dieses Resultat vom Standpunkt der Wellentheorie erklären könne (s. Rosser, *An Introduction to the Theory of Relativity*), lieferte eine Interpretation, die lange Zeit gültig sein sollte. Mit Youngs Hypothese kann das Resultat nicht erklärt werden. Wenn materielle Körper durch den Äther hindurchdringen, ohne ihn mitzuschleppen, dann muß die Lichtgeschwindigkeit — gemessen in den zwei Richtungen — tatsächlich verschieden sein, und es müßte sich ein feststellbarer Effekt ergeben. Fresnel gelangte zur Aufstellung der Hypothese eines teilweisen Ätherdriftens durch Körper, so wie beim Prisma von Arago, das einen Brechungsindex hat, der größer ist als der des Vakuums. Fresnel nahm an, daß die Ätherdichte in jedem Körper proportional zum Quadrat des Brechungsindexes n sei und daß ein bewegter Körper einen Teil des Äthers, der in ihm ist, mit sich wegtrage, und zwar jenen Teil, der den Mehrbetrag seiner Dichte gegenüber der Dichte des Äthers im Vakuum ausmacht. Von diesen Hypothesen leitete Fesnel einen „Mitführungs"- oder „Driftkoeffizienten"

$$f = 1 - 1/n^2$$

ab. Fresnel war damit auch in der Lage zu folgern, daß die Aberration unbeeinflußt sein würde, wenn sie mit einem wassergefüllten Teleskop beobachtet würde; ein Experiment, das bereits von Boscovich 1776 vorgeschlagen worden war und das schließlich von Airy 1871 durchgeführt wurde und zu einer Bestätigung der Voraussage Fresnels führte. 1818 veröffentlichte Fresnel eine Untersuchung über den Einfluß der Erdbewegung auf das Licht, die gleichsam eine Studie über die Relativität war. Er zeigte dabei, daß die sichtbaren Positionen von terrestrischen Körpern, die mit dem Beobachter mitgetragen werden, durch die Bewegung der Erde nicht versetzt werden und daß die Experimente über Brechung und Interferenz durch keinerlei Bewegung, die der Quelle, dem Apparat und dem Beobachter gemeinsam ist, beeinflußt werden.

Folgendes Theorem kann allgemein als gültig angesehen werden: Wenn man Fresnels „Driftkoeffizienten" in Betracht zieht und Terme von der Größenordnung von $(v/c)^2$ außer acht läßt, dann sind die optischen Phänomene auf der Erde, die auf terrestrische Quellen zurückzuführen sind, von der Bewe-

> *Er war davon überzeugt, daß seine Ideen trotz ihrer sehr*
> *schwierigen mathematischen Mechanismen im Grunde sehr*
> *einfach seien. Außerdem war er der festen Überzeugung*
> *— wie ich jedoch meine, unberechtigterweise —, daß er seine*
> *Vorstellungen jedermann erklären könne. So erinnere ich*
> *mich genau, wie wir einmal an der einheitlichen Feldtheorie*
> *arbeiteten und wie er da ganz fröhlich sagte: „Heute Mor-*
> *gen habe ich es meiner Schwester erklärt, und sie meint auch,*
> *das sei eine gute Idee."*
>
> E. Straus, in: G. J. Whitrow, Einstein: The Man and His
> Achievement

gung der Erde unabhängig. Man sollte nebenbei auch die Bedeutung dieses Resultats betonen. Wäre das Theorem nämlich nicht gültig, so würden die klassischen optischen Experimente die Wirkungen der Erdbewegung durch den Äther zeigen und im Prinzip eine Bestimmung der Geschwindigkeit dieser Bewegung zulassen. Durch Fresnels Hypothese scheint diese Möglichkeit verschwunden zu sein. Aber von dem Moment an, als die Hypothese formuliert war, konzentrierte sich die Aufmerksamkeit der Physiker voll auf das Problem, weil man sich bewußt war, daß die Möglichkeit der Erkenntnis der *absoluten* Bewegung der Erde auf dem Spiel stand.

Das Äther-Problem wurde noch aus anderen Gründen ein zentrales Thema. Fresnel hatte bereits darauf hingewiesen, daß sich der Äther, um transversale Schwingungen übertragen zu können, wie ein elastischer fester Körper verhalten müßte. Damals waren aber die allgemeinen mathematischen Methoden zur Untersuchung der Eigenschaften von elastischen Körpern noch nicht entwickelt. Angeregt durch Fresnels Ideen, fühlten sich „einige der größten Geister dieser Zeit von dem Thema angezogen" (Whittaker); unter ihnen Navier (1821), Cauchy (1828, 1830, 1836), Poisson (1828), Green (1937) und Neumann (1837). Die Idee hinter diesen Untersuchungen bestand darin, den Äther wie einen elastischen festen Körper zu behandeln, in dem sich die Lichtwellen ähnlich wie die Schallwellen in materiellen Körpern ausbreiten. Ein erster Einwand gegen den elastischen Äther erhob sich aber durch die Notwendigkeit, dem Äther eine genügend hohe Festigkeit zuschreiben zu müssen, um überhaupt die große Geschwindigkeit der Wellen erklären zu können. Wie ist es dann jedoch möglich, daß die Planeten durch ihn hindurch zu wandern vermögen, ohne dabei auf irgendeinen wahrnehmbaren Widerstand zu stoßen? Stokes (1845) versuchte diesem Einwand dadurch zu begegnen, daß er an die Existenz von Substanzen wie z. B. Pech erinnerte, die so starr sind, daß sie zu elastischen Schwingungen fähig sind, und die den-

Wie Newton konnte sich auch Einstein jahrelang ununterbrochen auf einzelne Probleme konzentrieren. Die spezielle Relativitätstheorie erforderte, allen Berichten zufolge, beinahe ein Jahrzehnt der gedanklichen Vorbereitung, obwohl dann, wie Einstein sich später erinnerte, die endgültige Formulierung und das Schreiben des Manuskripts nur fünf oder sechs Wochen in Anspruch nahmen. Die allgemeine Relativitäts- und Gravitationstheorie benötigte etwa sieben Jahre bis zu ihrer Vollendung, wenn man die Fehlversuche mitberücksichtigt; und an der einheitlichen Feldtheorie — einem Versuch, die Gravitation und den Elektromagnetismus zu verbinden — arbeitete Einstein ununterbrochen während eines Zeitraums von mehr als drei Jahrzehnten, und das tat er trotz der kritischen Opposition seitens der meisten seiner Zeitgenossen, die ebenso fest davon überzeugt waren, daß er auf der falschen Spur sei, wie er zutiefst davon überzeugt war, daß er es nicht sei.

Keynes, Newton the Man

noch ausreichend plastisch sind, um andere Körper langsam hindurch zu lassen. Der Äther „mag diese Kombination von Eigenschaften in hohem Maße haben" und sich „wie ein elastischer fester Körper gegenüber Schwingungen, die so schnell wie die des Lichtes sind", und „wie eine Flüssigkeit gegenüber den sehr viel langsameren progressiven Bewegungen der Planeten" verhalten (Whittaker).

Da es ihm außerordentlich schwer fiel, die Hypothese von Fresnel zu akzeptieren, formulierte Stokes eine Aberrations-Hypothese als Alternative zur Youngschen Hypothese. Er meinte, daß der Äther von der Erde in derselben Weise geschleppt werde, wie Schichten einer Flüssigkeit von einem sich darin bewegenden Körper durch Reibung geschleppt werden. (Wäre das der Fall, dann wäre das Theorem über die optische Relativität, das oben erwähnt worden ist, automatisch gesichert, weil der Äther in terrestrischen Laboratorien im Ruhezustand wäre.) Bezüglich der Aberration könnte man folgern, daß unter diesen Umständen keinerlei Effekt entstehen würde. Stokes aber war dennoch in der Lage zu zeigen, daß bei wirbelfreier Ätherbewegung der beobachtete Effekt genau reproduziert werden könnte. Sehr viel später, nämlich 1886, erhob dann Lorentz einen wesentlichen Einwand gegen die Theorie von Stokes; er zeigte, daß die Hypothese von der Wirbelfreiheit der Bewegung mit der Bewegung, die in der Umgebung der Erde stattfinden sollte, nicht zu vereinbaren ist.

In der Zwischenzeit (genauer gesagt: bereits 1851) hatte Fizeau sein berühmtes Experiment durchgeführt, das dann 1886 von Michelson und Morley wiederholt wurde; es bestätigte die Veränderung der Lichtgeschwindigkeit im fließenden Wasser, wie man es aufgrund des theoretischen Driftkoeffizienten von Fresnel erwarten konnte. Ungefähr zur gleichen Zeit traten andere wichtige Ereignisse ein. Nach den Messungen der Geschwindigkeit von Licht aus irdischen Quellen in der Luft (Fizeau 1849, Foucault 1862) maß Foucault die Lichtgeschwindigkeit im Wasser und bestätigte die Voraussage der Wellentheorie, nach der diese geringer sein würde als im Vakuum, während die Korpuskel-Theorie das Gegenteil besagte. Das erschien den meisten Physikern als der überzeugendste Beweis für die Richtigkeit der Wellentheorie.

Parallel zur bisher geschilderten Entwicklung der Lichtäthertheorie verlief eine andere Entwicklung, die mit den Studien von Faraday (1831) begonnen hatte und die Theorie des elektrischen Mediums betraf, d. h. die Theorie, wie elektrische und magnetische Einflüsse durch den Raum übertragen werden. W. Thomsen (1844, 1847) ist es zu verdanken, daß die Theorie des elektrischen Mediums überhaupt entstanden ist. Er schlug vor, daß die „Verbreitung der elektrischen oder magnetischen Kraft ungefähr in der gleichen Weise" geschehen könne, „wie auch Veränderungen bei der elastischen Verschiebung durch einen elastischen festen Körper hindurch weitergeleitet werden" (Whittaker). Die frühen Untersuchungen zu diesem Thema, die Maxwell geliefert hat, können als der Versuch betrachtet werden, die Ideen Faradays mit den mathematischen Analogien zu verbinden, die von Thomson erdacht worden waren. In den Jahren zwischen 1855 und 1862 vollendete er seine Konstruktion einer mechanischen Theorie der Ausbreitung der Felder durch das elektrische Medium. Es stellte sich dabei die Frage, ob man für diese Phänomene einen Äther annehmen müsse, der von dem Licht-Medium verschieden ist. Indem er jedoch die Geschwindigkeit der Ausbreitung von elektromagnetischen Störungen mit der des Lichtes identifizierte, war Maxwell in der Lage zu folgern: „Wir können kaum die Schlußfolgerung vermeiden, daß das Licht aus transversalen Modulationen des gleichen Mediums besteht, das auch der Grund der elektrischen und magnetischen Phänomene ist" (Whittaker).

Der heutige Leser, der es gewöhnt ist, sich ohne Schwierigkeit ein elektromagnetisches Feld vorzustellen, das im leeren Raum oszilliert, mag sich wundern, warum der Äther überhaupt nötig war. Obwohl das mechanische Modell des Äthers tatsächlich für den Aufbau der Theorie ein wesentliches Hilfsmittel gewesen war, hatte Maxwell jedoch bereits im Jahre 1864 eine Darstellung seiner Theorie präsentiert, in der „die Architektur seines Systems dargestellt war, befreit von jenem Gerüst, mit dessen Hilfe es zunächst errichtet worden war" (Whittaker). Bevor dieser Prozeß aber vollendet war, mußten freilich noch einige Schritte getan werden. (Darauf werden wir später zurück-

Über dem Kamin im Arbeitszimmer des Professors im Institut befand sich eine Inschrift, die Einstein zur Zeit, da das Gebäude errichtet worden war, beigesteuert hatte; sie besagte: „Raffiniert ist der Herrgott, aber boshaft ist Er nicht." Mit anderen Worten: Die Welt ist in einer sehr komplizierten und kunstvollen Weise zusammengesetzt worden, dennoch gibt Gott uns die Chance herauszufinden, wie das geschehen ist.
J. A. Wheeler, in: G. J. Whitrow, Einstein: The Man and His Achievement

kommen.) Gegen Ende der 70er Jahre galt der Äther auf jeden Fall immer noch als Realität.

Im Jahre 1879 bestätigte Maxwell in einem Brief, daß er die astronomischen Tabellen von D. P. Todd vom U.S. Nautical Almanac Office in Washington bekommen hätte. Im selben Brief schlug Maxwell ein Experiment vor, das eine Bestimmung der Geschwindigkeit des Sonnensystems durch den Äther erlauben würde. Das Experiment war eine Wiederholung des frühen Römer-Experiments und bestand „im Vergleichen der Werte der Lichtgeschwindigkeit, die aus der Beobachtung der Finsternisse der Satelliten des Jupiter gewonnen worden waren – zu einem Zeitpunkt, da Jupiter von der Erde aus an beinahe entgegengesetzten Punkten der Ekliptik zu sehen ist", wie Maxwell selbst in einem Artikel über „Äther" in der *Encyclopaedia Britannica* erklärte (s. J. C. Maxwell, *Scientific Papers*, New York: Dover Publications 1952; die folgenden beiden Zitate Maxwells stammen gleichfalls aus diesem Artikel.) Es sei angemerkt, daß das Experiment der Falle des Fresnelschen „Relativitäts"-Theorem entging. Maxwell fragte in seinem Brief auch, ob die astronomischen Messungen eine Genauigkeit besäßen, die ausreiche, um den Effekt nachweisen zu können. (In diesem Zusammenhang müssen wir übrigens Max Born, 1920 und 1962, zitieren, der behauptete, daß der erforderliche Standard auch im Jahre 1920 noch nicht erreicht worden sei.) Maxwell war der Meinung, daß seine Methode „die einzig praktikable Methode der direkten Bestimmung der relativen Geschwindigkeit des Äthers in bezug auf das Sonnensystem" sei. Bei dieser Aussage sollte man besonders auf das Adjektiv „praktikable" achten. Maxwell war sich durchaus der Tatsache bewußt, daß die terrestrischen Messungen der Lichtgeschwindigkeit, so wie diejenigen von Fizeau und Foucault, prinzipiell in der Lage sind, den Effekt der Bewegung aufzuzeigen. Wir wollen nun untersuchen, warum das so ist. Wir erinnern uns, daß nach Fresnels Theorie die Luft der terrestrischen Laboratorien den Äther in keiner merkbaren Weise mitschleppt; deshalb fließt der Äther innerhalb der Laboratorien in eine Richtung, die der Bewegung der Erde entgegengesetzt ist.

Diese Situation ist bildhaft als „Ätherwind" beschrieben worden, der durch die Laboratorien „bläst" und daraus resultierende Lichtgeschwindigkeiten liefert, die zwischen einem Minimum von $c - v$ (c ist die Lichtgeschwindigkeit im ruhenden Medium, v ist die Äthergeschwindigkeit) und einem Maximum von $c + v$ liegen. Die oben dargestellte Überlegung mißt dem durch Ruhezustand ausgezeichneten Bezugssystem im Äther eine operationale Bedeutung bei; es ist das einzige, in dem die Verbreitung des Lichtes isotrop ist. Die Diskussion zeigt auch, daß sich die Wirkungen des Ätherwinds tatsächlich in den Messungen der Lichtgeschwindigkeit zeigen sollten. Bei der Erörterung dieses Problems macht Maxwell jedoch eine Bemerkung, deren Bedeutung für die zukünftige Entwicklung kaum unterschätzt werden kann: „Alle Methoden ..., durch die es möglich ist, die Lichtgeschwindigkeit in terrestrischen Experimenten zu bestimmen, hängen von der Messung der Zeit ab, die für die doppelte Reise von einer Station zur anderen und wieder zurück erforderlich ist, und die Zunahme dieser Zeit würde wegen einer relativen Geschwindigkeit des Äthers, die derjenigen der Erde gleich ist, nur ungefähr den hundertmillionsten Teil der gesamten Übertragungszeit betragen und würde daher ganz unmerklich sein."*

Die Bedeutung dieser Bemerkung Maxwells liegt in der implizierten Herausforderung an die Experimentatoren. Die Herausforderung wurde bald angenommen. Während Maxwell ebenso wie Todd am Nautical Almanac Office arbeitete, hatte der amerikanische Physiker A. A. Michelson Gelegenheit, den Brief Maxwells zu lesen — wie Shankland berichtet. Nur zwei Jahre später baute er in Berlin ein Experiment auf, bei dem die anscheinend unüberwindliche Schwierigkeit, die wegen der Geringfügigkeit des zu erwartenden Effekts bestanden hatte, überwunden werden konnte. Die Grundidee des Experiments bestand darin, die Zeiten — oder Geschwindigkeiten — auf zwei im rechten Winkel zueinander stehenden Bahnen zu vergleichen, wobei die eine parallel

---

* Das kann leicht bei dem vereinfachten Fall einer Messung der Lichtgeschwindigkeit nach der Methode von Fizeau überprüft werden. Die Messung erfolgt auf einer Grundlinie der Länge d, von der angenommen wird, daß sie mit der Richtung der Erdbewegung eine Linie bildet. Die Entfernung d wird mit den Geschwindigkeiten $c - v$ („gegen den Wind") und $c + v$ („mit dem Wind") zurückgelegt, und die Gesamtzeit, die das Licht benötigt, ist

$$t = \frac{d}{c + v} + \frac{d}{c - v} = \frac{2d}{c} \frac{1}{1 - v^2/c^2} = t_0 \frac{1}{1 - v^2/c^2},$$

wobei $t_0 = 2\,d/c$ die Zeit ist, die das Licht brauchen würde, um dieselbe Entfernung bei Fehlen des Ätherwindes zu bewältigen. Für $v \ll c$ können wir approximieren:

$$t \simeq t_0 \left(1 + v^2/c^2\right).$$

Folglich ist $(t - t_0)/t_0$ von der Größenordnung v^2/c^2. Mit $v \simeq 30\,\text{km s}^{-1}$, $c \simeq 3 \cdot 10^5\,\text{km s}^{-1}$ ergibt sich Maxwells Schluß.

(a)

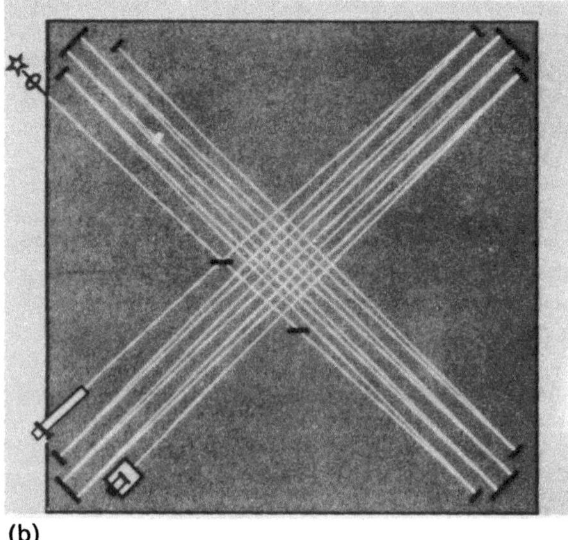

(b)

Bild 19 Das Michelson-Morley-Experiment

a) Eine Skizze des Apparates
b) Ein Übersichtsplan des optischen Systems
c) Veränderung der Grenzpositionen während einer Rotation des Apparates (Aus A. A. Michelson, *Studies in Optics*, University of Chicago Press)
d) Die Grenzen während zweier vollständiger Umdrehungen des Apparates bei einer späteren Wiederholung des Versuchs durch G. Joos im Jahre 1930 (Aus G. Joos, *Lehrbuch der Theoretischen Physik*, Akademische Verlagsgesellschaft, Leipzig)

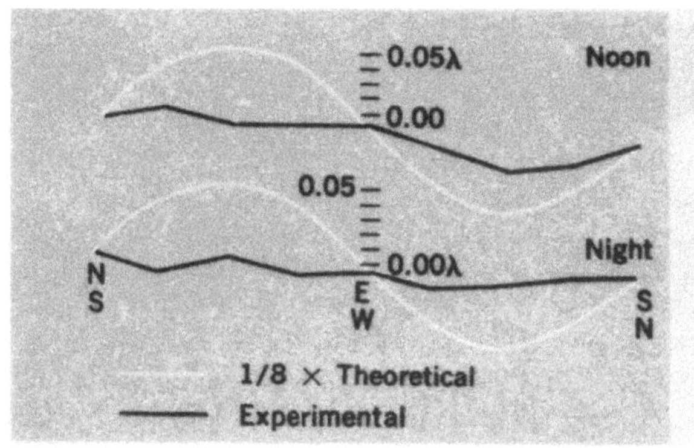

(c)

weiße Kurve: theoretisch berechnete Werte (Faktor $\frac{1}{8}$); schwarze Kurve: Meßwerte.
(E = Ost; Noon = mittags; Night = nachts)

(d)

Durchführungen des Michelson-Morley-Experiments[*]

Beobachter; Jahr	l/cm	δ_{calc}	δ_{obs} (obere Grenze)	Verhältnis
Michelson; 1881	120	0,04	0,02	2
Michelson and Morley; 1887	1100	0,40	0,01	40
Morley and Miller; 1902−1904	3220	1,13	0,015	80
Miller, 1921	3220	1,12	0,08	15
Miller; 1923−1924	3220	1,12	0,03	40
Miller (Sonnenlicht); 1924	3220	1,12	0,014	80
Tomaschek (Sternenlicht); 1924	860	0,3	0,02	15
Miller; 1925−1926	3200	1,12	0,08	13
Kennedy; 1926	200	0,07	0,002	35
Illingworth; 1927	200	0,07	0,0004	175
Piccard and Stahel; 1927	280	0,13	0,006	20
Michelson *et al.*; 1929	2590	0,9	0,01	90
Joos; 1930	2100	0,75	0,002	375

[*] Nach Shankland *et al.*, *Rev. Mod. Phys.* **27**, 167 (1955).

zur Erdbewegung ausgerichtet sein sollte. Die Geschwindigkeit entlang der dazu senkrechten Richtung sollte — nach den Vorstellungen Michselsons — durch die Bewegung nicht beeinflußt werden, und der Vergleich der Geschwindigkeiten sollte dann eine Bestimmung von v möglich machen. Das Problem war folgendes: Wie können die beiden Zeiten tatsächlich verglichen werden? Michelsons Antwort lautete: Indem man die beiden betreffenden Lichtstrahlen interferieren läßt. Die Differenz zwischen den beiden Zeiten wird dann in eine Differenz des optischen Weges umgewandelt, und das kann dann einen beobachtbaren Einfluß auf das Interferenzmuster haben. Michelsons Interferometer war ein Instrument, das Differenzen des optischen Wegs von kohärenten Strahlen, die gleiche Distanzen auf senkrechten Bahnen zurücklegen, aufdecken konnte. Wird das Gerät im Laboratorium zunächst mit irgendeiner beliebigen Orientierung aufgestellt, so kennt man die Richtung des Ätherwindes, der durch es hindurchgeht, nicht. Wenn aber die Lichtgeschwindigkeit in einem terrestrischen Laboratorium nicht isotrop ist, dann sollten die beiden Zeiten auf jeden Fall mit der Orientierung des Apparats variieren. Bei Drehung des Apparats um 90° sollte sich das Interferenzmuster verändern.

Das Experiment Michelsons wurde 1881 in Potsdam durchgeführt und brachte ein negatives Resultat. „Es gibt keine Verschiebung der Interferenz", schloß er. „Das Resultat der Hypothese eines ruhenden Äthers erweist sich damit als falsch." Der letzte Satz von Michelson bezieht sich auf die Theorie von Fresnel, dessen Resultat von Michelson tatsächlich als eine Rechtfertigung der Theorie von Stokes betrachtet wurde.

Das Experiment wurde jedoch 1886 von dem holländischen Physiker H. A. Lorentz kritisiert, der darauf hinwies, daß auch die Geschwindigkeit auf jener Bahn, die nach der Hypothese zur Geschwindigkeit der Erde senkrecht ausgerichtet ist, von der Bewegung beeinflußt wird. Er zeigte, daß die zu messende Größe nur die Hälfte des von Michelson angenommenen Wertes habe. Lorentz meinte auch, daß das negative Resultat des Experiments durch eine Kombination der Theorien von Fresnel und Stokes erklärt werden könne, wodurch sich der Äther in Erdnähe zwar wirbelfrei bewege (wie in der Theorie von Stokes), wobei aber die Äthergeschwindigkeit an der Erdoberfläche nicht notwendigerweise gleich derjenigen der wägbaren Materie sei.

Die Kritik von Lorentz war mit ein Grund, weshalb Michelson eine verbesserte Wiederholung des Experiments unternahm; sie wurde von ihm und Morley im Jahre 1887 in Cleveland durchgeführt. Die Verschiebung des Interferenzmusters müßte sich proportional verhalten zur Veränderung Δt in der Differenz der Zeiten, die das Licht braucht, um jeweils die beiden Wege bei den zwei Einstellungen des Apparates zurückzulegen.

Oft waren die Vortragenden — diese waren manchmal sehr gute Wissenschaftler und gelegentlich auch graduierte Studenten — etwas unverständlich. Einstein pflegte dann nach dem Vortrag aufzustehen und zu fragen, ob er eine Frage stellen dürfe. Er ging dann zur Tafel und erklärte mit einfachen Worten dasjenige, was der Vortragende gesagt hatte. „Ich bin nicht ganz sicher, ob ich Sie richtig verstanden habe", pflegte er mit großer Freundlichkeit zu sagen, und dann erläuterte er das, was der Redner nicht hatte vermitteln können.

E. H. Hutten, in: G. J. Whitrow, Einstein: The Man and His Achievement

Für die Größe Δt sollte sich ergeben

$$\Delta t \simeq \frac{2d}{c} \frac{v^2}{c^2},$$

wobei d die Länge eines „Armes" im Michelson-Interferometer ist. Das Experiment war recht schwierig: Nichts durfte das Interferenzmuster stören, vor allem nicht während der Rotation des Apparats, der deshalb auf einer auf Quecksilber schwimmenden Steinplatte montiert war. Mehrfache Reflexionen ergaben $d \simeq 11$ m. Die Größe für die Interferenzstreifenverschiebung, $\Delta\lambda$, kann berechnet werden, indem man Δt mit der Lichtgeschwindigkeit c multipliziert. Es sollte sich dann (wenn $v^2/c^2 \simeq 10^{-8}$) für $\Delta\lambda$ ein Wert von etwa $2{,}2 \cdot 10^{-7}$ m = 2200 Å ergeben. Die Wellenlänge des verwendeten gelben Lichtes beträgt 5500 Å. Michelson und Morley erwarteten deshalb eine Verschiebung der Interferenzstreifen um etwa vier Zehntel; diese Verschiebung wäre meßbar gewesen. Das erneut negative Resultat veranlaßte sie zu dem Schluß: „Wenn es überhaupt irgendeine relative Bewegung zwischen Erde und Lichtäther gibt, dann muß sie gering sein." In der Tat „gerade klein genug, um Fresnels Erklärung der Aberration zu widerlegen", genauer gesagt: die gesamte Theorie von Fresnel. Unter Zitierung der Kritik von Lorentz an der Theorie von Stokes (s. o.) und nach Betrachtung der Theorie von Lorentz folgern Michelson und Morley: „Wenn es aufgrund der vorliegenden Arbeit gerechtfertigt wäre, zu dem Schluß zu kommen, daß der Äther in bezug auf die Erdoberfläche im Ruhezustand ist, dann könnte es nach Lorentz kein Geschwindigkeits-Potential geben und seine Theorie würde gleichfalls versagen."

Einsteins Unkonventionalität und sein Mut zeigten sich nicht nur in seiner wissenschaftlichen Arbeit, sondern auch in anderen gelegentlichen Äußerungen. Gesunder Menschenverstand, sagte er beispielsweise, ist bloß eine Schicht von Vorurteilen, die unsere frühe wissenschaftliche Ausbildung in unserem Kopf zurückgelassen hat. Andere Wissenschaftler der Zeit folgten ihm darin und meinten, daß der gesunde Menschenverstand nicht unfehlbar und kein angeborenes lumen naturale, *sondern nur ein Rückstand sei, den die vorwärtsschreitende Wissenschaft in ihrem Kielwasser zurückgelassen und der das populäre Denken durchdrungen habe. Sie beachteten damit die Ermahnung D'Alemberts, der gesagt hat: "Allez en avant, la foi vous viendra!"*

H. *Margenau, in:* Integrative Principles of Modern Thought

Die vor-relativistischen Theorien

Nach einer Legende, die unter den Physikern weit verbreitet ist, war die gesamte wissenschaftliche Welt angesichts „dieser unverständlichen und scheinbar unerklärlichen experimentellen Tatsache" – um Millikan zu zitieren – aufs höchste erstaunt. Vor allem glaubte man an die Geschichte, daß Michelson und Morley auf Grund der Überlegung, die Erde hätte zum Zeitpunkt des Experiments zufällig im Ruhezustand im Äther sein können, das Experiment nach sechs Monaten noch einmal wiederholten, und zwar mit einer Geschwindigkeit der Erde, die in die entgegengesetzte Richtung zu ihrer Umlaufbahn zeigte. Sie hatten tatsächlich die Absicht, im Laufe des Jahres ihre Beobachtungen in regelmäßigen Abständen zu wiederholen, doch machten sie dann keine weiteren Versuche, da „sie bald mit neuen Forschungsprojekten beschäftigt waren, die ihre Zeit völlig beanspruchten" (R. S. Shankland). Das läßt – zumindest bei Michelson und Morley – auf keinerlei Gefühl der Bestürzung schließen. Der zweite Teil der Geschichte verläuft folgendermaßen – um wieder Millikan zu zitieren: „Während der nächsten zwanzig Jahre wanderten die Physiker gleichsam durch eine Wildnis und versuchten, ganz niedergeschlagen, die Ergebnisse verständlich erscheinen zu lassen." Dieses Wandern geschah jedoch nicht in völliger Dunkelheit, denn bereits im Jahre 1882 lieferte der irische Physiker Fitzgerald und, unabhängig von ihm, fünf Monate später auch Lorentz eine Erklärung des Resultats. Sie basierte auf der Hypothese, daß Körper, die sich durch den Äther bewegen, eine Kontraktion erfahren, die mit der Richtung der Bewegung eine Linie bildet, mit dem Faktor $\sqrt{1 - v^2/c^2}$. Dieser Faktor sollte eine Kontraktion der Länge des

> *Einsteins ganze Energie war stets auf unablässiges Hinterfra-*
> *gen ausgerichtet. Die Antworten wurden tatsächlich im Ver-*
> *laufe von vielen Jahren Zoll um Zoll erkämpft, und die Fra-*
> *gen selbst änderten sich ständig. Die Voraussetzung für diese*
> *Hartnäckigkeit, für diesen Kampf, und der lebenslange Preis,*
> *der dafür bezahlt wurde, waren eine innere Isolation und*
> *eine Einsamkeit, die nur wenige Menschen zu ertragen ver-*
> *mocht hätten, die aber geradezu die Luft waren, die Ein-*
> *stein einatmete, und die das auch sein mußten, wenn seine*
> *aufrichte Hingabe zum wissenschaftlichen Denken überhaupt*
> *möglich sein sollte.*
> *Henry Le Roy Finch, in:* Conversations with Einstein

Arms des Interferometers bewirken, der nach der Richtung der Erdbewegung ausgerichtet ist; es ist dann eine einfache Sache festzustellen, daß die Zeitdifferenz Δt verschwindet.

Nach Bekanntwerden von Lorentz' Ergebnis wurde, wie Whittaker berichtet, „die Hypothese in einem allmählich immer größer werdenden Kreis positiv aufgenommen, bis sie schließlich allgemein zur Grundlage aller theoretischen Untersuchungen über die Bewegung von wägbaren Körpern durch den Äther wurde."

Die Hypothese von Lorentz war einem Forschungsbericht über den Äther, den er in einer anderen Schrift desselben Jahres vorgelegt hatte, beigefügt. Sein Forschungsprogramm zielte auf die Ergänzung des Schemas der Maxwellschen Gleichungen ab, das als eine Beschreibung des Ätherverhaltens angesehen wurde. Er ging von einem „granularen" Wesen der Elektrizität aus, d. h. von einem Standpunkt, der elektromagnetische Phänomene auf das Verhalten von bewegten elektrischen Ladungen zurückführt. Einer der Erfolge der Theorie von Lorentz lag auch in seiner Neuinterpretation der Resultate von Fresnel. Sie gelang ihm aufgrund der Annahme, daß die polarisierten Moleküle des Dielektrikums die Dielektrizitätskonstante vergrößern und „daß es sozusagen diese Vergrößerung der Dielektrizitätskonstante ist, die mit der bewegten Materie wandert" (Whittaker). Damit wurde der Einwand gegen die Theorie Fresnels beseitigt, der besagt, sie erfordere unterschiedliche relative Geschwindigkeiten des Äthers und der Materie für Licht von verschiedenen Farben. Die Lorentz-Theorie verlangte dagegen nur, daß die Dielektrizitätskonstante für Licht verschiedener Farben unterschiedlich sei.

Eine kurze Abhandlung von Lorentz aus dem Jahre 1895 bringt uns schließlich endgültig in ein vor-relativistisches Klima. In dieser Arbeit behandelt

Lorentz das Problem des Einflusses der Erdbewegung auf elektrische und optische Phänomene. Ein allgemeiner Ansatz zur Lösung des Problems besteht darin, die grundlegenden Gleichungen der Theorie, die im Bezugssystem des Äthers als gültig angenommen werden, in ein sich mit der Erde bewegendes Bezugssystem umzuformen. Wenn nun verlangt wird, daß Experimente, die in einem terrestrischen Laboratorium durchgeführt werden, keinen Einfluß der Bewegung zeigen sollen, dann müssen die Gleichungen der Theorie ihre Form unverändert bewahren, wenn sie vom Bezugssystem S des Äthers zum terrestrischen Bezugssystem S' übergehen — zumindest so lange, wie Terme von der Art $(v/c)^2$ nicht berücksichtigt werden. Um zu diesem Resultat zu gelangen, mußte Lorentz eine Transformation der Zeit einführen, und zwar in der folgenden Form:*

$$t' = t - \frac{v}{c^2} x$$

(t bezeichnet die Zeit in S und t' in S'. Die relative Bewegung soll auf der Achse x stattfinden.) Der Zeit t' gab Lorentz den Namen „Ortszeit", ohne ihr mehr als eine rein formale Bedeutung zuzuordnen. Sehr viel später (1927) lieferte Lorentz dazu die folgende Erläuterung: „Eine Transformation der Zeit war notwendig, deshalb führte ich den Begriff der Ortszeit ein, die für verschiedene Bezugssysteme, die relativ zueinander in Bewegung sind, unterschiedlich ist. Doch ich war niemals der Meinung, daß das irgendetwas mit der wirklichen Zeit zu tun habe. Die wirkliche Zeit wurde für mich immer noch durch den älteren klassischen Begriff einer absoluten Zeit repräsentiert, die unabhängig von jedem Bezug auf spezielle Koordinatensysteme besteht. Es gab für mich nur eine wahre Zeit. Ich betrachtete meine Zeit-Transformation nur als eine heuristische Arbeitshypothese, so daß die Relativitätstheorie wirklich ganz allein als Werk Einsteins zu betrachten ist" (s. Rosser, S. 67). Im letzten Kapitel seiner Abhandlung diskutierte Lorentz auch die experimentellen Ergebnisse, die durch die früheren Hypothesen ungeklärt geblieben waren, darunter auch das Michelson-Morley Experiment, das die zusätzliche Hypothese der Kontraktion erforderte.

Bereits im Jahre 1895 hatte der bedeutende französische Mathematiker und Theoretische Physiker Poincaré an der Methode, die bei der Bearbeitung des Äther-Problems angewandt wurde, Kritik geübt. Die Kontraktions-Hypothese erschien ihm wie ein „Täuschungs-Faktor (*coup de pouce*), den die Natur nur liefert, um zu verhindern, daß die Erdbewegung durch optische Phänomene enthüllt wird" (zit. nach Goldberg). Im Jahre 1900 war der englische Physi-

---

* Man sollte beachten, daß dieses Resultat als eine Approximation erster Ordnung von der relativistischen Formel erhalten wurde. Damit wird klar, warum der Ansatz von Lorentz in der Lage war, das negative Resultat der Experimente in erster Ordnung in v/c zu erklären.

> *Besonders deutlich erinnere ich mich an folgendes: Als ich einmal einen Vorschlag machte, der mir überzeugend und vernünftig erschien, da bestritt er keineswegs seine Richtigkeit, sondern sagte nur: „Oh, wie häßlich!" Sobald ihm aber eine Gleichung als häßlich erschien, verlor er auch schon jedes Interesse an ihr und konnte nicht verstehen, wieso jemand bereit sein konnte, so viel Zeit darauf zu verschwenden. Er war völlig davon überzeugt, daß Schönheit ein Leitprinzip bei der Suche nach bedeutenden Resultaten der theoretischen Physik sei.*
> *H. Bondi, in: G. J. Whitrow,* Einstein: The Man and His Achievement

ker J. Larmor mit seiner formalen Darstellung der Transformationsregeln für Raum und Zeit, unter denen die Gleichungen von Maxwell invariant bleiben, Lorentz zuvor gekommen. Es zeigte sich eine bemerkenswerte Verbindung zwischen den Transformationsgleichungen und der Lorentz-Fitzgerald-Kontraktion.

Sei es, daß er von der Kritik Poincarés oder von den Resultaten Larmors oder auch von beidem angetrieben und beeinflußt worden war — auf jeden Fall löste Lorentz 1904 mit Erfolg das Problem, die Transformationsregeln zu bestimmen, die die Gleichungen der Elektronentheorie der Form nach invariant beließen „für jede Geschwindigkeit der Translation, die kleiner als c ist", wenn ein Übergang vom Bezugssystem der Erde zu dem des Äthers stattfindet — ohne jede Notwendigkeit einer besonderen Annahme einer Kontraktion. Diese Transformationen sind heute als die Lorentz-Transformationen bekannt.*

Zeitlich und begrifflich sind wir damit an der Schwelle zur Relativität. Doch wenn wir das Bild der Hintergründe des Einsteinschen Gedankengebäudes vervollständigen wollen, müssen wir auch die Entwicklung in der Mechanik betrachten. Die zweite Hälfte des 19. Jahrhunderts war durch eine erneute Diskussion der Grundbegriffe der Mechanik Newtons charakterisiert: von der Masse bis zur Kraft und vom absoluten Raum bis zur absoluten Zeit. Kirchhoff (1876) und Hertz (1894) versuchten eine Mechanik aufzubauen, die den Begriff der Kraft außer acht ließ. Bei seinem Versuch, einen Ausweg aus jener

---

* Die Transformationen bleiben tatsächlich „in einem gewissen Maße indeterminiert" nach den oben erwähnten Erfordernissen. Ein Faktor l, der sich von 1 durch Terme v^2/c^2 unterscheidet, kann in allen Koordinaten des Systems S' auftreten. Überdies sind die Maxwellschen Gleichungen nicht völlig kovariant, und zwar aufgrund eines störenden Terms im Ausdruck für div D, wie Lorentz später offen zugab.

paradoxen Situation zu finden, die durch das Festhalten am Begriff des absoluten Raums auf der einen Seite und seinem Nicht-Vorhandensein in der praktischen Physik auf der anderen Seite entstanden war, wies Ludwig Lange (1885) darauf hin, daß der wesentliche oder, wie wir heute sagen würden, operationale Inhalt des Trägheitsgesetzes dann bewahrt bliebe, wenn die Idee des absoluten Raumes durch den Begriff des Inertialsystems ersetzt würde — durch einen Begriff also, der für die spezielle Relativitätstheorie wesentlich ist. In seiner Schrift *Die Mechanik in ihrer Entwicklung* (erste Ausgaben 1883, 1888, 1897) lieferte der österreichische Physiker und Philosoph Ernst Mach eine faszinierende Rekonstruktion der historischen Entwicklung der Mechanik; außerdem untersuchte er darin kritisch die Entwicklung der Mechanik, wobei er nach dem Prinzip verfuhr, alles, was nach Metaphysik „roch", aus der Physik zu tilgen und nur das zu bewahren, was Beziehungen zwischen beobachtbaren Größen zum Ausdruck brachte. Ausgehend von einer Kritik an Newtons Experiment mit dem „rotierenden Eimer" — sie erinnert an Berkeleys Kritik und formt die allgemeine Relativität vor —, wird so der absolute Raum als ein „Begriffsungetüm" widerlegt. Was die absolute Zeit betrifft, so betont Mach, daß „sie an gar keiner Bewegung abgemessen werden kann; sie hat also auch gar keinen praktischen und auch keinen wissenschaftlichen Wert. Niemand ist berechtigt zu sagen, daß er von derselben etwas wisse. Sie ist ein überflüssiger metaphysischer Begriff ..." (zit. nach *Relativity Theory: Its Origin and Impact on Modern Thought*, hrsg. von L. Pearce Williams)

Mit Poincaré kommt der Revisionsprozeß der Begriffe Raum/Zeit einen weiteren Schritt in Richtung auf das Übergangsstadium voran, das schließlich zur vollständigen relativistischen Theorie führt. Zwischen 1895 und 1904 gelangte Poincaré zur Überzeugung, daß es unmöglich sei, die absolute Bewegung der Erde auf experimentellem Wege — sei es durch mechanische oder elektromagnetische Experimente — zu ermitteln. Bei einer Rede auf dem *International Congress of Arts and Sciences* 1904 in St. Louis modifizierte er das, was er das „Relativitätsprinzip" nannte, dem zufolge „ ... die Gesetze der physikalischen Phänomene für einen ‚festen' Beobachter dieselben sein müssen wie für einen Beobachter, der sich in einer gleichförmigen Bewegung der Translation in bezug auf diesen befindet: Somit haben wir also kaum eine Möglichkeit festzustellen, ob wir — oder ob wir nicht — in einer solchen Bewegung mitgetragen werden" (Whittaker). Diese Arbeit von Poincaré war in vielerlei Hinsicht prophetisch, da er dabei das Aufkommen „einer völlig neuen Mechanik" voraussagte, die vor allem durch die Tatsache charakterisiert sein würde, „daß darin keine Geschwindigkeit die des Lichts übertreffen könne", während „die Trägheit unendlich werden würde, wenn man sich der Lichtgeschwindigkeit näherte". Außerdem vermochte er, Lorentz' „höchst erfinderische Idee" der Ortszeit zu interpretieren: Sie sei die Zeit, die durch

ANNALEN
DER
PHYSIK.

BEGRÜNDET UND FORTGEFÜHRT DURCH

F. A. C. GREN, L. W. GILBERT, J. C. POGGENDORFF, G. UND E. WIEDEMANN.

VIERTE FOLGE.

BAND 17.

DER GANZEN REIHE 322. BAND.

KURATORIUM:

F. KOHLRAUSCH, M. PLANCK, G. QUINCKE,
W. C. RÖNTGEN, E. WARBURG.

UNTER MITWIRKUNG

DER DEUTSCHEN PHYSIKALISCHEN GESELLSCHAFT

UND INSBESONDERE VON

M. PLANCK

HERAUSGEGEBEN VON

PAUL DRUDE.

MIT FÜNF FIGURENTAFELN.

LEIPZIG, 1905.

VERLAG VON JOHANN AMBROSIUS BARTH.

Bild 20 Titelseite der *Annalen der Physik* 17 (1905), in dem Einsteins erste Schrift über die Relativität erschien

Uhren angezeigt wird, die durch Lichtsignale synchron gemacht worden sind, und zwar in einer Weise, die im wesentlichen der späteren Verfahrensweise von Einstein äquivalent ist. Die Uhren, die auf diese Weise „gestellt" worden seien, zeigten jedoch nicht die „wahre Zeit", wenn das Bezugssystem in Bewegung ist; das sei deshalb der Fall, weil die Lichtgeschwindigkeit nicht isotrop sei. Das werde jedoch zu keinerlei Widerspruch führen, da ein Beobachter nicht die Möglichkeit habe, die Anisotropie zu entdecken und dadurch einen Unterschied zwischen der wahren Zeit und der Ortszeit festzustellen. In einer späteren Schrift griff Poincaré dieses Thema noch einmal auf und betonte, daß die Selbst-Konsistenz experimentell durch das Michelson-Morley-Ergebnis, theoretisch durch die Kontraktion von Fitzgerald-Lorentz gesichert sei. Aufgrund des oben angeführten Resultats hat man gesagt, daß Poincaré Einstein zuvorgekommen sei und daß vor allem „ ... alles, was man tun müsse, um das Vorhergehende mit Einsteins allgemeiner Definition der Zeit, so wie sie in seiner Schrift von 1905 aufscheint, in Übereinstimmung zu bringen, nur darin bestünde, die nicht-relativistischen Bezüge von Poincaré auf ‚ruhende' und ‚bewegliche' Systeme, die das Festhalten am Äther als einem physikalisch sinnvollen Begriff zeigen, zu eliminieren" (Scribner 1964). Es ist aber aufgrund von Poincarés Beweisführung offensichtlich, daß „die Lichtgeschwindigkeit keine wirklich universelle Konstante in allen Inertialsystemen ist — in Bezugssystemen, die sich in bezug auf den Äther bewegen, ist sie nur scheinbar eine Konstante" — und daß diese Tatsache durch die Lorentz-Fitzgerald-Kontraktion kompensiert worden ist (Goldberg 1967). Geht es hier nur um formale Unterschiede? Wir glauben nicht. Um nur einen einzigen Punkt zu erwähnen: Die Lorentz-Fitzgerald-Kontraktion ist ein Einbahn-Effekt, der kein Gegenstück hat, wenn man vom Äther zu einem bewegten System übergeht. Sie ist außerdem im Prinzip nicht beobachtbar, da die messenden Maßstäbe in demselben Verhältnis kontrahiert werden. Einsteins Zeitdilatation dagegen ist umkehrbar und beobachtbar. Und das ist kein unwesentlicher Punkt. Es besteht überdies bei Poincaré und Einstein ein wichtiger Unterschied in der Methode. Die Prinzipien Poincarés waren gleichsam aus der Erfahrung „destilliert", oder — wie auch gesagt wurde — sein Ansatz bestand darin, „durch Induktion zu den ersten Prinzipien" zu gelangen. Seine Theorie erklärt das Bestehende, Vorhandene (Goldberg 1967). Einsteins Methode dagegen ist die „der Deduktion von den ersten Prinzipien". Seine Theorie sagt das Noch-nicht-Existierende voraus. Die Relativitätstheorie wurde in der Tat von Einstein und später auch von anderen, z. B. Lewis und Tolman, dadurch aufgebaut, daß der heuristische Wert ihrer beiden grundlegenden Postulate oder der Zusammenprall zwischen ihnen ausgenutzt wurde.

Whittakers Darstellung — Einstein habe „die Relativitätstheorie nur von Poincaré und Lorentz übernommen und mit einigen Erweiterungen versehen" — ist also nicht richtig, nicht nur wegen der formalen Tatsache, daß letztere

> *Wer immer einen Gedanken findet, der es uns ermöglicht,*
> *einen etwas tieferen Einblick in die ewigen Geheimnisse der*
> *Natur zu erlangen, dem ist große Gnade zuteil geworden.*
> *Doch dem Menschen, der darüber hinaus die Anerkennung,*
> *die Sympathie und die Unterstützung der Besten seines Zeit-*
> *alters erfährt, diesem Menschen ist beinahe mehr Glück zuteil*
> *geworden, als ein Mensch überhaupt ertragen kann.*
> *Albert Einstein — bei der Verleihung der Goldmedaille der*
> *Royal Astronomical Society im Jahre 1925*

keine Relativitätstheorie, sondern eine Äthertheorie vertreten haben, sondern vor allem wegen der ganz wesentlichen Tatsache, daß Einsteins Theorie aufgrund ihrer Struktur einen sehr viel größeren Voraussagewert hatte; ein Punkt, der insbesondere von Karl Popper betont worden ist.

Auch wenn Poincaré die spezielle Relativität nicht erfunden hat, so gelangen ihm doch Resultate, die (wie auch die Lorentz-Transformationen) in die Relativitätstheorie übernommen werden konnten. In einer Schrift aus dem Jahre 1906, die in *Rendiconti del Circolo Matematico de Palermo* erschien (es existiert eine teilweise kommentierte Übersetzung von Schwartz), konnte er aufgrund seiner Überlegenheit auf mathematischem Gebiet zeigen, daß die Lorentz-Transformationen eine Gruppe bildeten[*]; er konnte die Vierer-Vektoren-Rechnung von Minkowski vorwegnehmen und die Lorentz-Transformation als eine Rotation um einen festen Ursprung im vierdimensionalen Raum interpretieren.

Die Einsteinsche Revolution

Mit seiner Schrift aus dem Jahre 1905 gab der 26-jährige Einstein jener Entwicklung, die im letzten Abschnitt dargestellt wurde, die entscheidende Wende. Einstein kannte die experimentelle Situation und den Stand der Lorentz-Theorie bis zum Jahre 1895, jedoch nicht die Ergebnisse des Jahres 1904. (Überzeugende Anhaltspunkte in der Schrift von Einstein, die darauf hinweisen, daß dieser die Lorentz-Abhandlung von 1904 nicht gelesen hat, sind von G. Holton 1960 dargelegt worden.) Und so fand er für die Probleme dieses Bereichs der Physik eine Lösung, die völlig im Widerspruch zu der sei-

---

[*] Besser gesagt: Er zeigte, daß die Forderung, sie bildeten eine Gruppe, den Parameter *l* von Lorentz ohne die Notwendigkeit einer zusätzlichen Annahme festlegt.

> *Einstein war offensichtlich nicht besonders gut im numeri-*
> *schen Rechnen, und er fand auch seine Ergebnisse nicht als*
> *Folge von langen Berechnungen. (Er behauptete oft, daß sein*
> *Gedächtnis schlecht sei, und eine außergewöhnliche rechne-*
> *rische Fähigkeit ist für gewöhnlich mit einem besonders guten*
> *Gedächtnis verbunden.) Er erzielte seine Ergebnisse vielleicht*
> *durch seinen phänomenalen intuitiven Instinkt dafür, wie die*
> *Resultate sein sollten.*
> *Jeremy Bernstein,* Einstein

ner Vorgänger stand. Wie jedermann weiß, gründete er seine Konstruktion auf das Relativitätsprinzip, das auf alle physikalischen Phänomene ausgedehnt wurde und das als die Äquivalenz aller Koordinatensysteme, „für welche die mechanischen Gleichungen gelten", (d. h. der Inertialsysteme) definiert werden kann. Daneben führte er ein weiteres Postulat an, „das nur scheinbar mit dem ersteren unverträglich ist, daß sich nämlich das Licht im leeren Raum stets mit einer bestimmten, vom Bewegungszustand des emittierenden Körpers unabhängigen Geschwindigkeit c fortpflanzt." Im Ausdruck „nur scheinbar unverträglich" liegt der Schlüssel zum Verständnis der Logik der ganzen Schrift. Was Einstein wirklich meinte, ist folgendes: Das zweite Postulat kann mit dem Relativitätsprinzip tatsächlich in Einklang gebracht werden, wenn es in seinem *physikalischen Inhalt* verstanden wird, der die Äquivalenz aller Inertialsysteme behauptet — *unabhängig von allen speziellen Regeln der Transformation.* Was also aufgegeben werden muß, das sind die Regeln, d. h. die Galileischen Transformationen, und mit ihnen die allgemein geltenden Ideen von Raum und Zeit, die ihnen zugrunde liegen.

Die gesamte, 200 Jahre alte Thematik des Äthers wurde mit einem einzigen Satz abgetan: „Die Einführung eines ‚Lichtäthers‘ wird sich insofern als überflüssig erweisen, als nach der zu entwickelnden Auffassung kein mit besonderen Eigenschaften ausgestatteter absolut ruhender Raum eingeführt wird." Was war der Grund, der Einstein veranlaßte, eine solche kühne Haltung einzunehmen? Eine weit verbreitete Meinung, die mit der Annahme verknüpft ist, daß die Induktion der Schlüssel bei der Bildung wissenschaftlicher Theorien sei, zielt auf Unterstützung der These, daß Einstein vorwiegend oder sogar nur an einer Erklärung des negativen Ergebnisses des Michelson-Experimentes interessiert war. Diese Meinung läßt aber die ganz wesentliche Tatsache außer acht, daß das Experiment zum Zeitpunkt der Einsteinschen Schrift durch die Lorentz-Fitzgerald Kontraktion, also bereits 13 Jahre vorher, „erklärt" worden war. Die „Ätherdrift-Experimente" waren Einstein durchaus bekannt; er verweist auf sie als „die mißlungenen Versuche, eine Bewegung der Erde relativ zum ‚Licht-Medium' zu konstatieren"; vor allem Holton hat das 1969 nachgewiesen. Das Experiment von Michelson war also keineswegs die Hauptmotivation für Einsteins Überlegungen. Denn er hat niemals direkt auf Michelsons Arbeit verwiesen und lieferte deutliche, wenn auch nicht ganz eindeutige Aussagen, als man ihn danach fragte. Wir zitieren in diesem Zusammenhang eine Passage aus einem Brief, in dem er 1954 auf die Frage, ob Michelson sein Denken beeinflußt und vielleicht geholfen habe, seine Relativitätstheorie zu konzipieren und auszuarbeiten, antwortete: „Bei meiner eigenen Entwicklung hat das Resultat Michelsons keinen bedeutenden Einfluß gehabt. Ich kann mich nicht einmal erinnern, ob ich es bereits kannte, als ich 1905 meine erste Arbeit über dieses Thema schrieb. Die Erklärung liegt vielmehr darin, daß ich aus ganz allgemeinen Gründen fest davon überzeugt war, daß es keine absolute Bewegung gebe, und mein Problem bestand nur darin, wie ich diese Überzeugung mit unseren Kenntnissen der Elektrodynamik in Einklang bringen konnte. Man wird damit verstehen, warum das Experiment von Michelson bei meinem persönlichen Kampf keine oder doch zumindest keine entscheidende Rolle gespielt hat" (Holton 1969).

Wieso aber war Einstein davon überzeugt, daß „es keine absolute Bewegung" gebe? Das wirklich Entscheidende war, wie allgemein bekannt, die Tatsache, daß Einstein als Student Machs Abhandlung gelesen hatte, wie wir später noch erörtern werden. Einstein weist selbst darauf hin (s. *Autobiographisches*), daß „Mach in seiner *Geschichte der Mechanik* meinen [Einsteins] dogmatischen Glauben an die Mechanik als die endgültige Basis alles physikalischen Denkens erschüttert" hatte, so daß er lange Zeit insbesondere die Überzeugung geteilt hatte, der absolute Raum sei ein sinnloser Begriff, obwohl er bei Mach (wie bereits gesagt) keinen eindeutigen Hinweis auf die Auszeichnung des Inertialsystems gefunden haben konnte. Was nun die Möglichkeit anbelangt, diese Idee mit der Maxwellschen Elektrodynamik, „wie dieselbe gegenwärtig aufgefaßt zu werden pflegt", in Einklang zu bringen, so muß an folgendes erinnert werden: Maxwells Theorie ist noch in der *vor-relativistischen Sprache formuliert* und liefert ganz andere Beschreibungen für die Umkehrung von Vorgängen. Kommt es nur auf die *relative* Bewegung an (wie durch das Experiment bestätigt wird), dann muß die Elektrodynamik neu formuliert werden, so daß die Beschreibung nur von der relativen Bewegung abhängt. Das ist im übrigen eine der großen Leistungen der Schrift Einsteins und möglicherweise diejenige, die ihn selbst am meisten interessierte.

In seinen autobiographischen Notizen schreibt Einstein: „Nach und nach verzweifelte ich an der Möglichkeit, die wahren Gesetze durch auf bekannte Tatsachen sich stützende konstruktive Bemühungen herauszufinden. Je länger und verzweifelter ich mich bemühte, desto mehr kam ich zu der Überzeugung,

Menschen wie Einstein oder Niels Bohr ertasten ihren Weg im Dunkeln und finden ihre Konzeptionen der allgemeinen Relativität oder der atomistischen Struktur mit Hilfe einer anderen Art von Erfahrung und Vorstellungskraft als sie der Mathematiker benötigt, obwohl die Mathematik dabei natürlich ein wesentlicher Bestandteil ist.

H. Weyl, zit. in: Stanley L. Jaki, The Relevance of Physics

daß nur die Auffindung eines allgemeinen formalen Prinzips uns zu gesicherten Ergebnissen führen könnte. Als Vorbild sah ich die Thermodynamik vor mir. Das allgemeine Prinzip war dort in dem Satze gegeben: Die Naturgesetze sind so beschaffen, daß es unmöglich ist, ein *perpetuum mobile* (erster und zweiter Art) zu konstruieren. Wie aber ein solches allgemeines Prinzip finden? Ein solches Prinzip ergab sich nach zehn Jahren Nachdenkens aus einem Paradoxon, auf das ich schon mit 16 Jahren gestoßen bin: Wenn ich einem Lichtstrahl nacheile mit der Geschwindigkeit c (Lichtgeschwindigkeit im Vakuum), so sollte ich einen solchen Lichtstrahl als ruhendes, räumlich oszillatorisches, elektromagnetisches Feld wahrnehmen. So etwas scheint es aber nicht zu geben, weder aufgrund der Erfahrung noch gemäß den Maxwellschen Gleichungen. Intuitiv klar schien es mir von vornherein, daß von einem solchen Beobachter aus beurteilt, sich alles nach denselben Gesetzen abspielen müsse wie für einen relativ zur Erde ruhenden Beobachter. Denn wie sollte der erste Beobachter wissen, bzw. konstatieren können, daß er sich im Zustand rascher, gleichförmiger Bewegung befindet?" Wir wollen mit Absicht nicht auf die innere logische Folgerichtigkeit dieser Passage eingehen (Grünbaum). Stattdessen befassen wir uns mit der „intuitiven" Schlußfolgerung, auf die sie hinausläuft: Da die Vorstellung eines ruhenden, räumlich oszillatorischen Feldes keinen Sinn ergibt, kann auch kein Beobachter, d. h. kein materieller Körper, die Geschwindigkeit c erreichen, die folglich eine Grenzgeschwindigkeit ist: Als eine solche muß sie jedoch für alle inertialen Beobachter die gleiche sein. Man muß daher Einstein zustimmen, daß „in diesem Paradoxon der Keim zur speziellen Relativitätstheorie schon enthalten ist."

Vor dem Hintergrund der beiden Postulate wollen wir zur Frage ihrer scheinbaren Unverträglichkeit zurückkehren, die in der paradoxen Situation, die oben beschrieben wurde, deutlich zum Ausdruck kommt: „Heute weiß natürlich jeder", fährt Einstein fort, „daß alle Versuche, dies Paradoxon befriedigend aufzuklären, zum Scheitern verurteilt waren, solange das Axiom des absoluten Charakters der Zeit bzw. der Gleichzeitigkeit unerkannt im Unbewußten verankert war. Dies Axiom und sein Willkür klar erkennen bedeutet eigentlich schon die Lösung des Problems. Das kritische Denken, dessen es zur Auffindung dieses zentralen Punktes bedurfte, wurde bei mir entscheidend gefördert insbesondere durch die Lektüre von David Humes und Ernst Machs philosophischen Schriften." Zu diesem letzten Punkt sind zwei Bemerkungen angebracht. Als erstes muß die Bedeutung des Stadiums in den schöpferischen Momenten der Wissenschaft hervorgehoben werden, in dem die bloße Existenz eines Problems erkannt wird. Im vorliegenden Fall war es von äußerster Wichtigkeit, überhaupt zu erkennen, daß *die Frage nach dem Wesen der Zeit gestellt werden konnte*. Erst danach wurde es möglich, die Willkür des Konzepts der absoluten Zeit zu erkennen. Kaum war die Natur des Problems klar, wurde eine Analyse der Raum-Zeit Begriffe, die den eventuell eingeschlichenen Vorurteilen Einhalt gebot, notwendig. In diesem Stadium ist eine operationale Analyse der Begriffe tatsächlich von eminenter Bedeutung. Wie Bridgman in *The Logic of Modern Physics* betont hat, ist diese Analyse an sich gar nicht so revolutionär. Die eigentliche Bedeutung liegt vielmehr in der Tatsache, daß niemand vor Einstein sie jemals konstruktiv durchgeführt hat. Das bringt uns zur zweiten Bemerkung. Wie Einstein selbst zugegeben hat, verdankt er Ernst Mach auch in dieser Hinsicht einiges. Gleichzeitig erleben wir jedoch Einsteins einmalige Fähigkeit, einen Schritt weiter zu gehen, den vom rein wissenschaftlichen Standpunkt aus wichtigsten Schritt überhaupt. So erscheint eine Anmerkung von Philipp Frank ganz besonders zutreffend: Er meinte, die Kritik der mechanistischen Philosophie habe „den Grund gepflügt, auf den Einstein den Samen werfen konnte."

Nachdem er die Relativität der Längen und Zeiten im 3. Abschnitt seiner Arbeit dargelegt hat, geht Einstein daran, die Transformationsgleichungen zwischen zwei Koordinatensystemen im Zustand der relativen gleichförmigen und geradlinigen Bewegung aufgrund der Hypothese der Gültigkeit der beiden Postulate der Theorie abzuleiten und kommt auf diese Weise unabhängig von Lorentz zu den gleichen formalen Schlüssen wie dieser. Wir brauchen uns jedoch nur der unterschiedlichen Grundlagen (und Methoden), von denen aus diese Ableitung jeweils erreicht wird, und der völlig unterschiedlichen Bedeutung, die sie in beiden Theorien hat, zu erinnern: Für Lorentz sind es Transformationsgleichungen, die die Gleichungen der Elektronentheorie kovariant machen; bei Einstein dagegen handelt es sich um Ausdrücke der allgemeinen Eigenschaften von Raum und Zeit.

In der Schrift Einsteins aus dem Jahre 1905 folgen dann zwei kurze kinematische Abschnitte. Im ersten wird eine „eigentümliche Konsequenz" der Lorentz-Transformationen erörtert, nämlich die beobachtbare Zeitverschiebung zwischen zwei synchrongehenden Uhren, die durch die Bewegung hervorgerufen wird, d.h. es geht um jene Erscheinung, die später als „Zwillings-Paradoxon" bekannt wurde. Im zweiten Abschnitt wird das Additionstheorem der Geschwindigkeiten abgeleitet. Obwohl Einstein nun die Ergebnisse des Fizeau-

Viele Menschen waren wahrscheinlich erleichtert, als man ihnen erklärte, daß das wahre Wesen der physikalischen Welt nur von Einstein und wenigen anderen genialen Geistern verstanden werden könne. So paradox es auch klingen mag, kann es durchaus sein, daß die breite Öffentlichkeit Einstein nicht deshalb zujubelte, weil er ein so großer Denker war, sondern weil er jedermann die Pflicht ersparte, selbst zu denken.

Hannes Alfvèn, "Cosmology: Myth or Science?" in: Cosmology, History and Theology

Experiments mit größter Leichtigkeit hätte erklären können, unterläßt er das jedoch. In den darauffolgenden zwei Abschnitten behandelt er die relativistische Kovarianz der Maxwellschen Gleichungen und der relativen Natur der elektrischen und magnetischen Kräfte sowie den Doppler-Effekt und die Aberration. Auch hier weist er nicht darauf hin, daß die Theorie Fresnels über die Beobachtung der Aberration damit auch neu interpretiert werden könnte; auch betont er nicht ausdrücklich, daß ein transversaler Doppler-Effekt entsteht. Im 8. Kapitel erhält er die Transformation der Lichtenergie. Das dabei erzielte Ergebnis muß als „eine der größten Unterschätzungen in der Wissenschaftsgeschichte" (s. A. I. Miller) bezeichnet werden: „Es ist bemerkenswert, daß die Energie und die Frequenz eines Lichtkomplexes sich nach demselben Gesetze mit dem Bewegungszustand des Beobachters ändert", ein Resultat also, das sich eindeutig auf Einsteins frühere Arbeit über Lichtquanten bezieht. Im gleichen Kapitel gewinnt Einstein eine Gleichung für den Lichtdruck, der auf einen Spiegel ausgeübt wird, „in Übereinstimmung mit der Erfahrung und mit anderen Theorien". Einstein sagt nicht, daß er auch Ergebnisse über das lang diskutierte Problem der Reflexion durch einen bewegten Spiegel habe, sondern er beschließt das Kapitel, indem er darauf hinweist, daß „jedes Problem der Optik bewegter Körper auf eine Reihe von Problemen der Optik von ruhenden Körpern zurückgeführt" wird. Das Schlußkapitel ist der Dynamik des Elektrons gewidmet. Es enthält eine klare Vorhersage über die Bahn eines Elektrons in einem gleichförmigen magnetischen Feld. Mit diesem Kapitel beginnt gleichsam die relativistische Dynamik.

Schon oft ist über die offensichtliche Nachlässigkeit der Schrift in bezug auf die oben erwähnten Punkte diskutiert worden. Ob nun „fehlendes ernsthaftes Interesse an den schmutzigen Details der experimentellen Physik", mangelhafte innere Durchdachtheit oder bloße intellektuelle Arroganz (G. Holton 1969) der Grund für diese Nachlässigkeit waren, können wir nicht sagen. Wir können nur feststellen, daß noch Jahre vergehen sollten, bevor die wissenschaftliche Gemeinschaft die detaillierten Konsequenzen dieser inhaltsschweren Schrift — sowohl die experimentellen wie die theoretischen — ausarbeiten sollte.

Der Fortschritt der Relativität

Im Gegensatz zur weitverbreiteten Meinung war die Relativitätstheorie mit Einsteins erster Schrift noch nicht vollendet. Zum einen lieferte Einstein selbst noch im gleichen Jahr, also 1905, einen weiteren Beitrag von höchster Bedeutung: Von seinen bereits vorliegenden Ergebnissen ausgehend, gelangte er in dieser folgenden Schrift zu dem Schluß: „Wenn ein Körper Energie *E in Form von Strahlung* emittiert, dann nimmt seine Masse um E/c^2 ab". Man muß darauf verweisen, daß diese Aussage noch nicht ihre volle Allgemeinheit erlangt hatte. Die ganze Bedeutung von $E = mc^2$ wurde erst in einer umfassenden Schrift dargelegt, die Einstein 1907 im *Jahrbuch der Radioaktivität* veröffentlichte. In der Zwischenzeit war man auf die Existenz der Einsteinschen Theorie aufmerksam geworden. Planck, einer der ersten Verteidiger und Befürworter der Theorie, hatte 1907 gezeigt, daß die Bewegungs-Gleichungen der speziellen Relativität vom Prinzip der kleinsten Wirkung mit Hilfe einer Lagrange-Funktion $L = - mc^2 (1 - v^2/c^2)^{1/2}$ abgeleitet werden konnten. Er hatte damit eine Unklarheit beseitigt, die Einstein hinsichtlich der Definition der Kraft offengelassen hatte. Im gleichen Jahr hatte von Laue die relativistische Kinematik auf eine Ableitung des Driftkoeffizienten von Fresnel und eine Interpretation des Experiments von Fizeau angewandt. Fresnels Theorie war damit zum zweiten Mal erfolgreich neuinterpretiert worden. Einsteins Schrift zielte zunächst darauf ab, einen systematischen Überblick über das gesamte Gebiet zu liefern. Doch er ging darin noch weiter: Außer dem bereits angeführten Resultat, also $E = mc^2$, lieferte er auch die physikalische Basis der allgemeinen Relativität, die er dann während der folgenden neun Jahre entwickeln sollte.

Im Jahre 1909 wurden sowohl theoretisch als auch experimentell bemerkenswerte Fortschritte erreicht. Die amerikanischen Physiker Lewis und Tolman wendeten die heuristische Kraft des Relativitätsprinzips, die bereits Einstein selbst zuvor angedeutet hatte, konsequent an, um der relativistischen Dynamik eine solide physikalische Basis zu geben.

Diese Methode geht von der Voraussetzung aus, daß die Gesetze der Physik der Form nach invariant sind, wenn sie von einem Inertialsystem zu einem anderen durch Lorentz-Transformationen übergehen. Damit wird klar, daß die Gesetze der klassischen Mechanik modifiziert werden müssen. Lewis und

> *Im Juni 1933 hielt er in Oxford den Herbert Spencer-Vortrag, in dem er das zu analysieren versuchte, was er „die Methode der theoretischen Physik" nannte. Der Titel ist etwas irreführend, denn was er darin tatsächlich beschreibt, ist vielmehr seine eigene Methode, theoretische Physik zu betreiben, und die war zu jener Zeit beinahe völlig anders als die irgendeines seiner Zeitgenossen. In einem gewissen bizarren Sinne hat seine „Methode" tatsächlich mehr mit der philosophischen Haltung Platons und der platonischen Betonung vollkommener Gestalt und Form gemein als mit der irgendeines Physikers seit Newton (und einschließlich Newton).*
>
> *Jeremy Bernstein*, Einstein

Tolman legten nun dar, daß die Gültigkeit eines kovarianten Prinzips der Erhaltung des Impulses für ein isoliertes System nur erreicht werden kann, wenn der Impuls p den Ausdruck $p = mu$ hat, d. h. mit Hilfe der Geschwindigkeit u und der „relativistischen Masse" m ausgedrückt wird:

$$m = \frac{m_0}{\sqrt{1 - u^2/c^2}}$$

(m_0 = Ruhemasse). Im gleichen Jahr gelang dem Mathematiker Minkowski die elegante vierdimensionale Formulierung der Theorie. Gleichfalls im Jahre 1909 bestätigte der deutsche Physiker Bucherer das dynamische Verhalten der Elektronen — wie es die Theorie vorausgesagt hatte — und widersprach damit einem früheren Ergebnis von Kaufmann.

Zum Fortschritt der Relativitätstheorie während dieser Anfangsjahre sind einige allgemeine Anmerkungen angebracht. Zunächst sollte festgehalten werden, daß das Experiment zwischen der Relativität und der Lorentz-Theorie nicht unterschied — und es auch gar nicht konnte. Die Lorentz-Theorie sagte gleichfalls tatsächlich einen Zuwachs der Masse mit Hilfe der obigen Formel voraus; die Tatsache, daß bei Lorentz u als die Geschwindigkeit in bezug auf den Äther interpretiert wurde, hatte dabei keine praktische Bedeutung. Kaufmann hatte behauptet, daß seine Messungen „mit der Grundannahme von Lorentz-Einstein nicht vereinbar seien."

Obwohl eine eindeutige experimentelle Bestätigung fehlte, gewann die Relativitätstheorie nach einer Zeit der Nichtbeachtung seitens der Mehrheit der Physiker dennoch neue Anhänger. Aber die Theorie von Lorentz starb niemals, sie verschwand nur ganz allmählich. Wie von Laue in seiner Schrift über die Relativität (1911), der ersten übrigens, die über dieses Thema überhaupt verfaßt wurde, sagte: „Eine echte experimentelle Entscheidung zwischen der Theorie von Lorentz und der Relativitätstheorie kann in der Tat wohl kaum erreicht werden. Und daß die erstere dennoch in den Hintergrund gerückt ist, ist wohl hauptsächlich deshalb geschehen, weil ihr — obwohl sie doch der Relativitätstheorie so nahe kommt — das große einfache Grundprinzip fehlt; das Vorhandensein eines solchen Grundprinzips hat der Relativitätstheorie dagegen von Anbeginn an etwas Beeindruckendes verliehen." Somit scheint der Erfolg der Relativität eher auf einer Neuorientierung im Sinne von Kuhns Gestaltbegriff zurückführbar zu sein als auf den Ausgang eines echten Wettbewerbs zwischen Forschungsprogrammen, wie es die Theorie über den Erkenntnisfortschritt von Lakatos (1970) vorsieht.

Einen Wendepunkt in diesem Prozeß bedeutete das Erscheinen der Schrift von Minkowski, die der Theorie allein durch ihre formale Eleganz Ansehen verschaffte. Der endgültige Erfolg der Prinzipien der Relativität, sowohl innerhalb wie außerhalb der wissenschaftlichen Welt, wurde dann durch die experimentelle Bestätigung eines der Effekte, den die *allgemeine* Relativitätstheorie vorausgesehen hatte, besiegelt: Die Ablenkung der Lichtstrahlen durch ein starkes Gravitationsfeld wurde experimentell nachgewiesen.

Nach den Jahren 1924—25, als Bothe und Geiger sowie Compton und Simon mit Hilfe des Comtoneffekts sowohl Einsteins Hypothese über die Lichtquanten als auch die relativistischen Gesetze der Erhaltung der Energie und des Impulses bestätigt hatten, häuften sich die experimentellen Bestätigungen der relativistischen Dynamik. Die Gleichung $E = mc^2$ war bereits im Jahre 1913 vom französischen Physiker Langevin auf die Nuklearphysik angewendet worden, um die Abweichungen der Atommassen von Integralwerten zu erklären. Die erste experimentelle Bestätigung von $\Delta E = c^2 \Delta m$ wurde jedoch von Cockcroft und Walton im Jahre 1932 für eine Kernreaktion erreicht. Die klassische Überprüfung von $E = mc^2$ lieferten Blackett und Occhialini ein Jahr später beim Erzeugen von Elektronen-Positronen-Paaren durch Gammastrahlen und beim Vernichten solcher Paare in Photonen. Und 1938 erkannte dann schließlich der deutsche Physiker Hahn (et al.) in der Kernspaltung jenen Prozeß, durch den die Äquivalenz von Masse und Energie für praktische Zwecke ausgewertet werden konnte. Zwei weitere herausragende Daten im Hinblick auf die Gleichung $E = mc^2$ sind Fermis „Kernreaktor" 1942 und Hiroschima 1945.

Experimentelle Überprüfungen der kinematischen Effekte gelangen erst sehr spät. Erst im Jahre 1938 waren Ives und Stilwell in der Lage, die relativistische Voraussage über den transversalen Doppler-Effekt experimentell zu bestätigen, indem sie Kanalstrahlen als eine bewegte Quelle benutzten. Das war gleichsam eine indirekte Bestätigung der Zeitdilatation. Die erste direkte Bestätigung des Effekts erfolgte dann im Jahre 1941: Sie stammte von Rossi und Hall und ihrem Experiment über die Lebensdauer von Myonen.

Bibliographie

Born, Max, *Einstein's Theory of Relativity* (London: Methuen, 1924; New York: Dover, 1962)

Bridgman, P. W., *The Logic of Modern Physics* (New York: Macmillan, 1927)

Einstein, A., „*Autobiographisches*", in P. A. Schilpp (Hrsg.), *Albert Einstein als Philosoph und Naturforscher* (Braunschweig: Vieweg, 1979)

Galileo, G., *Dialogue Concerning the Two Chief World Systems* (1632). Übersetzt von Stillman Drake (Berkeley: University of California Press, 1953)

Goldberg, S., *Henri Poincaré and Einstein's Theory of Relativity*, Am. J. Phys. **35**, (1967), 934

Grünbaum, A., The Special Theory of Relativity, in: *An Introduction to the Theory of Relativity*, hrsg. von W. G. V. Rosser (London: Butterworths, 1964)

Holton, G., *Am. J. Phys.* **28**, 627, (1960)

— Am. J. Phys. **37**, 968, (1969)

— *Isis*, **60**, 133–97, (1969)

— Themata. Zur Ideengeschichte der Physik (Braunschweig: Vieweg, 1984)

Kuhn, T. S., *The Structure of Scientific Revolution*, (University of Chicago Press, 1970)

Lakatos, I., Criticism and The Growth of Knowledge, in: *Criticism and the Methodology of Scientific Research Programmes* (Cambridge University Press, 1970)

Mach, E., *The Science of Mechanics*, (La Salle, Illionois: Open Court Publishing Company, 1960)

Maxwell, J. C., *Collected Scientific Papers* (New York: Dover, 1952)

Miller, A. I., *Am. J. Phys.* **44**, 912 (1976)

Millikan, R. A., Albert Einstein on his Seventieth Birthday, *Revs. Mod. Phys.* **21** 343 (1949)

Pearce Williams, L., (Hrsg.), *Relativity Theory: Its Origins and Impact on Modern Thought* (New York: John Wiley, 1968)

Popper, Karl, *The Lodic of Scientific Discovery* (New York: Harper and Row, 1965)

Rosser, W. G. V., *An Introduction to the Theory of Relativity* (London: Butterworths, 1964)

Schwartz, H. M., *Am. J. Phys.* **39**, 1287 (1971)

Scribner, G. Jr., *Am. J. Phys.* **32**, 672 (1964)

Shankland, R. S., The Michelson-Morley Experiment, *Am. J. Phys.* **32**, 16 (1964)

Whittaker, E. T., *A History of the Theories of Aether and Electricity*, (2 volumes) (London: Thomas Nelson, 1951 und 1953; New York: Harper Torchbooks, 1960)

3

Die Geschichte der allgemeinen Relativitätstheorie

A. P. French

Dieser Mann hat das menschliche Denken über die Welt in einem Maße verändert, wie es nur Newton und Darwin vor ihm vermocht haben.

New York Times

1 Die Entwicklung der Theorie

Vielfach wurde behauptet, daß die Resultate und Ideen, die für die Entwicklung der speziellen Relativitätstheorie notwendig waren, schon kurz vor 1905 weite Geltung erlangt hätten — die spezielle Relativität lag sozusagen „in der Luft"; und hätte Einstein sie nicht herauskristallisiert, so hätte es wohl bald ein anderer Wissenschaftler getan. Es sei dahingestellt, ob diese Behauptung wahr ist oder nicht; eines ist aber ganz gewiß: Mit der Schaffung der allgemeinen Relativitätstheorie vollzog Einstein einen weiteren Schritt, der seine ganz persönliche Leistung war und der mit Sicherheit noch jahrzehntelang nicht vollzogen worden wäre, hätte er nicht den Weg gewiesen.

Einstein war weit davon entfernt, mit seinem Erfolg zufrieden zu sein — mit der Leistung, die Mechanik und den Elektromagnetismus durch die spezielle Relativität in Einklang gebracht zu haben, indem er bewies, daß alle Inertialsysteme in bezug auf alle physikalischen Prozesse äquivalent sind. Stattdessen versuchte er unverzüglich, den Geltungsbereich seiner Synthese zu erweitern, um dadurch das Geheimnis der Schwerkraft erklären zu können.

Nur wenige Monate nach der Veröffentlichung der speziellen Relativitätstheorie erschien 1905 in den *Annalen der Physik* eine weitere Arbeit Einsteins mit dem Titel *„Ist die Trägheit eines Körpers von seinem Energieinhalt abhängig?"* Darin stellte er die berühmte Gleichung $E = mc^2$ als eine allgemeine Verbindung zwischen Energie und träger Masse vor. In den *Autobiographischen Notizen* von 1946 erinnert sich Einstein an seine Überlegungen aus der Zeit vor 40 Jahren und schreibt: „Daß die spezielle Relativitätstheorie nur der erste

173

Schritt einer notwendigen Entwicklung ist, wurde mir erst bei der Bemühung völlig klar, die Gravitation im Rahmen dieser Theorie darzustellen." Und er habe schließlich erkannt, daß eine zufriedenstellende Theorie folgende Ergebnisse vereinigen müsse:

(a) Die spezielle Relativitätstheorie verlangt ganz eindeutig, daß die träge Masse eines Körpers von der Gesamtenergie abhängt und deshalb z. B. mit der kinetischen Energie wächst.

(b) Sehr präzise Versuche, insbesondere die schwierigen Eötvösschen Drehwaageversuche, haben mit großer Präzision empirisch gezeigt — was auch Newton durch Pendelexperimente mit einer Genauigkeit von etwa 0,1 % demonstriert hatte —, daß die schwere Masse eines Körpers exakt gleich seiner trägen Masse ist.

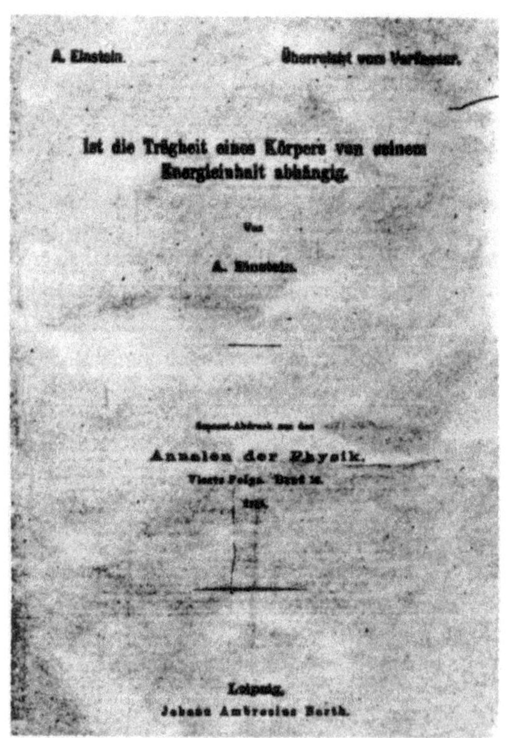

Bild 21 Umschlagseite eines Sonderdrucks des Artikels, der zum ersten Mal die Gleichung $E = mc^2$ enthält

Verbindet man diese beiden Resultate, so folgt daraus, daß die Schwere eines Körpers in einer genau bestimmten Weise von seiner Gesamtenergie abhängt. Einstein fährt dann fort: „Wenn eine Theorie dies nicht oder nicht in natürlicher Weise leistete, so war sie zu verwerfen." Keine derartige Verbindung ließ sich durch die spezielle Relativitätstheorie herstellen. Doch dann hatte er plötzlich — wie Einstein sich erinnert — die alles entscheidende Idee:

„Die Tatsache der Gleichheit der trägen und schweren Masse bzw. die Tatsache der Unabhängigkeit der Fallbeschleunigung von der Natur der fallenden Substanz läßt sich so ausdrücken: In einem Gravitationsfelde (geringer räumlicher Ausdehnung) verhalten sich die Dinge so wie in einem gravitationsfreien Raume, wenn man in diesem statt eines ‚Inertialsystems‘ ein gegen ein solches beschleunigtes Bezugssystem einführt."

So ist das berühmte Äquivalenzprinzip entstanden, dem zufolge ein Gravitationsfeld in einem begrenzten Bereich einem künstlichen Kraftfeld, das mit der allgemeinen Beschleunigung des Bezugssystems assoziiert ist, ganz genau äquivalent ist. Im Jahre 1907 veröffentlichte Einstein dieses Prinzip in einem längeren Aufsatz im *Jahrbuch der Radioaktivität*.

Im Verlauf der weiteren Entwicklung seiner Vorstellungen publizierte Einstein 1911 eine Arbeit über den Einfluß der Schwerkraft auf die Ausbreitung des Lichtes. Das Hauptergebnis dieser Arbeit bestand in der Voraussage, daß Lichtstrahlen, die nahe der Sonnenoberfläche vorbeigehen, eine Richtungsveränderung von etwa 0,85 Bogensekunden erfahren. Dieses Ergebnis war nur halb so groß wie jenes, das Einstein später in seiner vollendeten Gravitationstheorie vorlegte; es entsprach genau dem Resultat, das man auch aus einer einfachen Newtonschen Analyse ableiten würde, die das Licht so behandelt, als bestünde es aus Teilchen der Masse m, die sich mit Geschwindigkeit c bewegen. Die theoretische Ablenkung ist bei diesem Modell leicht nach der Gleichung $2GM/c^2R$ zu berechnen, wobei M und R die Masse und der Radius der Sonne sind und G die universelle Gravitationskonstante ist. (Eine solche Berechnung ist auch tatsächlich schon mehr als ein Jahrhundert vorher, nämlich im Jahre 1801, von J. Soldner durchgeführt worden.) Einstein war sich offenbar bewußt, daß mehr erforderlich war, um seiner Vision einer allgemeinen relativistischen Theorie den passenden Ausdruck zu verleihen. In seinen *Autobiographischen Notizen* erläutert er die Hintergründe, warum er so lange Zeit benötigte, um von seinen ersten Ideen zur endgültigen Form der Theorie zu gelangen, die erst während der Jahre 1914 bis 1916 Gestalt annahm: „Warum brauchte es weitere sieben Jahre für die Aufstellung der allgemeinen Relativitätstheorie? Der wichtigste Grund liegt darin, daß man sich nicht so leicht von der Auffassung befreit, daß den Koordinaten eine unmittelbare metrische Bedeutung zukommen müsse." Dieser Bemerkung lag die Erkenntnis zugrunde, daß der Raum nicht nur als eine Bühne anzusehen ist, auf der sich die materiellen Objekte bewegen und gegenseitig beeinflussen, sondern daß die fundamentale Geometrie des Raumes vom Vorhandensein und von der Verteilung von Materie abhängig ist, wie auch die folgende Aussage deutlich macht: „Schwerkraft ist auf eine Veränderung in der Krümmung von Raum-Zeit zurückzuführen, die durch die Gegenwart von Materie hervorgerufen wird" (Whittaker, 1953).

Einstein zeigte (wie auch der Artikel von H. Bondi darlegt), daß das Minimum an formaler Struktur, das erforderlich ist, um diesen Ideen quantitativ Ausdruck zu verleihen, bei zehn Parametern (Gravitations-Potentialen) liegt, welche die Metrik* der Raum-Zeit bestimmen und die kürzesten Bahnen (Geodäten) definieren, auf denen sich Objekte zu bewegen pflegen.

Für die Entwicklung der Theorie mußte sich Einstein vertieft mit Tensor-Analysis beschäftigen, wobei ihn sein Freund und früherer Kommilitone in Zürich, der Mathematiker Marcel Grossmann, sehr unterstützte. Diese Zusammenarbeit fiel in die Zeit von 1912 bis 1913 und gipfelte in einem gemeinsamen Aufsatz mit dem Titel *„Entwurf einer Verallgemeinerten Relativitätstheorie und eine Theorie der Gravitation"*. Im Jahre 1914 verließ Einstein Zürich, um einen Ruf nach Berlin anzunehmen, und damit endete diese partnerschaftliche Zusammenarbeit. In einem Brief an seinen Freund aus dieser Zeit schreibt Einstein: „Die Deutschen wetten auf mich wie auf eine Preishenne; ich selbst bin mir allerdings nicht sicher, ob ich noch ein weiteres Ei legen werde." Er hätte sich darüber keine Gedanken zu machen brauchen, denn bereits im Verlauf des folgenden Jahres begann er, die beobachtbaren Konsequenzen der Theorie herauszuarbeiten, und das Ergebnis seiner Arbeit legte er im November 1915 in drei aufeinanderfolgenden Sitzungen der Preußischen Akademie der Wissenschaften vor. Schließlich veröffentliche er 1916 in den *Annalen der Physik* einen vollständigen Bericht über die allgemeine Theorie. Die Art der Darstellung ähnelte der seiner Schrift über die spezielle Relativitätstheorie aus dem Jahre 1905 — es war die fundierte und in sich abgeschlossene Entwicklung einer weiteren epochemachenden geistigen Leistung.

---

* Die Metrik eines „Raumes" von einer bestimmten Anzahl von Dimensionen ist ganz einfach der explizite mathematische Zusammenhang zwischen der Länge einer elementaren Verschiebung im Raum und den Verschiebungskomponenten, durch die sie analysiert werden kann. Die Charakterisierung eines Raumtyps durch seine Metrik muß natürlich von der speziellen Wahl des Koordinatensystems unabhängig sein.

„Ich schicke Ihnen hier einige meiner Arbeiten. Sie werden sehen, daß ich wieder einmal mein früheres Kartenhaus zerstört und ein neues erbaut habe — zumindest die mittlere Struktur ist neu. Die Erklärung der Verschiebung in der Perihelbewegung des Merkur, die empirisch einwandfrei bestätigt worden ist, hat mir große Freude bereitet. Nicht weniger Freude hat mir die Tatsache bereitet, daß die allgemeine Kovarianz des Gravitationsgesetzes schließlich doch zu einem erfolgreichen Ende gebracht worden ist."
Albert Einstein an Wladyslaw Natanson, 15. Dez. 1915

2 Die drei klassischen Tests der allgemeinen Relativitätstheorie

Am Ende seiner großen Arbeit beschrieb Einstein die drei der Beobachtung zugänglichen Implikationen der neuen Theorie: die sogenannte „Perihelbewegung" der Planetenbahnen, das Verlangsamen der Ganggeschwindigkeit von Uhren in einem Gravitationsfeld sowie die Ablenkung des Lichtes durch einen massiven Körper. Obwohl der gesamte Gedankengang der Theorie subtil und kompliziert ist, kommt der eigentliche Kern der Sache in diesen beobachtbaren Phänomenen relativ einfach zum Ausdruck. Jedes einzelne Phänomen entsprach der Theorie und bestätigte sie. Sie sollen nun näher betrachtet werden.

(a) Die Perihelbewegung des Merkur

Der größte Triumph der Gravitationstheorie von Newton lag in der detaillierten Erklärung der Ellipsenbahnen der Planeten um die Sonne. Eines der markantesten Merkmale seiner Theorie wird allerdings in den meisten Diskussionen viel zu wenig beachtet: Unter Einwirkung einer reinen umgekehrt-quadratischen Kraft, die von einem zentralen Körper ausgeht, schließt sich die elliptische Bahn eines Planeten in sich selbst und wird immer wieder durchlaufen. Mit anderen Worten: Die Planetenbahn ist eine geschlossene Kurve, die fest im Raume steht. Ist die Planetenbahn elliptisch, so weist die Hauptachse der Ellipse in dem durch die Fixsterne festgelegten Bezugssystem stets in die gleiche Richtung.

Dieses einfache Ergebnis trifft bei den Planeten natürlich nicht ganz zu, weil zusätzlich zu der von der Sonne bewirkten Kraft auch die gegenseitige Gravitations-Wechselwirkung der Planeten die Bahnen leicht stört, und zwar in einer auch auf der Grundlage des Newtonschen Gravitationsgesetzes durchaus berechenbaren Weise. Die Analyse solcher „Störungen" war es auch, die

1846 im Falle des Uranus zur Entdeckung des Neptun führte und eine glänzende Bestätigung der Gravitationstheorie Newtons lieferte.

Eine allgemeine Konsequenz der interplanetarischen Wechselwirkung führt zu der Erkenntnis, daß die Keplerschen Ellipsen tatsächlich nicht fest im Raume stehen; sie rotieren vielmehr sehr langsam in der Ebene des Sonnensystems, d. h. im Grunde rotieren sie in ihrer eigenen Ebene. Diese Rotation wird durch die sogenannte „Perihelbewegung" beschrieben. Es handelt sich dabei um eine progressive Richtungsänderung der Linie von der Sonne zu jenem Punkt, der sich am Ende der Hauptachse befindet und der den Punkt der größten Annäherung des Planeten an die Sonne darstellt (Bild 22).

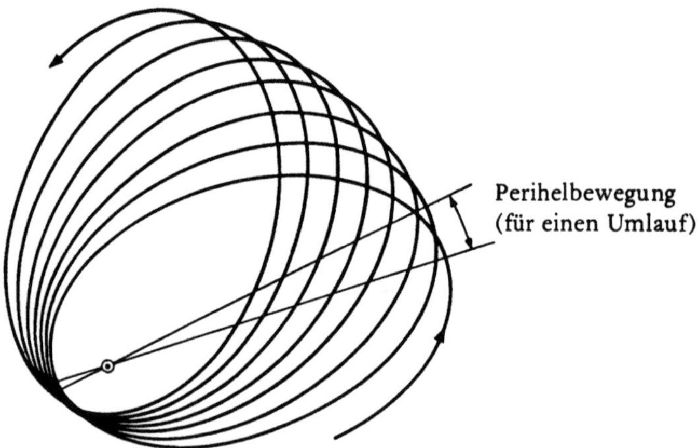

Bild 22 Präzession des Perihels einer Umlaufbahn
(stark übertrieben)

Könnte man die Wirkung der interplanetarischen Störungen eliminieren, so hätte man nach der Theorie Newtons wieder ruhende geschlossene Planetenbahnen. Doch die erstaunlich genauen astronomischen Beobachtungen ergaben, daß das nicht zutraf. Dies zeigt sich am auffallendsten beim Planeten Merkur: Hier hat die *berechnete* Präzession des Perihels einen Winkel von 8,85 Bogenminuten pro 100 Jahre relativ zu den Fixsternen. Der *beobachtete* Winkel beträgt dagegen 9,55 Bogenminuten, so daß also eine Diskrepanz von 0,7 Minuten oder 43 Bogensekunden pro Jahrhundert unerklärt bleibt.

Solch eine Differenz in der Präzessionsbewegung der Planetenbahn würde sich ergeben, wenn die Schwerkraft der Sonne nicht ganz genau eine umgekehrt-quadratische Kraft wäre. Wendet man nun die Theorie Einsteins auf das Keplersche Problem an, so zeigt sich gerade dieses Merkmal: Die Krümmung

des Raum-Zeit-Kontinuums in der Nähe einer felderzeugenden Masse kommt
— in einer sehr guten Näherung — als ein kleiner zusätzlicher Term im Kraft-
gesetz zum Ausdruck, dem eine zusätzliche anziehende Kraft entspricht, die
sich mit $1/r^4$ ändert; das bedeutet eine $1/r^3$-Korrektur im Gravitationspotential. Die Formulierung von Einsteins Theorie bringt tatsächlich Modifizierungen der Maßstäbe von Zeit und Radialentfernung in einem Gravitationsfeld
mit sich, doch das Gesamtergebnis kann durch eine Modifizierung des Kraft-
gesetzes in der gewöhnlichen, d. h. euklidischen, nicht-relativistischen Raum-
Zeit dargestellt werden. Der vorausgesagte Betrag der Präzession pro Umlauf
wird durch folgende Gleichung gegeben:

$$\Delta\phi = \frac{6\pi\,GM}{c^2\,(1 - \epsilon^2)\,a} \tag{1}$$

wobei M die Masse der Sonne ist; a ist die große Halbachse der planetarischen
Umlaufbahn und ϵ deren Exzentrizität.

Aufgrund seiner kleinen Umlaufbahn und seiner großen Exzentrizität
($\epsilon = 0{,}206$) sollte man erwarten, daß Merkur die bei weitem größte relativistische Präzession aller Planeten aufweist. Wenn man die entsprechenden Zah-
lenwerte in Gleichung (1) einsetzt, die — wie man sieht — keine veränderba-
ren Parameter enthält, so ergibt sich eine berechnete Rate der Präzession, die
mit dem beobachteten Wert beinahe völlig übereinstimmt. Als Einstein gegen
Ende 1915 auf diese Übereinstimmung stieß, war er verständlicherweise sehr
glücklich darüber. In einem Brief an Arnold Sommerfeld schreibt er: „Ich
hatte im letzten Monat eine der aufregendsten, anstrengendsten Zeiten meines
Lebens, allerdings auch der erfolgreichsten ... Das Herrliche, was ich erlebte,
war nun, daß sich nicht nur Newtons Theorie als erste Näherung, sondern
auch die Perihelbewegung des Merkur als zweite Näherung ergab." Tabelle 3-1
enthält die beobachteten und berechneten Präzessions-Raten pro Jahrhundert
für Merkur, Venus, Erde und den Planetoiden Icarus.

Tabelle 3-1 Perihelbewegungs-Rate, gemessen in Bogensekunden pro Jahrhundert

Himmelskörper	Beobachtete Rate	Rate nach der allgemeinen Relativität
Merkus	43,11 ± 0,45	43,03
Venus	8,4 ± 4,8	8,6
Erde	5,0 ± 1,2	3,8
Icarus	9,8 ± 0,8	10,3

Es gibt Vorschläge, die Präzessionsbewegung der Planetenbahnen mit Hilfe
von künstlichen Erdsatelliten zu überprüfen. Dazu muß jedoch gesagt werden,
daß die nicht exakt sphärische Gestalt und die ungleiche Masse-Verteilung der
Erde die Interpretation der Beobachtungen erschweren würden.

(b) Die Rotverschiebung im Schwerefeld

Nach der allgemeinen Relativitätstheorie wird die Ganggeschwindigkeit einer
Uhr verlangsamt, wenn sich diese in der Nähe einer großen felderzeugenden
Masse befindet, d. h. wenn sie im Wirkungsbereich eines negativen Gravitationspotentials ist. Da die charakteristischen Frequenzen von atomaren Übergängen sich wie Uhren verhalten, gelangt man zu dem Ergebnis, daß die Frequenz eines Übergangs, der beispielsweise an der Oberfläche der Sonne geschieht, im Vergleich zu der eines ähnlichen Übergangs, der aber in einem
terrestrischen Laboratorium beobachtet wird, niedriger sein muß. Das manifestiert sich als eine Rotverschiebung in den Wellenlängen von Spektrallinien.

Dieses Phänomen kann als eine direkte Anwendung des Äquivalenzprinzips
betrachtet werden. Um bei einem besonders einfachen Fall zu bleiben, wollen
wir annehmen, daß Licht von einem bestimmten atomaren Übergang am
Punkt A eines gleichförmigen Gravitationsfeldes g emittiert und am höher
liegenden Punkt B, in Entfernung h, entdeckt wird (Bild 23a). Nach dem
Äquivalenzprinzip könnte man das Gravitationsfeld durch eine allgemeine Beschleunigung in Aufwärtsrichtung sowohl von A wie von B ersetzen
(Bild 23b).
Das aber würde bedeuten, daß B sich in der Zeit $t = h/c$, die das Licht benötigt, um von A zu B zu gelangen, mit der Geschwindigkeit $v = gh/c$ nach oben
bewegt und daß die Frequenz des empfangenen Lichtes nach unten Doppler-

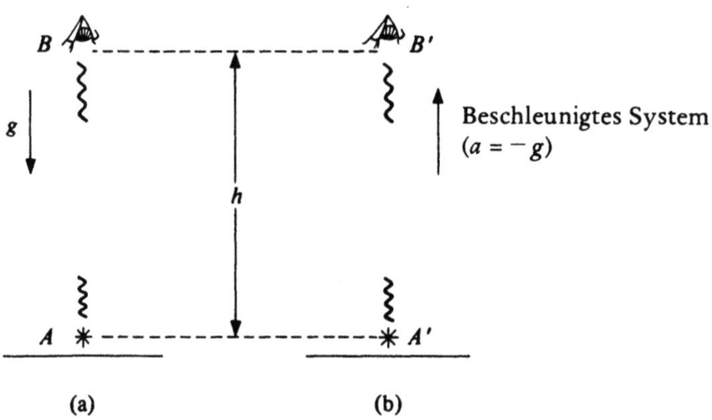

Bild 23
(a) Rotverschiebung von Licht, das sich im Gravitationsfeld nach oben ausbreitet
(b) Der äquivalente Vorgang in einem nach oben beschleunigten System

verschoben sein würde, und zwar um einen Betrag, der gleich v/c oder gh/c^2 ist. Das ist gleich der Veränderung $\Delta\phi$ des Gravitationspotentials (Gravitationsenergie pro Masseeinheit) zwischen A und B, dividiert durch c^2.

Allgemeiner gesagt: Die Änderung $\Delta\phi$ des Gravitationspotentials von der Oberfläche einer sphärischen felderzeugenden Masse (Radius R) zu einem unendlich entfernten Punkt wird durch folgende Gleichung ausgedrückt:

$$\Delta\phi = \int_R^\infty \frac{GM}{r^2}\,dr = \frac{GM}{R} \tag{2}$$

Der Faktor $f(R)$, um welchen sich die Ganggeschwindigkeiten der Uhren bei $r = R$ und $r = \infty$ unterscheiden, wird durch die Gleichung

$$f(R) = 1 - \frac{GM}{c^2\,R} \tag{3}$$

ausgedrückt.

Obwohl Einstein in seiner Arbeit von 1916 vorgeschlagen hatte, daß dieses Ergebnis durch Beobachtung von Spektrallinien überprüft werden sollte, erwies es sich doch als überaus schwierig, das Phänomen angesichts anderer Störeffekte — z. B. des Doppler-Effektes, der auf die konvektive Bewegung von Licht emittierenden Atomen in der stellaren Atmosphäre zurückzuführen ist — tatsächlich zu bestätigen. Verschiedene Messungen, die im Laufe der letzten 25 Jahre durchgeführt worden sind, haben jedoch Beweise für die Rotverschiebung im Schwerefeld für die Sonne und für andere Sterne erbracht. Vor allem Snider (1971) muß in diesem Zusammenhang erwähnt werden, der die Gleichung (2) in bezug auf die Sonne als richtig nachwies mit einer Geanuigkeit von 6 %.

Noch beeindruckender ist aber vielleicht der Nachweis der wesentlich kleineren Rotverschiebung, die auf das Gravitationsfeld der Erde zurückzuführen ist. Die bei weitem genaueste Messung dieser Konsequenz der allgemeinen Relativitätstheorie wurde bei der Beobachtung der sehr geringen Verschiebung erzielt, die bei einer vertikalen Ortsveränderung von nur 22,5 m an der Erdoberfläche auftrat. Das Experiment wurde erst möglich aufgrund des Mößbauer-Effekts (d. h. rückstoßfreie Emission von Gammastrahlen von geringer Energie) in bestimmten kristallinen Strukturen, der extrem enge Gammastrahlen-Linien von bestimmten Emittern zur Folge hat. Mit Hilfe dieser Methode gelang es Pound und Snider im Jahre 1964, als sie ein früheres Experiment von Pound und Rebka in überarbeiteter Form wiederholten, den Anteil der Rotverschiebung gh/c^2, der in ihrem Experiment $2{,}45 \cdot 10^{-15}$ betrug, mit einer Meßgenauigkeit von 1 % festzustellen.

Vor gar nicht langer Zeit, im Jahre 1971, verglichen Haefele und Keating die jeweilige Ganggeschwindigkeit von Cäsium-Atomuhren, die sich in unterschiedlichen Höhen befanden. Eine Uhr wurde als Bezugs- und Anhaltspunkt auf dem Erdboden zurückbehalten, während andere Uhren per Flugzeug in einer Höhe von 10 000 Metern um die Erde geflogen wurden. Die Veränderung der Ganggeschwindigkeit involviert nicht nur jenen Effekt, der auf das Gravitationspotential zurückzuführen ist, sondern auch die kinematische Zeitdilatation der speziellen Relativität, welche auf die Geschwindigkeit relativ zu einem Inertialsystem zurückzuführen ist. Da diese Geschwindigkeit nichts anderes ist als die Kombination von Grundgeschwindigkeit des Flugzeugs und Rotationsbewegung der Erde, ist der kinematische Effekt für Ost-West- und West-Ost-Flüge unterschiedlich. Tabelle 3-2 zeigt die erhaltenen Resultate; sie bringt außerdem einen Vergleich zwischen den beobachteten und den theoretischen Komponenten der Gesamt-Zeitdilatation im Schwerefeld.

Tabelle 3-2 Zeitdilatation bei Atomuhren

	Zeitgewinn in Sekunden von Westen nach Osten	Zeitgewinn in Sekunden von Osten nach Westen
Beobachteter Unterschied	$(-\ 59 \pm 10) \cdot 10^{-9}$	$(273 \pm\ \ 7) \cdot 10^{-9}$
Kinematische Korrektur	$(-184 \pm 18) \cdot 10^{-9}$	$(\ 96 \pm 10) \cdot 10^{-9}$
Rest	$(\ 125 \pm 21) \cdot 10^{-9}$	$(177 \pm 12) \cdot 10^{-9}$
Gravitationseffekt (Theorie)	$(\ 144 \pm 14) \cdot 10^{-9}$	$(179 \pm 18) \cdot 10^{-9}$

(c) Die Ablenkung des Sternenlichts durch die Sonne

Diese dritte Voraussage der allgemeinen Relativitätstheorie lieferte den wohl berühmtesten und dramatischsten Test der Theorie überhaupt. Obwohl der eigentliche Effekt sehr gering war und auch keinerlei praktische Konsequenzen zur Folge hatte, war es doch gerade die Beobachtung dieses Effekts, welche die Vorstellungskraft der breiten Öffentlichkeit in ihren Bann zog und den Ruf Einsteins festigte, der große Magier zu sein, der die tiefsten Geheimnisse des Universums untersucht und gemeistert hatte — was ihm ja auch in der Tat gelungen war.

Bevor wir die Geschichte um die Beobachtung dieses Effekts erneut erzählen, wollen wir uns zunächst noch einmal die theoretischen Grundlagen ins Gedächtnis zurückrufen. In der speziellen Relativitätstheorie wird ein Raum-Zeit-Intervall zwischen zwei Ereignissen in Polarkoordinaten (r, θ) durch die Gleichung

$$ds^2 = c^2\,dt^2 - dr^2 - r^2\,d\theta^2 \qquad (4)$$

beschrieben. Worum es Einstein ging, war folgendes: In der Nähe eines Gravitationsfeldes der Masse M wird diese Beziehung leicht modifiziert, und es muß dann heißen:

$$ds^2 = \gamma(r)\,c^2\,dt^2 - \frac{1}{\gamma(r)}\,dr^2 - r^2\,d\theta^2, \tag{5}$$

wobei

$$\gamma(r) = 1 - \frac{2\,GM}{c^2\,r}. \tag{6}$$

Dabei ist r die Distanz vom Zentrum der (sphärischen) Masse M.

Die Ablenkung des Lichtes durch ein Gravitationsfeld kann als ein Vorgang der Brechung angesehen werden. In der Nähe einer Masse M wird die Lichtgeschwindigkeit auf $c\,\gamma(r)$ reduziert (s. Gleichung (5)), wobei $\gamma(r)$ durch Gleichung (6) ausgedrückt wird. Das Ergebnis besteht in einer Krümmung der Wellenfronten zur Masse hin, und zwar in gleicher Weise wie auch Schallwellen zur Oberfläche der Erde hin abgebogen werden, sofern die Lufttemperatur mit zunehmender Höhe zunimmt. Faßt man diesen Brechungseffekt über die ganze Bahn eines Lichtstrahls, der an einem schweren Objekt vorbeigeht, zusammen, so ergibt sich eine Gesamt-Richtungsveränderung α, die durch folgende Gleichung wiedergegeben wird:

$$\alpha = \frac{4GM}{c^2\,r_0}, \tag{7}$$

wobei r_0 die kürzeste Distanz zwischen der Lichtbahn und dem Zentrum von M ist (Bild 23c, unten auf dieser Seite). Wie vorher bereits erwähnt, ist dieser Wert genau zwei Mal so groß wie jener, den die Newtonsche Theorie voraussagen würde; und bei Lichtstrahlen, die so nahe wie möglich an der Sonne vorbeigehen, beträgt die Ablenkung 1,75 Bogensekunden.

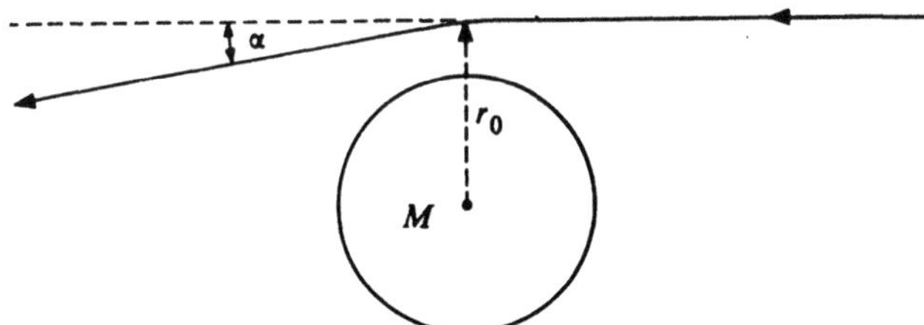

Bild 23 (c) Ablenkung eines Lichtstrahls durch einen Stern (stark übertrieben)

Bild 24 Einstein mit Eddington in Cambridge 1930, aufgenommen von Eddingtons Schwester

Als Einstein, damals in Berlin, im Jahre 1915 zum ersten Mal auf dieses Resultat stieß, herrschte zwischen England und Deutschland gerade der Kriegszustand. Der Vorschlag und auch die ursprüngliche Planung einer astronimischen Expedition, die die Theorie Einsteins überprüfen sollte, kamen dennoch in England auf, nachdem Kopien der Schrift Einsteins mit Hilfe des holländischen Astronomen Willem de Sitter zu Arthur Eddington nach England geschmuggelt worden waren. Paradoxerweise förderte gerade der Kriegszustand diese Entwicklung, wie S. Chandrasekhar 1975 in einem faszinierenden Bericht nachweist. Als Quäker war Eddington nämlich überzeugter Kriegsdienstgegner — und so stimmten die Behörden sogleich seinem beabsichtigten Projekt zu, um dadurch die peinliche Situation, einen so bedeutenden Wissenschaftler in ein Internierungslager stecken zu müssen, umgehen zu können.

Sir Frank Dyson, der königliche Astronom, lenkte im Jahre 1917 die allgemeine Aufmerksamkeit auf die Tatsache, daß der 29. Mai 1919 ein außergewöhnlich günstiges Datum für eine Überprüfung der Theorie Einsteins sein würde. Eine totale Sonnenfinsternis war notwendig, um Sterne beobachten zu können, deren Licht auf dem Weg zur Erde ganz nahe an der Sonne vorbeigeht. Die Finsternis des Jahres 1919 sollte zudem eintreten, wenn sich die Sonne in einer Himmelsregion befand (nämlich den Hyaden), die reich an sehr hellen Sternen ist; sie würden also gegen die Sonnenkorona deutlich sichtbar sein.

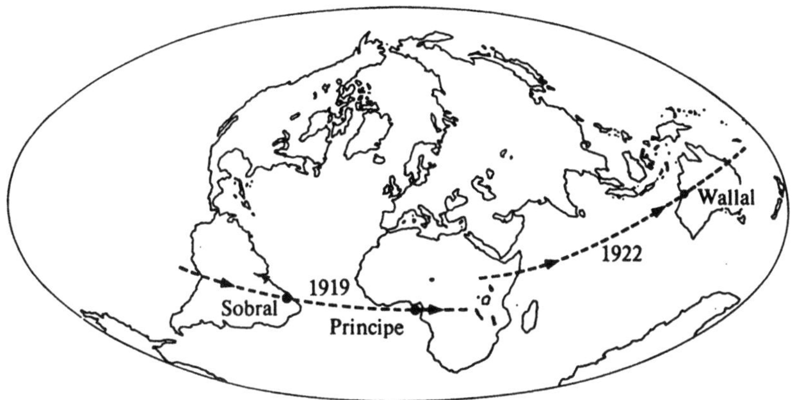

Bild 25 Bahnen der Sonnenfinsternisse von 1919 und 1922

Die Bahn der totalen Finsternis verlief nur wenige Grade vom Äquator entfernt quer über Süd-Amerika und Afrika hinweg. Man entschloß sich, zwei Beobachtungsstationen einzurichten; die eine sollte sich auf der Insel Principe im Golf von Guinea und die andere in Sobral in Brasilien befinden. Kaum war der Krieg beendet, setzte auch schon eine fieberhafte Aktivität ein, um die für den Test notwendigen Instrumente vorzubereiten.

Am Tag der Finsternis schließlich war das Wetter in Sobral sehr gut; das Wetter in Principe dagegen, wo Eddington sich aufhielt, war bewölkt, doch im entscheidenden Moment hellte sich der Himmel ein wenig auf. Beide Expeditionen waren erfolgreich: Es gelang ihnen, eine Reihe von Aufnahmen zu machen, die deutlich zeigten, daß die sichtbaren Positionen der Sterne durch Gravitations-Ablenkung modifiziert waren. Diese Positionen der Sterne mußten nun mit jenen verglichen werden, die zu beobachten waren, wenn sich die Sonne an einem anderen Teil des Himmels aufhielt. Solche Vergleichsaufnahmen lagen bereits vor, doch es sollten noch mehrere Monate vergehen, bevor

Bild 26 Die von Eddington in Sobral verwendeten Instrumente zur Beobachtung der Sonnenfinsternis

die Daten genau analysiert waren. Aber dann zeigte sich, daß die gewonnenen Ergebnisse eine eindeutige Bestätigung der Theorie Einsteins bedeuteten. Im Vergleich zu der von Einstein vorausgesagten Ablenkung von $1,75''$ für $r_0 = R$ (R ist der Radius der Sonne) ergaben sich bei den Beobachtungen (für $r_0 = R$) die folgenden Werte (vgl. Bild 27):

| Sobral | $1,98 \pm 0,12''$ |
| Principe | $1,61 \pm 0,30''$ |

Die Erfolgsnachricht erreichte Einstein gegen Ende September 1919 durch ein Telegramm seines holländischen Freundes, des Physikers H. A. Lorentz.

Nur drei Jahre später kam es zu einer weiteren, für eine Überprüfung der Theorie günstigen Sonnenfinsternis, wobei die Bahn quer über Australien verlief (Bild 25). Campbell und Trumpler führten in Wallal im westlichen Australien Beobachtungen durch (Bild 29), die eine mittlere Ablenkung von

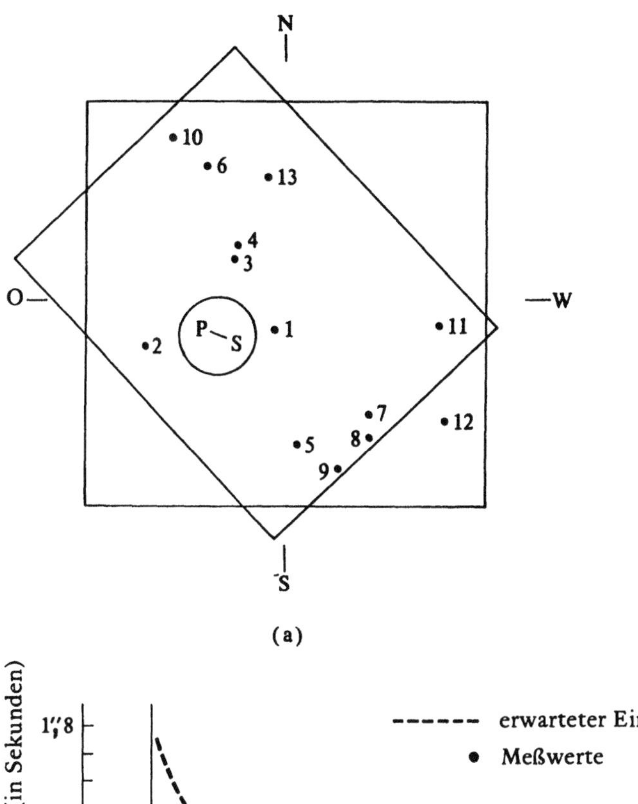

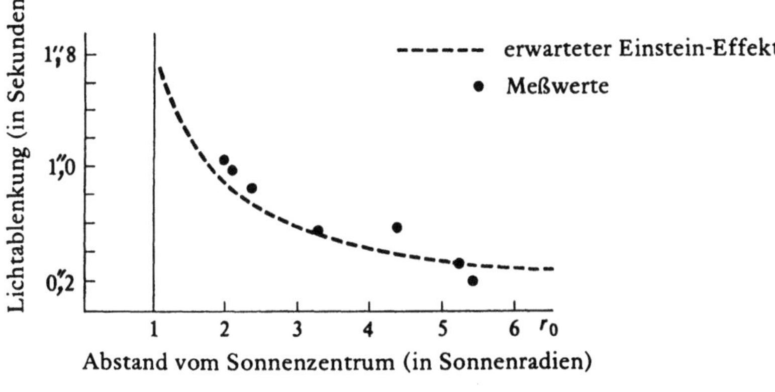

Bild 27 Die Sonnenfinsternis von 1919

a) Das Quadrat deutet die Ausdehnung des Sternengebiets in Principe, das Rechteck diejenige in Sobral an. Das Sonnenzentrum bewegte sich während der Zeit der vollständigen Bedeckung an beiden Orten von P nach S.

b) Vergleich der Meßwerte mit der erwarteten Beziehung zwischen dem Ablenkungswinkel α und der Entfernung r_0 des Lichtstrahls vom Sonnenzentrum. Theoretisch sollte $\alpha \sim 1/r_0$ sein.

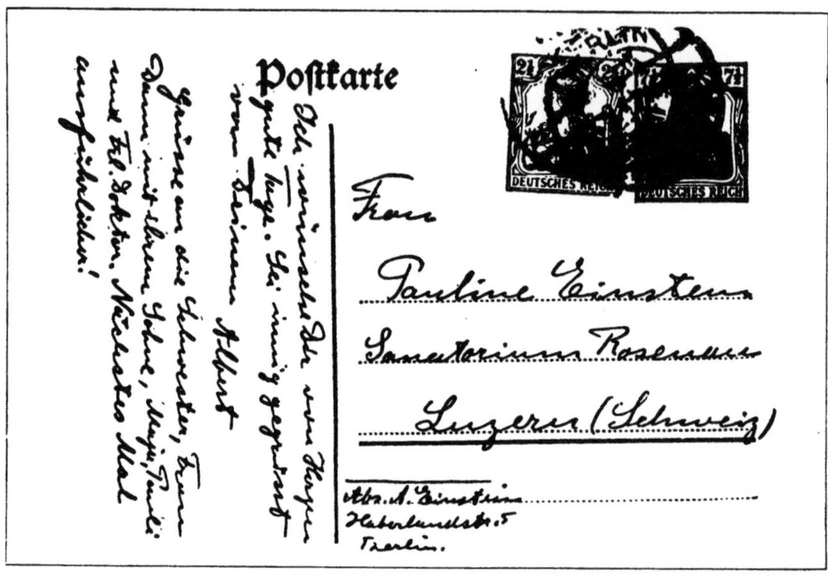

Bild 28 Eine Postkarte Einsteins vom 27. September 1919 an seine Mutter

1,72 $\pm$ 0,11$''$ (für $r_0 = R$) ergaben. Bei späteren Sonnenfinsternissen sind noch eine Vielzahl weiterer Beobachtungen durchgeführt worden, ohne daß die Ergebnisse der ersten beiden Expeditionen wesentlich verbessert worden wären.

Einsteins Biograph Banesh Hoffman wies darauf hin, daß der Erfolg derTheorie Einsteins sehr viel weniger sensationell gewesen wäre, wenn vorher bereits Einsteins Voraussage einer „Halb-Ablenkung" (0,85$''$) aus dem Jahre 1911 überprüft worden wäre, wie es ein deutscher Astronom tatsächlich geplant

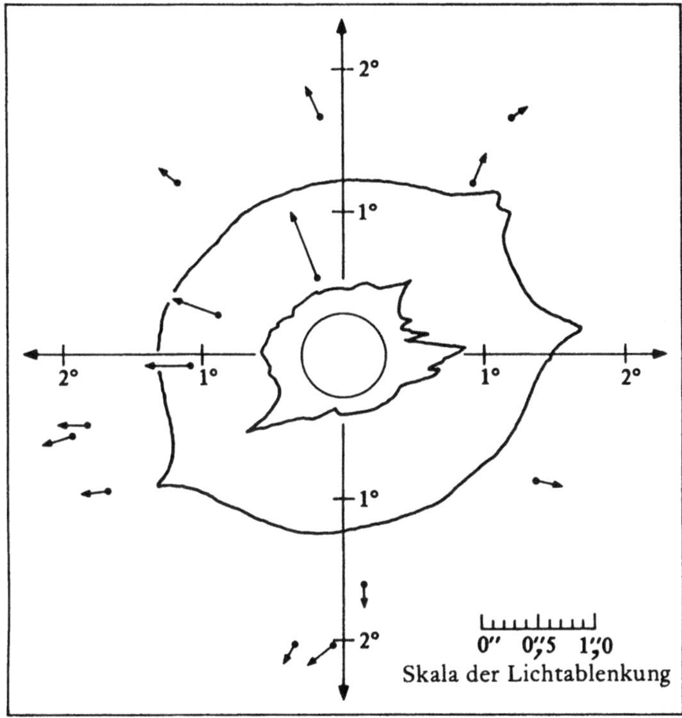

Bild 29 Bewegungen der bestuntersuchten Sterne während der Sonnenfinsternis von 1922. Man beachte, daß die Sternbewegungen – sie sind durch Pfeile dargestellt – im Vergleich zum Maßstab der relativen Sternpositionen stark vergrößert dargestellt sind. Der Kreis symbolisiert die Sonnenscheibe, die irregulären geschlossenen Linien geben Konturen der Sonnenkorona bei zwei verschiedenen Intensitätsleveln wieder.

hatte. Hoffmann schreibt: „Man stelle sich vor, wie wenig beeindruckend Einsteins Berechnung von 1,7 Bogensekunden aus dem Jahre 1915 erschienen wäre ... Nachdem man ihm zuvor nachgewiesen haben würde, daß er unrecht gehabt hatte, würde er dann erst nach dem Test verspätet den Wert verändert haben." Doch die Sonnenfinsternis, bei der diese geplante Überprüfung hatte durchgeführt werden sollen, fand 1914 in Rußland statt; der Test wurde durch den Krieg verhindert. Auf diese Weise also wurde die allgemeine Relativitätstheorie aufgrund einer kühnen und neuen Voraussage, für die es keinerlei Beobachtungsunterlagen gegeben hatte, bestätigt.

Doch die Geschichte ist damit noch nicht zu Ende. Bereits im Jahre 1913 hatte Einstein dem amerikanischen Astronomen George Hale geschrieben und nachgefragt, ob die Feststellung der Ablenkung des Sternenlichtes im Gravitationsfeld auch zu einem Zeitpunkt ohne totale Sonnenfinsternis möglich wäre. Die Antwort lautete „nein". Inzwischen aber hat die Entwicklung der Radioastronomie diese Schwierigkeit beseitigt. Die starken Radio-Emissionen von bestimmten Quasaren können heute bei allen Konstellationen entdeckt werden; es geht nur darum, eine Zeit zu wählen, zu der der Sonnenrand in Nähe der Sichtlinie ist. Als man diese Methode benutzte, ergaben die Messungen verschiedener Observatorien eine Bestätigung der Einsteinschen Voraussage mit einer Genauigkeit von 1 % (Fomalont und Sramek, 1975).

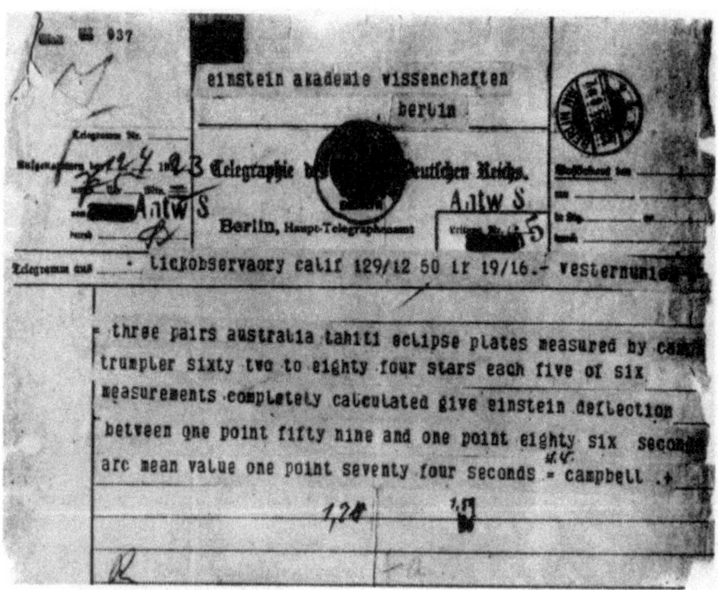

Bild 30 Telegramm W. W. Campbells an Einstein,
das die Meßergebnisse der Sonnenfinsternis von 1922 bestätigte

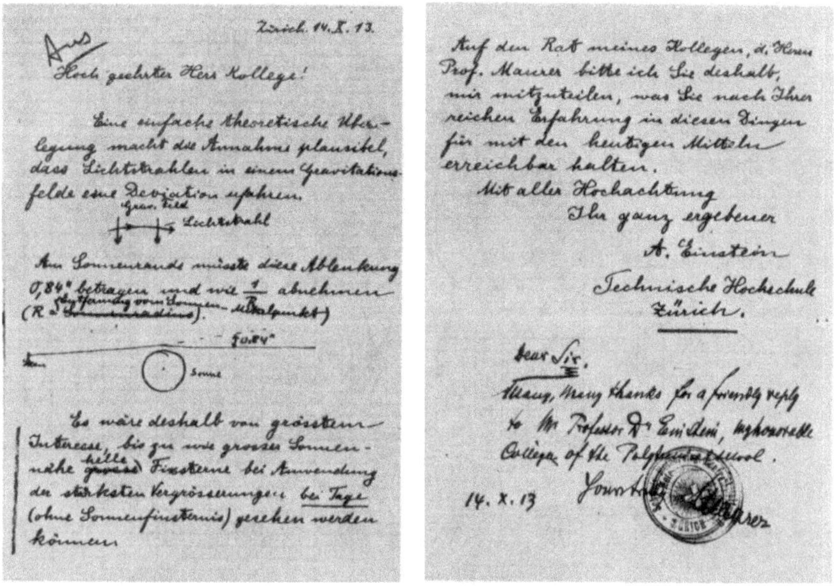

Aus

Zürich. 14.X.13.

Hoch geehrter Herr Kollege!

Eine einfache theoretische Überlegung macht die Annahme plausibel, dass Lichtstrahlen in einem Gravitationsfelde eine Deviation erfahren.

Grav. feld

Lichtstrahl

Am Sonnenrande müsste diese Ablenkung 0,84" betragen und wie $\frac{1}{R}$ abnehmen (R = Abstand vom Sonnen-Mittelpunkt)

0,84"

Sonne

Es wäre deshalb von grösstem Interesse, bis zu wie grosser Sonnennähe helle Fixsterne bei Anwendung der stärksten Vergrösserungen bei Tage (ohne Sonnenfinsternis) gesehen werden können.

Auf den Rat meines Kollegen, d. Herrn Prof. Maurer bitte ich Sie deshalb, mir mitzuteilen, was Sie nach Ihrer reichen Erfahrung in diesen Dingen für mit den heutigen Mitteln erreichbar halten.

Mit aller Hochachtung
Ihr ganz ergebener
A. Einstein

Technische Hochschule
Zürich.

Dear Sir,

Many, many thanks for a friendly reply to Mr Professor Dr Einstein, my honorable Colleague of the Polytechnical School.

14. X. 13

Yours ... Maurer

Bild 31 Brief Einsteins an George Hale (14. Oktober 1913), in dem Einsteins erster, ungenauer Wert für die theoretische Ablenkung (0",84) erwähnt wird

3 Ein vierter Test für die allgemeine Relativitätstheorie

Wie bereits auf S. 183 erwähnt, ist die Ablenkung des Lichtes durch einen schweren Körper mit einer Verkleinerung der Lichtgeschwindigkeit in der Nähe dieses Körpers verbunden. Die Zeit, die ein Signal benötigt, um von einem Punkt im Raum zu einem anderen zu gelangen, wird also ein wenig verlängert, wenn die Bahn in der Nähe eines schweren Körpers, wie etwa der Sonne, vorbeigeht.

Mit der Entwicklung von ausgeklügelten Radar-Techniken ist es inzwischen jedoch möglich geworden, solche Zeitverzögerungen für Radarsignale, die von der Erde ausgesandt und von anderen Planeten reflektiert werden, zu messen. Diese Möglichkeit wurde erstmals 1964 von Shapiro angeregt und führte in der Folge zu einer Reihe von sehr erfolgreichen Beobachtungen über Radar-

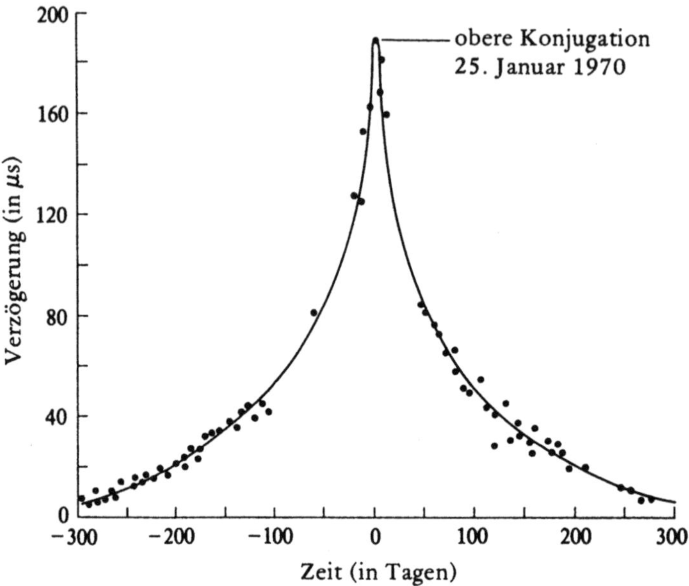

Bild 32 Der vierte Test der Allgemeinen Relativitätstheorie: die zeitliche Verzögerung des Radarechos der Venus hat ihr Maximum, wenn die Sonnenkante die Verbindungslinie Erde-Venus berührt (nach Shapiro et al., 1971)

Echos vom Merkur, von der Venus und vom Mars. Solche Messungen erfordern wesentlich genauere Kenntnisse über die Planeten — Kenntnisse über die Dimension der Planetenbahn, über die Topographie etc. — als sie in früheren Zeiten zur Verfügung standen. Daher hat man sehr viel Mühe und Zeit darauf verwendet, diese Details zu erforschen, um dadurch die relativistische Verzögerung genau feststellen zu können.

Diagramm 3-6 zeigt die Ergebnisse einer Reihe von Beobachtungen, über die unter anderen auch Shapiro 1971 berichtet: Es geht um Radar-Echos von der Venus als eine Funktion der Zeit. Der Scheitelpunkt der Kurve entspricht einem Zeitpunkt, da sich Venus und Erde an den entgegengesetzten Endpunkten einer Linie befanden, die durch die Sonne verläuft, d. h. es handelt sich um eine sogenannte „obere Konjunktion". Diese maximale Verzögerung beträgt etwa 200 Mikrosekunden bei einer Gesamtlaufzeit von einer halben Stunde; sie entspricht also dem Bruchteil von eins zu zehn Millionen. Solche Verzögerungen mit einer Ungenauigkeit von weniger als 20 Mikrosekunden zu bestimmen, setzt die Kenntnis der entsprechenden Entfernungen mit einer Genauigkeit von wenigen Kilometern voraus — eine beeindruckende Leistung.

4 Die Gravitationsstrahlung

Jede Feldtheorie der Gravitation impliziert auch die Möglichkeit von Gravitationswellen; Einstein war der erste, der dieses Problem im Jahre 1916 untersuchte. Die Problematik kann bis zu einem gewissen Maße in Analogie zum Elektromagnetismus betrachtet werden. Wenn eine elektrische Ladung eine plötzliche Bewegungsänderung erfährt, die durch die Beschleunigung gemessen werden kann, dann wird die entsprechende Information, daß diese Änderung stattgefunden hat, nicht unmittelbar an entfernte Punkte übermittelt. Die Botschaft wird vielmehr in einem Impuls der elektromagnetischen Strahlung, der sich mit Lichtgeschwindigkeit c bewegt, weitergetragen. Im Gegensatz zur umgekehrt-quadratischen Abhängigkeit des elektrostatischen Feldes nimmt die Stärke des Stahlungsfeldes überdies nur im Verhältnis $1/r$ ab, so daß sein Einfluß weitreichend ist (in der Tat ist der zugehörige Gesamtenergiestrom durch jede geschlossene Oberfläche stets der gleiche, wie weit sie auch von der Ladung entfernt sein mag).

In ähnlicher Weise kann auch von einer beschleunigten Masse erwartet werden, daß sie an entfernten Punkten ein Gravitationsstrahlungsfeld produziert, dessen Stärke proportional zur Beschleunigung und umgekehrt proportional zu r ist. So wie das Licht bewegt sich auch das Gravitationsfeld mit Geschwindigkeit c. Die Dimension für dieses Feld ist die Kraft pro Masseeinheit, die es in entfernten Objekten hervorruft; es hat also die Dimension einer Beschleunigung. Wäre es möglich, eine vollständige Analogie zu elektromagnetischen Verhältnissen herzustellen, so würde die theoretische Größe des Gravitationsstrahlungsfeldes durch folgende Gleichung gegeben:

$$f(r) = \frac{GMa}{c^2 r} , \tag{8}$$

wobei a die Beschleunigung der die Strahlung erzeugenden Masse ist.

Hier beginnt die Analogie zu versagen, da zwischen der Schwerkraft und dem Elektromagnetismus ein fundamentaler Unterschied besteht. In der Elektrizität haben wir Ladungen mit entgegengesetzten Vorzeichen, und das zugrundeliegende ausstrahlende System ist ein Dipol, der aus gleichen und entgegengesetzten, in Gegenphase oszillierenden Ladungen besteht; bei der Gravitation dagegen hat die Gravitations-„Ladung", d. h. die Masse, nur ein Vorzeichen, und das zugrundeliegende ausstrahlende System ist ein Quadrupol, wie man ihn im Elektromagnetismus haben würde, wenn man zwei *gleiche* Ladungen dazu bringen könnte, in Gegenphase zu oszillieren. Es zeigt sich folglich, daß die Theorie der Gravitationsstrahlung von der Theorie der elektromagnetischen Wellen stark abweicht. Während das Quant des elektromagnetischen Feldes, das Photon, ein Teilchen mit Eigendrehimpuls $h/2\pi$ ist, hat das Quant des Gravitationsfeldes, das Graviton, das Doppelte dieses Betrags.

Sein Vorstellungsvermögen hatte eine enge Beziehung zur Realität. Er erzählte mir, daß er sich mit Hilfe eines elastischen Körpers ein Bild von den Gravitationswellen mache; gleichzeitig machte er mit seinen Fingern eine Bewegung, so als drücke er einen Gummiball zusammen. Für die Studenten war er wirklich ein sehr angenehmer Mann, solange man es verstand, ihn zu interessieren und ihn durch die gestellte Frage die Zeit vergessen zu lassen. Dann geriet er ganz von sich aus in Fahrt. Ich mußte stets seine Klarheit und die durchdringende Kraft seiner Gedanken bewundern. Er zweifelte niemals, und wenn doch einmal Zweifel aufkamen, so waren es berechtigte Zweifel.
Aus dem Tagebuch von R. J. Humm, zit. nach Carl Seelig,
Albert Einstein. Eine dokumentarische Biographie

Gravitationswellen sind außerordentlich schwer nachzuweisen; man hat sie tatsächlich noch nicht entdeckt, glaubt aber zuversichtlich an ihre Existenz. Während der vergangenen 20 oder 30 Jahre konzentrierte man sich darauf, geeignete Detektoren zu entwerfen und erfolgversprechende Quellen aufzuspüren. Das Universum ist voll von umwälzenden Gravitations-Ereignissen wie Supernovae, zusammenstürzenden Sternen usw. Die dabei freigesetzten Energiemengen sind enorm groß, und doch gehen nur relativ kleine Mengen in die Gravitationsstrahlung über. Die Wechselwirkung dieser Strahlen mit einen Detektor ist dazu noch besonders schwach. Wie die prototypische Quelle der Gravitationsstrahlung ein Masse-Paar ist, das auf einer geraden Linie in Gegenphase oszilliert, so ist der Prototyp eines Detektors oder einer Gravitations-Antenne ein Masse-Paar, bei dem der Abstand l der Massen um einen Betrag Δl verändert wird, wenn eine Gravitationswelle vorbeigeht. Anstelle von getrennten Massen war bisher ein fester Stab von der Länge l der Standard-Detektor. Abschätzungen über den Effekt verschiedener möglicher kosmischer Quellen für Gravitationsstrahlung haben berechnete $\Delta l/l$-Werte von der Größenordnung von höchstens 10^{-17} ergeben; das entspricht einer Veränderung des Abstandes von einem Atomdurchmesser bei Massen, die einen Kilometer voneinander getrennt sind! Trotz solcher erschreckend ungünstigen Schätzungen hofft man, die notwendigen hochempfindlichen Meßgeräte noch vor Ende dieses Jahrhunderts gefunden zu haben.

Es gibt noch eine andere Möglichkeit, das Problem zu lösen. Aus der Veränderung, die im ausstrahlenden System bei Energieverlust eintritt, kann das Vorhandensein von Gravitationsstrahlung abgeleitet werden. Geht man z. B. von einem Doppelsternsystem aus, so verlangt der durch die Gravitationsstrahlung

> *Ich sah Einstein zum ersten Mal im Juni 1921, als er auf dem Höhepunkt der allgemeinen Aufregung, die der Bestätigung seiner allgemeinen Relativitätstheorie folgte, nach England kam und am King's College in London einen Vortrag hielt. Ich glaube kaum, daß irgendein wissenschaftlicher Fortschritt — die Erforschung des Weltraums eingeschlossen — die breite Öffentlichkeit jemals zu einer solchen Begeisterung getrieben hat, wie sie damals überall zu spüren war. Die Vorstellung, daß unsere elementarsten Begriffe von Raum und Zeit sich als falsch erwiesen hatten, erregte die Einbildungskraft der Öffentlichkeit, und die Überschrift ,,Der Raum als gekrümmt ertappt!" wurde die markanteste Schlagzeile einer führenden Tageszeitung.*
>
> *H. Dingle, in: G. J. Whitrow*, Einstein: The Man and His Achievement

bewirkte Energieverlust, daß die Entfernung zwischen den beiden Sternen im Laufe der Zeit geringer wird, wobei auch gleichzeitig die Umlaufperiode kürzer wird. Besteht das System aus zwei Sternen von gleicher Masse M auf Kreisbahnen mit Radius R (d. h. die Sterne haben voneinander den Abstand $2R$), so wird die für die Abnahme der Umlaufperiode charakteristische Zeit τ in ungefährer Größenordnung durch folgende Gleichung gegeben:

$$\tau = \frac{c^5 R^4}{(GM)^3}.\tag{9}$$

Der Radius R hängt dabei nach dem 3. Keplerschen Gesetz mit der Umlaufperiode T zusammen.

Für teleskopisch auflösbare Doppelsterne ist der Wert für τ von der Größenordnung von 10^{23} Jahren, also praktisch unendlich. Bei einem System von zwei Neutronensternen, jeder von etwa einer Sonnenmasse und nur durch eine relativ kurze Distanz voneinander getrennt, so daß die Periode T einen Tag ausmacht, ist der theoretische Wert von τ von der Größenordnung von 10^9 oder 10^{10} Jahren. Auch das ist immer noch eine ungeheuer lange Zeit und bedeutet, daß die Periode innerhalb von 10 Jahren um ungefähr einen Teil von 10^8 oder 10^9 abnehmen wird. Systeme dieser Art sind bekannt; sie geben sich zu erkennen durch die Periodizität ihrer elektromagnetischen Strahlung. Geht man von der extremen Präzision aus, die bei Zeit- und Frequenz-Messungen möglich ist, besteht die berechtigte Hoffnung, daß diese langsame Änderung der Periode gemessen werden kann und — was sehr wichtig ist — daß sie zweifelsfrei der Gravitationsstrahlung und nicht den Gezeiten, die ja gleichfalls Energie zerstreuen, zugeschrieben werden kann.

5 Schwarze Löcher

Wie wir gesehen haben, gründeten sich die auf Beobachtung beruhenden Tests der allgemeinen Relativitätstheorie auf kleine und subtile Effekte. In begrifflicher Hinsicht brachte die Theorie zwar eine tiefgehende und umwälzende Veränderung unseres physikalischen Weltbildes mit sich, doch schienen die praktischen Folgen zunächst eher gering zu sein. In den 50er Jahren wuchsen unsere Kenntnisse über das Universum. Die Astronomie, die sich bisher nur auf das sichtbare oder das zumindest ungefähr sichtbare Spektrum beschränkt hatte, beschäftigte sich jetzt mit den Informationen aus Strahlen aller Art — von Gammastrahlen bis zu Radiowellen von langer Wellenlänge. Neue und hochentwickelte Techniken der experimentellen Physik zeigten das Universum noch vielfältiger und überraschender als bisher gedacht. Die vielleicht größte Entdeckung waren die „schwarzen Löcher", die sowohl durch Beobachtungsdaten als auch durch theoretische Überlegungen gefunden wurden.

Bereits 1796 hatte Laplace als erster die Möglichkeit erwogen, daß ein genügend schweres Objekt aufgrund seiner eigenen Schwerkraft das Entweichen von Licht verhindern könne. In seiner Abhandlung *Exposition de système du monde* schreibt er: „Ein leuchtender Stern, der die gleiche Dichte wie die Erde haben und dessen Durchmesser 250 mal größer als der der Sonne sein soll, wird es aufgrund seiner Anziehung kaum zulassen, daß einer seiner Strahlen zu uns entkommt. Es ist daher möglich, daß die größten leuchtenden Körper im Universum aus diesem Grunde für uns unsichtbar sind."

Ausgangspunkt dieser Ansicht war ein Modell, bei dem das Licht wie Newtonsche Teilchen, die mit Geschwindigkeit c emittiert werden, behandelt wurde; Soldner benutzte ein solches Modell einige Jahre später bei der Berechnung der Ablenkung des Lichtes durch die Gravitation. Die Fluchtgeschwindigkeit eines Teilchens der Masse m, das von der Oberfläche eines sphärischen Körpers von der Masse M und dem Radius R entweicht, wird (in der Newtonschen Mechanik) durch die Gleichung

$$\frac{1}{2} m v_0^2 = \frac{GMm}{R} \tag{10}$$

bestimmt. Wenn wir darin $v_0 = c$ setzen, so erhalten wir das Ergebnis

$$\frac{2GM}{c^2 R} = 1. \tag{11}$$

Es ist leicht zu erkennen, daß die Berechnung von Laplace dieser Gleichung durchaus entspricht. Die allgemeine Relativitätstheorie liefert jedoch eine völlig andere und auch sehr viel sicherere Basis für das theoretische Resultat, das in Gleichung (11) zum Ausdruck kommt und das tatsächlich richtig ist.

Im Grunde schuf Einstein einen neuen physikalischen Glauben. Er war der Martin Luther der Physik. Er schuf eine neue Denkweise, eine neue wissenschaftliche Kultur. Wir alle werden immer noch von ihm ernährt.
S. *Müller-Markus, in: H. Margenau,* Integrative Principles of Modern Thought

Das Wesen der relativistischen Analyse beruht auf der grundsätzlichen Idee Einsteins, daß nämlich die Geometrie der Raum-Zeit durch die Materie modifiziert wird — wie in den Gleichungen (5) und (6) bereits dargestellt. Man sieht, daß die Gleichung für die Metrik für $2GM/c^2r = 1$ eine Besonderheit entwickelt. Diese kritische Bedingung entspricht einer Schließung des gekrümmten Raumes in sich selbst. Für jede gegebene Masse M gibt es einen Radius, den sogenannten Schwarzschild-Radius R_S, der gleich $2GM/c^2$ ist; er definiert ein Volumen, von dem keinerlei Strahlung oder Information entkommen kann, d. h. ein schwarzes Loch. Für die Sonne $(M = 2 \cdot 10^{30}$ kg) beträgt dieser Radius drei Kilometer. Das bedeutet: Würde die gesamte Masse der Sonne auf einen Radius von drei Kilometern oder weniger zusammengedrängt, so würde sie wie ein schwarzes Loch wirken. Die mittlere Dichte, die dieser Masse und diesem Radius entspricht, würde hundertmal so groß wie die der nuklearen Materie sein.

Die Vorstellung, es könne Materie existieren als großes Volumen mit einer Dichte, die so groß oder sogar größer als die von Atomkernen sein soll, wurde von den meisten Physikern lange Zeit nicht ernsthaft in Erwägung gezogen. Doch dann kam es im Jahre 1967 zur Entdeckung der erster „Pulsare", d. h. von Objekten, die mit uhrenhafter Regelmäßigkeit kurze Ausbrüche von Radiowellen emittieren. Schon bald galt es als allgemein anerkannte Tatsache, daß es sich dabei um rotierende Neutronensterne handeln müsse, deren Masse von der Größenordnung einer solaren Masse war und deren Radius zehn Kilometer betrug. Es war theoretisch bekannt, daß ein solches Objekt als Ergebnis eines Gravitationskollapses entstehen könnte, nachdem ein normaler Stern seinen gesamten nuklearen Brennstoff verbraucht hat.

Nach dieser Entdeckung war es dann kein großer Schritt mehr, sich auch die Möglichkeit vorzustellen, daß ein noch schwererer Stern — vielleicht von der Größe von zehn solaren Massen — durch Gravitationskontraktion auf einen kleineren Radius als den Schwarzschild-Radius zusammengedrängt werden könnte — womit er zu einem schwarzen Loch würde. Jede Kenntnis um seine weitere Entwicklung — ob er sich etwa zu einem Punkt zusammenzieht oder bis zu einer Grenzgestalt gelangt — entzieht sich dann freilich der Möglichkeit der Beobachtung. Was aber beobachtet werden kann, ist jeder Prozeß, der außerhalb jener Grenzoberfläche, die durch den Schwarzschild-Radius definiert wird, stattfindet. Von Belegen solcher Art ist die Suche nach schwarzen Löchern abhängig.

Ein sehr allgemeiner Hinweis auf einen Gravitationskollaps von katastrophenhaftem Ausmaß ist in der Emission von heftigen Ausbrüchen von Licht- und Radiowellen zu sehen. Zahlreiche Fälle, bei denen es sich möglicherweise um schwarze Löcher handelt, können auf diese Weise erkannt werden, doch sind oft auch alternative Erklärungen möglich. Ein wesentlich sichererer Auswahltest ist möglich, wenn das mutmaßliche schwarze Loch zu einem Doppelsternsystem gehört, bei dem der andere Partner ein normaler Stern ist. Das schwarze Loch kann nämlich aufgrund seiner intensiven Schwerkraft auch Material des anderen Sterns einfangen, und im Laufe dieses Prozesses kommt es dann zu sehr ausgeprägten Röntgenstrahlen-Emissionen. Gemeinsam mit anderen Beobachtungsergebnissen sowie weiterem theoretischen Beweismaterial können die Besonderheiten dieser Röntgenstrahlen-Emission eine Art von „Signatur" liefern, durch die eine einigermaßen eindeutige Identifizierung möglich ist. Die meisten, wenn auch nicht alle Astrophysiker sind der Meinung, daß die notwendigen Bedingungen für eine solche Identifizierung von einer Röntgenstrahlen-Quelle im Sternbild Schwan erfüllt werden.

Die Bildung eines schwarzen Loches sollte eigentlich von einem gewaltigen Ausbruch von Gravitationswellen begleitet sein, und so liegt es nahe, daß man in Ereignissen solcher Art die bei weitem vielversprechendste Quelle für die Entdeckung von Gravitationsstrahlung sieht.

Obwohl eine Masse von der Größe von zehn solaren Massen das Minimum zu sein scheint, das erforderlich ist, um den Grad des Zusammenbruchs herbeizuführen, der für die Bildung eines schwarzen Loches notwendig ist, gibt es auf der anderen Seite kein natürliches Maximum. Daher vermutet man, daß es außer den schwarzen Löchern, die ein eher häufiges Produkt des Zusammenstürzens von einzelnen Sternen sind, durchaus auch — in bezug auf die Masse — monströse schwarze Löcher geben könne, die aus Tausenden oder Millionen Sternen bestehen könnten, die sich im Zentrum der Galaxien zusammendrängen.

6 Schlußbemerkungen

Die allgemeine Relativitätstheorie muß als eines der großartigsten Ergebnisse des sowohl spekulativen wie disziplinierten Nachdenkens über die physikalische Welt betrachtet werden. Es begann alles mit einer Frage, die so einfach und doch tiefgründig ist, daß die meisten Menschen gar nicht daran gedacht hatten, sie überhaupt zu stellen, oder aber mit oberflächlichen Erklärungen zufrieden waren: „Warum fallen alle Objekte, welcher Art sie auch sein mögen, aufgrund der Schwerkraft mit der gleichen Beschleunigung?" Mit dieser Frage beschäftigte sich Einstein — und dabei gelang es ihm, zum ersten Mal eine echte Gravitationstheorie zu schaffen. Denn wie man sich erinnert, behauptete Newton keineswegs, eine Erklärung der Schwerkraft geliefert zu haben.

Es tauchte auch die Frage auf, ob Einstein als der alleinige Schöpfer der allgemeinen Relativitätstheorie angesehen werden könne. Der eigentliche Grund für diesen Zweifel liegt wohl darin, daß sich der große Mathematiker David Hilbert sehr für Einsteins geometrische Betrachtungsweise der Gravitation interessiert hat. Er arbeitete in Göttingen und verfolgte die Entwicklung der Einsteinschen Ideen mit größtem Interesse. Im November 1915, d. h. also zur gleichen Zeit, als Einstein erstmals seine allgemeine Relativitätstheorie in Berlin vorstellte, legte auch Hilbert der „Königlichen Gesellschaft der Wissenschaften" in Göttingen eine Arbeit vor, die den Titel „*Die Grundlagen der Physik*" trug. Darin legte er die Geometrie des gekrümmten Raum-Zeit-Kontinuums dar, für die er die zehn erforderlichen metrischen Koeffizienten in einer wesentlich eleganteren Weise herleitete, als Einstein es vermocht hatte. Doch ähnlich wie im Falle Poincaré und Einstein in bezug auf die spezielle Relativität, so war es auch in diesem Falle: Einstein, der Physiker, lieferte die ganz entscheidenden Einblicke. Bei zahlreichen Anlässen stellte Hilbert selbst klar, wem das eigentliche Verdienst zukomme. So bemerkte er einmal, wohl etwas übertrieben: „Jeder Junge in den Straßen von Göttingen versteht eigentlich mehr von der vierdimensionalen Geometrie als Einstein. Und doch war es Einstein, der die Arbeit dann tatsächlich leistete, und nicht die Mathematiker" (zit. nach Constance Reids Biographie von Hilbert, 1970). Von allen wissenschaftlichen Leistungen Einsteins ist die allgemeine Relativitätstheorie in ihrer Originalität und intellektuellen Größe die vielleicht großartigste.

Wir haben hier die Anwendung der allgemeinen Relativitätstheorie im Bereich der Kosmologie nicht diskutiert, da die Kosmologie selbst ein gewaltiges Gebiet darstellt und weil auch die wesentliche Entwicklung auf diesem Gebiet durch andere geleistet worden ist, und zwar im Anschluß an Einsteins eigene erste Arbeit über relativistische Kosmologie aus dem Jahre 1917, nach deren Abfassung sich Einstein freilich vorwiegend auf die Entwicklung seiner einheitlichen Feldtheorie konzentrierte.

Bibliographie

Bergmann, Peter G., *The Riddle of Gravitation* (Charler Scribner's Sons, New York 1968)

Berry, Michael, *Principles of Cosmology and Gravitation* (Cambridge University Press, Cambridge 1976)

Born, Max, *Die Relativitätstheorie Einsteins und ihre physikalischen Grundlagen* (5. Auflage, Springer, Berlin, Heidelberg, New York 1969)

Davies, P. C. W., *Space and Time in the Modern Universe* (Cambridge University Press, Cambridge 1977)

Eddington, Sir Arthur, *Space, Time and Gravitation* (Harper Torchbooks, New York 1959)

Einstein, Albert, *Über die spezielle und die allgemeine Relativitätstheorie* (21. Auflage, Vieweg, Braunschweig 1969)

Einstein, Albert und Infeld, Leopold, *The Evolution of Physics* (Cambridge University Press, Cambridge 1938)

Mehra, Jagdish, *Einstein, Hilbert and the Theory of Gravitation* (Reidel, Dordrecht 1974)

Ohanian, Hans C., *Gravitation and Spacetime* (Norton, New York 1976)

Sciama, D. W., *The Physical Foundations of General Relativity* (Doubleday, New York 1969)

Tonnelat, M. A., *Histoire du Principe de Relativité* (Paris 1971)

Whittaker, E. T., *A History of the Theories of Aether and Electricity* (Nelson, London 1951, 1953 and Harper Torchbooks, New York 1960)

4

Relativitätstheorie und Gravitation

Hermann Bondi

*„Mathematik ist ja ganz schön und gut, doch führt uns die
Natur ständig an der Nase herum."*
Albert Einstein an Hermann Weyl, 1923

1 Gravitation und Beobachtung bei Newton

1.1 Galilei war es, der das wesentliche Merkmal der Gravitation entdeckte; er
gelangte zu der Erkenntnis, daß alle Körper an einem gegebenen Ort gleich
schnell fallen bzw. beschleunigt werden. „Galileis Prinzip", wie wir es nennen
wollen, ist seit der Zeit seiner Entdeckung sehr genau überprüft worden.
Bereits zu Beginn dieses Jahrhunderts (1908) bestätigte Eötvös seine Gültigkeit mit einer Genauigkeit von $1:10^8$, und in jüngster Vergangenheit (1962)
gelang es Dicke, die Genauigkeit bis zum erstaunlichen Grad von $1:10^{11}$ zu
steigern. Es ist also sinnvoll, die Konsequenzen aufzuzeigen, die aus der Gültigkeit von Galileis Prinzip folgen.

Die Gravitation unterscheidet sich grundlegend von anderen Kräften. In jedem
anderen Fall gibt es eine Eigenschaft, die ein Körper haben oder nicht haben
kann und die bestimmt, ob eine Kraft auf ihn einwirkt oder nicht. So wirkt
ein elektrisches Feld nur auf Körper, die elektrische Ladungen, Dipolmomente
etc. besitzen. Entfernt man diese, so verschwindet auch die Kraft; verstärkt
man sie, so nimmt auch die Kraft zu. (Es stimmt natürlich, daß Materie im
atomaren Größenbereich notwendigerweise elektrisch ist; doch wenn wir uns
auf Körper beschränken, die nicht kleiner als Staub sind, so verschwindet
diese Komplexität wieder.) In ähnlicher Weise wird auch die Reaktion eines
Körpers auf ein magnetostatisches Feld völlig von seinen magnetischen Eigenschaften bestimmt. Bei den meisten Materialien gibt es kaum Schwierigkeiten,
ihre magnetische Reaktion auf ein sehr niedriges Niveau zu reduzieren.

Die Schwerkraft ist insofern einzigartig, als sie nicht auf irgendeine aufheb-
bare Eigenschaft eines Körpers, wie etwa seine Ladung oder sein magnetisches

201

Moment, sondern auf seine unveräußerliche Eigenschaft der Trägheit einwirkt. Denn Trägheit (oder träge Masse) ist nach Newtons zweitem Gesetz dasjenige, durch das die Kraft geteilt werden muß, um Beschleunigung zu erhalten. Wenn alle Körper die gleiche Beschleunigung haben, dann müssen die auf sie einwirkenden Kräfte proportional zu ihren trägen Massen sein. Damit ist Trägheit oder Masse — jenes Merkmal also, aufgrund dessen wir einen Körper als einen solchen erkennen — auch das Merkmal, das auf Schwerkraft reagiert.

1.2 Auf den ersten Blick erscheint das gleiche Verhalten aller Körper auf die Schwerkraft als ein vereinfachendes Element. Das Gegenteil ist jedoch der Fall, wenn wir versuchen, Gravitationskräfte zu messen. Vielleicht hilft hier eine Analogie. Man stelle sich eine Welt vor, in der alle Materialien den gleichen Koeffizienten der thermischen Ausdehnung hätten. Wie sollte man in diesem Fall ein Thermometer konstruieren, das auf dem Prinzip „Flüssigkeit in Glas" beruht?

Natürlich sind wir uns alle der Schwerkraft bewußt: Wenn man steht, werden die Beine müde; wir messen unser Gewicht auf Waagen etc. Das aber sind alles Mittel, die mehr oder weniger auf die Oberfläche der Erde, auf der wir zufällig leben, beschränkt sind. Die Schwerkraft als eine universelle Kraft (Newton und die Bewegung des Mondes!) sollte jedoch überall gemessen werden können; unsere Position auf der Oberfläche eines massiven Körpers — der Erde also — ist aber eher atypisch für das Universum, das größtenteils leer ist. Wie aber beobachtet man Schwerkraft im leeren Raum? Da alles in gleicher Weise fällt, scheint nichts Meßbares übrigzubleiben. Wir sind heute mit der Schwerelosigkeit der Astronauten in Raumfahrzeugen wohl vertraut: Wir wissen ganz genau, daß sie ihre Masse nicht messen können, indem sie sich einfach auf eine Waage stellen; und wir wissen auch, daß ihre Suppe in Tropfen herumschwebt. Sprechen wir also von einer Pseudo-Kraft, einer Kraft, die nur beobachtet werden kann, wenn man festen Boden unter den Füßen hat, nicht aber im Raum?

Eine genauere Analyse zeigt, daß dieser Pessimismus unbegründet ist. Obwohl alle Körper gleich schnell fallen, verändert sich diese allen gemeinsame Beschleunigung jedoch mit der jeweiligen Position. Man stelle sich ein Raumfahrzeug auf Umlaufbahn in Erdnähe vor (Bild 33) und denke daran, daß es eine bestimmte endliche Größe hat, so klein es auch im Vergleich zur Größe seiner Bahn erscheinen mag. Die Beschleunigung des freien Falls ist an jenem Punkt des Raumfahrzeugs, welcher der Erde am nächsten ist, größer als in der Mitte des Raumschiffs, wo sie jedoch wiederum größer ist als an dem Punkt des Raumfahrzeugs, der von der Erde am weitesten entfernt ist. Das Raumfahrzeug wird daher einer gewissen Spannung ausgesetzt sein, die versucht, es entlang der Linie, die es mit dem Zentrum der Erde verbindet, auseinanderzuziehen. Die Struktur des Raumschiffs ist freilich stark genug, um dieser Spannung zu widerstehen; doch werden jene Staubteilchen, die sich an

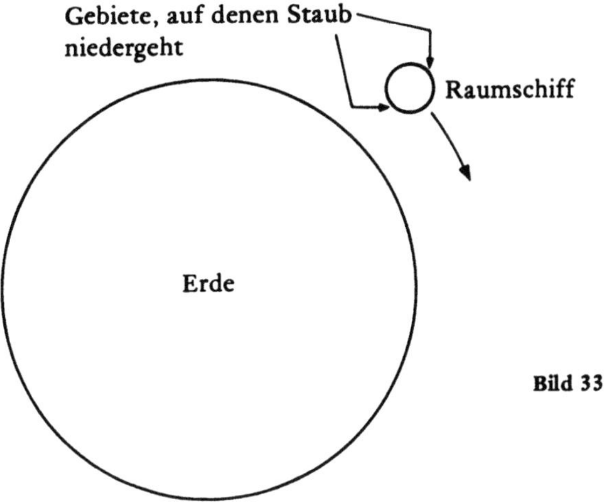

Bild 33

dem von der Erde am weitesten entfernten Teil des Raumschiffs befinden, dazu neigen, weiter in diese Richtung abzutreiben, denn sie fallen mit der örtlichen Beschleunigung, die etwas geringer als die „Kompromiß"-Beschleuni-
gung des Raumschiffes als Ganzes ist. In ähnlicher Weise wird auch der Staub,
der sich in der Nähe des erdnächsten Teiles des Raumschiffs befindet, ein
klein wenig schneller als das Raumschiff selbst fallen. Daher wird der Astro-
naut beobachten können, daß Staub auf beiden Teilen des Raumschiffs nie-
dergeht — sowohl auf dem erdnächsten als auch auf dem erdentferntesten Teil.
Daraus wird er schließen können, daß er sich in einem Gravitationsfeld befindet. (Dieser Effekt ist in der Tat benutzt worden, um eine „Schwerkraft-
Gradienten"-Stabilisierung für einige Raumschiffe herbeizuführen.)

Diese Überlegung können wir leicht auf das „Raumschiff Erde" in seiner Umlaufbahn um die Sonne übertragen. Während wir die enorme Anziehungskraft
der Sonne nicht direkt spüren können, da wir gemeinsam mit der Erde zur
Sonne hin fallen, reagieren die „weichsten" Teile der Erde — nämlich die
Ozeane — auf diesen Effekt, indem sie die Wassersphäre verlängern, sowohl
zur Sonne hin wie auch direkt von der Sonne weg, wodurch die „solaren
Gezeiten" entstehen. Das etwas größere lunare Ebbe-Flut-Phänomen kommt
in gleicher Weise zustande, doch die unterschiedlichen Verhältnisse von Entfernungen und Massen machen die anschauliche Vorstellung in diesem Falle
etwas schwieriger. Obwohl es also keinen direkt beobachtbaren Effekt des
Gravitationsfeldes der Sonne gibt, sind doch die Gezeiten eine eindeutige

> *Da wir über Worte sprechen: Wie steht es mit dem Wort*
> *„Relativitätstheorie"? Ich glaube, daß es eine starke gefühls-*
> *mäßige Anziehungskraft besitzt. Man betrachte das Wort*
> *„Theorie": Es ist ein erhabenes Wort, doch es impliziert auch,*
> *daß es sich dabei nur um eine Theorie, eine Spekulation, und*
> *nicht um eine Tatsache handelt; wir bleiben dabei im Unge-*
> *wissen, ob diese nun wahr ist oder nicht. Nun zum Wort*
> *„Relativität": Es trägt gleichsam ein mehrsilbiges Geheimnis*
> *in sich, und man überlegt, was nun relativ zu was ist. Ich*
> *wünsche mir oft, Einstein hätte einen anderen Titel gewählt,*
> *denn die Theorie ist eine Tatsache, und man hat mitunter*
> *Schwierigkeiten festzustellen, was eigentlich zu was relativ*
> *ist.*
>
> *J. L. Synge,* Talking About Relativity

Demonstration für die Inhomogenität dieses Feldes, und wir könnten von ihnen durchaus auf die Existenz der Sonne (und des Mondes) schließen, selbst wenn wir diese nicht sehen könnten.

Es läßt sich also überall etwas Beobachtbares der Gravitation messen, weil verschiedene Teilchen zwar gleich schnell fallen, solange sie sich am gleichen Ort befinden, aber unterschiedliche Beschleunigung aufweisen, sobald sie sich an verschiedenen Orten befinden, selbst wenn diese nahe beieinander liegen. *Universell beobachtbar an der Gravitation ist also die relative Beschleunigung von benachbarten Teilchen.*

1.3 Da diese relative Beschleunigung mit abnehmendem Abstand der Teilchen kleiner wird und gegen Null geht, wenn die Teilchen zusammenfallen, liegt die Vermutung nahe, daß sie — die relative Beschleunigung — linear vom Trennungsabstand abhängig ist. Da sowohl Trennungsabstand wie auch Beschleunigung Richtung und Betrag besitzen, geht es dabei um eine eher komplexe lineare Relation, bei der die unterschiedlichen Richtungen keineswegs äquivalent sind. (Was würde beispielsweise geschehen, wenn wir statt jenes Teils des Raumschiffs, der der Erde am nächsten liegt, und statt jenes, der von der Erde am weitesten entfernt ist, den vorderen und den hinteren Teil gewählt hätten?) Das Wesentliche ist jedoch nicht diese Komplexität, sondern die Tatsache, daß die Inhomogenität des Feldes überall beobachtet werden kann. Ein Feld, in dem die Beschleunigung in Größe und Richtung konstant ist, ist nicht beobachtbar und sollte daher nicht als Feld angesehen werden. Wir gelangen damit zu folgendem Schluß: Da in der Physik Größen immer durch Meßvorschriften definiert werden, *entspricht ein Gravitationsfeld einer Relativbeschleunigung benachbarter Teilchen.* Verschwindet diese Relativbeschleunigung, so gibt es auch kein Feld. (Der Leser beachte, daß er in anderen Darstellungen auf den Begriff „homogenes Gravitationsfeld" stoßen kann; in einem derartigen Feld ist die Beschleunigung durch das ganze Feld hindurch konstant. Nach der hier vorliegenden Analyse würde es jedoch als ein Feld mit Gravitation Null beschrieben werden.)

Obwohl unsere Definition universell anwendbar ist, mag sich der Leser doch fragen, ob es tatsächlich diese relative Beschleunigung ist, die seine Füße ermüden läßt, wenn er zu lange steht. Was nun wirklich bei der festen Erde (wie zuvor beim starren Raumschiff) vor sich geht, ist folgendes: Sie integriert diese geringen relativen Beschleunigungen über ihren Körper, und das führt zu einer substantiellen Differenz in der Beschleunigung (2 g) an den entgegengesetzten Endpunkten eines Durchmesser der Erde oder g zwischen ihrer Oberfläche und ihrem Zentrum. Obwohl die Erde als Ganzes durch alle diese Effekte massiv zusammengedrückt wird, bewegt sie sich doch mit ihrem Zentrum wirklich im freien Fall zur Sonne hin. Diese integrierte Differenz ist es, was wir spüren. (Natürlich spüren wir keinen Unterschied ihrer Größe zwischen Kopf und Füßen; doch wir sind uns ihrer bewußt, weil uns der Boden daran hindert, frei zu fallen.)

1.4 *Wechselwirkung* ist ein universelles Prinzip der Physik, beschrieben in der Dynamik durch Newtons 3. Gesetz, es fordert die Gleichheit von Aktion und Reaktion. Da Masse auf die Gravitation einwirkt, muß Masse auch die Gravitation *hervorbringen*. Somit erzeugt Masse die Gravitation, wie auch elektrische Ladung ein elektrisches Feld erzeugt. Weder Masse noch elektrische Ladung können sich willkürlich verändern, beide gehorchen einem *Erhaltungsgesetz*. Wie wichtig diese Gesetzmäßigkeit im Falle der Elektrizität auch sein mag, sie ist im Falle der Gravitation sogar noch bedeutsamer, denn obwohl es elektrische Ladung mit beiden Vorzeichen gibt, *kennen wir keine negative Masse*. So können wir durchaus ein elektrisches Feld haben, das durch voneinander getrennte gleiche und entgegengesetzte Ladungen entstanden ist. Wenn wir sie zusammentreffen lassen, können wir sowohl Quelle wie Feld auslöschen. Das Fehlen von negativer Masse macht dies im Falle der Gravitation unmöglich — und damit erklärt sich die bemerkenswerte Beständigkeit der Quellen und folglich auch der Felder. Darüber hinaus schränkt auch das Gesetz von der Impulserhaltung, das im Bereich der Elektrizität keine Parallele hat, die Bewegung der Quellen ein.

Warum gibt es keine negative Masse? Bevor wir eine Antwort der Frage versuchen, wollen wir zwischen den drei bekannten Arten von Masse unterscheiden. Jede von ihnen wird, wie jede andere physikalische Größe auch, durch die Methode definiert, mittels derer sie gemessen wird:

(i)   Träge Masse: Sie wird durch die von einer bekannten Kraft produzierten Beschleunigung oder durch die von einem bekannten Impuls hervorgerufenen Geschwindigkeit gemessen (z.B. Reaktion eines Tischtennisballs auf den Schläger).

> *Wenn ich einmal ein mathematisches Argument anführte, das ihm übertrieben abstrakt erschien, so pflegte er — wie ich mich gut erinnere — häufig zu sagen: ,,Ich bin überführt, aber nicht überzeugt." Und damit wollte er sagen, daß er zwar zugeben müsse, daß das Argument der Wahrheit entspräche, daß er aber andererseits immer noch nicht das Gefühl habe, daß er wirklich verstanden habe, warum das so sei. Wenn er nämlich überzeugt sein sollte, daß etwas korrekt war, so mußte er das Problem auf eine gewisse begriffliche Einfachheit zurückbringen.*
>
> *E. Straus, in: G. J. Whitrow,* Einstein: The Man and His Achievement

(ii) Passive schwere Masse: Die Eigenschaft der Materie, an der das Gravitationsfeld angreift. Sie kann durch die Kraft, die in einem bekannten Schwerefeld produziert wird, gemessen werden (z.B. durch Wiegen eines Körpers auf einer Federwaage an der Erdoberfläche).

(iii) Aktive schwere Masse: Sie *produziert* selbst ein Feld und wird gemessen, indem man die Umlaufbahn eines Körpers in ihrem Feld beobachtet. (So kann beispielsweise die Masse der Sonne von der Erdbewegung und von der Kenntnis der Entfernung Sonne–Erde abgeleitet werden.)

Nach dem Galileischen Prinzip ist (i) gleich (ii), und nach dem 3. Newtonschen Gesetz (Aktion ist gleich Reaktion) ist (ii) gleich (iii). Wenn also irgendeine Masse negativ ist, so sind damit auch alle anderen negativ. Eine negative träge Masse wäre aber seltsam, denn ein solcher Körper käme auf uns zu, wenn wir ihn wegdrückten; und er würde sich entfernen, wenn wir ihn zu uns heranzögen. Etwas Derartiges ist vielleicht nicht völlig unvorstellbar, doch wir sollten froh sein, daß wir es bisher noch nicht entdeckt haben.

1.5* Zur mathematischen Formulierung unserer Ergebnisse von 1.2 und 1.3 wollen wir die Tensor-Schreibweise (in drei Dimensionen) benutzen. So wird der Vektor der relativen Beschleunigung δf^i linear mit dem Vektor der relativen Position δx^i zusammenhängen. Ein solcher linearer Zusammenhang kann nur durch einen Tensor wiedergegeben werden:

$$\delta f^i = a^i_{\ j}\,\delta x^j \tag{1}$$

---

* Abschnitte, die mathematische Ausführungen beinhalten (Tensoranalysis), die für die formale Entwicklung der allgemeinen Relativitätstheorie erforderlich sind, sind mit einem Stern gekennzeichnet. Diese Abschnitte können auch übergangen werden. Für das Verständnis unserer Darstellung sind sie nicht unbedingt notwendig.

> *Es ist sehr wahrscheinlich, daß zukünftige Generationen die
> erste Hälfte des 20. Jahrhunderts als das Zeitalter Einsteins
> bezeichnen werden — so wie die zweite Hälfte des 17. Jahr-
> hunderts von den Historikern als das Zeitalter Newtons be-
> trachtet wird. Das Kuriose dabei ist jedoch, daß das Werk
> Einsteins eigentlich nur von einem ganz geringen Teil jener
> Menschen, deren Leben und geistige Weltanschauung (häufig
> ganz unwissentlich) durch die Arbeit Einsteins beeinflußt
> worden sind, wirklich verstanden wird.*
>
> *Jeremy Bernstein*, Einstein

Folglich wird das Gravitationsfeld durch die neuen Observablen a^i_j vollständig beschrieben.

(Wir verwenden hier die übliche vereinfachte Standardnotation der Tensoranalysis, die besagt, daß über jeden wiederholten Index eine Summierung
vorgenommen werden muß. Gleichung (1) muß daher folgendermaßen
dargestellt werden:

$$\delta f^i = \sum_j a^i_j \, \delta x_j \qquad (j = 1, 2, 3)$$

Wir werden außerdem obere und untere Indizes gemäß den allgemeingültigen
Regeln der Tensoranalysis benutzen, um zwischen den sogenannten kontra-
varianten und kovarianten Größen zu unterscheiden. Der Leser sollte ein
mathematisches Lehrbuch hinzuziehen, das die Tensoranalysis behandelt,
wenn er mit dieser Materie nicht vertraut ist und der vorliegenden Analyse
doch im einzelnen folgen möchte.)

Als nächstes wollen wir uns eine kleine Kugel (einen sphärisch symmetrischen
Körper) vorstellen. Wenn die durch Gleichung (1) beschriebenen Beschleunigungen in einer Winkelbeschleunigung resultieren würden (wie ein Kräftepaar),
so gäbe es nichts, was das Feld daran hindern könnte, die Kugel schneller und
immer schneller zu drehen, wodurch sie immer mehr kinetische Energie gewinnen würde. Nichts deutet darauf hin, daß diese schnelle Drehung schwächer
werden oder das Feld verändern könnte, so daß es — da ja die Energie erhalten
bleiben muß — niemals ein solches Paar geben kann. Das bedeutet, wie die
Rechnung zeigt, daß a_{ij} (d.h. der Tensor, bei dem der Index i unten steht)
symmetrisch ist, so daß

$$a_{ij} = a_{ji} \tag{2}$$

Folglich gibt es sechs freie Komponenten der Observablen, die das Feld
beschreiben.

Als nächstes wollen wir die relative Beschleunigung f^i der Teilchen P und Q betrachten, die einen bestimmten Abstand voneinander haben. Diese Größe ist selbst beobachtbar und wird eindeutig durch

$$f^i = \int_P^Q a^i_j \, \delta x^j \tag{3}$$

angegeben. Da f^i beobachtbar ist, kann es auch nicht von der Strecke, die P und Q verbindet, abhängig sein. Somit ist das Linienintegral streckenunabhängig, und a^i_j kann folgendermaßen beschrieben werden:

$$a^i_j = \partial W^i / \partial x^j \tag{4}$$

Wenn man die Gleichungen (2) und (4) verknüpft, so folgt:

$$a_{ij} = - \frac{\partial^2 V}{\partial x^i \, \partial x^j} \tag{5}$$

wobei das Minus-Zeichen konventionell und V das gewöhnliche Newtonsche Gravitationspotential ist, womit die Verbindung zwischen der hier gegebenen Darstellung und früheren Darstellungen hergestellt ist.

Die Verbindung zwischen dem Feld und seinen Quellen wird schließlich durch die Poisson-Gleichung wiedergegeben, die lautet:

$$-\nabla^2 V = a^i_i = -4\pi G \rho$$

wobei ρ die Dichte der Materie und G die Gravitationskonstante ist. Man sollte beachten, daß $\nabla^2 V$ einfach als die Spur des Tensors erscheint, so daß die Dichte proportional zu einer linearen Kombination von Tensor-Komponenten ist, d.h. die Summe seiner diagonalen Komponenten.

Die gesamte Newtonsche Theorie basiert auf den Gleichungen (5) und (6), die mittels unserer Observablen a^i_j ausgedrückt worden sind. Nach der Ableitung wird deutlich, daß V und sein Gradient selbst nicht beobachtbar sein können.

2 Relativität

2.1 Wie vortrefflich die Mechanik Newtons auch sein mag für die Beschreibung von Geschwindigkeiten, die im Vergleich zur Lichtgeschwindigkeit klein sind, so ist sie doch logisch und experimentell keineswegs länger haltbar, wenn es um hohe Geschwindigkeiten geht. Es ist ganz unmöglich, daß die hier beschriebene Gravitationstheorie die Bewegung des Lichtes in irgendeiner Weise glaubwürdig erfaßt.

Wie wir wissen, beschreibt die spezielle Relativitätstheorie — bei Fehlen der Gravitation — sowohl die Mechanik bei allen Geschwindigkeiten wie auch die Ausbreitung des Lichtes ganz hervorragend. Man nimmt deshalb mit Recht an, daß sich, wenn das Gewicht aufgehoben ist wie z.B. in einem Raumschiff in der Umlaufbahn, zumindest die Hauptprinzipien der speziellen Relativitätstheorie noch anwenden lassen. Sofort ergibt sich aber eine Schwierigkeit, wenn wir versuchen, die Gravitation durch Newtonsche Observable zu beschreiben. Wäre die relative Beschleunigung von benachbarten Teilchen von der Geschwindigkeit unabhängig, so wäre es möglich, die Teilchen und ihre Geschwindigkeiten so anzuordnen, daß eines von ihnen über die Lichtgeschwindigkeit hinaus beschleunigt wird, was aber nach der speziellen Relativitätstheorie verboten ist. Die relative Beschleunigung von benachbarten Teilchen muß also von ihren Geschwindigkeiten abhängen. Um jedoch in Übereinstimmung mit der Newtonschen Theorie für niedrige Geschwindigkeiten zu gelangen, muß diese Abhängigkeit für so niedrige Geschwindigkeiten unwesentlich sein. Obwohl diese Erfordernisse, die notwendig sind, um unseren Begriff der Observablen für die spezielle Relativitätstheorie geeignet zu machen, eher formaler Natur sind, erweisen sie sich doch als entscheidend bei der Formulierung der Gleichungen der Theorie.

2.2 Von wesentlich unmittelbarerer physikalischer Bedeutung ist jenes Gedankenexperiment, das Einstein als erster aufgegriffen und behandelt hat: Es zeigt die tiefe Verbindung zwischen Licht, Gravitation und Zeit, die zum Vorschein kommt, wenn die Grundmerkmale der relativistischen und der Quanten-Physik mit dem Prinzip Galileis verbunden werden. Es geht dabei um folgende Merkmale:

(i)　Die Atome einer Art haben eine genau definierte Anzahl von Zuständen, von denen jeder bestimmbar ist und eine bestimmte Energie hat. Der Zustand der geringsten Energie wird Grundzustand genannt. Für unsere Zwecke genügt es, sich auf diesen Zustand sowie auf den sogenannten angeregten Zustand zu konzentrieren.

(ii)　Licht einer jeden gegebenen Frequenz (d.h. Farbe) existiert nur in Einheiten (Photonen), deren Energie gleich einer universellen Konstanten mal ihrer Frequenz ist.

(iii)　Kehrt ein Atom vom angeregten Zustand in den Grundzustand zurück, so wird die dabei verlorene Energie als ein Photon dieser Energie (und daher der entsprechenden Frequenz) abgestrahlt. Umgekehrt kann Licht dieser Frequenz (und daher dieser Energie) von einem Atom im Grundzustand absorbiert werden, wodurch dieses in den angeregten Zustand gelangt. Obwohl im allgemeinen eine gewisse Verschwommenheit bei der Schärfe der betreffenden Frequenz vorkommen kann, die auf Impuls- und andere Effekte zurückzuführen ist, kann doch eine geeignete Auswahl diese Unschärfe sehr gering halten, und dann wird diese genaue Bestimmung der Frequenz für unsere besten zeitmessenden Geräte wie Cäsium- und Ammoniak-Uhren verwendet werden. Die Elastizität der Unruhe einer Uhr wird tatsächlich von interatomaren Kräften kontrolliert, die von genau der gleichen Art sind wie jene atomaren Kräfte, welche die Frequenzen bestimmen. In gleicher Weise ist es auch möglich, atomare Übergänge für die Zeitmessung zu verwenden.

(iv) Licht, das von einem bewegten Spiegel reflektiert wird, zeigt eine Verschiebung der Frequenz (Dopplereffekt): bei einem herankommenden Spiegel zu höheren Frequenzen (= Verschiebung zum Blau hin, Blauverschiebung) und bei einem sich entfernenden Spiegel zu niedrigeren Frequenzen (Rotverschiebung).

(v) Ebenso wie andere physikalische Größen wird auch die Zeit durch jene Mittel definiert, die benutzt werden, um sie zu messen, d.h. durch Uhren.

(vi) Licht übt auf einen Spiegel einen genau definierten Druck aus, der im Laboratorium zwar nur geringfügig ist, der aber nichtsdestoweniger genau gemessen werden kann.

(vii) Nach Einsteins berühmter Gleichung $E = mc^2$ hat Energie Masse. Es handelt sich dabei um eine gründlich überprüfte Relation. Obwohl die Differenz in unserem Fall zu gering ist, um gemessen zu werden, besteht doch kein Zweifel, daß die Masse eines angeregten Atoms die eines Atoms im Grundzustand um genau den Betrag, der seiner zusätzlichen Energie entspricht, übertrifft. (Für bestimmte atomare Übergänge ist die Differenz in der Masse tatsächlich meßbar.)

Nach dieser Einleitung wollen wir uns nun einen Turm vorstellen, der sich auf der Erde befindet und bei dem ein Rad an der Spitze mit einem Rad an seinem Fuße durch eine endlose Kette von Eimern verbunden ist (Bild 34). Die Eimer sind jeweils mit der gleichen Anzahl von Atomen der gleichen Art gefüllt; die Eimer auf Seite G sind mit Atomen im Grundzustand gefüllt, diejenigen auf Seite E enthalten dagegen Atome im angeregten Zustand. Da die angeregten Atome mehr Energie als die Atome im Grundzustand besitzen — welche bei Freisetzung als Licht verfügbar ist —, haben diese angeregten Atome auch mehr Masse und damit — gemäß dem Prinzip Galileis — auch mehr Gewicht. Folglich ist Seite E schwerer als Seite G, und bei frei rotierenden Rädern wird sich Seite E abwärts und Seite G aufwärts in Bewegung setzen.

Wenn die angeregten Atome den Fuß des Turmes erreichen, werden sie dazu gebracht, in den Grundzustand zurückzukehren, wobei sie Licht von entsprechender Frequenz emittieren. Wenn also die Eimer zu Seite G gelangen, werden die darin enthaltenen Atome im Grundzustand sein, so wie die anderen Atome auch, die sich bereits auf Seite G befinden. Jenes Licht, das am Fuß des Turms emittiert wird, wird nun durch entsprechend angeordnete feste Spiegel eingefangen; sie erzeugen ihrerseits einen Strahl, der zur Spitze des

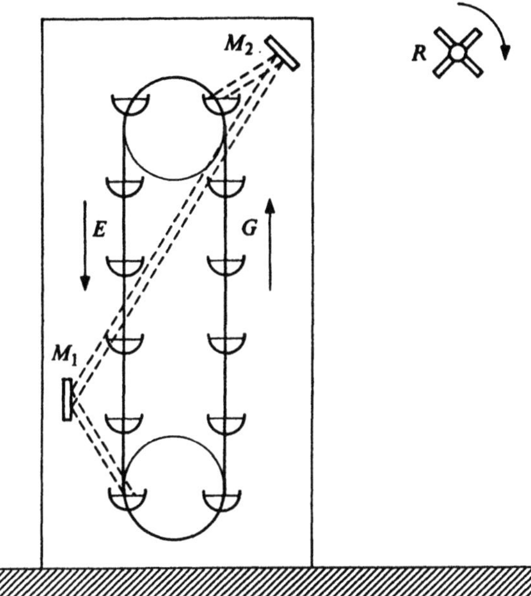

Bild 34 Ein ideales Experiment zum Nachweis der gravitativen Rotverschiebung. Eimer mit angeregten Atomen (*E*) bewegen sich auf der linken Seite abwärts, während sich die Eimer mit den leichteren, sich im Grundzustand befindlichen Atomen (*G*) auf der rechten Seite nach oben bewegen. Durch die Spiegel M_1 und M_2 wird Strahlung von unten nach oben reflektiert. M_2 wird später durch eine Anordnung rotierender Spiegel (*R*) ersetzt.

Turms wandert und dort auf jene Atome, die sich in den an der Spitze ankommenden Eimern der Seite *G* befinden, gerichtet wird. Da (siehe (iii)) die Frequenz, die ein Atom emittiert, das den Übergang vom angeregten zum Grundzustand vollzogen hat, gerade ausreicht, um ein Atom vom Grundzustand in den angeregten Zustand übergehen zu lassen, stellt diese Anordnung sicher, daß die Situation stets so bleibt, wie in Bild 34 dargestellt. Auf Seite *E* werden sich somit immer angeregte Atome befinden, während die Atome auf Seite *G* immer im Grundzustand sein werden. Die Kette wird sich folglich ständig weiterbewegen; sie wird die Räder antreiben und Energie freisetzen, ohne daß dabei eine Reaktion auf das Feld oder seine Quellen, die Erde, erkennbar wäre. Wir haben somit ein Perpetuum mobile konstruiert, das Energie aus dem Nichts erzeugt. Da dies bekanntlich ein Ding der Unmöglichkeit ist, muß irgendwo in der Argumentationskette ein Fehler stecken. Wo aber liegt dieser Fehler? Jeder einzelne Schritt scheint begründet und direkt oder indirekt durch Experiment überprüft (siehe (i), (iii) und (vii)). Wie kann also ein Widerspruch entstanden sein?

2.3 Der einzig mögliche Ansatzpunkt liegt in der Gegenseitigkeit von (iii). Obwohl wir wissen, daß ein Atom, das vom angeregten zum Grundzustand zurückkehrt, Licht von gerade jener Frequenz emittiert, die erforderlich ist, um ein Atom aus dem Grundzustand in den angeregten Zustand zu überführen, ist dieser Vorgang nur bei *nebeneinander befindlichen Atomen* tatsächlich nachgewiesen worden. Vielleicht funktioniert das Ganze gar nicht, wenn sich das emittierende Atom am Fuß des Turms und das aufnehmende Atom an der Turmspitze befindet. Wenn die Frequenz des oben ankommenden Lichtes zu niedrig (d.h. wenn es zu rot) wäre, so hätten die Photonen nicht genügend Energie, um die dort befindlichen Atome anzuregen, und folglich würde unser Perpetuum mobile nicht funktionieren. (Wenn die Frequenz bei Ankunft an der Spitze zu hoch wäre, so könnte das Licht die Atome zwar leicht anregen, doch das Problem würde weiterbestehen.) Wie aber kann nun das Problem gelöst werden? Wenn der einzige Grund, warum das System nicht funktioniert, nur darin liegt, daß das oben ankommende Licht zu rot ist, so könnte man es durch eine entsprechende Verschiebung nach Blau zur richtigen Frequenz zurückführen, und damit würde das System wieder funktionieren. Da die Reflexion von einem näherkommenden Spiegel eine solche Blauverschiebung bewirkt, wollen wir an der Spitze des Turms ein Rad aus Spiegeln befestigen (Bild 34). Dieses Spiegelrad drehen wir so, daß das ankommende Licht durch Reflexion darin blauverschoben wird. Bei entsprechender Drehgeschwindigkeit sollte das reflektierte Licht nur die richtige Frequenz haben, um die zur Spitze gelangenden Atome anzuregen, so daß damit das System arbeiten und Energie freisetzen kann. Wir benötigen jedoch gleichfalls Energie, um das Spiegelrad gegen den Druck, den das Licht auf die Spiegel ausübt, in Bewegung zu halten. Damit wird die Antwort auf die Frage endlich klar. Die Rotverschiebung des Lichtes ist derart, daß die zu ihrer Kompensation notwendige Bewegung des Rades aus Spiegeln genau die durch die Kette produzierte Energie aufbraucht, da Energie weder geschaffen noch zerstört werden kann.

Somit können wir nun diese Rotverschiebung* oder Einstein-Verschiebung berechnen, sie erweist sich als eine relative Frequenzverringerung um $\Delta V/c^2$, wobei ΔV die Differenz im Newtonschen Potential zwischen Spitze und Fuß des Turms und c die Lichtgeschwindigkeit ist. Bei einem Turm der Höhe a, der sich auf der Erdoberfläche befindet, können wir $\Delta V = ga$ setzen, so daß die Verschiebung gleich ga/c^2 ist. Bei einem 27 m hohen Turm ergibt das dann $3 \cdot 10^{-15}$ — also einen sehr kleinen Betrag. Verallgemeinern wir nun unsere Formel, so zeigt sich, daß bei Licht, das an der Oberfläche der Sonne emittiert und auf der Erde empfangen wird, die Verschiebung $2 \cdot 10^{-6}$ be-

---

* Wenn man vom Boden aus zum Licht hinaufschaut, das an der Spitze produziert wird, so erkennt man eine Blauverschiebung.

*Für mich ist Einstein nicht nur ein hervorragender Forscher,
dem es durchaus zusteht, die alltägliche Arbeit des gewöhnlichen Physikers beiseite zu lassen, sondern er ist vor allem ein
Mensch von ungeheurer Charakterstärke. Er schreckt nicht
davor zurück, sich 15 Jahre lang mit einer Arbeit zu befassen,
die sich schließlich als vergeblich erweist. Gerade so gelassen,
wie er zu Beginn der Arbeit war, als er vom Erfolg noch überzeugt war, so gelassen vermochte er auch am Ende zu sagen:
„Ich habe ihr den Rücken gekehrt."*
Hermann Weyl, zit. in Carl Seelig, Albert Einstein. Eine dokumentarische Biographie

trägt. Viele Jahre lang haben sich daher die Bestrebungen bei der Beobachtung der Einstein-Verschiebung darauf gerichtet, die Frequenzen von Spektrallinien von der Sonne mit den Frequenzen der gleichen, aber im Laboratorium
produzierten Linien zu vergleichen. Wegen der unterschiedlichen Bedingungen bei der Produktion der Linien, wie etwa Dichte und Temperatur des betreffenden Gases, kommen jedoch andere und größere Verschiebungen vor,
die nicht mehr genau berechnet werden können. Somit mußte mit der Überprüfung des oben erwähnten Ergebnisses gewartet werden, bis die durch den
Mößbauereffekt produzierten, außerordentlich scharfen Gammastrahlen-
Linien schließlich Pound und Rebka im Jahre 1960 in die Lage versetzten, die
theoretischen Voraussagen auf der Erde zu verifizieren, wobei sie einen Turm
der oben angeführten Höhe benutzten.

2.4 Obwohl die Gravitations-Rotverschiebung — zumindest in allen leicht zugänglichen Situationen — nur gering ist, so hat doch bereits ihr bloßes Vorhandensein beträchtliche Konsequenzen. Man muß daher festhalten, daß die
theoretische Ableitung des Effekts nicht nur logisch zwingend ist, sondern
daß sie außerdem nur jene Teile der betreffenden Theorien (siehe (i) bis (vii))
erfordert, welche die stärkste direkte oder indirekte experimentelle Stützung
haben, und daß der Effekt selbst überdies bereits mit außerordentlicher Genauigkeit getestet worden ist.

Die erste bedeutende Konsequenz entsteht aus (v). „Spektrallinie" klingt zunächst nach etwas sehr Kompliziertem, doch sie ist in Wirklichkeit *das* Mittel
für die Zeitmessung. Ob man nun von einer superpräzisen Cäsium-Uhr, von
einer Quarz-Uhr, von einer ganz gewöhnlichen Uhr, die aufgrund ihrer Unruhe
funktioniert, oder von einer atomaren Uhr — so wie etwa Radio-Kohlenstoff-
Zeitbestimmungen oder Abschätzungen für geologische Zeitabschnitte, die
auf der Radioaktivität von Felsen basieren — spricht, man stützt sich dabei

Obwohl Einstein zweifellos eine wesentlich komplexere Persönlichkeit war, als allgemein angenommen wird, war er doch im Grunde ein Mann von großer Güte und allgemeiner Freundlichkeit. Er besaß einen ausgeprägten Sinn für Humor, der ihm trotz aller Schicksalsschläge bis ins hohe Alter erhalten blieb. Jenes bombastische und wichtigtuerische Gebabe, das oft das Verhalten von wesentlich unbedeutenderen Menschen bestimmt, war ihm völlig fremd. Sowohl in seiner Denkweise wie in seiner Lebensweise war er frei von konventionellen Äußerlichkeiten. Als einmal während eines Abendessens ihm zu Ehren eine etwas übertriebene Lobesrede auf ihn gehalten wurde, flüsterte er seinem Nachbar zu: ,,Aber er" — womit er sich selbst meinte — ,,trägt keine Socken."

G. J. *Whitrow*, Einstein: The Man and His Achievement

unweigerlich auf eine Zeitquelle, die durch die Gravitations-Rotverschiebung beeinflußt ist. Wenn man diese Tatsache mit (v) verbindet, so ergibt sich daraus eindeutig, daß *die Zeit am Fuße des Turms langsamer als an dessen Spitze ist*.

Diese Betrachtungen erfordern zweifellos ein weiteres Abrücken von einem universellen Zeitbegriff; sie gehen über das durch die spezielle Relativitätstheorie Bekannte noch hinaus. Die Zeit darf niemals als in irgendeinem Sinn präexistent gedacht werden, sie ist eine ,,fabrizierte" Größe. In der speziellen Relativitätstheorie erfährt man, daß jeder träge Beobachter seine eigene Zeit hat, die für ihn so richtig ist wie diejenige eines zweiten trägen Beobachters für diesen; beide Zeiten sind aber keineswegs identisch. Während jedoch die Diskrepanz der Zeitmessung bei verschiedenen trägen Beobachtern von ihrer Relativgeschwindigkeit abhängt und verschwindet, wenn sie sich in relativer Ruhe befinden, haben wir dagegen in der Gravitationstheorie eine Zeitdiskrepanz auch bei Beobachtern, die relativ zueinander in Ruhe sind und von denen der eine ,,höher" oder ,,tiefer" als der andere steht.

2.5 Nichts in dieser Diskussion hatte mit einer relativen Beschleunigung von benachbarten Teilchen zu tun. Keine wirklich beobachtbare Eigenschaft des Gravitationsfeldes ist somit involviert. Folglich kann auch die gesamte Einstein-Verschiebung durch den freien Fall aufgehoben werden. Man stecke den Turm in eine Kiste, die in einem Schacht frei fällt, und entferne das rotierende Rad aus Spiegeln. Die Kompensation der Rotverschiebung erfolgt nun dadurch, daß während der Zeit, die das Licht benötigt, um aufwärts zu wandern (a/c), die Kiste sich um ga/c beschleunigt. So hat die Spitze des Turms zu dem Zeitpunkt, da ein Lichtpaket ankommt, diese Geschwindigkeit relativ

> *Einsteins ausgeprägte Abneigung gegenüber allem „rein Persönlichen" war nicht nur eine Eigenheit von ihm. Wie viele andere bedeutende Männer empfand auch er, daß das tägliche Leben des Einzelnen — von wechselnden Wünschen, Hoffnungen und primitiven Gefühlen bestimmt — einer Kette gleicht, die man abzuwerfen trachten sollte, um für die Betrachtung der Welt, „die wie ein großes ewiges Rätsel vor uns steht", frei zu sein. Zu jenem vereinfachten, aber leuchtend klaren Bild der Welt, das man dabei gewinnt, sollte der Mensch, wie Einstein einmal sagte, „den Schwerpunkt seines Gefühlslebens hinverlagern, um dadurch jenen Frieden und jene Sicherheit zu erlangen, die in den engen Grenzen der persönlichen Erfahrung nicht gefunden werden können."*
>
> *Gerald Holton*, The Scientific Imagination: Case Studies

zur Bewegung des unteren Teils zu der Zeit, da das Lichtpaket gestartet ist; das führt zu einer ganz geringen Blauverschiebung von ga/c^2, wodurch die Gravitations-Rotverschiebung aufgehoben ist. In einer frei fallenden Kiste gibt es somit keinen Gravitationseffekt, wie natürlich beim Zustand der Schwerelosigkeit nicht anders zu erwarten ist.

Sobald man aber ein größeres Volumen betrachtet, zeigt sich, was an der Gravitation beobachtbar ist. Relative Beschleunigungen treten auf, und die völlige Aufhebung des Feldes läßt sich nicht länger durch den freien Fall erreichen. Betrachten wir einen Beobachter, der frei und vertikal auf einen Punkt auf der Erde fällt, so kann seine Bewegung keineswegs die Rotverschiebung ausgleichen, die in einer kurzen Entfernung beobachtet worden ist. Somit besteht eine wesentliche Verbindung zwischen der Einstein-Verschiebung und den Observablen des Gravitationsfeldes. Die folgende mathematische Darstellung (Abschnitte 2.6 und 2.7) soll nun zeigen, daß diese Verbindung eine nicht-euklidische Geometrie erfordert.

2.6* Um Gleichung (1) relativistisch zu machen, müssen wir uns zunächst in Erinnerung zurückrufen, daß der vierdimensionale Geschwindigkeitsvektor

$$v^i = \frac{dx^i}{ds} \tag{7}$$

die Ableitung der Koordinatenänderungen, dx^i, enthält, und zwar nicht nach der Zeitkoordinate (dx^0), sondern nach der Eigenzeit des sich bewegenden Teilchens (ds); er entspricht daher einer Längeneinheit, da

$$v^i v_i = g_{ij}\, v^i v^j = g_{ij}\, \frac{dx^i}{ds} \frac{dx^j}{ds} = 1 \tag{8}$$

wobei g_{ij} der metrische Tensor ist, der für einen inertialen Beobachter, der kartesische Kordinaten benutzt, folgendermaßen aussieht:

$$\begin{pmatrix} +1 & 0 & 0 & 0 \\ 0 & -1 & 0 & 0 \\ 0 & 0 & -1 & 0 \\ 0 & 0 & 0 & -1 \end{pmatrix} \tag{9}$$

Der vierdimensionale Beschleunigungsvektor wird durch

$$f^i = \frac{dv^i}{ds} \tag{10}$$

bestimmt und genügt wegen Gleichung (8) der Bedingung

$$f^i v_i = 0 \ . \tag{11}$$

Unter dieser Bedingung kann die Beschleunigung niemals dazu führen, daß ein Teilchen die Lichtgeschwindigkeit überschreitet; doch gleichfalls wird klar, daß f nicht − wie in Gleichung (1) − nur von der Verschiebung abhängen kann, denn in diesem Falle könnte f Gleichung (11) nicht Genüge tun. Also versuchen wir

$$\delta f^i = b^i_{jk} \, \delta x^j \, v^k \tag{12}$$

Um Übereinstimmung mit den Gleichungen (8) und (11) zu erreichen, müssen wir für jedes kleine Δs

$$(v^i + \delta f^i \Delta s)(v_i + \delta f_i \Delta s) = 1 \tag{13}$$

setzen. Somit muß b eine Struktur haben, daß für alle v^i

$$0 = \delta f_i \, v^i = b_{ijk} \, \delta x^j \, v^i \, v^k \tag{14}$$

gilt. So muß also b_{ijk} in seinen ersten und letzten Indizes antisymmetrisch sein. Das gleiche Argument wie in Abschnitt 1.5 (ebenso wie die Notwendigkeit, für langsame Bewegungen Gleichung (2) zu reproduzieren) beinhaltet jedoch auch, daß b_{ijk} in seinen beiden ersten Indizes symmetrisch ist. Es läßt sich leicht feststellen, daß diese beiden Symmetrie-Bedingungen bei jedem von Null verschiedenen b unvereinbar sind. Daher müssen wir Gleichung (12) aufgeben und es mit einer anderen, einfachen Gleichung versuchen:

$$\delta f^i = c^i_{jkl} \, \delta x^j \, v^k \, v^l \ . \tag{15}$$

Werden die gleichen Argumente erneut angeführt, so zeigt sich, daß c_{ijkl} in seinen beiden ersten Indizes symmetrisch, gegenüber Vertauschung des zweiten und dritten Index jedoch antisymmetrisch sein muß. Außerdem sollte c_{ijkl} aufgrund der Definition in Gleichung (15) als symmetrisch in seinen letzten beiden Indizes betrachtet werden. Diese verschiedenen Symmetrie-Eigenschaften reduzieren die Anzahl der frei zu wählenden Komponenten von c_{ijkl} von der überwältigenden Anzahl von 256 eines allgemeinen vierdimen-

> *„Um mich für meine Verachtung für jede Art von Autorität*
> *gleichsam zu bestrafen, machte mich das Schicksal selbst zu*
> *einer Autorität."*
> *Albert Einstein*

sionalen Tensors der 4ten Stufe auf nur 21; und diese können mit den sechs frei zu wählenden Komponenten von a_{ij} in der nichtrelativistischen Analyse des Abschnitts 1.5 gleichgesetzt werden. Doch beschreiben wir nun ein sehr viel umfassenderes System; es geht nun nicht nur um ein System von langsamen Teilchen, sondern um ein System von Teilchen, die sich mit jedweder Geschwindigkeit — auch der des Lichtes — bewegen.

2.7* In der speziellen Relativitätstheorie wird mit der euklidischen Metrik (Minkowski) gearbeitet, in kartesischen Koordinaten:

$$ds^2 = g_{ij}\, dx^i\, dx^j = (dx^0)^2 - (dx^1)^2 - (dx^2)^2 - (dx^3)^2\,. \tag{16}$$

Natürlich können Koordinaten-Transformationen in großer Vielzahl durchgeführt werden. Um die Gravitations-Rotverschiebung beschreiben zu können, müssen wir

$$ds^2 = f^2(z)\,dt^2 - g^2(z)\,dz^2 \tag{17}$$

setzen, wobei die Höhe z als die einzige relevante räumliche Dimension zu betrachten ist. Da entlang eines Lichtstrahls $ds = 0$ ist, wird die t-Koordinate eine Funktion von z, plus einer willkürlichen Konstante. Somit ist die Differenz von t-Werten entlang aufeinanderfolgender Lichtstrahlen höhenunabhängig, d.h. sie verändert sich entlang des Strahls nicht. Die Uhr eines jeden Beobachters mißt sein ds. Da er in bezug auf die Höhe fixiert ist, ist sein $dz = 0$. Die Gravitations-Rotverschiebung beinhaltet also, daß $f(z)$ eine steigende Funktion von z ist.

In Anbetracht dessen, daß die Erde sphärisch symmetrisch ist, fügen wir die anderen Dimensionen hinzu und vervollständigen Gleichung (17) folgendermaßen:

$$ds^2 = f^2(r)\,dt^2 - g^2(r)\,dr^2 - r^2(d\theta^2 + \sin^2\theta\,d\phi^2) \tag{18}$$

wobei die Radialkoordinate r kalibriert worden ist, damit die Oberfläche einer Kugel $r =$ konstant den Flächeninhalt $4\pi r^2$ hat. Natürlich ist ϕ die Länge und θ die dazugehörige Breite, d.h. die Breite, die von $0°$ am Nordpol bis zu $90°$ am Äquator und bis zu $180°$ am Südpol gerechnet wird.

Wir wissen, daß $f(r)$ keine Konstante sein kann, doch wir wissen auch, daß in großen Entfernungen von der Erde die Gravitations-Rotverschiebung nicht

grenzenlos zunehmen kann, da das Potential V einem Grenzwert zustrebt,
und somit wird $f(r)$ für $r \to \infty$ doch konstant.

Es zeigt sich, daß ein derartiges $f(r)$ es unmöglich macht, daß Gleichung (18)
einen euklidischen vierdimensionalen Raum beschreibt; d.h. wie immer $g(r)$
auch sein mag, es gibt bei einem $f(r)$, das nicht konstant ist, sondern im Unendlichen gegen einen Grenzwert strebt, keine Möglichkeit, durch die Gleichung (18) in Gleichung (8) mit dem metrischen Tensor aus Gleichung (8)
umgeformt werden kann. Natürlich gibt es immer noch einen metrischen Tensor wie in Gleichung (8), doch können im allgemeinen die Koordinaten nicht
dergestalt umgeformt werden, daß der metrische Tensor die Form von Gleichung (9) annimmt.

2.8 Die Ergebnisse der Analyse der beiden vorangegangenen Abschnitte können in einer einfachen, aber inhaltsschweren Aussage zusammengefaßt werden:
Relativistische Gravitaiton ist mit euklidischer Geometrie unvereinbar. Es
mag wohl zutreffen, daß eine euklidische Raum-Zeit-Geometrie in einem begrenzten Bereich anwendbar ist. Ist das der Fall, so wird dieser entsprechende
Bereich „flach" genannt, während ansonsten jedoch die Raum-Zeit als „ge-
krümmt" bezeichnet wird. Jede allgemeine Gravitationstheorie muß jedoch
auf eine nicht-euklidische Geometrie gegründet sein.

Die einfachste nicht-euklidische Geometrie ist die Riemannsche Geometrie,
die am Beispiel der Geometrie einer Kugeloberfläche erläutert werden soll.
Aus der Geographie wissen wir, daß diese Oberfläche nicht zu einer Ebene
ausgerollt werden kann. Es gibt keine Geraden; die noch am nächsten kommende Analogie ist ein Großkreis; ein Kreis, der durch einen bestimmten
Punkt an der Oberfläche geht und der durch die Schnittlinie der Kugel mit
einer Ebene durch ihr Zentrum entstanden ist. Ein Vektor ist nun eine
Richtung an der Oberfläche der Kugel; und wir sagen, daß er eine parallele
Verschiebung von P nach Q erfahren hat, wenn er an beiden Punkten den
gleichen Winkel zum Großkreis, der durch P und Q verläuft, hat.

Die wichtigste Möglichkeit zur Feststellung einer Krümmung der Kugeloberfläche *von innen her*, d.h. ohne dabei die Oberfläche zu verlassen, besteht in
der Parallelverschiebung eines Vektors entlang einer geschlossenen Kurve

(Bild 35). Wir wollen annehmen, daß *P* dabei der Nordpol ist und daß *Q* sowie *R* Punkte auf dem Äquator sind. Die Meridiane *PQ*, *PR* und der Teil *QR* des Äquators sind damit jeweils Teilstücke großer Kreise. Man betrachte nun den Vektor in *P*, der in Richtung *PQ* weist. Er hat in *P* zu *PQ* den Winkel Null. Eine Parallelverschiebung zu *Q* bedeutet, daß er noch den gleichen Winkel Null zum Meridian *PQ* hat, nun aber in *Q*; es bedeutet auch, daß er nun nach Süden weist und senkrecht auf dem Äquator steht. Wenn man die Parallelverschiebung zu *R* fortsetzt, so wird er auch dort nach Süden weisen, so daß er entlang dem Meridian *PR* verlaufen wird. Wenn man ihn nun durch Parallelverschiebung nach *P* zurückführt, so wird er auf dem Meridian *PR* sein und damit zu seiner ursprünglichen Richtung in einem Winkel stehen, der gleich dem Winkel zwischen den beiden Meridianen in *P* ist. Auf

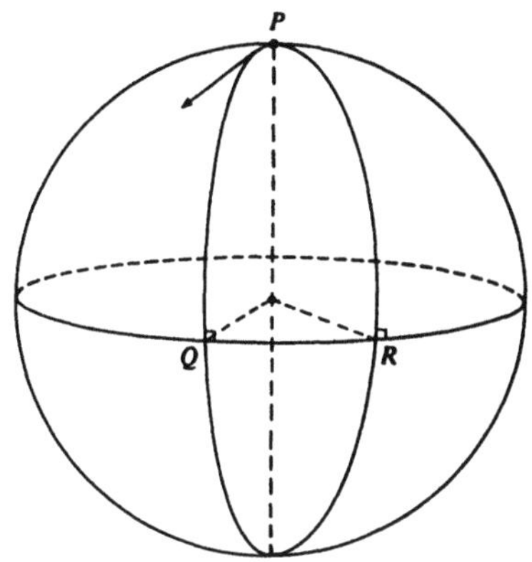

Bild 35
Bobachtung der Kugeloberfläche
von innen her

diese Weise kann die Krümmung der Oberfläche festgestellt werden, ohne daß man sie selbst verläßt; das bedeutet also, daß diese sogenannte „Gaußsche Krümmung" der Oberfläche selbst innewohnt. Ihr Wert ist definiert als das Verhältnis des Winkels, in dem der Vektor bei der Parallelverschiebung auf einer geschlossenen Kurve gedreht worden ist, und der Fläche, um die er verschoben worden ist. Wie der Leser am obigen Beispiel leicht feststellen kann, ist dieser Wert der reziproke Wert des Quadrats des Kugelradius. In einem allgemeineren Fall, bei dem die Krümmung von Punkt zu Punkt verschieden ist, muß die Kurve, um die der Vektor verschoben werden soll, sehr klein sein. (Man beachte, daß eine entfaltbare Oberfläche — wie die eines Zylinders oder eines Kegels — nach dieser Definition flach ist, da sie in eine Ebene entfaltet werden kann.)

> *Einstein widmete zehn Jahre seines Lebens der Untersuchung dieses Problems (der Gravitation), obgleich sonst niemand daran interessiert war.. Sich zehn Jahre lang ohne jede Ermutigung durch andere mit einem Problem auseinanderzusetzen, erfordert große Charakterstärke. Mehr noch als seine großartige Intuition und Vorstellungskraft war es vielleicht gerade diese Charakterstärke, die Einsteins wissenschaftliche Leistungen ermöglichte.*
>
> *L. Infeld*, Quest: The Evolution of a Scientist

Auch wenn man nun von zwei zu vier Dimensionen übergeht, so ändert das im wesentlichen nichts; das Ganze wird jedoch komplexer. Das Analogon zur Geraden ist dann eine geodätische Linie (eine Kurve von extremer Länge). Da die Fläche, um die der Vektor verschoben wird, zwei Richtungen hat, der Vektor selbst ebenfalls eine Richtung hat und die Veränderung seiner Richtung eine vierte Richtung ist, muß die Krümmung nun durch einen Krümmungs- (oder Riemann-Christoffel-)Tensor mit vier Indizes ausgedrückt werden:

$$R_{ijkl} \, . \tag{19}$$

Wenn dieser Tensor mit einem Vektor und einem Flächenelement (einer Größe mit zwei Indizes) multipliziert wird, so liefert er die Änderung des Vektors, wenn dieser um die Fläche verschoben wird. Eine andere und sehr nützliche Anwendung ist die Darstellung des Vektors δf^i, der eine geodätische Linie mit dem Tangentenvektor $v^k = dx^k/ds$ mit einer benachbarten geodätischen Linie, die um δx^j verschoben ist, verbindet:

$$\delta f^i = R^i_{jkl} \, v^k \, v^l \, \delta x^j \, .$$

Diese Gleichung der geodätischen Abweichung ist identisch mit jener, die wir als Gleichung (15) hergeleitet haben. Überdies hat der Krümmungstensor alle Symmetrie-Eigenschaften, die zuvor bereits vom Tensor c_{ijkl} verlangt worden sind (wie sich zeigt: plus einer weiteren, wodurch die Anzahl der freien Komponenten auf 20 reduziert wird, und plus einer differentiellen Eigenschaft, die in Abschnitt 3 erörtert werden soll).

So setzen wir die Bahnen von frei fallenden Teilchen mit geodätischen Linien und die Observable des Gravitationsfeldes mit dem Krümmungstensor gleich. Folglich wird das Gravitationsfeld — so wie es im vorliegenden Artikel definiert wird — durch die Krümmung von Raum-Zeit vollständig dargestellt. Ist ein Feld gegeben, so können wir auch die Bahnen der Teilchen und der Lichtstrahlen berechnen.

*In einem wichtigen Aspekt war die spezielle Relativitäts-
theorie eingeschränkt. Bei dem Versuch, diese Einschränkung
zu beseitigen, schuf Einstein die allgemeine Relativitätstheorie — vielleicht die originellste wissenschaftliche Theorie,
die jemals im Geiste eines einzelnen Menschen entstanden ist.*
D. W. *Sciama, in* G. J. *Whitrow*, Einstein: The Man and His
Achievement

Es sollte außerdem erwähnt werden, daß der Krümmungstensor aus den
zweiten Ableitungen des metrischen Tensors g_{ij} (einschließlich des Tensors
selbst und seiner ersten Ableitungen) konstruiert werden kann. Es besteht
daher eine gewisse Analogie zwischen dem metrischen Tensor und dem Newtonschen Potential, da in beiden Fällen die Observable dadurch konstruiert
werden kann, daß man dieses „Potential" zweimal differenziert, doch sollte
man die Analogie nicht zu weit treiben.

3 Die Quellen des Gravitationsfeldes

3.1 In der Newtonschen Theorie strömt das Gravitationsfeld aus seinen Quellen aus; diese Quellen sind die vorhandenen Massen. Wenn wir ein begrenztes
Volumen betrachten, so muß als entsprechende Zusatzbedingung berücksichtigt werden, daß das Feld von außerhalb der Grenze unseres Volumens stammt.
Gewöhnlich befaßt man sich jedoch mit einem unendlichen Volumen und
stellt Zusatzbedingungen im Unendlichen auf. Obwohl diese im allgemeinen
ein Verschwinden des Feldes bedeuten, so ist das nur dann zutreffend, wenn
das betreffende Volumen (z.B. das Sonnensystem) eine mittlere Materiedichte
hat, die die durchschnittliche Dichte des Universums bei weitem übersteigt.
Denn der weitreichende Charakter der Gravitation impliziert schließlich, daß
die Untersuchung von Gravitationseinwirkungen nur äußerst selten ganz ohne
Kosmologie auskommen kann. Wie in Abschnitt 1.4 bereits dargelegt, ist der
dreifache Begriff der Masse (als träge Masse; als Masse, die auf Gravitation
reagiert und als Gravitation verursachende Masse) im Newtonschen Gesamt-
system wohl definiert. In der Relativitätstheorie ist die Situation nicht ganz
so einfach. Denn die Masse eines bewegten Körpers kann entweder seine Ruhemasse oder seine Gesamtmasse sein, die auch die Masse seiner kinetischen
Energie einschließt. Welche Masse ist nun für die Gravitation relevant? Bei
der Trägheit gibt es keinen Zweifel: Daß die Trägheit durch die Gesamtmasse
gegeben ist, ist eine genau überprüfte Erkenntnis der speziellen Relativitätstheorie. Ist ein Körper beispielsweise heiß, so wird seine Trägheit durch die
Wärmeenergie, d.h. die schnellen inneren Bewegungen seiner atomaren

Bestandteile, größer sein als wenn derselbe Körper kalt ist. Da heiße und kalte Körper gleich schnell fallen, so folgt daraus, daß die passive schwere Masse durch die Gesamtmasse gegeben ist. Auch wenn der Zusammenhang zwischen Aktion und Reaktion in der Relativitätstheorie wesentlich komplexer ist, so folgt doch, daß die gravitationserzeugenden Eigenschaften der Materie gleichfalls durch die Gesamtmasse gemessen werden müssen.

Besonders groß ist der Gegensatz beim Licht, das zwar eine verschwindende Ruhemasse hat, das andererseits aber auch eine Gesamtmasse hat, die durch seine Energie gegeben wird. Es wäre unlogisch, wollte man erwarten, daß das Licht keine Gravitationskraft ausübt, obwohl es selbst Gravitationseinflüssen unterworfen ist.

3.2 Die Bedeutung des Massenerhaltungsgesetzes für die Gravitation wurde bereits in Abschnitt 1.4   hervorgehoben. Dieses Gesetz und der Impulserhaltungssatz müssen nun beachtet werden, wenn es um die Untersuchung der Methoden geht, wie die Quellen in unsere relativistische Theorie der Gravitation einbezogen werden können. Außerdem besteht noch das Problem der Positivität der Masse, das schon früher angeschnitten worden ist und das eigentlich in einer Theorie klar zum Ausdruck kommen sollte. Die Komplexität des relativistischen Gravitationsfeldes (Abschnitt 2.6) schließlich kann sich oder kann sich auch nicht in der Komplexität der Beschreibung der Quellen widerspiegeln. Obwohl die Behandlung des Problems notwendigerweise eher mathematischer Natur ist (s. unten), so ist doch das Ergebnis eine Beschreibung der Quellen in Einsteins Gravitationstheorie, die nicht nur Masse, sondern auch Impuls und Druck sowie das Massenerhaltungsgesetz und den Impulserhaltungssatz als Tautologien einschließt, die aber keinerlei Anhaltspunkt für die Frage liefert, warum Masse stets positiv ist. Vielleicht kann die Antwort nur durch eine tiefergehende, möglicherweise quantentheoretische Untersuchung der Quellen gegeben werden.

3.3* Wir beginnen damit, nach einer Analogie zu Gleichung (6) zu suchen, in der eine besondere Linearkombination der Observablen des Newtonschen Gravitationsfeldes proportional zur Dichte der Quelle, d.h. zur Dichte der Materie, gesetzt worden war. Wenn wir die relativistischen Observablen betrachten, so gibt es nur zwei grundlegende, einigermaßen einfache Linearkombinationen von R_{ijkl}, nämlich:

$$R_{ij} = R_{ijk}{}^{k} \qquad\qquad (21)$$

(ein symmetrischer Tensor mit zwei Indizes, der zehn frei wählbare Komponenten hat) und

$$R = R^{i}{}_{i} \qquad\qquad (22)$$

(ein Skalar).

> *„Was mich wirklich interessiert, ist die Frage, ob Gott die Welt*
> *auch in anderer Weise hätte schaffen können, d.h. die Frage,*
> *ob die Notwendigkeit der logischen Einfachheit überhaupt*
> *irgendwelche Freiheit läßt."*
> *Albert Einstein an Ernst Straus*

Der einfachste Weg bestünde nun darin, R als proportional zur Dichte der Materie zu setzen. Das aber ist nicht möglich. Denn erstens würden damit den Observablen zu wenig Beschränkungen auferlegt, so daß die Quellen nicht das Feld bestimmen würden. Und zweitens gibt es keine Möglichkeit, wie die Dichte der Gesamtmasse zu einem Skalar gemacht werden kann, da sie sich nämlich mit der Bewegung des Beobachters verändert. Somit könnte nur die Ruhemasse als Quelle in Frage kommen, was jedoch, wie oben bereits dargelegt, nicht annehmbar ist.

Auf diese Weise werden wir zur komplexeren Gleichung (23) als einer möglichen Basis für eine Verbindung zwischen Quelle und Feld geführt. Dabei stellt sich in der Tat heraus, daß eine Kombination der Gleichungen (21) und (22) für das Problem am vielversprechendsten ist:

$$G_{ij} = R_{ij} - \frac{1}{2} g_{ij} R \tag{23}$$

Wie bei R_{ij} handelt es sich auch hierbei um einen symmetrischen doppelt indizierten Tensor mit zehn frei wählbaren Komponenten, der nur eine Linearkombination der Observablen und den gewöhnlichen Hintergrundstensor g_{ij} enthält. Doch die wesentliche Eigenschaft dieses sogenannten Einstein-Tensors G_{ij} rührt von der differentiellen Relation her, welche der Krümmungstensor erfüllt und auf die bereits in Abschnitt 2.8 hingewiesen worden ist: G_{ij} hat eine verschwindende Divergenz, d.h. es entspricht vier Erhaltungsgesetzen, die ähnlich der Erhaltung von Masse-Energie (ein Skalar) und des Impulses (ein Dreier-Vektor) sind. So sehen wir uns also veranlaßt, die Quelle durch eine Größe zu beschreiben, die die gleiche Struktur wie G_{ij} hat und empirisch die entsprechenden Erhaltungsgesetze erfüllt. Diese ist der Energie-Impuls-Tensor, der im einfachsten Fall (— das ist Staub —) lautet:

$$T^{ij} = \Sigma \rho v^i v^j , \tag{24}$$

wobei ρ die Dichte der Ruhemasse und v^i der Geschwindigkeitsvektor der Teilchen sind; und das Summenzeichen bedeutet, daß man über Volumina, die Staubteilchen enthalten, mittelt. Dieser läßt sich sogleich zu einer Flüssigkeit mit Druckverhältnissen verallgemeinern, die von der Summierung von

Teilchen mit unterschiedlicher Bewegung herrühren, und ebenso leicht läßt sich durch einen gewöhnlichen Grenzübergang Licht einbeziehen, dessen verschwindende Ruhemasse durch den (unendlichen) Geschwindigkeitsvektor kompensiert wird. Bei einer Flüssigkeit impliziert das Verschwinden der Divergenz von T^{ij} die Eulerschen (oder Navier-Stokes-)Gleichungen der Hydrodynamik ebenso wie die Kontinuitätsgleichung. So gelangen wir schließlich zu

$$G_{ij} = - 8 \pi \, k T_{ij} \, , \tag{25}$$

und das sind die *Einsteinschen Feldgleichungen*. Die Konstante k umfaßt die Gravitationskonstante sowie die Lichtgeschwindigkeit und ist — bei entsprechenden Einheiten — gleich Eins. Bei Materie von geringem Volumen und Dichte in langsamer Bewegung führt Gleichung (25) zur Poisson-Gleichung zurück.

Die Formulierung der Einsteinschen Gravitationstheorie kann somit als vollständig angesehen werden, wenn man Gleichung (25) zu Gleichung (20) hinzufügt. Auf den Hintergrund und die Interpretation der Symbole ist hinreichend hingewiesen worden, so daß nun klar wird, daß es sich dabei um eine Theorie handelt, die auf Galileis Prinzip basiert, außerdem relativistisch ist und doch nur geringe Komplexität aufweist.

3.4 Die vorliegende Darstellung der Einsteinschen Gravitationsfeldgleichungen unterscheidet sich ganz wesentlich von Einsteins eigener Darstellung; sie entspricht vielmehr der von Fock gewählten Darstellungsweise. Grundlage ist dabei das Vorhandensein von beobachtbaren gegenseitigen Gravitationsbeschleunigungen bei voneinander getrennten Objekten.

Es ist seltsam, daß Einstein, der ansonsten bei allen physikalischen Themen und ganz besonders in der speziellen Relativitätstheorie alles kritisierte, was die tatsächliche Erfahrung überstieg, im Fall der Gravitation auf der physikalischen Gleichwertigkeit von beschleunigten Bezugssystemen bestanden hat. Eine solche Äquivalenz gibt es aber in Wirklichkeit nicht. Beschleunigte Uhren verhalten sich nämlich ganz anders als nicht beschleunigte und können sogar durch die Beschleunigung zerstört werden. Einstein aber gelangte vom Äquivalenzprinzip zu seiner allgemeinen relativistischen Theorie der Koordinaten-Transformationen, und dabei ließ er die Tatsache außer acht, daß Gravitation durch eine allgemeine Beschleunigung eines ausgedehnten Bereiches — wie klein er auch sein mag — keineswegs völlig wegtransformiert werden kann.

Die Größe der Leistung Einsteins und seiner Gravitationstheorie wird durch derartige Überlegungen freilich in keiner Weise geschmälert. Im Gegenteil, man ehrt ihn vielleicht sogar noch mehr, wenn man einen eigenen Problemlösungsvorschlag vorlegt, anstatt Einsteins Ableitungen nochmals nachzukauen.

Die Demonstration des Äquivalenzprinzips

Das Problem

Eric M. Rogers

Während ich in Princeton lebte, pflegten meine Frau und ich unserem Nachbar Professor Einstein von Zeit zu Zeit kleine Rätsel oder Geduldspiele, die mit Physik zu tun hatten, zu bringen — oft auch als Geburtstagsgeschenk.

Das letzte, das wir ihm zu seinem 76. Geburtstag überreichten, war meiner Meinung nach sehr originell. Es war aus einem altmodischen Spielzeug für kleine Kinder entstanden: Ein Ball an einer Schnur ist an einem Becher befestigt, mit dem das Kind den Ball einzufangen hat. Unsere Modifizierung dieses Spielzeugs bot nun ein Problem für Einstein, über das er sich freute und das er sogleich löste.

Ein Metallball, der an einer geschmeidigen Schnur befestigt ist, wird von einer durchsichtigen Kugel umschlossen. In der Mitte der Kugel ist ein ebenfalls durchsichtiger Becher, in dem der Ball ruhen kann; doch soll der Ball zu Beginn außerhalb des Bechers an seiner Schnur herunterhängen (so wie es auch das Diagramm zeigt). Die Schnur verläuft dann vom Ball hoch zum Rand des Bechers und weiter durch den Becher hindurch in ein Rohr. Unterhalb der Kugel ist die Schnur an einer langen, eher schwachen Sprungfeder befestigt, die von einer durchsichtigen Röhre umgeben ist, welche in einer langen Stange — einem Besenstiel — endet.

Die Aufgabe:

Befördere den Ball mit einer „todsicheren" Methode in den Becher.

Einschränkende Bedingungen und nähere Informationen:

1. Die Kugel und die durchsichtige Röhre sollen nicht geöffnet werden.
2. Der Ball besteht aus massivem Messing.
3. Die Feder ist bereits gedehnt, wenn der Ball im Becher ist. Die Spannung ist aber nicht stark genug, den schweren Ball in den Becher zu ziehen.
4. Der Besenstiel ist lang.
5. Es gibt eine Methode, die jedes Mal zum Erfolg führt — im Gegensatz zu gelegentlichen Erfolgen bei ziellosem Schütteln.

Und 6. — als Erinnerung — das Ganze war ein Geschenk für Einstein, der es dann auch mit Vergnügen experimentell löste.

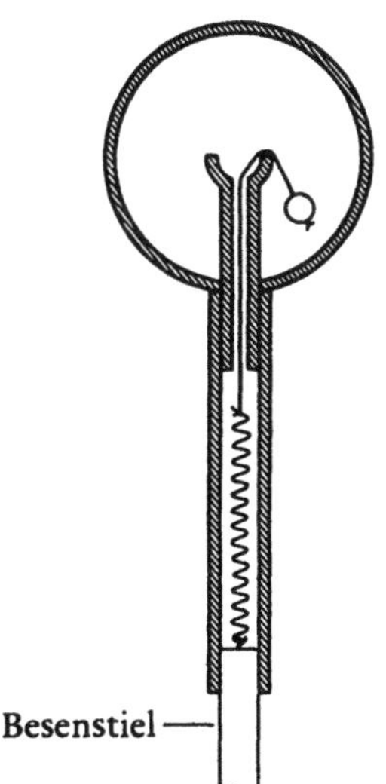

Die Lösung

I. Bernard Cohen

... Endlich verabschiedete ich mich. Plötzlich wandte sich Einstein noch einmal um und rief: „Warten Sie! Warten Sie! Ich muß Ihnen noch mein Geburtstagsgeschenk zeigen."

In sein Arbeitszimmer zurückgekehrt, sah ich dann, wie Einstein aus der Ecke des Zimmers etwas holte, das wie eine Gardinenstange von fünf Fuß Länge aussah, auf deren Ende eine Plastikkugel von vier Zoll Durchmesser steckte. Von der Stange führte ein kleines Plastikrohr von zwei Zoll Länge in das Zentrum der Kugel. Aus diesem Rohr kam eine Schnur, an deren Ende ein kleiner Ball hing. „Sehen Sie", sagte Einstein, „das ist konstruiert worden, um das Äquivalenzprinzip am Modell zu demonstrieren. Der kleine Ball ist an einer Schnur befestigt, die in dieses kleine Rohr in der Mitte der Kugel hineinführt und die an einer Feder festgebunden ist. Die Feder zieht an dem Ball, doch es gelingt ihr nicht, den Ball zum kleinen Rohr hoch- und hineinzuziehen, da sie nicht stark genug ist, die Gravitationskraft zu überwinden, die den Ball herunterzieht."

Ein breites Lächeln zeigte sich auf seinem Gesicht, und seine Augen funkelten vor Vergnügen, als er sagte: „Und nun das Äquivalenzprinzip!" Er faßte die Konstruktion in der Mitte der langen Gardinenstange an, stieß das Ganze nach oben, bis die Kugel die Decke berührte. „Und nun will ich es fallen lassen", sagte er „und nach dem Äquivalenzprinzip wird es nun keine Gravitationskraft geben, so daß die Feder stark genug sein wird, um den kleinen Ball in das Plastikrohr zu bringen." Damit ließ er die Konstruktion plötzlich los und ließ sie — indem er sie mit der Hand richtig leitete — senkrecht herunterfallen, bis sie den Boden erreichte. Die Plastikkugel am oberen Ende befand sich nun in Augenhöhe. Natürlich lag der Ball im Rohr.

Mit dieser Demonstration des Geburtstagsgeschenks war mein Besuch zu Ende.

(Aus "An Interview with Einstein", *Scientific American* **193**, 69–73 (1955))

5

Einstein und die Entwicklung der Quantenphysik

Martin J. Klein

*Alle großen Entdecker können nach ihrer Mentalität in zwei
Gruppen unterteilt werden: Die einen schürfen tief, die anderen reichen weit. Diejenigen, die die Gabe besitzen, Tiefe
und Weite miteinander zu verbinden, sind in der Tat sehr selten. Albert Einstein war einer von ihnen.*
François le Lionnais, "From Plurality to Unity", in: Science
and Synthesis

1 Gegen Ende seines Lebens schrieb Einstein seinem ältesten Freund, daß ihn
50 lange Jahre des ununterbrochenen „bewußten Nachgrübelns" über die
Frage „Was sind Lichtquanten?" der Antwort um nichts näher gebracht hätten. Wie immer übertrieb Einstein auch in diesem Falle keineswegs: Das Problem, Diskretheit ebenso wie Kontinuität in der natürlichen Welt zu verstehen,
beschäftigte ihn während seiner ganzen wissenschaftlichen Laufbahn. Daß
Einstein so viel Zeit und Energie darauf verwendete, sich mit der Quantentheorie auseinanderzusetzen, mag viele — sogar viele Physiker — überraschen.
Denn sein Entwurf der speziellen und der allgemeinen Relativitätstheorie
sowie seine vielen Versuche, eine noch allgemeinere Theorie, nämlich eine einheitliche Feldtheorie, zu schaffen, haben seine anderen Leistungen in den
Schatten gestellt. Und doch wird vermutlich jeder, der das Werk Einsteins
kennt, den Worten von Max Born, einer der bedeutendsten Persönlichkeiten
in der Entwicklungsgeschichte der Quantenmechanik, zustimmen, als er
schrieb: „Meiner Meinung nach müßte er selbst dann, wenn er nicht eine einzige Zeile über die Relativität geschrieben hätte, als einer der größten theoretischen Physiker aller Zeiten gelten." Diese Meinung gründete sich hauptsächlich auf jene Schriften, in denen Einstein über die erstaunlichen Ergebnisse
seines „bewußten Nachgrübelns" über das Quantenproblem berichtet.

Einstein brachte 1905 als erster die Idee der Lichtquanten auf. Zu jener Zeit
erschien es einfach ketzerisch, darauf hinzuweisen, daß das Licht sich manchmal so verhalte, als bestehe es aus lokalisierten Energieteilchen; und es sollten

227

Ich habe die Schriften, die von Herrn Einstein über Fragen der modernen theoretischen Physik veröffentlicht worden sind, sehr bewundert. Ich glaube auch, daß alle mathematischen Physiker mit mir darin übereinstimmen, daß diese Arbeiten von höchstem Range sind. Wenn man bedenkt, daß Herr Einstein noch sehr jung ist, so ist man durchaus berechtigt, die größten Erwartungen in ihn zu setzen und in ihm einen der führenden Theoretiker der Zukunft zu sehen.
Marie Curie

noch Jahre vergehen, bevor diese Idee überhaupt irgendeine Zustimmung erhielt. Nachdem Einstein weiter nachgeforscht und die Konsequenzen des Strahlungsgesetzes von Max Planck ausgearbeitet hatte, gelangte er zu der Erkenntnis, daß eine neue Lichttheorie notwendig wäre — eine Theorie nämlich, die der Doppelnatur des Lichtes — Welle und Teilchen — Rechnung trüge. Im Jahre 1908 war Einstein bereits fest davon überzeugt, daß diese Probleme, „so unglaublich wichtig und schwierig" seien, daß eigentlich jeder Physiker bestrebt sein müsse, sie zu lösen. Einstein war gleichfalls der erste, dem bewußt wurde, daß eine Quantentheorie der Materie ebenso wie eine neue Strahlungstheorie erforderlich sei. Seine frühen Bemühungen in dieser Hinsicht, die auf eine Quantentheorie über die spezifische Wärme von Festkörpern ausgerichtet waren, führten schließlich zur Aufdeckung von neuen und ganz unerwarteten Verbindungen zwischen den thermischen, optischen und elastischen Eigenschaften von Festkörpern und trugen außerdem dazu bei, andere Physiker davon zu überzeugen, daß die Quantentheorie durchaus ernst genommen werden müsse. Einsteins Schriften über diesen Themenkreis erstrecken sich über eine Periode von 20 Jahren; sie beeinflußten und inspirierten unter anderen auch Niels Bohr, Louis de Broglie und Erwin Schrödinger bei ihren eigenen Beiträgen zu jener großen Synthese, die dann in den 20er Jahren die Quantenphysik hervorbrachte.

Im vorliegenden Artikel soll die Bedeutung Einsteins in dieser Entwicklung skizziert werden, wobei auch die gerade erwähnten Arbeiten dargestellt werden sollen; außerdem sollen die Fragen, die Einstein zu beantworten versuchte, sowie das große Interesse an den Grundlagen der Physik, das allen seinen Bemühungen zugrunde lag, hervorgehoben werden. Doch damit ist die Geschichte der Theorie noch nicht zu Ende. Denn als die neue Quantenphysik schließlich vorlag, war Einsteins Einstellung dazu überaus skeptisch, obwohl doch gerade er soviel wie nur irgendeiner ihrer Vertreter zu ihrer Entstehung beigetragen hatte. Er erkannte zwar ihre großen Erfolge an, doch akzeptierte er sie niemals als die neue Grundlagentheorie, die sie zu sein behauptete. Einstein schrieb während der zweiten Hälfte seiner wissenschaftlichen Laufbahn relativ wenig über diese Thematik, da er sich mehr auf seine Suche nach einer einheitlichen Feldtheorie konzentrierte. Die kritischen Bemerkungen, die er während dieser Periode machte, können jedoch nicht völlig ignoriert werden. Denn sie waren für seine Gegner, vor allem für Bohr, überaus wichtig und halfen ihnen klarzustellen, was die neue Quantenphysik eigentlich wirklich bedeutete. Sie sind aber auch für das Verständnis von Einsteins eigenen physikalischen Intentionen von Bedeutung, denn — wie Bohr bemerkte — „Einsteins Konzeption der physikalischen Welt kann nicht in ‚wasserdichte' Abteilungen unterteilt werden".

2 Im Juni 1905 veröffentlichte die Zeitschrift *Annalen der Physik* einen Aufsatz von Einstein, der den Titel trug: „Über einen die Erzeugung und Verwandlung des Lichtes betreffenden heuristischen Gesichtspunkt". Physiker zitieren gewöhnlich diese Arbeit, indem sie von „Einsteins Schrift über den photoelektrischen Effekt" sprechen; diese Beschreibung wird ihr jedoch keineswegs gerecht. Einstein selbst charakterisierte sie damals als „sehr revolutionär", und damit hatte er durchaus recht. In diesem Aufsatz schlug er vor, daß das Licht auch als eine Ansammlung von unabhängigen Energieteilchen behandelt werden könne — und in einigen Situationen sogar so behandelt werden müsse: Diese Energieteilchen, die Lichtquanten, sollten sich wie Teilchen eines Gases verhalten. Einstein war sich wohl bewußt, daß im Verlauf des vorangegangenen Jahrhunderts eine Vielzahl von Beweisen zusammengekommen war, die das Licht als ein Wellenphänomen auswies. Er wußte vor allem, daß die Experimente von Heinrich Hertz, die weniger als 20 Jahre zuvor durchgeführt worden waren, die theoretische Schlußfolgerung von Maxwell, daß nämlich die Lichtwellen elektromagnetischer Natur seien, bestätigt hatten. Trotz dieser Beweislast argumentierte Einstein, daß die Wellentheorie des Lichtes ihre Grenzen habe und daß viele Phänomene, die die Emission und Absorption des Lichtes betreffen, „besser verständlich erscheinen", wenn man von der Annahme seiner Quantenidee ausgehe. Der photoelektrische Effekt war nur eines von mehreren Phänomenen solcher Art, die Einstein analysierte, um die Leistungsfähigkeit seiner neuen Hypothese zu demonstrieren. Auch wenn man den Erfolg dieser Hypothese zugibt, bleibt doch die Frage: Was veranlaßte Einstein eigentlich, diesen außergewöhnlichen Vorschlag zu machen?

Einstein verwendete den größten Teil seiner Schrift gerade auf die Beantwortung dieser Frage und auf die Darstellung jener Argumente, die ihn zu seinem neuen „heuristischen Gesichtspunkt" geführt hatten. Diese Argumente, die einfach und kühn zugleich sind, vereinigen in sich einige der wesentlichen Merkmale seines grundsätzlichen physikalischen Ansatzes. Sein größtes Anliegen war, wie auch in den einleitenden Sätzen seiner Schrift zum Ausdruck

Er zögerte niemals, seine Meinung zu ändern, wenn er erkannt hatte, daß er einen Fehler gemacht hatte, und er gab das dann auch zu. Einmal warf ihm jemand vor, daß er etwas gesagt habe, das ganz verschieden sei von dem, was er wenige Wochen zuvor gesagt habe. Einstein antwortete darauf: „Was interessiert es den lieben Gott, was ich vor drei Wochen gesagt habe?" Das war seine Art zu sagen, daß das Ganze nicht so wichtig sei. Es war falsch gewesen, und nun wußte er es besser.
Otto Frisch, in: G. J. Whitrow, Einstein: The Man and His Achievement

kommt, die eigentliche Begründung seiner Wissenschaft. Wir wollen kurz den Hintergrund dieses Anliegens betrachten.

Als Einstein kurz vor 1900 Student an der Technischen Hochschule in Zürich wurde, arbeitete er in der Folge zwar eifrig im Laboratorium, doch ließ er andererseits viele Vorlesungen aus, um für sich allein die Werke der großen Physiker zu studieren. Dabei nahm er zwangsläufig auch jenen Geist in sich auf, der die Entwicklung der Physik während der vorangegangenen 300 Jahre geleitet hatte. Ich meine damit „die mechanische Weltanschauung"; jene Überzeugung also, daß alle natürlichen Phänomene mit Hilfe einer einzigen zugrundeliegenden Theorie — der Mechanik — erklärbar sind. Die Erfolge dieser Auffassung waren für den jungen Einstein ganz offensichtlich. „Was aber auf den Studenten den größten Eindruck machte", schrieb er viele Jahre später, „waren die Leistungen der Mechanik auf Gebieten, die dem Anscheine nach nichts mit Mechanik zu tun hatten: die mechanische Lichttheorie und vor allem aber die kinetische Gastheorie... Diese Ergebnisse stützten gleichzeitig die Mechanik als Grundlage der Physik und der Atomhypothese... Abgesehen davon war es auch von tiefem Interesse, daß die statistische Theorie der klassischen Mechanik imstande war, die Grundgesetze der Thermodynamik zu deduzieren, was dem Wesen nach schon von Boltzmann geleistet wurde." Die Vision einer einzigen Grundlagentheorie als der Basis aller Aspekte der Welt, seien sie auch noch so verschiedenartig, nahm seine Einbildungskraft gefangen, so wie auch schon Theoretiker lange Zeit vor ihm davon gefangen genommen worden waren.

Um 1900 war es aber nicht länger möglich, die Erklärung aller Phänomene mit Hilfe mechanischer Begriffe zu erwarten; auch Einstein erkannte das in seinen frühen Jahren. Er las die Schriften Ernst Machs, dessen Kritik am mechanischen Programm — die dieser „mit unbestechlicher Skepsis und Unabhängigkeit" durchgeführt hatte — seinen „dogmatischen Glauben" erschütterte. Er

> *Nach Einsteins Vorstellungen entsteht eine physikalische Theorie aus der freien schöpferischen Aktivität eines Menschen, der zunächst damit beginnt, Axiome aufzustellen, und der sie dann nur zu rechtfertigen braucht, zum einen durch ihre Resultate, die manchmal weit entfernt sind, und zum anderen durch die Überzeugung von ihrer inneren Schlüssigkeit, wenn die beabsichtigte Theorie weite Bereiche der Physik umfaßt.*
>
> *André Lichnerowicz, "From Plurality to Unity'" in:* Science and Synthesis

studierte auch Maxwells Theorie des Elektromagnetismus und bezeichnete sie als „den faszinierendsten Gegenstand zur Zeit meines Studiums". Diese Theorie bedeutete einen Wechsel der Grundbegriffe, einen Übergang von der Idee der Fernwirkungskräfte zu der Idee lokal wirkender Felder; es war ein Übergang, den Einstein selbst als „revolutionär" ansah. Obwohl Maxwell und seine unmittelbaren Nachfolger gemeint hatten, daß das elektromagnetische Feld mit Hilfe eines mechanischen Mediums agiere, dessen Struktur letzten Endes bestimmt werden könne, erwiesen sich doch alle Versuche, diese Struktur zu bestimmen, als erfolglos. Der Elektromagnetismus ließ sich durch mechanische Begriffe nicht erfolgreich erklären, und − wie Einstein es formulierte − „man hatte sich daran gewöhnt, mit diesen Feldern als unabhängigen Substanzen zu arbeiten, ohne es für notwendig zu erachten, sich wirklich Rechenschaft über ihre mechanische Natur abzulegen. Auf diese Weise wurde die Mechanik als Grundlage der Physik beinahe unmerklich aufgegeben, weil sich ihre Anpassungsfähigkeit an die Tatsachen schließlich als hoffnungslos erwies."

Einstein war sich dieses störenden Dualismus bei der Grundlegung der Physik sehr wohl bewußt: Es gab zwei grundlegende Theorien von ganz verschiedenartigem Charakter − die Mechanik und die Theorie des elektromagnetischen Feldes. Es war diese Dichotomie, auf die er zu Beginn seiner Schrift „Über den heuristischen Gesichtspunkt" von 1905 hinwies: „Zwischen den theoretischen Vorstellungen, welche sich die Physiker über die Gase und andere ponderable Körper gebildet haben, und der Maxwellschen Theorie der elektromagnetischen Prozesse im sogenannten leeren Raume besteht ein tiefgreifender formaler Unterschied." Er bezog sich dabei auf den Gegensatz zwischen der diskreten Mechanik der Materie, die in der Struktur atomar ist und in der eine endliche Anzahl von mechanischen Größen den Zustand eines Systems spezifiziert, und der kontinuierlichen Feldtheorie des Elektromagnetismus, in der eine Reihe von kontinuierlichen Funktionen nötig sind, um einen Zustand des Feldes zu spezifizieren. Dieser Dualismus zwischen Teilchen und Feld, zwischen Mechanik und Elektromagnetismus, war der Ausgangspunkt seiner Überlegungen. Es war ein störender Dualismus, da er zu ernsthaften Problemen führen konnte, und zwar dann, wenn die beiden unvereinbaren fundamentalen Theorien gemeinsam angewendet werden mußten. Einstein lieferte auch sogleich ein Beispiel für ein solches mögliches Problem: Es war ein so schwerwiegendes Problem, daß sein Freund Paul Ehrenfest es später mit der dramatischen Bezeichnung „Ultraviolett-Katastrophe" versah. Einsteins Beispiel handelte von der Strahlung schwarzer Körper, die kurz zuvor von Max Planck — freilich mit einer ganz anderen Forschungsmethode — detailliert untersucht worden war. Wir wollen nun Einsteins Vorgangsweise in dieser Situation genauer betrachten.

Einstein ging von einem Hohlraum aus, der von reflektierenden Wänden umgeben sein soll und der Gas und auch eine Anzahl von harmonisch gebundenen Elektronen enthalten soll. Diese Elektronen sollten sich wie geladene harmonische Oszillatoren verhalten und elektromagnetische Strahlung emittieren und absorbieren; und wenn das System zum thermodynamischen Gleichgewicht gelangte, dann würde das mit der „schwarzen Strahlung" identisch sein. Die oszillierenden Elektronen sollten auch mit den sich frei bewegenden Gasmolekülen durch Kollisionen Energie austauschen. Damit dienten diese oszillierenden Elektronen als Verknüpfung zwischen dem materiellen System, dem Gas, wie es durch die Mechanik beschrieben wird, und dem elektromagnetischen System, der Strahlung, so wie sie durch Maxwells Theorie beschrieben wird. Beide Theorien konnten dazu benutzt werden, die mittlere Energie u eines Oszillators von der Frequenz ν zu bestimmen, wenn das System bei der absoluten Temperatur T im Gleichgewicht war. Die statistische Mechanik des Gases erfordert ein Gleichgewicht der Oszillatoren mit den Gasmolekülen, damit sich eine mittlere Energie proportional zu T einstellt:

$$u = kT , \tag{1}$$

wobei k eine universelle Konstante ist, nämlich die Boltzmann-Konstante, wie sie heute genannt wird. Die elektromagnetische Theorie verlangte, daß die mittlere Energie des Oszillators proportional zur Energiedichte der umgebenden Strahlung sein müsse, wenn die Absorption und die Emission im Durchschnitt gleich sein sollen. Wenn $\rho(\nu, T)\mathrm{d}\nu$ die Energie der Strahlung pro Volumeneinheit im Frequenzintervall ν bis $\nu + \mathrm{d}\nu$ ist, dann muß die mittlere Energie u des Oszillators durch

$$u = (c^3/8\,\pi\,\nu^2)\,\rho(\nu, T) \tag{2}$$

angegeben werden, wobei c die Ausbreitungsgeschwindigkeit der elektromagnetischen Wellen, die Lichtgeschwindigkeit, ist.

Da die Gleichungen (1) und (2) nur alternative Formeln für die gleiche Größe u darstellen, können sie auch gleichgesetzt werden, und es ergibt sich:

$$\rho(\nu, T) = (8\pi\nu^2/c^3)kT. \tag{3}$$

Diese Gleichung sollte eigentlich die Energieverteilung im Spektrum der
schwarzen Strahlung durch die Bestimmung der Funktion $\rho(\nu, T)$ festgelegt
haben. Das erzielte Resultat stand aber nicht nur im Widerspruch zum Experiment, sondern es war auch in sich inakzeptabel. Denn wenn man versuchte,
die Gesamtenergie der Strahlung in einer Volumeneinheit zu berechnen, indem man $\rho(\nu, T)$ über alle Frequenzen integrierte, dann war das Ergebnis,
das aus der Gleichung (3) erzielt wurde, proportional zu $\int_0^\infty \nu^2\,d\nu$, und dieses
ist unendlich. Das Resultat, das sich aus der Kombination der mechanischen
und elektromagnetischen Gleichungen ergab, war in Wirklichkeit überhaupt
kein Resultat. Einstein deutete das als ein klares Zeichen dafür, daß die Physik mit der bestehenden Zweiteilung ihrer Grundlagen nicht weiter bestehen
konnte und daß diese Grundlagen auf die eine oder andere Weise vereinheit-
licht werden mußten.

Da Einstein damals keinen Weg sah, wie dieser Schritt durchgeführt werden
konnte, stellte sich ihm die Frage, was überhaupt zu tun sei. Er begann, die
Konsequenzen des Strahlungsspektrums $\rho(\nu, T)$, wie es seinerzeit bekannt
war, zu analysieren. Solange die Frequenz der zu betrachtenden Strahlung
nicht zu niedrig war (oder die Temperatur zu hoch), konnte das Spektrum
durch das Verteilungsgesetz, das Wilhelm Wien 1896 vorgeschlagen hatte, beschrieben werden:

$$\rho(\nu, T) = \alpha\nu^3 \exp[-\beta\nu/T], \tag{4}$$

wobei α und β Konstanten sind. Um die Konsequenzen dieser Verteilung zu
erkennen, behandelte Einstein die Strahlung als ein thermodynamisches System im Gleichgewichtszustand, als ein System also, das bestimmte Werte der
Entropie ebenso wie solche der Energie besitzt. Er zeigte, daß für den Fall,
daß Strahlung von der Frequenz ν betrachtet und die Energie E dieser
Strahlung unverändert belassen wird, während dabei das Volumen des Behäl-

50 Jahre des ganz bewußten Nachgrübelns haben mich der Antwort auf die Frage: „Was sind Lichtquanten?" um nichts näher gebracht. Heutzutage glaubt jeder Tom, Dick und Harry, daß er es weiß, aber er irrt sich.
Albert Einstein an Besso, 12. Dezember 1951

ters von V_0 zu V langsam verändert wird, sich die Entropie dieser Strahlung von S_0 zu S verändert, und zwar gemäß der Gleichung:

$$S - S_0 = (E/\beta\nu)\log(V/V_0) \, . \tag{5}$$

Dieses Resultat war der Entropie-Änderung eines idealen Gases von N Teilchen, dessen Volumen bei konstanter Energie (oder Temperatur) von V_0 zu V verändert wird, auffallend ähnlich:

$$(S - S_0)_{gas} = Nk \log(V/V_0) \, , \tag{6}$$

wobei k die gleiche universelle Konstante wie in Gleichung (1) ist. War das bloßer Zufall, oder bedeutete es in bezug auf die Natur der Strahlung nicht vielmehr etwas ganz Wesentliches? Die Antwort auf diese Frage hing von der Signifikanz des logarithmischen Formalismus für die Entropie ab. Um diesen genauer zu erforschen, wandte sich Einstein zunächst der Boltzmannschen statistischen Interpretation der Entropie zu, der zufolge die Entropie-Differenz $S - S_0$ zwischen zwei Zuständen eines makroskopischen Systems proportional zur relativen Wahrscheinlichkeit W des Auftretens dieser zwei Zustände ist:

$$S - S_0 = k \log W \, , \tag{7}$$

wobei dieselbe Konstante k wieder erscheint. Wenn man von den Bewegungsgesetzen, welche die Bewegungen der Gasteilchen beschreiben, und von der speziellen Natur dieser Teilchen einmal absieht, so zeigt sich: Solange sie sich unabhängig voneinander bewegen und keine Auszeichnung eines Teiles des vorhandenen Volumens gegenüber anderen zeigen, ist die Wahrscheinlichkeit, die N Teilchen in einem Teilvolumen V des Gesamtvolumens V_0 zu finden, ganz eindeutig

$$W = (V/V_0)^N \, . \tag{8}$$

Mit anderen Worten: Die logarithmische Abhängigkeit der Entropie eines Gases von seinem Volumen rührt von der Unabhängigkeit der Gasteilchen her.

Der nächste Schritt Einsteins bestand darin, das Argument umzukehren und es auf die Strahlung anzuwenden: Da die Entropie der Strahlung ganz genau die gleiche Form wie die des Gases hat, kann auch legitimerweise geschlossen

Das Jahr 1905 war Einsteins „annus mirabilis". Dank seiner Beiträge gilt der Band 17 dieses Jahrgangs der Annalen der Physik *heutzutage als einer der bedeutendsten Bände wissenschaftlicher Literatur überhaupt.*

G. J. Whitrow, Einstein: The Man and His Achievement

werden, daß die Wahrscheinlichkeit, die gesamte Strahlung (von der Frequenz ν) im Teilvolumen V zu finden, durch die Gleichung

$$W_{\mathrm{rad}} = (V/V_0)^{N'} \tag{9}$$

dargestellt werden kann, wobei der Exponent N' durch den Vergleich der Gleichungen (5) und (6) erhalten wird:

$$N' = (E/k\,\beta\nu) . \tag{10}$$

Einstein zog daraus die für ihn unvermeidbare Schlußfolgerung: „Monochromatische Strahlung von geringer Dichte (innerhalb des Gültigkeitsbereiches der Wienschen Strahlungsformel) verhält sich in wärmetheoretischer Beziehung so, wie wenn sie aus voneinander unabhängigen Energiequanten von der Größe $k\,\beta\,\nu$ bestünde."

Das war nun die Argumentationskette, die Einstein zu dem Vorschlag veranlaßt hatte, die Strahlung sei so zu behandeln, als sei sie aus einer Ansammlung von unabhängigen Energieteilchen zusammengesetzt. Er selbst nahm diesen Vorschlag sehr ernst und brachte ihn gleich bei mehreren Phänomenen zur Anwendung; eines davon war der photoelektrische Effekt.

Experimentelle Ergebnisse über die Emission von Elektronen von einer mit ultraviolettem Licht bestrahlten Metalloberfläche lagen im Jahre 1905 in nur geringem Maße vor, doch es war allgemein bekannt, daß die Energie der ausgesandten Elektronen von der Intensität des einfallenden Lichtes unabhängig ist. Das aber war völlig unverständlich, wenn man davon ausging, daß das Licht eine Welle war, da die Intensität einer Welle stets ein Maß für die mitgeführte Energie ist. Wenn man jedoch den Vorschlag Einsteins akzeptierte, konnte der Prozeß der photoelektrischen Emission als eine Kombination von unabhängigen Vorgängen betrachtet werden. Der einfachste Vorgang war die Absorption eines Quants Energie durch ein Elektron in einer Metalloberfläche und seine Umwandlung in die kinetische Energie des Elektrons, die dadurch freigesetzt wird. Die maximale Energie eines solchen Photoelektrons würde dann durch die Energie eines Lichtquants bestimmt, und diese ist nach Einsteins Hypothese $k\,\beta\,\nu$. Die maximale kinetische Energie des Elektrons konnte aber nicht gleich $k\,\beta\,\nu$ sein, da es ein großes Maß an Arbeit, P, erfordern

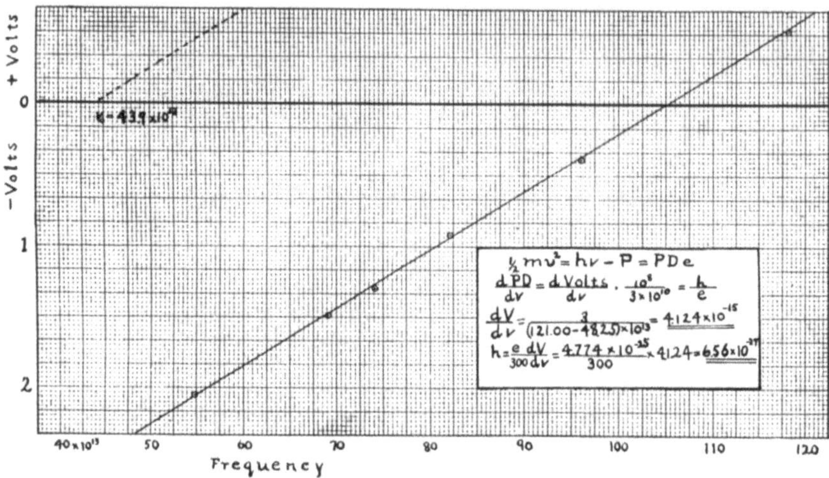

Bild 36 Millikans Bestätigung der photoelektrischen Gleichung Einsteins

würde, um das Elektron aus dem Metall loszulösen. Und so würde die Gleichung für die maximale Energie der Photoelektronen, $(E_k)_{\mathrm{max}}$, lauten:

$$(E_k)_{\mathrm{max}} = k\beta v - P \, . \tag{11}$$

Dieses Argument erklärt sofort die Unabhängigkeit der Elektronenenergie von der Intensität des einfallenden Lichts, da eine Zunahme der Intensität auch die Anzahl der einfallenden Quanten vergrößern würde, ohne die Energie $k\beta v$ des einzelnen Lichtquants zu beeinflussen. Die Energie des emittierten Photoelektrons würde geringer als das durch die Gleichung (11) vorausgesagte Maximum sein, wenn die Energie eines Quants auf mehrere Elektronen verteilt würde oder wenn das Elektron eher aus dem Inneren des Metalls als von seiner Oberfläche herrühren würde. Die maximale Energie kann dadurch gemessen werden, daß man jenes elektrische Potential Y_{stop} bestimmt, das gerade benötigt wird, um irgendein Photoelektron daran zu hindern, die „einsammelnde" Elektrode zu erreichen. Wenn e die Ladung eines Elektrons ist, kann die Gleichung (11) folgendermaßen neu geschrieben werden:

$$Y_{\mathrm{stop}} = (k\beta/e)v - (P/e) \, . \tag{12}$$

Das Bremspotential sollte eine Gerade sein, wenn es über der Frequenz des einfallenden (monochromatischen) Lichts aufgetragen wird. Die Steigung dieser Linie $(k\beta/e)$ sollte für alle emittierenden Oberflächen die gleiche sein, und diese universelle Steigung hängt nun von Universalkonstanten ab, die auf

Grund von Experimenten mit völlig unterschiedlichen Phänomenen bestimmbar sind. Nur die Arbeit P ist für die besondere Metalloberfläche charakteristisch, die im Experiment benutzt wird.

Diese Voraussagen traf Einstein auf Grund seiner Lichtquanten-Hypothese; sie waren beinahe ebenso bemerkenswert wie die Hypothese selbst, da im Jahre 1905 praktisch nichts über die Frequenzabhängigkeit des Bremspotentials für Photoelektronen bekannt war. Es sollte noch ein Jahrzehnt der schwierigsten Experimente vergehen, bevor Einsteins Gleichung (12) völlig bestätigt werden konnte, und zwar vor allem durch die Arbeit von Robert A. Millikan. Noch im Jahre 1916 meinte Millikan — obwohl er andererseits erklärt hatte, daß Einstein „die beobachteten Resultate genau" vorausgesagt habe —, daß Einsteins Idee der Lichtquanten „eine kühne, um nicht zu sagen, tollkühne Hypothese" sei, die „nun fast allgemein aufgegeben" worden sei.

3 Als Einstein die Nützlichkeit, den „heuristischen" Wert, der Lichtquanten auf Grund der gerade beschriebenen Argumente behauptete, hatte er bereits Max Plancks Schrift über die Theorie der Strahlung schwarzer Körper gelesen. Planck hatte seit 1897 an diesem Problem gearbeitet, und im Jahre 1900 verkündete er eine neue Formel der Strahlungsverteilung, welche das Wiensche Gesetz (s. Gleichung (4)) verallgemeinerte und Gültigkeit für alle Frequenzen und Temperaturen beanspruchte:

$$\rho(\nu, T) = \left(\frac{8\pi\nu^2}{c^3}\right) \frac{h\nu}{\exp(h\nu/kT) - 1} \tag{13}$$

Die Konstante h (die Plancksche Konstante), die in diesem Strahlungsgesetz aufscheint, hängt mit den vorher eingeführten Konstanten durch die Gleichung

$$h = \beta k \tag{14}$$

zusammen, wie leicht festgestellt werden kann, wenn man die Grenzform der Gleichung (13) für große Werte von $(h\nu/kT)$ betrachtet, in der sie auf die Wiensche Formel zurückführt. Beim anderen Extrem dagegen, bei kleinen Werten von $(h\nu/kT)$, d.h. niedrigen Frequenzen oder hohen Temperaturen,

Im Verlauf meines ersten Gesprächs mit Einstein gab es einen amüsanten Zwischenfall. Ich war sehr nervös und noch sehr schüchtern. Nachdem wir ungefähr 20 Minuten miteinander gesprochen hatten, kam plötzlich das Hausmädchen mit einer riesigen Suppenschüssel herein. Ich überlegte, was das wohl bedeuten mochte, und nahm an, daß es für mich wahrscheinlich das Zeichen zu gehen sei. Als das Mädchen dann wieder den Raum verlassen hatte, flüsterte mir Einstein verschwörerisch zu: „Das ist ein Trick. Wenn mich das Gespräch mit jemandem langweilt, schiebe ich den Suppentopf nicht weg; das Mädchen nimmt dann meinen Besucher mit hinaus, und ich bin frei.

L. L. Whyte, *in:* **G. J. Whitrow,** Einstein: The Man and His Achievement

stimmt das Ergebnis Plancks mit dem inadäquaten Resultat der Mechanik und der elektromagnetischen Theorie (s. Gleichung (3)) überein, wie Einstein in seiner Schrift von 1905 ausführt.

Plancks Herleitung seines Verteilungsgesetzes war jedoch nicht leicht zu entwirren; und Einstein sah zu dieser Zeit noch keine direkte Verbindung zwischen seiner eigenen Arbeit und der Schrift Plancks. Ich sage bewußt „keine direkte Verbindung", weil Einstein Plancks Schrift natürlich gelesen und darüber nachgedacht hatte; sie hatte ihn sogar zu seiner eigenen Betrachungsweise der Strahlung angeregt, einer Betrachtungsweise, die ganz anders als diejenige Plancks war. Erst 1906 erkannte Einstein, daß Planck gleichfalls eine neue Diskretheit in die Physik eingeführt hatte. Im Falle Plancks war es nicht die Strahlungsenergie, die als lokalisiert in Teilchen oder Quanten betrachtet wurde, sondern eher die Energie der geladenen harmonischen Oszillatoren — jener schwingenden Elektronen, welche die Strahlung emittierten und absorbieren —, die nur bestimmte diskrete Werte annehmen konnte, anstatt kontinuierlich zu variieren. Planck hatte sich in diesem Punkt nicht sehr klar ausgedrückt. Er führte die Diskretheit als ein Mittel ein, das die Berechnung möglich machen sollte, und er bestand nicht auf irgendwelcher physikalischen Bedeutung seiner „Energieelemente", wie er sie zu jener Zeit, 1900, da er sie in die Physik einführte, nannte.

Gegen Ende 1906, nachdem er Plancks Buch über die Strahlungstheorie studiert und seine eigenen Ideen nachdrücklicher verfolgt hatte, war Einstein dann soweit, daß er einige überraschende Konsequenzen seiner Überlegungen vorlegen konnte. Wie Planck die geladenen Oszillatoren in seiner Theorie behandelte, war gleichbedeutend mit der Behauptung, daß ein Oszillator der

Man hat gesagt, gesunder Menschenverstand sei das Vorrecht der Guten, während die Bösen durch dessen Fehlen vernichtet würden. Wir sollten uns überlegen, ob Ähnliches nicht auch für die Wahrheit gilt, daß nämlich die Wahrheit das Vorrecht der Einfachen ist und daß nur diejenigen, die in einem gewissen Sinn ohne Arglist sind, überhaupt in der Lage sind, die Wahrheit zu erkennen. Im Falle Einsteins trifft es zu, daß tatsächlich eine innere, notwendige Verbindung besteht zwischen der außergewöhnlichen Einfachheit seiner theoretischen Arbeiten und der persönlichen Einfachheit des Menschen selbst. Wir fühlen, daß nur ein so einfacher Mensch solche Ideen hat schaffen können.

Henry Le Roy Finch, in: Conversations with Einstein

Frequenz ν nur Energien von der Größe 0, $h\nu$, $2\,h\nu$, ..., $nh\nu$, ... und keine anderen annehmen könne. Die mittlere Energie u eines solchen Oszillators im Gleichgewicht bei der Temperatur T konnte nicht länger durch die Gleichung (1) wiedergegeben werden, sondern statt dessen durch die Gleichung

$$u = \frac{h\nu}{\exp(h\nu/kT) - 1} \ , \tag{15}$$

die auf das frühere Resultat zurückführt, wenn $(h\nu/kT)$ sehr klein ist. Das bedeutete eine Modifikation der kinetischen, molekularen Wärmetheorie bzw. der statistischen Mechanik, wie wir heute sagen würden — eine Modifikation mit bedeutenden Implikationen, wie Einstein darlegte: „Während wir bisher annahmen, daß molekulare Bewegungen den gleichen Gesetzen unterworfen seien, die auch für die Bewegungen der direkt sichtbaren Körper gelten, müssen wir nun annehmen, daß für Ionen, die bei einer bestimmten Frequenz schwingen können und die den Energieaustausch zwischen Strahlung und Materie möglich machen, die Vielfalt von möglichen Zuständen kleiner ist als für Körper unserer direkten Erfahrung." Doch das war nicht alles; Einstein fährt fort: „Ich glaube nun, daß wir mit diesem Ergebnis nicht zufrieden sein sollten. Denn die folgende Frage drängt sich uns auf: Wenn die elementaren Oszillatoren, die in der Theorie des Energieaustausches zwischen Strahlung und Materie benutzt werden, nicht im Sinne der vorliegenden kinetischen Molekulartheorie interpretiert werden können, müssen wir die Theorie dann nicht auch für die anderen Oszillatoren, die in der Molekulartheorie der Wärme benutzt werden, modifizieren? Meiner Meinung nach gibt es keinen Zweifel über die Antwort. Wenn Plancks Strahlungstheorie den Kern der Sache trifft, dann müssen wir auch damit rechnen, Widersprüche zwischen der gegenwärtigen kinetischen Molekulartheorie und dem Experiment in anderen Bereichen der Wärmetheorie zu finden — Widersprüche, die auf ähnliche Weise gelöst werden können.“

Einstein erkannte, daß das Ergebnis von Planck nur der Beginn sein konnte und daß diese unerwartete Diskretheit der Energie in einer Vielzahl von anderen Situationen gleichfalls vorherrschen mußte. Mit anderen Worten: Einstein erkannte die Notwendigkeit einer Quantentheorie, die nach ihrer Vollendung sowohl die Eigenschaften der Materie als auch die der Strahlung klären konnte. Er selbst konnte eine solche Theorie im allgemeinen nicht konstruieren, doch er konnte — und er tat es auch — auf einen jener „Widersprüche zwischen der gegenwärtigen kinetischen Molekulartheorie und dem Experiment“ hinweisen, der bereits vorhanden war; und er konnte zeigen, wie dieser mit Hilfe der neuen Diskretheit in der Energie gelöst werden konnte. Dieser Widerspruch betraf die spezifische Wärme von Festkörpern.

Die kalorimetrischen Messungen, die Dulong und Petit zu Beginn des 19. Jahrhunderts durchgeführt hatten, hatten ergeben, daß die Wärmekapazitäten der Elemente in Festkörpern einen gemeinsamen Wert besaßen, wenn jede dieser Wärmekapazitäten für ein Mol der fraglichen Substanz genommen wurde. Diese Dulong-Petit-Regel lieferte eine brauchbare Methode für das Abschätzen des Atomgewichts; und sie fand außerdem in der kinetischen Molekulartheorie eine einfache Erklärung. Wenn die thermischen Bewegungen der Atome in einem Festkörper als einfache harmonische Schwingungen um Gleichgewichtspositionen angenommen würden, dann gäbe es drei unabhängige Bewegungen pro Atom oder $3 N_0$ für ein Mol der Substanz (N_0 ist die Avogadrosche Zahl, die Anzahl der Atome in einem Mol). Jede Schwingung in einem Festkörper bei der Temperatur T würde eine mittlere Energie von kT haben, wie es die Gleichung (1) verlangt, und so müßte die thermische Gesamtenergie eines Mols eines Festkörpers $3 N_0 kT$ oder $3 RT$ sein, wobei R die Gaskonstante ist. Die Veränderungsrate dieser thermischen Energie mit der Temperatur ist die spezifische Wärme pro Mol; sie hat den Wert $3 R$ oder ungefähr 6 Kalorien pro Grad, d.h. den Dulong-Petit-Wert. Soweit gibt es keinerlei Widerspruch. Doch diese Erklärung der Dulong-Petit-Regel bewies zu viel, da die Regel tatsächlich nur eine Regel war. Von einer Anzahl von Elementen war nämlich bereits bekannt, daß sie eine spezifische Wärme besitzen, die viel kleiner als der Dulong-Petit-Wert ist. Diese Ausnahmen finden sich vor allem bei den leichtesten Elementen, so wie Bor und Kohlenstoff. Und es war gleichfalls vor 1900 bekannt, daß ihre spezifische Wärme sich mit der Temperatur schnell ändert und sich dem Dulong-Petit-Wert weit oberhalb der Zimmertemperatur nähert.

Es gab außerdem noch ein anderes Problem — ein Problem, das vielleicht noch störender als die Ausnahme von der Dulong-Petit-Regel war: Um 1906 war allgemein bekannt, daß die Atome eine innere Struktur besitzen und daß sie in einer gewissen Weise Elektronen „enthielten". Die Frequenzen, mit denen ultraviolettes Licht in Festkörpern absorbiert wurde, waren mit Elektronenbewegungen assoziiert worden, so wie die Infrarot-Absorptionsfrequenzen mit Ionen-Schwingungen assoziiert wurden. Warum steuerten diese Elektronenbewegungen so gar nichts zur spezifischen Wärme des Festkörpers bei — an Stelle jenes Betrages k pro Schwingung, den die klassische Theorie zu verlangen schien?

Einstein löste alle diese Schwierigkeiten mit einem Schlag. Wenn er recht hatte, daß alle Oszillationen im atomaren Maßstab „gequantelte" Energien besitzen mußten („wenn Plancks Theorie den Kern der Sache trifft"), dann hatte jeder Oszillator anstatt des klassischen Wertes kT eine mittlere Energie, so wie sie durch die Gleichung (15) dargestellt wird. Was die elektronischen Oszillationen bei ultravioletten Frequenzen anbelangte, so war sogleich erkennbar, daß sie bei praktisch jeder Temperatur geringfügige Beiträge leisteten, da $(h\nu/kT)$ bei so hohen Frequenzen eine große Zahl ist und die mittlere Energie, die durch die Gleichung (15) gegeben ist, in Wirklichkeit praktisch gegen Null geht, genau wie auch ihre Ableitung nach der Temperatur. Bei den atomaren Schwingungen ging Einstein von einer möglichst einfachen Annahme aus, wobei er sich durchaus bewußt war, daß sie vielleicht sogar zu stark vereinfachend war: Er ging davon aus, daß alle diese Schwingungen unabhängig und von gleicher Frequenz seien. Die Energie U eines Mols Festkörper würde dann durch die Gleichung ausgedrückt:

$$U = \frac{3\,N_0\,h\nu}{\exp(h\nu/kT) - 1}\,.\tag{16}$$

Die spezifische Wärme erhält man, indem man U nach der Temperatur T differenziert. Wenn man diese spezifische Wärme als eine Funktion der Temperatur oder genauer von $(kT/h\nu)$ aufträgt, dann erhält man eine Kurve, die langsam und monoton von Null ansteigt und sich dem Dulong-Petit-Wert, $3\,R$, asymptotisch nähert, wenn $(kT/h\nu)$ groß wird. Vereinfachend gesagt: Die spezifische Wärme ist geringfügig klein, wenn $(kT/h\nu)$ weniger als 0,1 beträgt, und sie hat ungefähr den vollen Wert von $3\,R$, wenn $(kT/h\nu)$ beträchtlich größer als 1 ist. Da von leichten Atomen erwartet wird, daß sie höhere Schwingungsfrequenzen als schwerere haben — während die anderen Verhältnisse durchaus gleich sind — erklärte dieses Ergebnis bereits in qualitativer Weise, warum leichte Elemente eine ungewöhnlich niedrige spezifische Wärme bei Zimmertemperatur haben.

Diese Theorie der spezifischen Wärme zeigte eine wichtige und zuvor nicht vermutete Verbindung zwischen den optischen und thermischen Eigenschaften der Festkörper auf. Einstein setzte dann die Schwingungsfrequenz der Atome mit der Frequenz der optischen Absorption gleich — zumindest bei den Kristallen, in denen eine solche Absorption stattfand. Die Daten, die ihm

*Die Geschichte der Physik enthält viele klassische Beispiele
der ganz eindeutig, nichtwissenschaftlichen Haltung der
„Anhänger". Die genaue Untersuchung solcher Fälle kann
dem Physiker durchaus ein „Gefühl" dafür vermitteln, ähnliche Vorkommnisse in der heutigen Zeit zu erkennen. Als
Einstein einmal über einen solchen Fall nachdachte — über
die unterschiedliche Haltung Newtons und seiner Nachfolger —, sagte er: „Newton war sich der Schwächen, die seinem
geistigen Bauwerk innewohnten, sehr viel deutlicher bewußt
als die nachfolgende Generation gelehrter Wissenschaftler.
Diese Tatsache hat immer meine tiefe Bewunderung erregt."*
Stanley L. Jaki, The Relevance of Physics

zur Verfügung standen, waren mit dieser Beziehung vereinbar, und in mehreren Fällen war er sogar in der Lage, aufgrund der gemessenen spezifischen
Wärme und seiner Gleichung für die Temperaturabhängigkeit dieser Wärme
ziemlich genaue Voraussagen über die Absorptionsfrequenz zu machen.

Noch wichtiger als diese Beziehung zwischen optischen und thermischen
Eigenschaften war aber das allgemeine Theorem, das in Einsteins Theorie als
Implikation enthalten war: Die spezifische Wärme aller Festkörper muß bei
einer ausreichend niedrigen Temperatur verschwindend klein werden. Jene
Festkörper, die als Ausnahmen bezeichnet worden waren, weil sie der Dulong-
Petit-Regel nicht entsprachen, sollten nun nicht länger als Ausnahmen betrachtet werden. Sie zeigten nur die universelle Abnahme der spezifischen Wärme
mit abnehmender Temperatur bei relativ hohen Temperaturen, und zwar aufgrund ihrer leichten Atome und ihrer entsprechend hohen Schwingungsfrequenzen. Kohlenstoff in Form eines Diamant-Kristalls zum Beispiel erreichte
nicht den vollen Dulong-Petit-Wert seiner spezifischen Wärme; es sei denn, er
würde auf über 1000 °C erhitzt. Und seine spezifische Wärme war nur ungefähr
ein Zehntel dieses Werts, wenn er auf −50 °C abgekühlt wurde. Einstein
benutzte die Daten über den Diamanten, dessen spezifische Wärme als eine
Funktion der Temperatur gemessen worden war, um seine theoretische Gleichung zu testen. Er konnte sie freilich nicht an anderen Materialien — vor
allem solchen, die der Dulong-Petit-Regel bei Zimmertemperatur entsprachen — überprüfen, da keinerlei Daten für das Verhalten anderer spezifischer
Wärmen bei niedrigen Temperaturen verfügbar waren.

Experimente dieser Art wurden wenige Jahre später von Walther Nernst und
seinen Mitarbeitern in Berlin durchgeführt, freilich nicht um Einsteins Theorie
der spezifischen Wärme zu überprüfen, sondern um Nernsts eigene Ideen über
die thermodynamischen Eigenschaften der Materie in der Nähe des absoluten

Nullpunkts der Temperatur zu bestätigen. In den Jahren 1910 und 1911 erkannte Nernst dann, daß die vielen spezifischen Wärmen, die er gemessen hatte, bei genügend niedrigen Temperaturen abnahmen, und er erfuhr, daß diese Erkenntnisse durch Einsteins Quantentheorie der spezifischen Wärme bereits vorausgesagt worden waren. Nernst war davon sehr beeindruckt und wurde danach ein unerschütterlicher Verteidiger der neuen Quantentheorie von Planck und Einstein, auch wenn er sie als „eine sehr seltsame, wenn nicht sogar groteske Regel (für die Berechnung)" bezeichnete.

Das gesamte Thema wurde bei der ersten der berühmten Solvay-Konferenzen über Physik, die der belgische Industrielle und Chemiker Ernest Solvay ins Leben gerufen hatte, erörtert. Diese erste Konferenz fand im Jahre 1911 statt. Das Thema lautete: Strahlungstheorie und Quanten. Lorentz, Planck, Nernst und Einstein gehörten zu den Vortragenden. Einsteins Vortrag hatte den Titel: „Zum gegenwärtigen Stande des Problems der spezifischen Wärme."

4 Einstein faßte später seine Empfindungen über den Stand der Physik der damaligen Zeit mit folgenden Worten zusammen: „Es war wie wenn einem der Boden unter den Füßen weggezogen worden wäre, ohne daß sich irgendwo fester Grund zeigte, auf dem man hätte bauen können." Einen Großteil seiner Bemühungen verwendete er auf die unaufhörliche Überprüfung der Konsequenzen des Planckschen Verteilungsgesetztes für die Strahlung des schwarzen Körpers, wobei er vor allem zu ergründen trachtete, was dieses in bezug auf die Struktur der Strahlung und den Status der elektromagnetischen Feldtheorie besagte. 1909 berichtete er beim jährlichen Kongreß der Gesellschaft deutscher Naturforscher, der in jenem Jahr in Salzburg stattfand, über einige Ergebnisse seiner Forschungen. Es war dies seine erste Ansprache vor einer bedeutenden wissenschaftlichen Versammlung und zugleich die erste Gelegenheit für ihn, mit vielen der Wissenschaftler, deren Werke er studiert hatte, persönlich zusammenzutreffen.

In seiner Ansprache ging Einstein besonders darauf ein, wie weit sich Planck in seiner Theorie für die Strahlung schwarzer Körper von den klassischen Ideen über die Strahlung entfernt habe. Die Antwort Plancks enthielt das Gesetz, das in Gleichung (13) zum Ausdruck kommt; es wurde durch Experimente über das ganze zugängliche Spektrum bestätigt, doch konnte man immer noch einige Zweifel hegen. „Ist es nicht vorstellbar", fragte Einstein, „daß die Plancksche Strahlungsformel tatsächlich richtig ist, daß sie aber durch eine Methode hergeleitet werden kann, die nicht auf einer solchen offensichtlich monströsen Annahme, wie Planck sie benutzt, gegründet ist? Ist es nicht möglich, die Hypothese der Lichtquanten durch eine andere Hypothese zu ersetzen, die den bekannten Phänomenen gleichfalls Rechnung trägt? Wenn es schon notwendig ist, die Prinzipien der Theorie zu modifizieren, kann man nicht zumindest die Gleichungen für die Ausbreitung von Strahlung beibehalten und nur die elementaren Vorgänge der Emission und

Bild 37 Die 1. Solvay-Konferenz, Brüssel 1911

Absorption in einer Weise interpretieren, die von der zuvor angewandten unterschieden ist?"

Die Antwort Einsteins auf alle diese Fragen lautete: „Nein!" Es war nicht möglich, das an sich zufriedenstellende Verteilungsgesetz Plancks ohne gleichzeitiges Akzeptieren der neuen und störenden Diskretheit in der Natur anzunehmen. Einstein rechtfertigte diese seine Meinung, indem er seine frühere Anwendung der Boltzmann-Beziehung zwischen Entropie und Wahrscheinlichkeit (Gleichung (7)) erweiterte: Wenn man annimmt, daß die Strahlung ein thermodynamisches System ist, dessen Gleichgewichtszustand durch das Plancksche Gesetz beschrieben wird, dann kann man die Schwankungen in seinem Energiezustand berechnen. Wenn man jenen Teil der schwarzen Strahlung in einem Hohlraum V betrachtet, dessen Frequenzen in einem kleinen Intervall zwischen ν und $\nu + d\nu$ liegen, dann wird man erkennen, daß die mittlere quadratische Schwankung in ihrer Energie $(\Delta E)^2$ durch die Formel

$$(\Delta E)^2 = V\,d\nu\,[h\nu\rho + (c^2/8\,\pi\,\nu^2)\rho^2] \tag{17}$$

ausgedrückt werden kann, wobei ρ durch das Plancksche Gesetz (Gleichung (13)) gegeben ist. Einstein war in der Lage, diese beiden Terme einzeln zu bestimmen. Der erste ist gerade die Fluktuation, die in einer Ansammlung von unabhängigen Energiequanten, von denen jedes die Energie $h\nu$ besitzt, zu erwarten ist. Der zweite ist die Fluktuation, die aus interferierenden Wellen herrühren würde.

Einstein meinte dazu, das sei so, als ob es zwei unabhängige Ursachen gebe, welche die Schwankungen hervorbrächten, wobei ihre getrennten Beiträge einfach additiv seien. Im Bereich hoher Frequenz und niedriger Temperatur, wo das Plancksche Gesetz in das Wiensche übergeht, dominiert der erste Term oder der Teilchen-Begriff. Im Bereich niedriger Frequenzen und hoher Temperatur, wo die klassische Verteilung zu finden ist, dominiert der zweite Term oder der Wellen-Begriff. Einstein folgerte, daß das teilchenartige Verhalten im Bereich hoher Frequenz eine notwendige Konsequenz des Planckschen Verteilungsgesetzes sei. Man könne nicht hoffen, es durch eine neue Ableitung der Verteilung von alternativen Annahmen zu umgehen; das teilchenartige Verhalten folge aus dem Gesetz selbst. Während Planck die Quantelung als eine *hinreichende* Bedingung für das Ableiten seines Strahlungsgesetzes eingeführt hatte, argumentierte Einstein, daß sie eine *notwendige* Implikation dieser Verteilung sei.

Das Ergebnis seiner Untersuchungen über die Fluktuationen mit seinen beiden unabhängigen Bestandteilen, das Einstein auch durch weitere Argumente anderer Art bestätigen konnte, besagte jedoch noch etwas anderes: Einsteins früherer heuristischer Vorschlag der Lichtquanten wollte niemals mehr als ein solcher sein; er hatte niemals behauptet, daß er eine neue Theorie liefere, welche die Theorie des elektromagnetischen Feldes von Maxwell ersetzen

> *... trotz der vielen Hinweise, die für seine Menschenfreundlichkeit sprechen, gibt es doch viele Anzeichen dafür, daß er außerordentlich selbstgenügsam war. Nur ein so selbstgenügsamer Mensch wie er konnte seine ersten epochemachenden Entdeckungen so im Verborgenen ausarbeiten. Trotz vieler Freundschaften war er im Grunde ein einsamer Mensch. Dies war vielleicht die Strafe, mit der er für die Gnade so außergewöhnlicher Fähigkeiten bezahlen mußte.*
> *Christopher Sykes, in: G. J. Whitrow,* Einstein: The Man and His Achievement

könne. Doch nun gab es zumindest einen Hinweis auf die geeignete Richtung, aus der ein Fortschritt kommen konnte, da der Wellen- und Teilchen-Aspekt der Strahlung in einer einzigen Gleichung gemeinsam aufschienen. „Meiner Meinung nach", erklärte Einstein, „wird uns die nächste Entwicklungsphase der theoretischen Physik eine Lichttheorie bringen, die als eine Art von Verschmelzung der Wellentheorie und der Emissions(Teilchen)-Theorie interpretiert werden kann." Das Problem bestand darin, den nächsten Schritt zu tun, denn „... die Schwankungs-Eigenschaften bieten nur eine schwache Stütze, um darauf eine Theorie aufzubauen". Und im übrigen, hätte man nichts über Interferenz oder Beugungs-Phänomene gewußt und nur den zweiten (Wellen-) Begriff der Schwankung zur Verfügung gehabt, um damit weiterzuarbeiten, „... wer hätte wohl genügend Vorstellungskraft besessen, um die Wellentheorie des Lichtes auf dieser Grundlage zu konstruieren?"

So schwierig die Aufgabe auch war, Einstein versuchte es dennoch. Während der Jahre 1908 bis 1911 rang er mit dem Problem und bemühte sich, eine Art von nichtlinearer Gleichung zu konstruieren, die es ihm erlauben würde, sowohl die Strahlungskonstante h als auch die Elektronenladung e in die Theorie einzuführen. Er hoffte, daß die Diskretheit der Ladung neben der Diskretheit der Energie gleichzeitig in der Theorie erscheinen könne, da die Kombination (e^2/hc) dimensionslos ist. Obwohl er nur wenige Randbemerkungen über seine Arbeit veröffentlichte, wissen wir doch aus seinem Briefwechsel dieser Jahre, wie angestrengt er an dem Strahlungsproblem arbeitete. Vor allem in seiner Korrespondenz mit H.A. Lorentz, mit dessen Elektronentheorie sich Einstein damals sehr beschäftigte, kommt das zum Ausdruck. Im Mai 1911 schrieb Einstein an seinen engsten Freund Michele Besso, daß er nun nicht länger versuche, Quanten zu konstruieren, „weil ich nun weiß, daß mein Gehirn unfähig ist, solch ein Ding zustande zu bringen". Ungefähr in dieser Zeit wandte Einstein seine gesamte Aufmerksamkeit dem Gravitationsproblem mit seinen historischen Konsequenzen zu.

5 Als Einstein im Jahre 1916 das Strahlungsproblem wieder aufgriff, hatte es unterdessen wesentliche Veränderungen in der Quantentheorie gegeben. Die Arbeiten von Niels Bohr hatten gezeigt, daß die Quantenbegriffe die Möglichkeit boten, die Struktur der Atome und die Charakteristika der Spektren, die sie emittieren, zu verstehen. Obwohl Einstein selbst nicht an diesen Problemen arbeitete, wurde er doch eindeutig von Bohrs Ideen beeinflußt, so wie auch Bohr von den seinen bestimmt worden war. Einsteins eigene neue Arbeit bestand in erster Linie in einer neuen Ableitung des Planckschen Verteilungsgesetzes. In einer Druckschrift wies er auf diese Ableitung hin und bezeichnete sie als „erstaunlich einfach und allgemein"; und in einem Brief an Besso meinte er, es sei „vielleicht *die* Ableitung" dieses wichtigen Gesetzes. Diese neue Ableitung vermied einen inneren Widerspruch, der noch Plancks eigene Darstellung beeinträchtigt hatte, nämlich das elektromagnetische Resultat, wie es in Gleichung (2) zum Ausdruck kommt, in einer Situation anzuwenden, wo die Annahmen, die dieser Gleichung zugrunde liegen, verletzt werden. Einstein war sich dieser Schwierigkeit seit 1906 bewußt gewesen und hatte nun einen Weg gefunden, sie zu vermeiden.

Die neue Ableitung basierte auf statistischen Annahmen über die Vorgänge der Emission und der Absorption von Strahlung — Annahmen, die mit Absicht so gewählt worden waren, daß dem Muster der klassischen Theorie gefolgt werden konnte, ohne diese jedoch im Detail zu übernehmen. Diese Ableitung benutzte außerdem die grundlegende Annahme der Theorie Bohrs, daß nämlich atomare Systeme eine diskrete Reihe von möglichen stationären Zuständen haben. Die Beweisführung verwendete auch die Voraussetzung, daß die Absorption und Emission von Strahlung genüge, um ein Gas aus Atomen im thermodynamischen Gleichgewicht zu halten. (Durch diese Schrift wurde im übrigen der Begriff der stimulierten Emission in die Quantenphysik eingeführt, und deshalb wird oft behauptet, daß sie die Basis für den Laser geliefert habe.)

Einsteins neuer Lösungsversuch des Strahlungsproblems beinhaltete auch Argumente für den gerichteten Charakter der Strahlung, die von einem Atom emittiert wird. Er zeigte, daß in jedem einzelnen Emissionsprozeß, in dem ein Quant mit der Frequenz ν emittiert wird, dieses Quant einen Impuls $h\nu/c$ in eine bestimmte Richtung mittragen muß; sphärische Wellen wurden ausgeschlossen. Einstein betrachtete seinen theoretischen Beweis, daß alle Strahlung genau gerichtet sein müsse, als den bedeutendsten Aspekt seiner Schrift. Für dieses Resultat gab es damals noch keine wirkliche experimentelle Stütze; diese folgte jedoch wenige Jahre später in Form des Comptoneffekts, der Zunahme der Wellenlänge von Röntgenstrahlen, die durch effektiv freie Elektronen gestreut werden. Im Jahre 1923 zeigten Arthur Compton und Peter Debye unabhängig voneinander, daß der Comptoneffekt erklärt werden konnte, wenn die Streuung wie eine Kollision zwischen einem freien Elektron im Ruhezustand und einem Lichtquant der Energie $h\nu$ und des Impulses $h\nu/c$

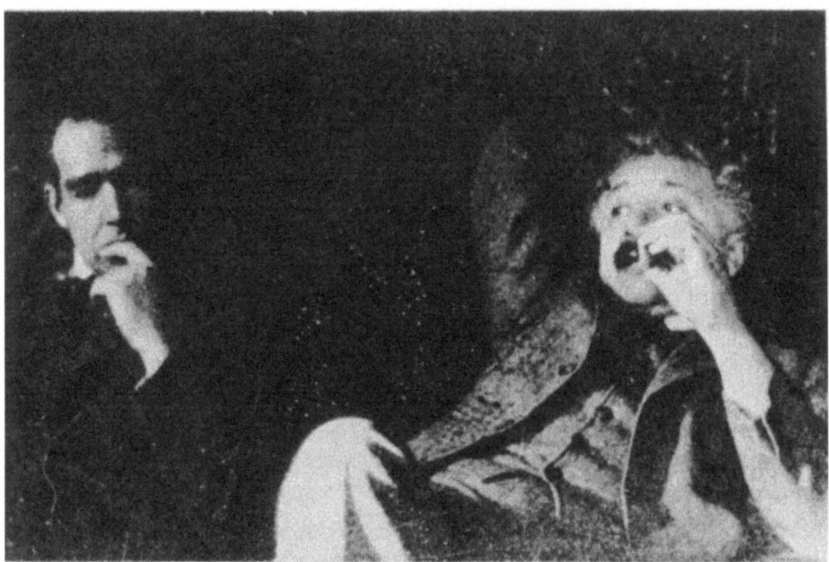

Bild 38 Einstein und Niels Bohr, in Gedanken vertieft (etwa 1927 von Ehrenfest aufgenommen)

in Richtung des einfallenden Strahls betrachtet wird, wobei die Erhaltungssätze gelten müssen. Diese erfolgreiche Behandlung des Comptoneffekts machte das Lichtquant für viele Physiker, die sich zuvor geweigert hatten, es überhaupt ernst zu nehmen, endlich akzeptabel.

Während der 20er Jahre standen die Probleme der Anwendung der Quantentheorie auf die atomare Struktur und die atomaren Spektren im Zentrum des Interesses der Physiker. Einstein nahm an dieser Entwicklung, die so viele seiner Kollegen (von Niels Bohr, Arnold Sommerfeld und Max Born bis zu ihren jüngeren Kollegen wie H. A. Kramers, Werner Heisenberg und Wolfgang Pauli) beschäftigte, nicht teil. Doch obwohl sein Hauptinteresse in diesen Jahren der Verallgemeinerung der Relativitätstheorie galt, dachte Einstein dennoch weiter über die Probleme der Quanten nach.

1924 ergab sich für Einstein erneut die Gelegenheit der Beschäftigung mit dieser Frage, als er die englisch abgefaßte Arbeit eines jungen indischen Physikers, S. N. Bose, erhielt. Bose legte darin eine Theorie dar, in der die Strahlung wie ein Gas aus Lichtquanten behandelt wurde. Dieser Ansatz war freilich vorher schon versucht worden, doch wenn man das Gas aus Quanten mit den üblichen statistischen Methoden behandelte, endete man eher beim Wienschen

Strahlungsgesetz als bei dem von Planck. Durch Änderung des statistischen Verfahrens beim Zählen der Zustände des Gases war es Bose jedoch gelungen, die entsprechende Plancksche Verteilung zu erhalten. Einstein war von dieser Schrift sehr angetan. Er übersetzte sie ins Deutsche und sorgte dafür, daß sie veröffentlicht wurde; und dann ging er daran, die Idee Boses auf ein Gas von materiellen Teilchen anzuwenden. Dieses Bose-Einstein-Gas, wie es später genannt werden sollte, zeigte eine Vielfalt von neuen und interessanten Eigenschaften.

Während er noch damit beschäftigt war, das Verhalten dieses Gases genauer herauszuarbeiten, erhielt Einstein die Kopie einer Dissertation, die in Paris eingereicht worden war. Der Autor, Louis de Broglie, war von den frühen Schriften Einsteins über den Welle-Teilchen-Dualismus für die Strahlung angeregt worden und schließlich zu der Überzeugung gelangt, daß dieser Dualismus auch für die Materie gelten müsse. In seiner Dissertation wurde die Idee entwickelt, daß jedes materielle Teilchen eine mit ihm verbundene Welle habe, wobei die Frequenz ν und die Wellenlänge λ dieser Welle durch die Energie E und den Impuls p des Teilchens durch die Gleichungen

$$E = h\nu \qquad p = h/\lambda \tag{18}$$

gegeben sind. Da de Broglie keine experimentellen Beweise für seine Materiewellen hatte, machte seine Arbeit auf die meisten Physiker keinerlei Eindruck. Einstein dagegen war beeindruckt; er empfand, daß de Broglie „eine Ecke des großen Schleiers" hochgehoben habe. Er war der Meinung, daß de Broglies Ideen sehr gut zu seiner eigenen Arbeit über die neue Gastheorie paßten. Beide befaßten sich mit den Parallelen zwischen dem Gas aus Quanten und dem Gas aus materiellen Teilchen. Die Schwankungen in der Dichte des Bose-Einstein-Gases, die Einstein zu Beginn des Jahres 1925 berechnete, zeigten genau die gleiche Zwei-Term-Struktur wie die Schwankungen bei der schwarzen Strahlung. Einstein sah darin einen bedeutenden Beweis für die Materiewellen von de Broglie und regte deshalb eine Reihe von experimentellen Möglichkeiten für den Nachweis der de Broglie-Wellen an.

6 Im gleichen Jahr, 1925, schlug Heisenberg eine neue Betrachtungsweise der Quantentheorie vor, die er auch sogleich in Zusammenarbeit mit Born und Pascual Jordan zu einer Quantenmechanik ausarbeitete, die auf der Matrizen-Algebra basierte. Einstein war interessiert und beeindruckt, doch er war nicht überzeugt. „Die interessanteste theoretische Arbeit, die in letzter Zeit geleistet wurde, ist die Heisenberg-Born-Jordan-Theorie der Quanten-Zustände", schrieb er an Besso. „Es ist eine wahre Hexenrechnerei mit unendlichen Determinanten (Matrizen), welche die Stelle der kartesischen Koordinaten einnehmen. Höchst erfinderisch und aufgrund ihrer großen Komplexität auch hinreichend davor geschützt, als falsch überführt zu werden." Im folgenden Jahr brachte er dann gegenüber Born seine negative Einstellung zum Ausdruck:

„Eine innere Stimme sagt mir, daß das immer noch nicht der wahre Jakob ist", ein Urteil, das Born als einen „harten Schlag" empfand.

Als Erwin Schrödinger mit seiner Wellengleichung eine Alternative zur algebraischen Quantenmechanik vorstellte, reagierte Einstein sehr viel positiver. „Ich bin überzeugt, daß Sie einen ganz entscheidenden Fortschritt mit Ihrer Formulierung der Quantenbedingung gemacht haben", schrieb er an Schrödinger, „so wie ich ebenso überzeugt bin, daß der Heisenberg-Born-Weg in die falsche Richtung führt". Diese Reaktion Einsteins kommt keineswegs überraschend, wenn man bedenkt, daß Schrödingers Arbeit genau jene Richtung verfolgte, die von de Broglie gewiesen worden war, und daß Schrödinger überdies sehr von Einsteins „knappen, aber unendlich weitsehenden Bemerkungen" über die Implikationen der Dissertation von de Broglie beeinflußt worden war.

Wie sich dann zeigte, waren die beiden Methoden, die zunächst so unterschiedlich erschienen, in mathematischer Hinsicht durchaus gleichwertig, und beide wurden Teil jener Synthese, welche die neue Quantenmechanik ausmachen sollte. Ein wesentliches Grundelement dieser Synthese war Borns statistische Interpretation der Wellenfunktion von Schrödinger. Das aber bedeutete, daß die neue Theorie im Grunde statistisch war und jeden Versuch, über Wahrscheinlichkeiten hinauszugehen, um dadurch eine deterministische Theorie zu erreichen, als sinnlos zurückwies. Bohr brachte die allgemein akzeptierte Meinung zum Ausdruck, als er die Quantenmechanik als „eine rationale Verallgemeinerung der klassischen Physik" beschrieb — eine Verallgemeinerung, die aus „der einmalig fruchtbaren Zusammenarbeit einer ganzen Generation von Physikern" zustande gekommen war.

In der allgemeinen Zustimmung gab es jedoch einen einzigen großen „Dissidenten" — Albert Einstein. Er akzeptierte niemals die Endgültigkeit des Verzichts der Quantenmechanik auf die Kausalität oder ihren Anspruch darauf, die neue fundamentale Theorie zu sein. Von der Solvay-Konferenz des Jahres 1927, wo die quantenmechanische Synthese ihre erste größere Diskussion auslöste, bis zum Ende seines Lebens ließ Einstein niemals davon ab, diese neue Betrachtungsweise in der Physik in Frage zu stellen. Zunächst versuchte er Begriffs-Experimente zusammenzustellen, welche die logische Widersprüchlichkeit der Quantenmechanik beweisen sollten, doch diese Versuche wurden von Bohr und seinen Mitarbeitern erfolgreich abgewendet. Im Jahre 1935 ging Einstein daran, eine andere fundamentale Beschränkung der Quantenmechanik, so wie er sie sah, hervorzuheben: Er argumentierte, daß die quantenmechanische Beschreibung der physikalischen Realität grundsätzlich unvollständig sei und daß es in der physikalischen Realität Elemente gebe, die in der Theorie kein Gegenstück fänden. Bohrs Antwort bestand darin, daß Einsteinsche Kriterium der physikalischen Realität als zweideutig abzulehnen; er be-

> *Einstein liebte sein Photon niemals so zärtlich wie seine ge-*
> *liebte Relativität. Das Photon war gleichsam wie ein „natür-*
> *liches" Kind, ein unehelicher Bestard. Einstein blieb stets bei*
> *seinem unerschütterlichen Glauben an Differentialgleichungen*
> *in einem kontinuierlichen Medium. Diskontinuität und Quan-*
> *ten kamen ihm immer ganz unnatürlich vor.*
> *Léon Brillouin,* Relativity Reexamined

harrte darauf, daß man nur durch sein eigenes Prinzip der Komplementarität zu einem experimentell sinnvollen Kriterium der Vollständigkeit gelangen könne.

Einstein erkannte durchaus die Bedeutung der Quantenmechanik an und bezeichnete sie als „die erfolgreichste physikalische Theorie unserer Zeit", doch er akzeptierte sie nicht als das Fundament der theoretischen Physik. Er weigerte sich, die Vorstellung preiszugeben, daß es so etwas gebe wie „den wirklichen Zustand eines physikalischen Systems — etwas, das unabhängig von Beobachtung und Messung objektiv existiert und das prinzipiell durch physikalische Begriffe beschrieben werden kann". Einstein war davon überzeugt, daß in einer zukünftigen Theorie, die eine vollständige physikalische Beschreibung liefern konnte, die Position der Quantenmechanik innerhalb dieser zukünftigen Physik analog der der statistischen Mechanik innerhalb der klassischen Physik sein würde. Die Quantenmechanik wäre damit die Theorie, die zur Anwendung käme, wenn nur unvollständige Informationen vorliegen oder eine unvollständige Beschreibung verlangt wird.

Einsteins Kollegen konnten nur bedauern, daß er es vorzug, einen Weg zu gehen, der von ihrem eigenen völlig verschieden war. Born schrieb in diesem Zusammenhang: „Viele von uns halten es für eine Tragödie — und zwar für ihn, weil er sich seinen Weg in Einsamkeit ertastet, und für uns, die wir unseren Führer und Standartenträger vermissen." Für Einstein selbst aber war diese Entscheidung unumgänglich. Er war durchaus darauf vorbereitet, daß „Anklage" gegen ihn erhoben würde — manchmal „in der freundlichsten Weise", manchmal aber auch nicht. Man warf ihm unter anderem „starres Festhalten an der klassischen Theorie" vor. Darauf antwortete er, daß es gar nicht so einfach sei, sich dabei als schuldig oder nicht schuldig zu bekennen, „weil nämlich keineswegs sofort klar ist, was eigentlich mit ‚klassischer Theorie' gemeint ist". Die Mechanik Newtons z.B. war eine klassische Theorie, doch seit der Einführung der Feldtheorie konnte sie keinen wirklichen Anspruch auf die Position der fundamentalen, grundlegenden Theorie der Physik erheben. Die Feldtheorien aber wurden niemals vollendet — weder Maxwells Theorie des

Elektromagnetismus noch Einsteins eigene Theorie der Gravitation — , da sie niemals darauf abzielten, die Quellen des Feldes in nichtsingulärer Weise miteinzubeziehen. Einstein bekannte sich durchaus schuldig, am Programm der Feldtheorie festzuhalten; er hatte stets die Hoffnung, daß eine vollständige Feldtheorie die Basis für die gesamte Physik liefern würde und damit auch jene vollständige Beschreibung geben könnte, die er in der Quantenmechanik, bei deren Entwicklung er so sehr mitgeholfen hatte, stark vermißt hatte. Er deutete seine gesamte wissenschaftliche Laufbahn als ein unaufhörliches Streben nach einem neuen einheitlichen Fundament der Physik. Das meinte er auch, als er seine wissenschaftliche Autobiographie mit den Worten beendete, er habe versucht zu zeigen, ,,wie die Bemühungen eines Lebens miteinander zusammenhängen und warum sie zu Erwartungen bestimmter Art geführt haben".

Bibliographie

Bernstein, Jeremy, *Einstein* (New York: Fontana, 1973)

Einstein, A., *Ideas and Opinions* (New York: Dell, 1954)

Einstein, A., *Out of My Later Years* (New York: Dell, 1950)

Einstein, A. und Besso, M., *Correspondence 1903—1955* (Paris: Hermann, 1972)

Frank, Philipp, *Einstein. His Life and Times* (New York: Knopf, 1947)

Hermann, Armin, *The Genesis of Quantum Theorie* (1899—1913) (Cambridge, Mass.: MIT Press, 1972)

Hoffmann, Banesh und Dukas, Helen, *Albert Einstein: Creator and Rebel* (New York: Viking Press, 1972)

Jammer, Max, *The Conceptional Development of Quantum Mechanics* (New York: McGraw-Hill, 1966)

Schilpp, P. A. (Hrsg.), Albert Einstein als Philosoph und Naturforscher (Braunschweig: Vieweg, 1979), s. vor allem Einsteins ,,Autobiographisches" und auch die Essays von Louis de Broglie, Wolfgang Pauli, Max Born und Niels Bohr.

Seelig, Carl, *Albert Einstein. A Documentary Biography* (London: Staples Press, 1956)

Bild 39 Karrikatur von Low, 1929

6

Einstein, Wissenschaft und Kultur

Boris Kuznetsov

*Ich hatte das große Glück, mit Einstein zusammenarbeiten zu
dürfen. Man würde meinen, das wäre eine wunderbare Gelegenheit, um miterleben zu können, wie sein Verstand arbeitete, so daß man daraus lernen könnte, selbst ein großer
Wissenschaftler zu werden. Doch unglücklicherweise gab es
keine derartigen Enthüllungen. Ein Genie läßt sich nun einmal nicht einfach auf eine Reihe simpler Regeln reduzieren,
denen jedermann folgen kann.*
Banesh Hoffmann, in: G. J. Whitrow, Einstein: The Man and
His Achievement

1 Das menschliche Wissen und das vierdimensionale Universum

Zu allen Zeiten hat die Wissenschaft einen bestimmenden Einfluß auf die Entwicklung der Kultur ausgeübt. Dennoch ist es schwierig, in der Vergangenheit
etwas dem Einfluß von Einsteins Ideen auf die Kultur des 20. Jahrhunderts
und — soweit man vorausschauen kann — auch auf zukünftige Jahrhunderte
Vergleichbares zu finden. Eine Analyse dieses Einflusses zeigt die innere
Struktur der nichtklassischen Physik: Die Beziehung, Verbindung und Wirkung
ihrer einzelnen Gebiete werden zu Komponenten des Denkens der zeitgenössischen Physik selbst. Kennzeichnend für die Relativitätstheorie ist nicht
nur ihr Einfluß auf die verschiedenen kulturellen Bereiche wie Wirtschaft,
Erziehung, Literatur, Kunst usw., sondern auch auf die gemeinsame Umgestaltung aller dieser Bereiche.

Welche Idee Einsteins ist nun die bedeutendste für die Kultur als Ganzes, für
die Struktur der Kultur, für die Stärkung der Rolle der Wissenschaft bei der
Umgestaltung der geistigen und materiellen Aspekte der Menschheit? Zweifellos ist es die Idee des vierdimensionalen Universums, d.h. ein Bild des Universums, das die Gleichzeitigkeit distanter Ereignisse und die unvermittelte Fernwirkung beseitigt und den Begriff der absoluten Zeit, die unabhängig vom
Raum besteht, und den Begriff der absoluten Gleichzeitigkeit eliminiert.

255

Obwohl Albert Einstein kirchliche Institutionen ablehnte, besaß er doch einen an Spinoza gemahnenden Glauben an eine kosmische religiöse Macht. Er sah diese als ein ewiges, geistiges Wesen, das unserem schwachen und unzulänglichen Verstand nur unbedeutende Details über sich selbst enthüllt. Einmal sagte er dazu: ,,Dieses tiefe intuitive Überzeugtsein von der Existenz einer höheren Gedankenmacht, die sich im unergründlichen Universum manifestiert, stellt den Inhalt meiner Definition von Gott dar.`` Mit anderen Worten: Er konnte mit jenem leeren Materialismus, der heute die am weitesten verbreitete Philosophie der Naturwissenschaftler und anderer ist, ebensowenig anfangen wie mit den autoritären Ansichten der Kirchen, die einstmals so mächtig waren.

G. J. Whitrow, Einstein: The Man and His Achievement

Die räumliche Ordnung des Universums ist zur räumlich-zeitlichen Geschichte des Universums geworden. Und sogar die Wissenschaft selbst ist in einem gewissen Grade zur *Geschichte* der Wissenschaft geworden, indem sie nämlich die Fiktion fester, definitiver Kategorien, die von der Zeit unabhängig sind, beseitigt und die unendlichen Annäherungen an die absolute Wahrheit ans Licht bringt. Die kausale Verbindung zwischen den Ideen Einsteins und dem Modus des wissenschaftlichen Denkens — Wissenschaft als ein Phänomen der Kultur — begann mit der Übereinstimmung zwischen der Idee einer vierdimensionalen Natur, die in der Zeit handelt, und einem System des Wissens, das seine Abhängigkeit von der Zeit anerkennt. Diese Art der Verbindung hat sich fortgesetzt, und die Wissenschaft verhält sich nicht einfach nur isomorph zur Kultur, sondern hat sich einen tatsächlichen kausalen Einfluß auf diese bewahrt.

Der Stil des Denkens in der Physik, d.h. die charakteristische Gestaltung der zeitgenössischen Ideen in der Physik als einem Element der zeitgenössischen Kultur — so wie z.B. das Einbeziehen der Zeit in das menschliche Denken —, führt zu einer unvermeidbaren Expansion der Ideen, zu einer Umgestaltung der wissenschaftlichen Konzeption in eine Weltanschauung. Zu Beginn dieses Jahrhunderts, als die Relativitätstheorie gerade erschienen war, meinte Nernst, daß diese Theorie nicht einfach nur eine physikalische Theorie, sondern eine Philosophie sei. Diese Bemerkung fiel bereits lange vor der Entwicklung der Theorie der atomistischen Struktur. Heute, da die Relativitätstheorie zur Genüge bestätigt und praktisch angewendet worden ist, ist es kaum möglich, ihren eigentlichen physikalischen Charakter zu unterschätzen. Doch in einem gewissen Sinne erfaßt die Bemerkung von Nernst das Charakteristische der

> *Zunächst glaube ich mit Schopenhauer, daß eines der stärksten Motive, die zur Kunst und Wissenschaft hinführen, eine Flucht ist aus dem Alltagsleben mit seiner schmerzlichen Rauheit und trostlosen Öde, fort aus den Fesseln der ewig wechselnden eigenen Wünsche. Es treibt den feiner Besaiteten aus dem persönlichen Dasein heraus in die Welt des objektiven Schauens und Verstehens; es ist dies Motiv mit der Sehnsucht vergleichbar, die den Städter aus seiner geräuschvollen, unübersichtlichen Umgebung nach der stillen Hochgebirgslandschaft unwidersteblich hinzieht, wo der weite Blick durch die stille reine Luft gleitet und sich ruhigen Linien anschmiegt, die für die Ewigkeit geschaffen scheinen.*
> *Albert Einstein bei der Feier aus Anlaß des 60. Geburtstags von Max Planck*

Einsteinschen Theorie — die beispiellose Veränderung von Begriffen aufgrund eines allumfassenden allgemeinen Prinzips und der Konsequenzen dieses Prinzips. In seiner Autobiographie aus dem Jahr 1946 spricht Einstein von zwei Kriterien für die Auswahl einer physikalischen Theorie, zwei Kriterien für wissenschaftliche Wahrheit. Diese sind: *äußere Bewährung*, d.h. die Übereinstimmung zwischen Beobachtungen und Experimenten, und *innere Vollkommenheit*, d.h. die Möglichkeit, eine bestimmte Theorie mit wissenschaftlichen Mitteln aus den allgemeinsten Prinzipien ohne zusätzliche Behauptungen abzuleiten. Die Genesis der Relativitätstheorie war eine Synthese dieser Kriterien: Ein Experiment stimmte trotz der Hilfe von speziellen ad-hoc-Hypothesen nicht mit der alten Theorie überein und erzwang deshalb einen Wechsel in den allgemeinsten Prinzipien. Die Theorie von Lorentz sagte die Kontraktion eines bewegten Stabes aufgrund einer speziell abgeleiteten elektrodynamischen Hypothese voraus. Einstein berief sich auf die allgemeinsten Beziehungen von Raum und Zeit, und die Längenkontraktion erhielt eine innere Vollkommenheit. Der Glorienschein eines Paradoxons — oder, wenn man so will, dessen Makel — wurde auf Experimente übertragen, welche die Konstanz der Lichtgeschwindigkeit in bewegten Systemen demonstrierten und ganz natürlich zu dieser neuen Betrachtungsweise von Raum und Zeit, des Kosmos und des Mikrokosmos, von Materie und Bewegung paßten. Einstein nannte eine solche Übertragung eine „Kette von Wundern", weil sie die Unterordnung der paradoxesten Beobachtung unter ein kosmisches Prinzip und daneben auch eine unvermeidbare Modifikation des Prinzips zeigte. Ein solches Prinzip, das unserem Glauben an die innere Vollkommenheit der Wissenschaft zugrunde liegt, war nicht länger statisch. Die fundamentalen Gesetze des Lebens erwiesen sich als Gesetze, die mit äußerer Bewährung verbunden und vom Experiment abhängig waren — dynamisch, wechselnd und ganz und gar nicht *a priori.*

Ein zeitgenössischer Physiker ist wie jener amerikanische Rechtsanwalt, der erklärte, daß seine Kenntnis des allgemeinen Rechtsprinzips auf seiner Kenntnis der einzelnen Gesetze basiere, und der sagte: „Und was soll ich tun, wenn ein Gesetz, das ich kenne, abgeschafft wird?" Die Gesetze der Physik sind nicht abgeschafft worden, doch sie sind verallgemeinert und modifiziert worden; und dieses Merkmal der zeitgenössischen Physik macht sie nichtklassisch, und zwar nicht nur im Inhalt, sondern auch im Stil. Sie kann in der Tat nicht länger klassisch sein. Sie wird stets als Ideal nicht ein vollendetes Bild des Universums vor sich sehen, sondern den schnellstmöglichen Fortschritt bei der Darstellung des Universums, bei jener endlosen Annäherung des Bildes des Universums an sein objektives Original.

In dieser Hinsicht war die Relativitätstheorie, ebenso wie die nicht weniger paradoxen Ansichten Einsteins über die Lichtquanten, nicht nur der Beginn der nichtklassischen Physik, sondern zugleich der Beginn der gesamten nichtklassischen Wissenschaft. In der Mitte dieses Jahrhunderts begannen sich die Ideen der Relativitätstheorie und der Quantenmechanik auch auf die Untersuchung des Kosmos und des Mikrokosmos auszubreiten, begleitet von einer wachsenden Synthese dieser Ideen. In der Mitte des Jahrhunderts drang die nichtklassische Physik dann sogar in das Studium des Lebens ein und war für die Molekularbiologie eine große Anregung. Die praktische Anwendung der nichtklassischen physikalischen Begriffe begann bei der Atomenergie, der Quantenelektronik und der Kybernetik. Die anfänglichen Umrisse neuer Richtungen des technologischen Fortschritts, die im Hinblick auf ihre wissenschaftlichen Grundlagen nichtklassisch waren, waren damit festgelegt. Die moderne Physik ähnelte ein wenig der des Aristoteles insofern, als sie eine einzige kausale Erklärung des Universums besaß, doch es gab einen sehr gewichtigen Unterschied: Die neue Physik hatte nicht nur eine Erklärung des Universums, sondern sie gestaltete dieses auch um. Das war natürlich ein radikaler Wandel der Rolle der Physik in der Entwicklung der Kultur — ein Wandel im Einfluß der Physik auf die Evolution der Kultur. Um ihre verändernde Wirksamkeit, ihren Einfluß auf die Produktion und auf den Stil des menschlichen Denkens und der Kultur zu verstehen, muß man Einsteins grundlegende Prämisse für die Definition der nichtklassischen Wissenschaft hervorheben. Die zugrundeliegende Idee für die Universalisierung sowohl des physikalischen Denkens als auch seines Einflusses auf die Kultur liegt in der Suche nach innerer Vollkommenheit, einem Übergang zu neuen, ganz allgemeinen Prinzipien, die ihre äußere Bewährung durch Experimente finden.

Der Einfluß des Wissens auf die Kultur der einen oder anderen Periode war auch häufig der Grund für die Namensgebung der Periode. Mit anderen Worten:

> *So wie die römische Inquisition die Forschungsergebnisse von Kopernikus und Galilei als „philosophisch falsch" bezeichnete und sie verurteilte, weil sie nicht in die allgemein akzeptierte Konzeption der Natur paßten, so verwarfen auch viele Philosophen und Physiker auf der ganzen Welt die Relativitätstheorie Einsteins, da sie diese von ihrem mechanistischen Standpunkt aus ganz einfach nicht verstehen konnten. In beiden Fällen lag der Grund für das Verurteilen nicht in einem Meinungsunterschied bei der Beurteilung der Beobachtungen, sondern in der Tatsache, daß die neue Theorie die Analogien, die in der traditionellen Philosophie noch erforderlich waren, nicht benutzte.*
>
> *Philipp Frank,* Einstein: His Life and Times

Eine Periode wird durch die Rolle, welche die Vernunft darin spielt, definiert. Ich erinnere mich an einen Satz, den der russische Biologe Clement Timiriazev 1886 aus Anlaß einer Feier für den französischen Chemiker Eugène Chevreul, der damals 100 Jahre alt war, geäußert hat. Der Chemiker war im 18. Jahrhundert geboren worden, und seine wissenschaftliche Tätitgkeit hatte beinahe das gesamte 19. Jahrhundert überspannt. Timiriazev wandte sich an Chevreul und sagte: „Du Sohn des Zeitalters der Aufklärung, Du bist zur lebenden Verkörperung des Zeitalters der Wissenschaft geworden!" Diese Charakterisierung ist für beide Jahrhunderte zutreffend. Was aber ist die richtige Charakterisierung des 20. Jahrhunderts?

Die traditionelle Unterscheidung zwischen Vernunft und Verstand geht von der Tatsache aus, daß der Verstand logische Normen und fundamentale Daseinsgesetze anwendet, die Vernunft aber diese verändert. Von diesem Gesichtspunkt aus war die Wissenschaft des 19. Jahrhunderts die Apotheose des Verstandes. Sie konstruierte ein mächtiges und hochentwickeltes System des Wissens auf der Grundlage fester logischer Normen und Gesetze — das war in jedem einzelnen Fall das Wesen der klassischen Wissenschaft. Hält man sich die spezifischen Merkmale der Wissenschaft des 20. Jahrhunderts vor Augen, die das Zeitalter und die Kultur als Ganzes sehr viel intensiver beeinflussen, dann kann man mit derselben Genauigkeit sagen, daß das gegenwärtige Jahrhundert die Verkörperung der Vernunft, so wie sie oben definiert wurde, darstellt, d.h. es ist die Verkörperung des menschlichen Denkens, das seine Gesetze verändert. Natürlich gab es in der Geschichte des menschlichen Denkens schon früher einen Wechsel des Gesetzeskanons, doch dieser ging entweder nur sporadisch oder sehr langsam vonstatten und zeigte sich meist erst, nachdem der Wechsel vollzogen war. Laplace sagte einmal, daß die Vernunft viel leichter vorwärtsschreitet, wenn sie sich in sich selbst ausdehnt. Eine solche Ausdehnung im 20. Jahrhundert ist eine offensichtliche und ununterbrochene Begleiterscheinung der Vorwärtsbewegung der Vernunft gewesen. Wenn die Gesetze der Vernunft modifiziert werden, haben wir in einem gewissen Sinn eine Geschichte der Vernunft, denn wir schließen die Zeit als die Achse einer solchen Modifizierung mit ein. Wenn wir eine wissenschaftliche Konzeption mit einem Schnittpunkt logischer Linien vergleichen, d.h. mit Punkten in einem n-dimensionalen „Raum des Wissens", dann schließt die zeitgenössische Wissenschaft auch die Zeit als eine zusätzliche $(n + 1)$-te Dimension mit ein. Das ist in etwa analog dem Effekt der Relativitätstheorie in bezug auf den dreidimensionalen Raum.

2 Die Topologie der Kultur

Die Darstellungen von Raum und Zeit und deren Verbindungen sind stets spezifische Merkmale einer Kultur gewesen. Die Kultur der Antike war durch die Idee einer statischen Harmonie des Seins charakterisiert. Alle Aspekte der Kultur waren von den Bestimmungen des Kanons, der Idee der uneingeschränkten Vollkommenheit, durchdrungen. Darin lagen die mythologischen Quellen der Antike. Die Götterskulpturen galten als die Verkörperung des idealen Gesetzes der Schönheit. Die Regeln für die Poesie und für das Drama gehörten gleichfalls dazu. Und das Akzeptieren dieser Anschauungen durch die aristotelischen Philosophen bestimmte dann das weitere Schicksal dieser Kultur — ihre Umwandlung in die dogmatische Weltanschauung der mittelalterlichen Scholastiker.

Natürlich waren die Gedanken- und Kunstformen der Antike nicht völlig statisch. Wenn wir von statisch sprechen, denken wir dabei nur an bestimmte „invariante" Merkmale, die allen Aspekten der Kultur gemeinsam waren. Statische Harmonie in diesem Sinn beginnt in der Kosmologie und Physik des Aristoteles, in der die Bewegung eines Körpers durch ein statisches Schema eines Universums bestimmt ist, eines Universums mit einem unbeweglichen Zentrum, das begrenzt ist und einen „natürlichen Ort" einnimmt. Die griechische Kultur als Ganzes gesehen verleugnete die Bewegung nicht und schloß auch die Zeit aus ihrem Bild des Universums nicht aus. Die Regeln der Kunst verschlossen keineswegs den Weg für den Dynamismus der Ilias, die Tragödien des Sophokles oder die Skulpturen des Phidias. Die Prinzipien der Kunst wie die der Logik und des Schemas einer festen himmlischen Harmonie verschlossen auch nicht den Weg für die aristotelische Konzeption der Bewegung. Dennoch kann die Kultur der Antike als eine Kunst der dreidimensionalen, rein räumlichen Begriffe bezeichnet werden.

Die dominierende Tendenz der mittelalterlichen Kultur, jene Tendenz, die am spezifischsten ist und die auch im Übergang von einem Kulturraum zum an-

> *Während Einstein der einzige moderne Wissenschaftler ist,*
> *den man in seinen Leistungen mit Newton vergleichen kann,*
> *wird es hingegen schwierig, viele Gemeinsamkeiten zu ent-*
> *decken, die sie auch als Menschen verbinden würden. Wer mit*
> *Einstein wirklichen Kontakt hatte, empfand in überwältigen-*
> *dem Maße die edle Vornehmheit dieses Mannes. Der Aus-*
> *druck, der in diesem Zusammenhang immer wieder als Cha-*
> *rakteristikum auftaucht, ist seine „Menschlichkeit" oder, so*
> *abgedroschen das auch klingen mag, seine schlichte, liebens-*
> *werte Lebensart. Nirgendwo in seinem ganzen Berufsleben*
> *gibt es auch nur die Andeutung jenes oft so bitteren Kon-*
> *kurrenzkampfes, jenes Kampfes um den ersten Anspruch auf*
> *eine wissenschaftliche Erfindung, der das Leben der Wissen-*
> *schaftler überschattet und es manchmal sogar zerstört.*
> *Jeremy Bernstein*, Einstein

deren bewahrt blieb, bestand darin, die statische Tradition noch kategorischer zu machen und ihr jene polyphone Begleitung, die in der Antike noch zu finden war, zu nehmen. Für Augustinus war die Zeit begrenzt, und zwar begrenzt durch die Schöpfung des Universums und das Ende der Welt, und in diesem Sinne war sie absolut: Die Zeit fließt dahin, beginnend mit dem Fall des Menschen und endend bei der Erlösung; und dann hört ihr Fluß auf. Die begrenzte Konzeption der Zeit war spezifisch für die Theologie des Mittelalters. Sie konnte mit einem eindimensionalen „Raum" verglichen werden, der sich von der „Höhe", dem Reich des Himmels, bis zum „Grund", dem Reich der Hölle, erstreckte. Die Kulturgeschichte des Mittelalters zeigt, wie eine ähnliche eindimensionale Hierarchie in der Literatur und in der Kunst durch religiöse Begriffe dargestellt wurde und wie eng sie mit der aristotelischen Kosmologie und Physik verbunden war.

Die Kultur der Neuzeit verwarf all die kosmologischen, moralischen und ästhetischen Postulate, die für die Kultur des Mittelalters so wichtig gewesen waren. Die Zeit war nun nicht mehr etwas, das vorherbestimmt und von der physischen Welt getrennt war. Der Raum wurde zu einem Universum von sinnlich erfaßbaren Dingen, die ein Maß für die physikalische Zeit zu liefern imstande waren. Die Einheit von Raum und Zeit, der Übergang zu einer räumlich-zeitlichen Darstellung, war jedoch immer noch unvollständig. Newtons *Principia* bewahrten das Bild einer rein raumabhängigen Verteilung von Interaktionen sowie die Vorstellung einer nichträumlichen absoluten Zeit, deren Fluß von räumlichen Ereignissen unabhängig ist.

Was jedoch spezifisch für die Neuzeit war und was sie vom Mittelalter und seiner Kultur unterschied, war die Verbindung von Raum und Zeit im unendlich Kleinen — mit anderen Worten: die differentielle Darstellung der Bewegung von Punkt zu Punkt und von Moment zu Moment. Dadurch kam es zu einer Bestimmung der Bewegung durch die Begriffe von Raum und Zeit, die dann die Grundlage für ein kausales Bild des Universums und für einen Determinismus werden sollte, der charakteristisch für das neue Zeitalter war. In diesem Zusammenhang sind die berühmten Bemerkungen von Laplace zu erwähnen, die besagen, daß die gesamte Zukunft des Universums im Prinzip aufgrund der Kenntnis der Kräfte der Natur, der Positionen und der Geschwindigkeiten aller Objekte zu einem bestimmten gegebenen Zeitpunkt berechnet werden könnte.

Die Entwicklung dieses Standpunktes erlaubt es, an eine Verbindung zu denken zwischen der Umwandlung der Natur und der Umwandlung der menschlichen Gesellschaft selbst, d.h. der Kultur im weitesten Sinne. Engels wies darauf hin, daß die Wissenschaft des 18. Jahrhunderts, nachdem sie in die Praxis umgesetzt worden war, zur industriellen Revolution führte und die Entwicklung ihrer Ideen schließlich eine Quelle für die politische Revolution wurde. Es gibt komplizierte, aber dennoch klare Verbindungen zwischen dem räumlich-zeitlichen Determinismus auf der einen Seite und der natürlichen Religion, der natürlichen Ethik und den sozialen Ideen auf der anderen. Das Ideal der kosmischen und sozialen Harmonie hat seinen statischen Charakter verloren. Es ist seither an die Zeit gebunden. Kosmische Harmonie bedeutet nun nicht mehr ein räumliches Schema von „natürlichen Örtern", sondern ein räumlich-zeitliches Bild der Bewegungen. Die soziale Harmonie wird gleichfalls in die Zeit hineingetragen —bei Rousseau in die Vergangenheit und bei Voltaire in die Zukunft. Der räumlich-zeitliche Determinismus dringt sogar in die Literatur ein. Es gibt eine sehr signifikante Bemerkung von P. Muratov über den Roman *Les Liaisons Dangereuses* von Choderlos de Laclos: „Die Hauptcharaktere dieses Romans sind in der Tat von Newtonschem Vertrauen in die Unzweideutigkeit der Ergebnisse ihrer Handlungen und Aussagen erfüllt." Wenn wir jedoch die Worte „räumlich-zeitlicher Determinismus" auf die komplizierten Phänomene der Kultur anwenden, so meinen wir natürlich mit dem Wort „Raum" nicht den gewöhnlichen, alltäglichen Raum, sondern eine geometrische Form von sehr komplexer Struktur. Bevor ich mich mit dem Problem dieser komplexen Strukturen befasse, sind noch einige einleitende Bemerkungen notwendig.

Im Jahre 1872 untersuchte der Mathematiker Felix Klein in seinen *Vergleichenden Betrachtungen über neuere geometrische Forschungen*, die später als das „Erlanger Programm" berühmt wurden, die Hierarchie der Geometrien mit besonderer Bezugnahme auf den Begriff der Invarianten, der bereits 20 Jahre zuvor eingeführt worden war. In der elementaren Geometrie benutzt

> *Er hatte mehr die Wesensart eines Künstlers als die eines Wissenschaftlers, so wie man sich ihn für gewöhnlich vorstellt. So war für ihn zum Beispiel das höchste Lob, das einer guten Theorie oder einer guten Arbeit zuteil werden konnte, nicht etwa, daß sie korrekt oder genau, sondern daß sie schön war.*
> H. A. Einstein, in: G. J. Whitrow, Einstein: The Man and His Achievement

die Invariante einer Transformation den Abstand zwischen zwei Punkten, der durch eine entsprechende Gleichung definiert ist, welche die Eigenschaften des Raumes darstellt. Bestimmte Merkmale, z.B. die Dimensionalität einer geometrischen Figur, bleiben angesichts der topologischen Transformationen invariant. Solche Transformationen bringen in der Sprache der Geometrie die Eigenschaften sehr komplexer physikalischer Objekte und Prozesse zum Ausdruck. In Einsteins Theorie haben ähnliche Transformationen eine physikalische Bedeutung erlangt. Einstein vermochte ganz fundamentale Eigenschaften des Universums zu erklären, indem er vom dreidimensionalen zum vierdimensionalen Raum überging.

Es ist durchaus möglich, sich Räume vorzustellen, für welche die Dimensionalität ohne Beschränkung zunimmt; und diese Zunahme der Dimensionalität vermag (so wie in der Theorie Einsteins) einen radikalen Wechsel im Weltbild auszudrücken. Geht diese Methode über den Bereich der Physik hinaus? Kann sie die Wirkung der Physik auf die Kultur, ihren Einfluß auf das geistige und materielle Leben der menschlichen Gesellschaft darstellen? Eine bejahende Antwort auf diese Fragen, d.h. die Demonstration einer solchen Möglichkeit, kann nur konstruktiv sein. Sie besteht in der Anwendung des Begriffs der Dimensionalität auf die Phänomene der Kultur. Es ist jedoch *a priori* klar, daß eine solche Anwendung die Bedeutung des Begriffs „Dimensionalität" verändert. Dimensionalität ist nun nicht mehr nur eine Sammlung von Kategorien; der Begriff muß nun, im neuen Kontext, notwendigerweise in Anführungszeichen gesetzt werden, während er aber immer noch eine gewisse Analogie, einen Isomorphismus, zum rein mathematischen und physikalischen Begriff bewahrt.

Wir sprechen hier nicht über eine ganz oberflächliche Analogie zwischen der Dimensionalität des Universums und der „Dimensionalität" der Kultur. Es geht vielmehr um eine echte Widerspiegelung eines Bildes des Universums in der Struktur und Entwicklung der zeitgenössischen Kultur, die durch den Rahmen der nichtklassischen Wissenschaft geformt und beeinflußt worden ist.

Dimensionalität in ihrer ursprünglichen topologischen Bedeutung schließt die Umwandlung von einem nulldimensionalen Raum von isolierten Punkten zu einem eindimensionalen Raum ein, d.h. zu einer Linie, die diese Punkte einschließt und aus diesen Punkten besteht. In dieser ursprünglichen, rein topologischen Bedeutung führt der Begriff der Dimensionalität zurück auf eine Aussage über die Strukturiertheit des Universums, die absolut isolierte Punkte aus dem Bild des Universums ausschließt und diese Punkte als Elemente eines Ganzen darstellt. Und hier ist es nun möglich, eine vereinheitlichende Linie zu ziehen und einen Isomorphismus mit einer allgemeinen Aussage über die Strukturiertheit der Gesellschaft zu sehen. Diese Aussage würde die Möglichkeit jener Art von individueller Autonomie, die von dem Nihilisten des 19. Jahrhunderts, Max Stirner, in seinem Buch „*Der Einzige und sein Eigentum*" (1845) vorgeschlagen wurde, nicht anerkennen. Sie würde die Kultur als eine Struktur darstellen, in der das Individuum in einer ständig wachsenden Anzahl von sich schneidenden materiellen und ideologischen Verbindungen eingeschlossen ist. Will man ein wenig vorausgreifen, so muß man sagen, daß eine solche Analogie zu einer kausalen Aussage wird, wenn man den Begriff oder das Bild des Universums als eine bestimmende und bewegende Kraft der Kultur betrachtet, die der Kultur eine sich entwickelnde Struktur, d.h. eine wachsende Komplexität, mitteilt — wie eine Widerspiegelung der Welt, die immer komplexer wird und die ihrerseits die wahre unendliche Struktur des Kosmos und Mikrokosmos reflektiert.

3 Die Irreversibilität der kosmischen Evolution und die Irreversibilität der Kultur

Die Relativitätstheorie auf der einen Seite und die Darstellung diskreter Felder auf der anderen bedeuten den Beginn einer Reihe von physikalischen Konzeptionen, die zu einem neuen Verständnis der Irreversibilität der Zeit, ihres „Pfeils" und zu einem umfassenden Verständnis führt, das sowohl den Kosmos als auch den Mikrokosmos umfaßt und durch ein sehr allgemeines geometrisches Schema dargestellt wird. Dieses Verständnis führt uns von der Struktur des Kosmos zu der Struktur der Wissenschaft als eines Phänomens der Kultur und von dort zur Struktur der Kultur und zur Irreversibilität ihrer Entwicklung.

Die klassische Konzeption der Irreversibilität der Zeit hatte keinen derartig weitgefaßten Standpunkt. Sie sah die physikalische Basis der Irreversibilität der Zeit, den nicht aufhebbaren Unterschied zwischen früher und später, in der Zunahme der Entropie. Diese Art von Beweis der Irreversibilität ignoriert den Mikrokosmos und stößt auf große Schwierigkeiten, sobald er auf den Kosmos, auf das „Universum als Ganzes", angewandt wird. Die klassische Er-

*Der Einfluß Einsteins beschränkte sich nicht auf die techni-
sche Seite der modernen Physik. Denn wie es unvorstellbar
ist, daß es eine grundsätzliche Rückkehr zu den vor-Koperni-
kanischen, vor-Newtonschen oder vor-Darwinistischen Postu-
laten in bezug auf die allgemeine Natur des Universums und
die Stellung des Menschen in ihm geben könnte, so wird es
auch keine Rückkehr zu der Weltanschauung der Vorläufer
Einsteins geben.*
G. J. Whitrow, Einstein: The Man and His Achievement

klärung war weder mit dem Problem einer subjektiven inneren Wahrnehmung
der irreversiblen Zeit noch mit dem Problem der Irreversibilität der Kultur
verknüpft.

Die Relativitätstheorie bietet immer noch kein — unzweideutiges — Schema
für die kausale Verbindung der Irreversibilität der kosmischen Evolution mit
mikroskopischen Prozessen und für die Verbindung der irreversiblen Evolution des Kosmos mit der irreversiblen Evolution seiner Repräsentationen.
Doch sie bietet die Aussicht auf ein solches Schema. Es ist zu hoffen, daß
Einsteins Klage, die er in seiner Autobiographie von 1946 äußert, daß nämlich
die Relativitätstheorie ihre Beziehungen nicht von der atomistischen Struktur
der Materie herleite, in der weiteren Geschichte der Physik gegenstandslos
werden wird und daß eine detaillierte Beschreibung der irreversiblen Entwicklung des Universums zum Vorschein kommen wird. Obwohl das Studium solcher Dinge nicht zu einer Theorie der Elementarteilchen und der Astrophysik geführt hat, hat die irreversible Entwicklung doch eine gewisse Bestätigung erhalten, und zwar dann, wenn man nicht über den Kosmos, sondern
über das Verstehen des Kosmos, über die Wissenschaft als ein Phänomen der
Kultur und als eine Komponente der Geschichte einer verstehenden Vernunft
spricht. Das Verstehen bewegt sich entlang einer Linie, die dem Weg der
Brownschen Bewegung ähnlich ist. Die Wissenschaft geht vom Pfad der Wahrheit ab; manchmal kehrt sie auch dorthin zurück; doch es gibt einige irreversible Übergänge zu einer adäquateren Darstellung des Universums. Die Geschichte der Relativitätstheorie zeigt, was auch für die Geschichte der Wissenschaft als Ganzes gilt: Wissenschaft ist die irreversible Annäherung der Vernunft an die objektive Wahrheit.

Garantiert die Irreversibilität des Wissens die Irreversibilität der Kultur? Die
Irreversibilität des Wissens steht mit dem Wachsen des Einsteinschen Kriteri-
ums für äußere Bewährung und innere Vollkommenheit der Darstellung des
Universums in Beziehung. Gerade dieses Wachsen gibt dem Wissen einen irre-

Aus einem Stück Schnur, einer Streichholzschachtel und ähnlichem konnte er die schönsten Dinge machen. Er hatte es tatsächlich immer gern, Dinge dieser Art im Handumdrehen zu improvisieren, so wie er es auch in gewisser Weise bei seiner Arbeit tat. Wenn er zum Beispiel einen Vortrag halten sollte, dann wußte er niemals im voraus ganz genau, was er sagen würde. Es hing dann ganz von dem Eindruck ab, den die Zuhörer auf ihn machten, wie er sich ausdrücken und wie detailliert er sein Thema vortragen würde. Und so war das Improvisieren ein sehr wichtiger Wesenszug seines Charakters und seiner Arbeitsweise.
H. A. Einstein, in G. J. Whitrow, Einstein: The Man and His Achievement

versiblen Charakter. Es führt zu dem, was wir das Wachstum der Dimensionalität des Bildes des Universums nennen: Jede einzelne, isolierte wissenschaftliche Aussage erweist sich als ein Schnittpunkt einer wachsenden Zahl von allgemeineren logischen Ableitungen (innere Vollkommenheit) und als eine Verallgemeinerung einer wachsenden Zahl von empirischen Daten (äußere Bewährung). Das Bild der Welt wird in seinen Grundlagen einheitlicher und in den Details seiner Elemente differenzierter. Was aber ist die kulturelle Wirkung dieser Entwicklung?

Einsteins Werk als Antwort auf diese Frage ist offensichtlich kein spezielles Beispiel. Die Relativitätstheorie ist nicht nur die Summe einer ganzen Reihe von Antworten auf die Frage nach dem Wesen des Raums, der Zeit, der Bewegung und der Materie. Sie ist eine Zusammenfassung der Entwicklung der Wissenschaft als eines Phänomens der Kultur und der Evolution ihrer Beziehung zu anderen kulturellen Elementen, die Evolution des menschlichen Werts der Wissenschaft. Deshalb enthüllt die Analyse der kulturellen Wirkung der Relativitätstheorie die Verbindung zwischen dem irreversiblen Wachstum, das sich auf vielen Ebenen der Dimensionalität der Struktur der Wissenschaft abspielt, auf der einen Seite und den charakteristischen Eigenschaften der Kultur auf der anderen Seite. Die Relativitätstheorie erklärt die physikalische Realität eines Zustandes — die Bewegung eines bestimmten Körpers mit einer bestimmten Geschwindigkeit, wodurch dem Problem ein Rahmenwerk an Beziehungen hinzugefügt wird, ohne das die Bewegung ihre Bedeutung verliert. Diese allgemeine Formulierung der Relativitätstheorie ist der klarste und vollständigste Ausdruck des Wissens, das nach unendlicher Multi-Dimensionalität strebt. Doch wir erinnern uns der traditionellen Definition des Wahren, des Guten und des Schönen als einer triadischen Verkörperung des

Unendlichen. Die Entwicklung der Kultur involviert auch die Entwicklung dieser Bestandteile. Ich will hier keine neue Definition der Kultur geben, da jede Definition — ob klar oder nicht — eine Anerkennung des unendlichen Wesens der Kultur bedeutet. Das Verbundensein des Menschen mit einem Universum, das in seiner Komplexität unendlich ist, die Genesis und Evolution des multidimensionalen Menschen — das ist es, was das Wissen und die einzelnen Komponenten der Kultur mit den Ideen des Guten und des Schönen verbindet.

4 Die ökonomischen und sozialen Wirkungen der nichtklassischen Wissenschaft

Wird die Wissenschaft als eine von vielen verschiedenen Komponenten der Kultur betrachtet, dann wird neben ihren Methoden und ihrem Inhalt auch ihr Wert Gegenstand einer Analyse. Der Wert des Wissens besteht in seiner Wirkung und seinem Einfluß auf das Wissen selbst, auf die Technologie, die Wirtschaft, die sozialen Beziehungen, die Bildung, die Literatur, die Kunst, die Erziehung und auf die Sitten und Gebräuche. Es gibt jedoch eine kausale Verbindung zwischen den Komponenten der Kultur — und die Impulse für deren Entwicklung haben ihren Ursprung auf industrieller, technologischer und ökonomischer Ebene, deren Evolution jeweils als ein unmittelbares Mittel des kulturellen Fortschritts zu betrachten ist.

Wenn nur die einfachsten physikalischen und chemischen Techniken in Fabriken und Laboratorien angewandt werden, dann hat das eine Konstanz des technologischen und ökonomischen Parameters und damit ein konstantes Niveau der produktiven Arbeit zur Folge. Konstruktive technologische Forschung kann dagegen eine ungedämpfte Entwicklungsrate der Produktivität der Arbeit bewirken, eine von Null verschiedene Ableitung nach der Zeit. Die Zyklen der Physik liefern eine Formel für eine solche Suche. Designer und Techniker streben nach einer bestmöglichen realen Darstellung der idealen physikalischen Beziehungen. Wenn diese idealen Gesetze sich verändern — was ein wissenschaftliches Resultat im eigentlichen Sinne wäre —, dann wird die Produktivität der Arbeit beschleunigt, und es ergibt sich eine von Null verschiedene *zweite* Zeitableitung. Auf diese Weise wird der Index für die Wirkung der Wissenschaft zu einem fundamentalen ökonomischen Index:

$$\Omega = f(P, P', P'') .$$

P' und P'' sind die erste und zweite zeitliche Ableitung der Produktivität der Arbeit. Der höchste Wert von Ω entspricht der optimalsten Strukturierung der Produktion, d.h. einem Zustand, in dem die Wissenschaft im höchsten Maße genutzt wird.

Und welche Rolle spielen nun solche Entdeckungen, die die fundamentalsten Prinzipien der Wissenschaft verändern, jene Prinzipien, die bei der Suche nach neuen physikalischen Zyklen und Beziehungen als Kanon der Wissenschaft dienen? Welchen Einfluß kann man im besonderen Einsteins Relativitätstheorie zuschreiben?

Wir können uns in Analogie zur Einsteinschen physikalischen Welt eine ökonomische Struktur als einen n-dimensionalen Raum vorstellen, in dem n die Anzahl der in Betracht kommenden Einzelbereiche ist, und die Koordinaten eines jeden Punktes q dieses Raumes, $q_1, q_2, \ldots, q_n$, sind dann die Projektionen auf jeden Bereich. Die Ergebnisse der wissenschaftlichen Untersuchungen verändern die Struktur der Produktion, d.h. sie bewirken den Übergang von einem Punkt des Raumes der ökonomischen Struktur zu einem anderen. Grundlegende Entdeckungen verändern die Metrik eines bestimmten Raumes. Wir brauchen hier keine genauere Darstellung dieses Konzepts des ökonomischen Effekts der theoretischen Grundlagenwissenschaft zu geben. Bei unserer Betrachtung der Eigentümlichkeiten der nichtklassischen Physik als Phänomen der zeitgenössischen Kultur sind wir vielmehr an einem anderen Aspekt der unerwarteten Anwendungsmöglichkeiten des mathematischen Apparats der allgemeinen Relativitätstheorie im Bereich der Ökonometrik interessiert. Es scheint, daß die gesamte zeitgenössische Kultur, insbesondere das philosophische, soziologische, naturwissenschaftliche und technologische Denken, durch eine Tendenz, die ihren Ausdruck in der mathematischen Sprache der nicht-Euklidischen Hyperräume findet, charakterisiert ist.

Ebenso wie das zeitgenössische wissenschaftliche Denken, das mit der Relativitätstheorie begonnen hat, ist auch das menschliche Denken ganz allgemein heute sehr viel freier, es operiert mit Milliarden von Lichtjahren und Milliarden Teilen einer Sekunde. Die Bezeichnung „atomistisch-kosmisches Zeitalter" ist nicht nur eine wissenschaftlich-technische Charakterisierung unserer Zeit; es ist auch eine logisch-psychologische Charakterisierung dessen, was man intellektuelle Kultur nennen könnte. Gleichzeitig scheinen die metagalaktischen und subnuklearen Welten nicht Zonen einer uniformen Hierarchie zu sein, in denen sich Struktur und Gesetze im größeren oder kleineren Maßstab wiederholen. Die Verse des russischen Dichters Valeria Brusov, in denen das Elektron als die verdichtete Wiederholung der Erde geschildert wird („vielleicht sind diese Elektronen Welten, wo die fünf Kontinente..."), sind ganz und gar nicht typisch für das zeitgenössische Denken. Das Atomzeitalter ist an die Paradoxien gewöhnt, die bei gewissen Graden des unendlich Großen und des unendlich Kleinen erwartet werden können, nämlich an die Paradoxien der Physik. Gegenwärtig arbeiten etwa hunderttausend oder vielleicht Millionen Menschen in Bereichen, wo die relativistischen und Quanten-Paradoxien der Physik die Basis der Produktion darstellen; und eine noch größere Anzahl nimmt in anderen Bereichen die wissenschaftlich-technischen

> *Wann immer er eine eigene oder eine andere wissenschaftliche Theorie beurteilte, fragte er sich, ob er das Universum so geschaffen hätte, wäre er Gott gewesen. Dieses Kriterium mag zunächst einem Mystizismus näher stehen als dem, was man für gewöhnlich als Wissenschaft bezeichnet, doch es zeigt Einsteins Glauben an die elementare Einfachheit und Schönheit des Universums. Nur ein Mensch mit der tief religiösen und künstlerischen Überzeugung, daß die Schönheit vorhanden ist und nur darauf wartet, entdeckt zu werden, konnte Theorien schaffen, deren hervorragendstes Attribut — das sogar ihre spektakulären Erfolge noch übertraf — ihre Schönheit war.*
>
> *Banesh Hoffmann,* Albert Einstein: Creator and Rebel

Informationen der Atomtechnik, der Elektronik, der Konstruktion von Weltraum-Instrumenten, von Beschleunigern und von astrophysikalischen Observatorien in Anspruch. Es hat sich eine Massenkultur entwickelt, die sich nicht auf professionelle Physiker beschränkt und die auf einem wirklichen Paradoxon basiert, das in der Praxis angewendet wird; sie verleiht ihm äußere Rechtfertigung, welche bewirkt, daß das Paradoxon verschwindet und innere Vollkommenheit erreicht wird. Aus diesem Grunde bewegt sich der Physikunterricht in unserer Zeit in dieselbe Richtung wie die Entwicklung der Produktion, die auf der nichtklassischen Physik basiert. Doch darüber später. Nun müssen wir etwas anderes erörtern — den Einfluß der nichtklassischen Wissenschaft auf die Arbeit des Menschen, auf den Gegenstand der Arbeit, seinen Inhalt, die Struktur und den Hersteller der Arbeit.

Die Arbeit des Menschen besteht, wie wir bereits gesagt haben, aus einer passenden Organisation der Kräfte der Natur. Zunächst geht es um die Wahl der Energiequellen, der Quellen des Rohmaterials und aller anderen natürlichen Hilfsmittel der Produktion. Die zeitgenössische Wissenschaft hat zu einer signifikanten Umgruppierung dieser Mittel geführt, zu einer Situation also, die nach neuen ökonomischen und ökologischen Kriterien, die für dieses Zeitalter spezifisch sind, verlangt. Die Wissenschaft bewirkt einen Wandel im Charakter der Arbeit, indem sie diese intellektualisiert hat. Die Wissenschaft hat außerdem die Struktur der Arbeit — die Beziehungen zwischen den Produktionszweigen — verändert. Und letztlich hat die Wissenschaft auch den Hersteller der Arbeit — den Menschen selbst — verändert. Damit gelangen wir zu einem sehr fundamentalen Kriterium der Kultur, vielleicht dem wichtigsten. Dieses Kriterium ist mit dem Begriff des Humanismus verbunden. Seit dessen erstem Auftreten im 15. Jahrhundert, als Augustinus dem irdischen

> *Ich erinnere mich einer herrlichen Bemerkung, die er machte,
> als er einen sehr bekannten amerikanischen Physiker kriti-
> sierte. Einstein sagte, er könne ,,wirklich nicht versteben, wie
> jemand so viel wissen und so wenig versteben könne". Einstein
> betonte immer, daß man auch zu viele Fakten kennen und
> dabei leicht den Überblick verlieren könne. Dennoch gab es
> kein physikalisches Gebiet, über das er nicht sofort und ohne
> zu zögern hätte sprechen können, einerlei, ob es sich um
> einen Bereich der Physik bandelte, der gerade in Mode war,
> oder um einen beinahe vergessenen Bereich. Der Zuhörer
> empfand stets, daß er die gesamte Physik vor seinem geisti-
> gen Auge ausgebreitet hatte. Und doch bin ich der Überzeu-
> gung, daß Einstein sich niemals bewußt war, welch außer-
> gewöhnlich genialer Mensch er war.*
> *E. H. Hutten, in: G. J. Whitrow,* Einstein: The Man and His
> Achievement

Staat den Gottesstaat gegenüberstellte, hat sich dieser Begriff ganz wesentlich
verändert. Doch die Grundbedeutung ist die gleiche geblieben: Der Mensch,
seine Interessen und Fähigkeiten sind im Prinzip unbeschränkt; die Entwicklung dieser menschlichen Fähigkeiten — das Ziel der Kultur — hat diesen
Begriff bis zur Gegenwart gekennzeichnet. Alle Komponenten der Kultur sind
humanistisch; die Interessen des Menschen bestimmen den Wert der Kultur
als Ganzes. Doch unsere Zeit ist nicht so sehr durch den Wert der kulturellen
Errungenschaften im Hinblick auf die Interessen des Menschen charakterisiert
als vielmehr durch einen relativ beständigen Komplex von intellektuellem
Potential, moralischen Einstellungen, ästhetischen Normen und durch eine
Wechselwirkung zwischen Kultur und Mensch, die den *dynamischen Humanismus* der gegenwärtigen Kultur ausmacht.

5 Wissenschaft und das Problem der Individualität

Wir wollen zum topologischen Rahmen eines n-dimensionalen Raumes zurückkehren, in dem n irreversibel wächst und dieses Wachstum eine $(n + 1)$-te
Koordinatenachse bildet, und das ist die irreversible Zeit. Ein solcher Rahmen
erlaubt eine klarere Darstellung der Beziehung einer Person in ihrer unbe-
schränkten Einzigartigkeit und Individualität zum Allgemeinen. Der ,,Mensch"
ist diese Individualität, die im 15. Jahrhundert zum Banner des Humanismus
wurde. Es besteht eine unbestrittene Verbindung zwischen dem Begriff des
Individuums in der Physik, dem Teilchen, und dem Individuum in der humanistischen Kultur, der menschlichen Persönlichkeit. Die Deklaration eines
autonomen physikalischen Individuums — des Atoms — war bereits für Epikur

> *Während die Philosophen dazu neigen, die Macht der Ideen*
> *zu überschätzen und der Faszination der Worte zu erliegen,*
> *unterschätzen die Physiker sehr oft den Wert der theoretischen*
> *Arbeit und begeistern sich an technischen Vorrichtungen.*
> *Während sich die Philosophen manchmal Phantastereien hin-*
> *geben, weigern sich die Physiker oft, ihre Vorstellungskraft*
> *zu benutzen. Das berühmte Wort Newtons* hypotheses non
> fingo *wird mißverstanden. Es ist schön und gut, sich an die*
> *Tatsachen zu halten, vorausgesetzt, man bleibt nicht an ih-*
> *nen hängen. Einstein tadelte eine solche nüchterne Haltung:*
> *„Alles, was sie bis zum 18. Lebensjahr gelernt haben, wird für*
> *Erfahrung gehalten. Alles, was sie dann später hören, gilt als*
> *Theorie und Spekulation."*
>
> *E. H. Hutten,* The Language of Modern Physics

und Lukretius eine Waffe, um die Autonomie des Menschen zu verteidigen. Lukretius befaßte sich mit der spontanen Abweichung der Atome von den vorgeschriebenen makrokosmischen Gesetzen, die von Epikur vorgeschlagen worden war, so daß der Mensch der Notwendigkeit nicht völlig untergeordnet sein würde und es damit nicht notwendig sein würde, daß der Mensch „nur erduldet, leidet und sich beugt, bevor er besiegt wird". In seiner Dissertation *Die Differenz der demokritischen und epikureischen Naturphilosophie* schreibt Marx, daß das Atom nicht zum Grundbegriff des philosophischen Bildes von der Welt geworden wäre, hätte man ihm nicht auch spontane Abweichungsmöglichkeit zugeschrieben. Lenin verglich die menschlichen Launen mit der Bewegung der Elektronen. Seit der Zeit der alten Atomisten bis zur nichtklassischen Physik des 20. Jahrhunderts hat die Idee der autonomen Individualität naturphilosophische und physikalische Äquivalente gehabt. Doch daneben gab es auch die entgegengesetzte Idee: Angesichts der allmächtigen elementaren sozialen Gesetze wurde das individuelle Schicksal völlig ignoriert, so wie auch das Schicksal der Moleküle in der makroskopischen Thermodynamik keinerlei Beachtung fand.

Für Einstein erhielt die Beziehung zwischen der Idee der autonomen Individualität und der Welt der Physik eine neue Form. Für ihn wurde die menschliche Individualität um so unergründlicher und interessanter, je mehr sie mit dem „Außerpersönlichen" verbunden war. In dieser Hinsicht haben die ersten Paragraphen seiner Autobiographie von 1946, *Autobiographisches*, während seines ganzen Lebens ihre Bedeutung bewahrt, ganz besonders aber jener Abschnitt, der sich mit der objektiven außerpersönlichen Welt befaßt, deren

Betrachtung dem Menschen Befreiung bringt. Ich zitiere diese Zeilen, die den bedeutendsten kulturellen Effekt der Wissenschaft charakterisieren: „Da gibt es draußen diese große Welt, die unabhängig von uns Menschen da ist und vor uns steht wie ein großes, ewiges Rätsel, wenigstens teilweise zugänglich unserem Schauen und Denken. Ihre Betrachtung wirkte als eine Befreiung, und ich merkte bald, daß so mancher, den ich schätzen und bewundern gelernt hatte, in der hingebenden Beschäftigung mit ihr innere Freiheit und Sicherheit gefunden hatte. Das gedankliche Erfassen dieser außerpersönlichen Welt im Rahmen der uns gebotenen Möglichkeiten schwebte mir halb bewußt, halb unbewußt als höchstes Ziel vor.“

Für den zeitgenössischen Physiker ist diese „innere Freiheit“, von der Einstein schreibt, nicht mit spontaner Neigung assoziiert, sondern eher mit Freiheitsgraden, die mit der Dimensionalität des Raumes, in dem sich ein Teilchen bewegt, verbunden sind. Innere Freiheit wird von einer Reihe von Bindungen an die außerpersönliche Welt, an das unendliche komplexe, unendlich regelmäßige Universum, dessen Kenntnis das individuelle Bewußtsein befreit, dargestellt. Kultur ist die Genesis des *multi-dimensionalen Menschen*; sie ist die Dimensionalität, die Komplexität, die Stufen und die Anzahl der Grade „innerer Freiheit“, die unendlich und irreversibel wachsen. In der Tat: „Hier ist Hegel und die Bücherweisheit und das philosophische Denken aller.“

Hier ist die Grundlage der Verbindung zwischen der Irreversibilität der Kultur und der Irreversibilität des Wissens. Wissen ist eine Befreiung, ein Wachsen und ein Verwirklichen der inneren Freiheit; dies ist die Definition des Menschen: *homo cogitans*. Die Geschichte des Wissens ist der Prozeß der Humanisierung des Menschen, der Prozeß der kulturellen Entwicklung. Oder genauer: Sie ist die Grundlage, die diese kulturelle Entwicklung irreversibel macht.

In Einsteins Aussagen zu den Problemen der Kultur, des sozialen Lebens und der Ethik ist das menschliche Individuum nicht ein isoliertes Individuum — so wie für Stirner —, sondern es ist der Schnittpunkt von Interessen, Eindrücken, Vorstellungen, Formen und Gefühlen, die mit dem Persönlichen und Über-Persönlichen verbunden sind — und dies ist es, was als Maß des Fortschritts dient. Diese Ansicht steht mit dem Inhalt von Einsteins wissenschaftlichen Ideen in Beziehung. Die Relativitätstheorie, der Ausschluß absolut isolierter Körper aus der Konzeption der Bewegung, die Vorstellung von den Teilchen als Elementen eines Feldes — das alles schuf den Rahmen für eine allgemeine philosophische Betrachtung des Ganzen und der darin einbeschlossenen Elemente. Auf der anderen Seite kam freilich auch ein Protest gegen das Außerachtlassen des individuellen menschlichen Schicksals in jener originellen, intuitiven Tendenz zum Ausdruck, aus der auch die wissenschaftlichen Ideen hervorgegangen waren. In diesem Zusammenhang sollte man sich des berühmten Satzes von Einstein erinnern: „Dostojewski gab mir mehr als jeder Denker, mehr als Gauß!“ Eine vergleichende Analyse der wissenschaftlichen,

> *Eines der Klischees über Einsteins Theorie besagt, sie zeige,
> daß alles relativ sei. Die Aussage, daß alles relativ ist, ist eben-
> so geistreich wie die Aussage, daß alles größer ist. Russell
> meinte dazu: Wenn alles relativ wäre, dann gäbe es ja gar
> nichts, auf das es bezogen sein könnte.*
> *James R. Newman,* Science and Sensibility

sozialen und ethischen Konzeptionen Einsteins auf der einen Seite und dem Werk Dostojewskis auf der anderen Seite läßt uns einen tiefen Isomorphismus erkennen. Das Problem, das Dostojewskis Romane durchzieht, ist die Frage nach dem Schicksal einer Privatperson angesichts der blinden Gesetze des Lebens, jener Diktate der ökumenischen Harmonie, welche die Qual eines vernichteten menschlichen Wesens nicht aufzuwiegen vermag. Die Frage der Kultur als ein Ganzes und ihrer gesamten Entwicklung — in allgemeiner und überspitzter Form ausgedrückt — lautet nun: Könnte vielleicht eine universale Harmonie geschaffen werden, die eine individuelle Tragödie ausschließt? Gerade diese Frage erregte Einsteins Aufmerksamkeit, und der große Physiker suchte in der Betrachtung der außerpersönlichen Welt nach einer Antwort – eine Suche, die eine ethische Dimension gewann. Es erscheint sinnvoll, sich Einsteins Meinung zur Frage der Beziehung von Wissenschaft und Ethik zu erinnern. 1954 schrieb Einstein seinem Freund Maurice Solovine:

„Das, was wir Wissenschaft nennen, verfolgt nur ein einziges Ziel: die Feststellung dessen, was in der Wirklichkeit existiert. Die Bestimmung dessen, was sein *sollte*, ist eine Aufgabe, die bis zu einem gewissen Maße unabhängig vom ersteren ist."

Diese Unabhängigkeit charakterisiert die Wissenschaft, die eine Zusammenfassung objektiver Aussagen ist. Die Bewegung der Wissenschaft, ihre Entwicklung und die Wissenschaft als ein Phänomen der Kultur, alles das hängt vom ethischen Selbstbewußtsein ab. „Gerade darin", sagt Einstein, „tritt die moralische Seite unserer Natur zutage — jenes innere Streben, zur Wahrheit zu gelangen, das unter der Bezeichnung *amor intellectualis* von Spinoza so oft betont worden ist" (Einstein, Science and God, *Forum 83,* 373–437 (1930)).

Die nichtklassische Wissenschaft mit ihrer besonderen Beweglichkeit in bezug auf die allgemeinsten und fundamentalsten Grundlagen des Wissens ist enger als die klassische Wissenschaft mit dem *amor intellectualis*, mit moralischem Selbstbewußtsein verknüpft, jener Komponente der Kultur, welche die menschliche Individualität im größten Ausmaß mit dem außerpersönlichen Dasein vereinigt.

Der Gefühlszustand, der zu solchen Leistungen befähigt, ist dem des Religiösen oder Verliebten ähnlich; das tägliche Streben entspringt keinem Vorsatz oder Programm, sondern einem unmittelbaren Bedürfnis.
Albert Einstein zu Max Planck 1918

6 Die Poesie der Wissenschaft

Die Revolution in der Wissenschaft und — durch die Wissenschaft — in der Kultur des Menschen, die durch Einsteins Relativitätstheorie hervorgerufen wurde, veränderte die Beziehung der Wahrheit zu den Ideen des Guten und des Schönen ebenso wie die Beziehung der Wissenschaft zur Produktion, zur Ökonomie, zur Ethik und zu ästhetischen Werten. Am Beginn der neuen Beziehung der Wissenschaft — als einem Phänomen der Kultur — zu den anderen Komponenten der Kultur stand eine umfassende Transformation des Weltbildes, dessen Ausmaß als eine topologische Transformation der Dimensionen des Wissens oder — wenn man eine traditionellere und philosophischere, Laplace-ähnliche Formulierung vorzieht — als eine Vertiefung der Vernunft in sich selbst ausgedrückt werden kann. In dieser Hinsicht nähert sich die theoretische Grundlagenwissenschaft nicht nur der Ökonomie und der Ethik, sondern auch der Kunst. In den zeitgenössischen Naturwissenschaften werden rein mathematische Beweise so intensiv angewendet, daß die Intuition eine größere Rolle spielt als in der Wissenschaft des 19. Jahrhunderts. Dies steht wiederum in Beziehung zu der Synthese der Einsteinschen Kriterien der äußeren Bewährung und der inneren Vollkommenheit, welche die Relativitätstheorie und die gesamte zeitgenössische Wissenschaft charakterisiert.

Wenn im Bewußtsein eines zeitgenössischen Denkers bei der Suche nach der Erklärung eines gegebenen Experiments ein neues paradoxes Schema blitzartig aufleuchtet, dann hat dieses Schema noch nicht jene innere Vollkommenheit erlangt, daß es von einem allgemeineren Prinzip, das komplexe Reihen von sehr verschiedenartigen Experimenten umfaßt, abgeleitet werden könnte. Wenn im Bewußtsein eines Denkers eine neue *logische* Deduktion entsteht, dann verlangt sie zu ihrer inneren Vollkommenheit verzweigte Ketten von neuen Deduktionen. In beiden Fällen steht die Verwirklichung der Einsteinschen Kriterien in Beziehung zur Transformation einer Metrik, zur Transformation einer Topologie und zur Transformation eines mathematischen bzw. logischen Apparats. Ein einzelnes Experiment, eine einzelne Deduktion, beides wird von einem intuitiven Erfassen des Unendlichen, das in den noch nicht verwirklichten Experimenten und Deduktionen verborgen ist, begleitet.

In diesem intuitiven Erfassen des Unendlichen liegt die „Erleuchtung", welche für das künstlerische Schaffen kennzeichnend ist. Die intuitive Erleuchtung schafft auch die Poesie der Wissenschaft und stellt eine Verbindung mit der Musik her, in der — nach den Worten von Leibniz — die Seele rechnet und es selbst noch nicht weiß. Die Befähigung zu einer solchen Erleuchtung wird auch Inspiration genannt. Sie ist stets eine Voraussetzung sowohl für die künstlerische als auch für die wissenschaftliche Kreativität; in der nichtklassischen Wissenschaft ist sie eine ganz *offensichtliche* Vorbedingung. Der Grund dafür liegt in der Form der logischen bzw. mathematischen Normen, denen die nichtklassische Wissenschaft untergeordnet ist.

Die Relativitätstheorie verändert die mathematische Grundlage des Wissens. Doch ihre weitere Entwicklung, insbesondere die Beseitigung jener Unzulänglichkeiten, auf die Einstein in seiner Autobiographie von 1946 hingewiesen hat, die Annäherung an die Quantentheorie, verlangt ganz eindeutig nach einer Umgestaltung der logischen Normen, einer Zurückweisung des Gesetzes vom ausgeschlossenen Dritten, d.h. nach einer metalogischen Transformation. Wenn eine bestimmte Logik eine metalogische Umwandlung erfährt, dann kann diese Transformation nicht innerhalb des Rahmens der alten logischen Normen durchgeführt werden; es ist dann notwendig, „die ungeschriebene Symphonie zu hören" und sich die Ergebnisse der Transformation intuitiv vorzustellen. Diese Momente der intuitiven wissenschaftlichen Erleuchtung haben nicht einen ausschließlich heuristischen Wert. Sie üben einen bedeutenden Einfluß auf die Kultur unserer Zeit aus. Die Poesie als eine Komponente der Kultur erlangt damit eine klare rekonstruktive Funktion.

7 Die Unsterblichkeit der Form und die Invarianten der Kultur

Die Analyse der nichtklassischen Physik als kulturelles Phänomen und des Einflusses der Wissenschaft auf die zeitgenössische Kultur als Ganzes ist von der Analyse der Psychologie der wissenschaftlichen Kreativität, von den Aussagen über die spezifischen Besonderheiten des Denkers, der zu nichtklassischen Ideen gelangt ist, nicht zu trennen. Diese Beziehung zwischen der Wissenschaft und der Individualität des Wissenschaftlers, die heute enger ist als noch im 19. Jahrhundert, ergibt sich aus den charakteristischen Eigenheiten des Stils und der Methoden der zeitgenössischen Physik. Der Stil, als eine gemeinsame kulturelle Kategorie, die sowohl die Wissenschaft als auch die Kunst einschließt, ist eine Invariante, der sich die Eigenarten dessen, der Wissen und Kreativität produziert, eingeprägt haben: die Eigenarten eines Künstlers, eines Denkers, einer Schule, einer Richtung, eines bestimmten nationalen Mediums, eines bestimmten Zeitalters. Neben dem künstlerischen Stil, der die Charakteristika der künstlerischen Geschicklichkeit einschließt, die selbst im Übergang von einem Topos zum anderen bewahrt bleiben und die es ermöglichen, den Künstler, die Schule, das Medium und das Zeitalter zu erkennen, gibt es auch einen Stil der wissenschaftlichen Kreativität, der bewahrt bleibt, auch wenn er von einem Problemzyklus zum anderen, von einem Forschungsgegenstand zum anderen übertragen wird.

Die klassische Wissenschaft hatte die Betonung vom Stil zur Methode verlagert, einer Invarianten der Kreativität, die von einem bestimmten Forschungsobjekt abhängt und die bewahrt bleibt, auch wenn sie von einem Forscher auf den anderen übertragen wird. Das spezifische Merkmal der Kreativität Newtons bestand darin, die Wissenschaft von persönlicher Idiosynkrasie zu befreien, induktive bzw. empirische und logische bzw. mathematische Genauigkeit zu verlangen und jede subjektive Färbung bei experimentellen Resultaten und logischen Deduktionen auszuschließen. Die Relativitätstheorie kehrte jedoch nicht zur subjektiven Selbstdarstellung der Renaissance zurück, sondern sie vertiefte noch die Verobjektivierung des Wissens. Und doch hat die Relativitätstheorie den „Beobachter" nicht wirklich verworfen; sie bringt vielmehr verschiedene Bezugssysteme durch die Invarianten der Transformationen von System zu System in Beziehung zueinander. Die Quantenmechanik setzt diese Tendenz fort und enthüllt die aktive Rolle des Experiments für das Verständnis der objektiven Struktur des Mikrokosmos. Die klassische Wissenschaft schloß den Menschen keineswegs von der Natur aus, doch die nichtklassische Wissenschaft hat den Einfluß des Menschen auf die Natur in den Prozeß, sie klarer, genauer und in einer offensichtlicheren und greifbareren Weise zu verstehen, mit einbezogen. Aus diesem Grund sind auch Methode und Stil der wissenschaftlichen Kreativität nicht länger als Gegensätze zu betrachten, sondern sie sind enger zusammengerückt. Der Produzent des Wissens fügt der Beschreibung eines Objekts all das hinzu, was er von der Gesellschaft, der Geschichte, von den Vorhersagen und von der Kultur der Zeit mitbekommen hat. Darin liegt eine signifikante wesenhafte Definition für den Begriff „Wissenschaft als ein Phänomen der Kultur", den wir bereits zuvor erwähnt haben. Wenn man die zeitgenössische Wissenschaft und ihre Inhalte — die objektive Beschreibung der Struktur des Universums — studiert, dann entdeckt man die subjektiven Eigenarten der Kreativität, die das Ergebnis und der konzentrierte Ausdruck der zeitgenössischen Kultur sind.

Was also ist der Stil der wissenschaftlichen Kreativität Einsteins? Damit ist noch eine zweite Frage verbunden: Warum glauben wir, daß Einstein Unsterblichkeit erlangt hat und daß sein Bild in der Erinnerung der Menschen für immer bewahrt sein wird?

In der Sprache der Wissenschaft kann Unsterblichkeit als eine „Invariante" angesehen werden, analog einer physikalischen Invarianten, die die Transformationen der Darstellung des Universums überlebt. In der Entwicklung der Relativitätstheorie gab es eine solche Transformation der Darstellungen, die auf der Konstanz der Lichtgeschwindigkeit im Vakuum und dem pseudo-euklidischen Charakter der Raum-Zeit beruhte. Es ist durchaus wahrscheinlich, daß es bereits in unserem Jahrhundert grundsätzlichere Annäherungen der Relativitätstheorie an die Theorie des Mikrokosmos geben wird. Doch gleichzeitig werden mit diesen oder anderen Modifizierungen die methodologischen Grundlagen der Relativitätstheorie bewahrt bleiben, nämlich die grundsätzliche, nichtklassische Variabilität der geometrischen Eigenschaften von Raum und Zeit, die eine Evolution der fundamentalsten Wissenschaftsprinzipien in sich schließt, einen Übergang von metrischen zu topologischen Begriffen bei der Suche nach äußerer Bewährung und innerer Vollkommenheit. Der Übergang zu einer noch komplexeren und multidimensionalen Struktur beim Verstehen des Universums als einer Kartographie seiner wirklichen Strukturiertheit bleibt invariant. *Amor intellectualis* kommt in der ganzen Erscheinung Einsteins, in seinem Werk (vor allem in seiner Suche nach einer einheitlichen Feldtheorie), in seiner ethischen Einstellung und in seinem persönlichen Charme zum Ausdruck. Dies alles charakterisiert die Individualität Einsteins und macht sein Bild unsterblich.

Es ist wichtig, darauf hinzuweisen, daß die Invarianten der Kreativität Einsteins von den Invarianten der Kultur nicht zu trennen sind, die ebenso wie die der Physik nicht metrisch, sondern topologisch sind; sie bewahren nicht irgendwelche numerische Indikatoren, sondern die Richtung einer qualitativen Evolution.

8 Die kulturelle Wirkung des Physikunterrichts

Die Schlüsse aus oben Gesagtem betreffen zum einen die Bedeutung des Bildes Einsteins für den zeitgenössischen Physikunterricht und zum anderen die Bedeutung des Physikunterrichts in der zeitgenössischen Kultur. Wir beginnen mit dem ersteren. Der Physiker muß heutzutage, d.h. im letzten Viertel unseres Jahrhunderts, ein sehr hohes kulturelles Niveau haben; er muß die ausgeprägte Fähigkeit besitzen, von der Physik im eigentlichen Sinne zum zeitgenössischen Analogon der aristotelischen *physis* fortschreiten zu können. Die Physik unseres Jahrhunderts — insbesondere die der mittleren und letzten Periode — hat hochspezialisierte Beiträge zu benachbarten Disziplinen geliefert. Die Relativitätstheorie hat ein sehr nachdrückliches Sichtbarwerden physikalischer Konstanten und Begriffe in der Mechanik bewirkt. Später, mit der relativistischen Kosmologie, drang die Physik dann in die Astronomie und im Rahmen der Quantentheorie des Atoms auch in die Chemie und Biologie ein. Die Physik ist sogar in die Mathematik eingedrungen. Mit Einstein entwickelte sich außerdem das physikalische Verständnis der mathematischen Axiomatik sehr schnell, eine Tendenz, über die wir bereits gesprochen haben. Doch das ist nicht alles. Die zeitgenössische Physik ist gleichzeitig auch in die Produktionstechnologie eingedrungen, und zwar sehr viel schneller und unmittelbarer als es die klassische Physik vermocht hätte; sie setzt sich in immer mehr

*Der bestimmende Wesenszug seiner Persönlichkeit war seine
große und echte Bescheidenheit. Wenn ihm jemand widersprach, dann dachte er darüber nach; und wenn er bemerkte,
daß er Unrecht hatte, dann war er erfreut, denn er meinte,
daß er dadurch einem Irrtum entgangen sei und daß er es nun
besser wüßte als zuvor.*
Otto Frisch, in: G. J. Whitrow, Einstein: The Man and His
Achievement

Gebieten und mit einer ständig größer werdenden strukturellen Wirkung
durch.

Auch ein anderer Prozeß zeichnet sich ab: die schnelle Entwicklung neuer
Situationen in der Physik, d.h. das Auftreten experimenteller Ergebnisse, die
radikale Transformationen fundamentaler Ideen erfordern, und das Auftreten
von theoretischen Untersuchungen, die neue Experimente erfordern. Es gab
eine Zeit, da erhielt der Physiker mit seiner anfänglichen Ausbildung sehr
starre Vorstellungen, die sich im Laufe seines Lebens entwickelten und konkreter wurden, doch diese Zeit ist vorüber. Heute muß das Denken gestaltungs-
fähig und flexibel sein, und dieses Erfordernis ist ungleich größer als früher.
Vor allem ist es wichtig, vorwärts zu schauen, die Bewegung der Wissenschaft
zu erkennen und den Weg, der vor uns liegt, zu bestimmen. Vorausschauendes
Denken ist also notwendig. Die Daten für ein solches Denken werden geliefert
durch das Studium der Bewegung der Physik — ihrer Phylogenese und Ontogenese — in jenen Momenten, da die Evolution der Ideen im Rahmen einer
wissenschaftlichen Revolution beobachtet werden kann, beobachtet in jener
Phase der „Erleuchtung", über die wir bereits früher gesprochen haben. In der
Geschichte der Wissenschaft des 20. Jahrhunderts gibt es kein effektiveres
Material für die Förderung der Gestaltungsfähigkeit des Denkens in der Physik
als die Ontogenese der Relativitätstheorie, die Entwicklung dieser Theorie im
Kopfe Einsteins.

Unser zweiter Schluß betrifft die Bedeutung des Physikunterrichts für die zeitgenössische Kultur. Dieses Thema ist Teil eines großen Problems, dessen Bedeutung man kaum überschätzen kann. Die Aufgabe, die sich der Menschheit
durch die nichtklassische Physik stellt, die Aufgabe des Atomzeitalters also,
richtet sich an das moralische Potential mit der Aufforderung, sich auf die
Stufe des intellektuellen Potentials, das in der zeitgenössischen wissenschaftlich-technischen Revolution verkörpert ist, zu erheben. Eine Möglichkeit,
dieses Problem zu lösen, liegt darin, daß die Bevölkerung dieser Welt verstehen
lernt, welchen Weg die Physik einschlägt, und daß sie schon mit dem Heran-

> *Professor Einstein saß einmal in Amerika bei einer Einladung zu einem Abendessen neben einem 18jährigen jungen Mädchen. Als die Unterhaltung kurz zum Erliegen kam, fragte ihn seine Nachbarin: „Was machen Sie eigentlich beruflich?"* *„Ich widme mich dem Studium der Physik" antwortete Einstein, dessen Haar bereits weiß war. „Sie wollen damit sagen, daß Sie in Ihrem Alter noch Physik studieren", meinte das junge Mädchen ganz überrascht, „ich habe mein Studium schon vor einem Jahr abgeschlossen."*
> *Carl Seelig*, Albert Einstein. Eine dokumentarische Biographie

wachsen im Schulzimmer das mitbekommt, was hierfür erforderlich ist. Es geht dabei nicht nur um die Kenntnis der Physik im allgemeinen und traditionellen Sinn, sondern auch um die Kenntnis der *physis*, d.h. des allgemeinen wissenschaftlichen Bildes des Universums und der kulturellen und gefühlsmäßigen Begleiterscheinungen der Wissenschaft. Das Bild, das Leben und die Kreativität Einsteins sind ein Auszug und eine Zusammenfassung alles dessen.

Bibliographie

Einstein, A., *Sobranie nauchnyh trudov* (4 Bände), hrsg. von I. Tamm, B. Kuznetsov u. I. Smorodinski (Moskau 1965—1967)
Einstein, A., *The World as I See It* (New York 1934)
Einstein, A., *Out of My Later Years* (New York: Philosophical Library, 1950)
Einstein, A., *Ideas and Opinions* (New York: Dell, 1956)
Kuznetsov, B., *Einstein and Dostojevsky* (London, 1972)
Kuznetsov, B., *Philosophy of Optimism* (Moskau 1977)
Kuznetsov, B., *Leben-Tod-Unsterblichkeit* (Berlin, 1977)

Bild 40 Einstein in Pasadena, 1931

7

Einstein und die Weltpolitik

A. P. French

Die reine Wahrheit — unabhängig vom Menschen, unabhängig vom Bewußtsein, unabhängig von der Sinneserfahrung und unabhängig von der Moral — das war Einsteins ,,Religion''.
Henry Le Roy Finch *in* Conversations with Einstein

1 Einleitung

Obwohl Einstein nichts daran lag, im endlosen Schlagabtausch der tagespolitischen Ereignisse mitzumischen, war er doch auch kein Wissenschaftler im Elfenbeinturm. Im Gegenteil: Sein ganzes Leben lang trat er mit leidenschaftlichem Engagement für soziale Gerechtigkeit und die Wahrung des Weltfriedens ein. Was seine politische Gesinnung anbelangte, so war er sowohl gefühlsmäßig als auch intellektuell unbeirrbar dem Sozialismus und einer kontrollierten Wirtschaft verpflichtet. Einstein war außerdem ein ganz überzeugter ,,Internationalist'', und er sah die einzige Lösung für die Probleme der Welt in der Aufgabe wesentlicher autonomer Rechte der einzelnen Staaten. Er war so lange von ganzem Herzen Pazifist, bis die Bedrohung der Zivilisation durch das Deutschland Hitlers ihn dazu veranlaßte, sich für eine Wiederaufrüstung des Westens zum Zwecke der Selbstverteidigung einzusetzen; bis später sogar sein Name mit dem Plan, Atomenergie für militärische Zwecke zu entwickeln, in Verbindung gebracht werden durfte. Doch nach dem Kriege setzte er sich wieder vehement für die Abrüstung ein, und beinahe die letzte Handlung in seinem Leben, nur wenige Tage bevor er starb, bestand darin, ein Manifest gegen den Krieg zu unterschreiben, das Bertrand Russell verfaßt hatte und das in der Folge von vielen bedeutenden Wissenschaftlern unterzeichnet wurde.

Trotz all der entmutigenden Beweise für die Unmenschlichkeit des Menschen gegenüber seinem Mitmenschen war Einstein doch im Grunde ein optimistischer Realist. Er glaubte fest daran, daß Menschen guten Willens durchaus auch Veränderungen zum Besseren in der menschlichen Gesellschaft bewir-

> *Einstein war nicht nur ein großer Naturwissenschaftler, er war auch ein großer Mensch. Er war ein Symbol für den Frieden in einer Welt, die auf den Krieg zusteuerte. Er blieb gesund in einer kranken Welt, und er blieb liberal in einer Welt voller Fanatiker.*
> *Bertrand Russell in G. J. Whitrow:* Einstein: The Man and His Achievement

ken können. Wichtig dafür sei, daß sie sich frei über die Probleme aussprechen. Er selbst war stets bereit, sein eigenes gewichtiges Ansehen für Anliegen, die er für würdig hielt, in die Schale zu werfen.

Im Folgenden soll eine kurze Darstellung dieser Seite seines Lebens gegeben werden; sie stützt sich hauptsächlich auf Einsteins veröffentlichte Äußerungen und auf das Buch *Einstein on Peace*, das von Nathan und Norden 1960 herausgegeben worden ist.

2 In Deutschland: Der Erste Weltkrieg und die Zeit danach

Der Ausbruch des Ersten Weltkriegs — Einstein war gerade erst von der Schweiz nach Berlin gezogen, um seinen Lehrstuhl zu übernehmen — öffnete ihm zum ersten Mal die Augen über die Schrecken des Militarismus und Chauvinismus. Kurz darauf wurde er deshalb Mitautor eines „Manifests an die Europäer", das innerhalb Deutschlands verbreitet und diskutiert, aber kaum unterstützt wurde. Es war das erste Mal, daß Einstein politisch so öffentlich in Erscheinung trat. In diesem Zusammenhang wurde er auch Gründungsmitglied einer Gruppe, die sich „Neuer Vaterlandsbund" nannte und sich dem Internationalismus und der Friedenssicherung verschrieben hatte.

Die Tatsache, daß Einstein 1915 trotz des Krieges eine Reise in die Schweiz unternehmen konnte, wirft ein bezeichnendes Licht auf die Zustände der Zeit. In der Schweiz führte er ein ausführliches Gespräch mit dem Schriftsteller Romain Rolland, der ein lebenslanger Freund werden sollte. Rolland berichtet in seinem Tagebuch, daß Einstein mit großer Offenheit über den Krieg gesprochen und seine Hoffnung auf einen Sieg der Alliierten zum Ausdruck gebracht habe — ein Sieg, der die Macht des preußischen Militarismus zerstören würde. Später, im Jahre 1918, begrüßte Einstein dann die Abdankung des Kaisers und die Gründung einer Republik unmittelbar nach Erklärung des Waffenstillstandes.

Während der chaotischen innenpolitischen Verhältnisse im Deutschland der Zeit nach dem Ersten Weltkrieg versuchte Einstein seinen Einfluß zugunsten von politischen Gefangenen und von anderen sozialen Anliegen geltend zu machen. Auf internationaler Ebene schloß er sich pazifistischen Bewegungen an und reiste deshalb weit herum. So machte er im Jahre 1922, zu einem Zeitpunkt also, da immer noch feindselige Gefühle zwischen Deutschland und Frankreich vorherrschten, einen Besuch in Paris und wurde dort sowohl von Wissenschaftlern als auch von Politikern, aber natürlich nicht von Regierungsmitgliedern, freundlich aufgenommen. Bei vielen zwanglosen Diskussionen betonte er stets die Bedeutung der Kooperation auf kulturellem und politischem Gebiet. Kurz darauf kam eine französische Delegation nach Berlin, um an einer pazifistischen Kundgebung teilzunehmen. In der Vorhalle des Reichstages sprach Einstein zu dieser Versammlung:

„Ich möchte unsere gegenwärtige Situation einmal so beschreiben ... als seien wir in der glücklichen Lage, von einem günstigen Beobachtungsposten aus, wie beispielsweise dem Mond, Zeuge der Geschehnisse auf unserem elenden Planeten zu sein.

Zunächst müssen wir uns fragen, in welchem Sinn die Probleme der internationalen Beziehungen heutzutage eine ganz andere Betrachtungsweise verlangen als die der Vergangenheit, wobei nicht nur die unmittelbare Vergangenheit, sondern der Zeitraum des letzten halben Jahrhunderts zu betrachten ist. Für mich ist die Antwort ganz einfach: Aufgrund von technologischen Entwicklungen sind die Entfernungen auf der ganzen Welt zu einem Zehntel ihrer früheren Größe zusammengeschrumpft. Die Produktion von Gebrauchsgütern hat sich in der Welt zu einem Mosaik entwickelt, das aus Teilen, die vom ganzen Globus stammen, zusammengesetzt ist. Es ist nun notwendig und auch völlig natürlich, daß die zunehmende gegenseitige wirtschaftliche Abhängigkeit der Gebiete, die an dieser Produktion beteiligt sind, auch durch eine entsprechende politische Organisation ergänzt wird.

Der berühmte Mann im Mond könnte wohl kaum verstehen, warum die Menschen selbst nach der entsetzlichen Erfahrung des Krieges immer noch zögern, eine solche neue politische Organisation zu schaffen. Warum aber zögern die Menschen? Ich glaube, der Grund liegt darin, daß die Menschen nur ein sehr schlechtes Gedächtnis haben, wenn es um die Geschichte geht.

Es ist eine seltsame Situation. Der einfache Mann ist den Ereignissen ausgesetzt, wie sie gerade kommen; er hat nur relativ wenig Mühe, sich großen Veränderungen anzupassen. Der gebildete Mensch dagegen, der viel Wissen angesammelt hat und es anderen vermittelt, steht vor einem wesentlich schwierigeren Problem. In diesem Zusammenhang spielt die Sprache eine besonders unglückliche Rolle. Denn was ist eine Nation anderes als eine Gruppe von Individuen, die sich unentwegt durch das geschriebene und gesprochene Wort

„Meiner Meinung nach ist es nicht richtig, die Politik in wissenschaftliche Angelegenheiten hineinzuziehen; auch sollten nicht einzelne Menschen für die Regierung des Landes, zu dem sie zufällig gehören, verantwortlich gemacht werden."
A. E. an Lorentz im Jahre 1923

gegenseitig beeinflussen! Die Mitglieder einer Sprachgemeinschaft werden es selbst kaum bemerken, wenn ihre eigene Weltanschauung voreingenommen und unbeweglich wird.

Ich glaube, daß der Zustand, in dem sich die Welt heutzutage befindet, die Schaffung einer Einheit und intellektuellen Zusammenarbeit zwischen den Nationen verlangt, und zwar nicht nur aus idealistischen Erwägungen, sondern weil es bitter notwendig ist. Wer sich dieser Notwendigkeit bewußt ist, muß aufhören in Sätzen wie ‚was sollte für unser Land getan werden?' zu denken. Wir sollten vielmehr fragen: ‚Was muß unsere Gemeinschaft tun, um das Fundament für eine größere Weltgemeinschaft zu schaffen?'; denn ohne diese größere Gemeinschaft wird kein einzelnes Land von langer Dauer sein."

Eine Folge solcher Aktivitäten war dann freilich, daß Einstein von antisemitischen Extremisten attackiert wurde.

Während dieser Nachkriegszeit bemühte sich der Völkerbund — wenn auch ohne großen Erfolg — eine effektivere Rolle zu spielen. Einstein wurde eingeladen, der Kommission für geistige Zusammenarbeit (*Commission de coopération intellectuelle*) beizutreten. Trotz einiger Bedenken nahm er die Einladung an; doch bereits innerhalb eines Jahres verließ er die Kommission schon wieder, da er der Meinung war, daß der Völkerbund nur als „Werkzeug jener Nationen, die in diesem Stadium der Geschichte zufällig die dominierenden Mächte sind", funktioniere. Dennoch fühlte er sich weiterhin in Übereinstimmung mit den eigentlichen Zielen des Völkerbundes, und 1924 konnte er überredet werden, der Kommission für geistige Zusammenarbeit erneut beizutreten. Diese zweite Erfahrung ermutigte ihn dann wieder, und er war sehr erfreut, eine zunehmende Bereitschaft festzustellen, Deutschland in das politische und kulturelle Leben wieder aufnehmen zu wollen. Andererseits betrübte es ihn, erleben zu müssen, daß einzelne Künstler und Gelehrte sich viel mehr von engen nationalistischen Tendenzen leiten ließen als manche Männer der Praxis. 1930 beendete er seine Mitarbeit in der Kommission.

In der Zwischenzeit hatte Einstein damit begonnen, auch aktiv bei pazifistischen Organisationen mitzuarbeiten. Sein Engagement für den Pazifismus erregte besonders Beachtung, als er während eines Aufenthalts in den Vereinigten

Staaten Ende 1930 in New York einen Vortrag über dieses Thema hielt, in dem er vor allem Taten und nicht nur Lippenbekenntnisse von den Menschen forderte und alle wahren Pazifisten beschwor, den Militärdienst selbst in Friedenszeiten zu verweigern. In einem Interview während dieses Besuches soll er gesagt haben:

„Es wird wohl kaum möglich sein, den Kampfgeist in einer Generation völlig auszurotten. Es ist auch nicht einmal wünschenswert, ihn gänzlich auszulöschen. Die Menschen sollen ruhig weiterhin kämpfen, doch sie sollen für Dinge kämpfen, die es wert sind, und nicht für imaginäre geographische Grenzen, rassistische Vorurteile oder aus persönlicher Raffgier, die sich unter dem Mantel des Patriotismus verbirgt. Ihre Waffen sollten solche des Geistes sein und nicht Schrappnells und Panzer ...

Wir müssen bereit sein, die gleichen heldenhaften Opfer, die wir so bereitwillig für den Krieg bringen, auch für den Frieden zu bringen. Es gibt keine Aufgabe, die mir wichtiger ist oder mir mehr am Herzen liegt. Wenn ich auch durch meine Worte und Taten die Struktur des Universums nicht verändern kann, so kann ich doch vielleicht das wichtigste aller gerechten Anliegen fördern — nämlich den guten Willen zwischen den Menschen und Frieden auf Erden."

Einige Monate später schrieb Einstein in einem Artikel in der New York Times:

„Darf ich mit einem politischen Bekenntnis beginnen? Es lautet: Der Staat ist für die Menschen und nicht die Menschen für den Staat. Von der Wissenschaft kann das gleiche gesagt werden wie vom Staat. Dies sind alte Formeln, geprägt von solchen, die die menschliche Persönlichkeit als den höchsten Wert ansehen. Ich würde mich scheuen, sie zu wiederholen, wenn sie nicht immer wieder in Vergessenheit zu geraten drohten, ganz besonders in unserer Zeit der Organisation und Schablone. Als wichtigste Aufgabe des Staates sehe ich die, das Individuum zu schützen und ihm die Möglichkeit zu bieten, sich zur schöpferischen Persönlichkeit zu entfalten.

Der Staat soll also unser Diener sein, nicht wir Sklaven des Staates. Dies Gebot verletzt der Staat, wenn er uns mit Gewalt dazu zwingt, Militär- und Kriegsdienst zu leisten, zumal dieser knechtische Dienst zum Ziel und zur Wirkung hat, Menschen anderer Länder zu vernichten oder in ihrer Entwicklungsfreiheit zu schädigen. Wir sollen für den Staat nur solche Opfer bringen, welche der freien Entwicklung menschlicher Individuen zugute kommen."

Ein Ergebnis der Beschäftigung Einsteins mit den Problemen des Krieges war ein Briefwechsel mit Sigmund Freud, der später als Broschüre unter dem Titel *Warum Krieg?* veröffentlicht wurde. Einstein verstand den Krieg als ein Produkt „der dunklen Punkte des menschlichen Wollens und Fühlens"; er überlegte, ob dieser Instinkt durch psychologische Begriffe genügend erfaßt werden könnte, um kontrolliert oder gar beseitigt werden zu können. Die Antwort Freuds war zwar sehr ausführlich, doch im Grunde pessimistisch. Ebenso wie Einstein empfand auch er, daß die einzig mögliche Lösung des Problems, die in näherer Zukunft in Betracht kam, in der Gründung übernationaler Organisationen liege.

3 In Amerika: Die Jahre von 1933 bis 1940

Obwohl Einstein im Jahre 1933 für immer nach Amerika zog, erfüllten ihn die Ereignisse in Europa und besonders in Deutschland doch weiterhin mit tiefer Besorgnis. Zum Wiederaufleben des Militarismus war noch die Verfolgung der Juden durch die Nazis gekommen. Zu beiden Fragen nahm er in den kommenden Jahren in jeder erdenklichen Weise Stellung. Etwa um diese Zeit begann er, seine Ansicht, daß die Anwendung von Gewalt bei internationalen Krisen niemals zu rechtfertigen sei, allmählich zu modifizieren. Doch er hoffte immer noch, daß eine Kompromißlösung gefunden werden könnte durch die Schaffung kleiner Armeen von Berufssoldaten sowie einer „internationalen Polizei", so daß das Recht des Einzelnen auf Militärdienstverweigerung auf diese Weise gewahrt bliebe. Doch bereits nach kurzer Zeit hatte er seine Ansicht dahingehend geändert: Es sei doch vertretbar, gegen die Nazi-Beherrschung Europas auch Kampfbereitschaft zu zeigen, um dadurch die Sicherung der Freiheiten auch in Zukunft gewährleisten zu können. Er lehnte es daher ab, die Sache einiger junger Kriegsdienstverweigerer in Belgien zu unterstützen. Bereits sechs Jahre vor dem tatsächlichen Ausbruch des Krieges sah er ganz deutlich das Ausmaß der Gefahr voraus und erkannte die Notwendigkeit, ihr rechtzeitig zu begegnen. Ungefähr um diese Zeit — genauer gesagt, auf seinem Weg nach Amerika im Herbst 1933 — traf er in England mit Winston Churchill zusammen und konnte feststellen, daß dieser ähnlich vorausschauend war.

Gleichfalls im Jahre 1933, kurz bevor er nach Amerika ging, hatte Einstein öffentlich erklärt, daß er beabsichtige, aus der Preußischen Akademie der Wissenschaften auszutreten und sein preußisches Bürgerrecht, das er 1913 erhalten hatte, aufzugeben. Diese Entscheidung hatte einen feindseligen Brief der Akademie zur Folge, in dem ihm vorgeworfen wurde, daß er, anstatt ein gutes Wort für das deutsche Volk einzulegen, vielmehr dazu beigetragen habe, verleumderische Gerüchte über Deutschland im Ausland zu verbreiten. In seiner Antwort schrieb Einstein:

„Sie haben ferner bemerkt, daß ein ‚Zeugnis' meinerseits für das ‚deutsche Volk' sehr machtvoll im Ausland gewirkt haben würde. Hierauf muß ich erwidern, daß ein solches Zeugnis, wie Sie es mir zumuten, einer Verneinung aller der Anschauungen von Gerechtigkeit und Freiheit gleichgekommen wäre, für die ich mein Leben lang eingetreten bin. Ein solches Zeugnis wäre nämlich nicht, wie Sie sagen, ein Zeugnis für das deutsche Volk gewesen — es hätte sich vielmehr nur zugunsten derer auswirken können, die jene Ideen und Prinzipien zu beseitigen suchen, die dem deutschen Volk einen Ehrenplatz in der Weltzivilisation verschafft haben. Durch ein solches Zeugnis unter den gegenwärtigen Umständen hätte ich — wenn auch nur indirekt — zur Sittenverrohung und Vernichtung aller heutigen Kulturwerte beigetragen. Eben aus diesem Grunde habe ich mich gedrängt gefühlt, aus der Akademie auszutreten, und Ihr Schreiben beweist mir nur, wie richtig ich damit gehandelt habe."

Fast gleichzeitig trat er auch mit folgender Begründung aus der Bayerischen Akademie aus:

„Akademien haben in erster Linie die Aufgabe, das wissenschaftliche Leben eines Landes zu fördern und zu schützen. Die deutschen gelehrten Gesellschaften haben aber — soviel mir bekannt ist — es schweigend hingenommen, daß ein nicht unerheblicher Teil der deutschen Gelehrten und Studenten sowie der aufgrund einer akademischen Ausbildung Berufstätigen ihrer Arbeitsmöglichkeit und ihres Lebensunterhaltes in Deutschland beraubt wird. Einer Gesellschaft, die — wenn auch unter äußerem Druck — eine solche Haltung einnimmt, möchte ich nicht angehören."

Der Verzicht Einsteins auf einen totalen Pazifismus führte natürlich zu ernsthaften Differenzen mit seinen früheren Mitstreitern aus der Friedensbewegung. Es kostete ihn viel Zeit und Mühe, ihnen klar zu machen, daß die mögliche Zerstörung unseres intellektuellen und kulturellen Erbes ein viel zu hoher Preis für das Vermeiden des Krieges sei und daß überdies das beste Abschreckungsmittel gegen die Nazi-Aggression in der militärischen Stärke der Demokratie liege.

Der Umzug Einsteins von Europa nach Amerika fiel in eine Zeit, in der die westliche Welt um einen wirtschaftlichen Wiederaufbau nach der Wirtschaftskrise, die mit dem Wall Street-Zusammenbruch im Jahre 1929 begonnen hatte, kämpfte. Um diese Zeit etwa veröffentlichte Einstein einige seiner Überlegungen zu ökonomischen Problemen. Mit entwaffnender Offenheit sagte er: „Wenn es etwas gibt, das einem Laien auf dem ökonomischen Gebiet den Mut geben kann zu einer Meinungsäußerung über das Wesen der beängstigenden wirtschaftlichen Schwierigkeiten der Gegenwart, so ist es das hoffnungslose Gewirr der Meinungen der Fachleute."

Einstein sprach sich gegen eine totale Planwirtschaft aus und wies darauf hin, daß die Mängel dieses Systems, in dem das Element des Wettbewerbs unterdrückt werde, in Rußland deutlich sichtbar würden. Er befürwortete vielmehr eine eher gemäßigte Kontrolle, die darauf abziele, die Arbeitszeit zu verkürzen, um dadurch die Vollbeschäftigung zu erreichen, und außerdem sprach er sich für eine Preisbindung in den Fällen aus, wo monopolistische Praktiken zu Mißbrauch führen könnten. „Ich persönlich glaube, daß im allgemeinen solche Methoden zu bevorzugen sind, welche die Traditionen und Gewohnheiten so weit respektieren, als es mit dem ins Auge gefaßten Ziel irgend vereinbar ist." Diese Bemerkung Einsteins war typisch für seine Art, an Probleme heranzugehen. Er ließ sich niemals von simplifizierten Appellen zu allgemeinen Prinzipien hinreißen, sondern überprüfte jedes einzelne Problem mittels seines unbeirrbaren analytischen und kritischen Verstandes. Auch war Einstein, wenn es um menschliche Probleme ging, der Meinung, daß das mühsam erworbene kulturelle Erbe nicht leichtfertig aufs Spiel gesetzt werden dürfe.

Trotz seines Interesses an wirtschaftlichen und sozialen Fragen war jedoch die Wahrung des Weltfriedens neben der Physik das Hauptanliegen Einsteins. Seiner Ansicht nach ruhten die größten Hoffnungen auf dem Völkerbund, da irgendeine Art von internationaler Organisation notwendig war und der Völkerbund die einzige existierende Organisation dieser Art darstellte. Daß die Vereinigten Staaten im Völkerbund nicht vertreten waren, verringerte dessen Bedeutung natürlich beträchtlich. Aus diesem Grunde gab Einstein 1934 eine öffentliche Erklärung ab, in der er die Amerikaner beschwor, ihren Einfluß zugunsten eines Beitritts der Vereinigten Staaten geltend zu machen. Immer wieder betonte er, daß es nicht genug sei, über den Frieden nur zu reden. Auch glaubte er — trotz seiner großen Bewunderung für Mahatma Gandhi — nicht daran, daß Gandhis Taktik des passiven Widerstandes gegenüber dem Nazi-Regime von irgendwelchem Nutzen sein könnte. Schließlich fand er sich aber doch mit dem Gedanken ab, daß es höchstwahrscheinlich zu einem Krieg kommen würde, und wurde zum scharfen Kritiker des Pazifismus um seiner selbst willen. In einem Brief aus dem Jahre 1937 an die *American League against War and Fascism* heißt es: „Es muß einmal gesagt werden, daß die Pazifisten der Sache der Demokratie in letzter Zeit eher geschadet als genützt haben. Das ist vor allem in England der Fall, wo die pazifistische Einflußnahme die Wiederaufrüstung, die wegen der militärischen Vorbereitungen in den faschistischen Ländern zur Notwendigkeit geworden ist, gefährlich verzögert hat."

Die Annexion Österreichs durch die Nazis im Jahre 1938 ließ die Gefahr eines Krieges näher rücken und verschlimmerte auch die Lage der Juden in Europa. Einstein bemühte sich, Hilfsaktionen ins Leben zu rufen, doch er stieß nur auf wenig Gegenliebe bei den Amerikanern, sich mit so weit entfernten Schwierigkeiten zu befassen.

Im August 1939, vier Wochen bevor Hitler durch seine Invasion in Polen den Zweiten Weltkrieg herbeiführte, unterschrieb Einstein den berühmten Brief an Roosevelt. Darin wurde ein Forschungs- und Entwicklungsprogramm für nukleare Kettenreaktionen als Basis für Bomben von noch nie dagewesener Kraft vorgeschlagen. Das Ganze ist insofern voll Ironie, als Einstein ebenso

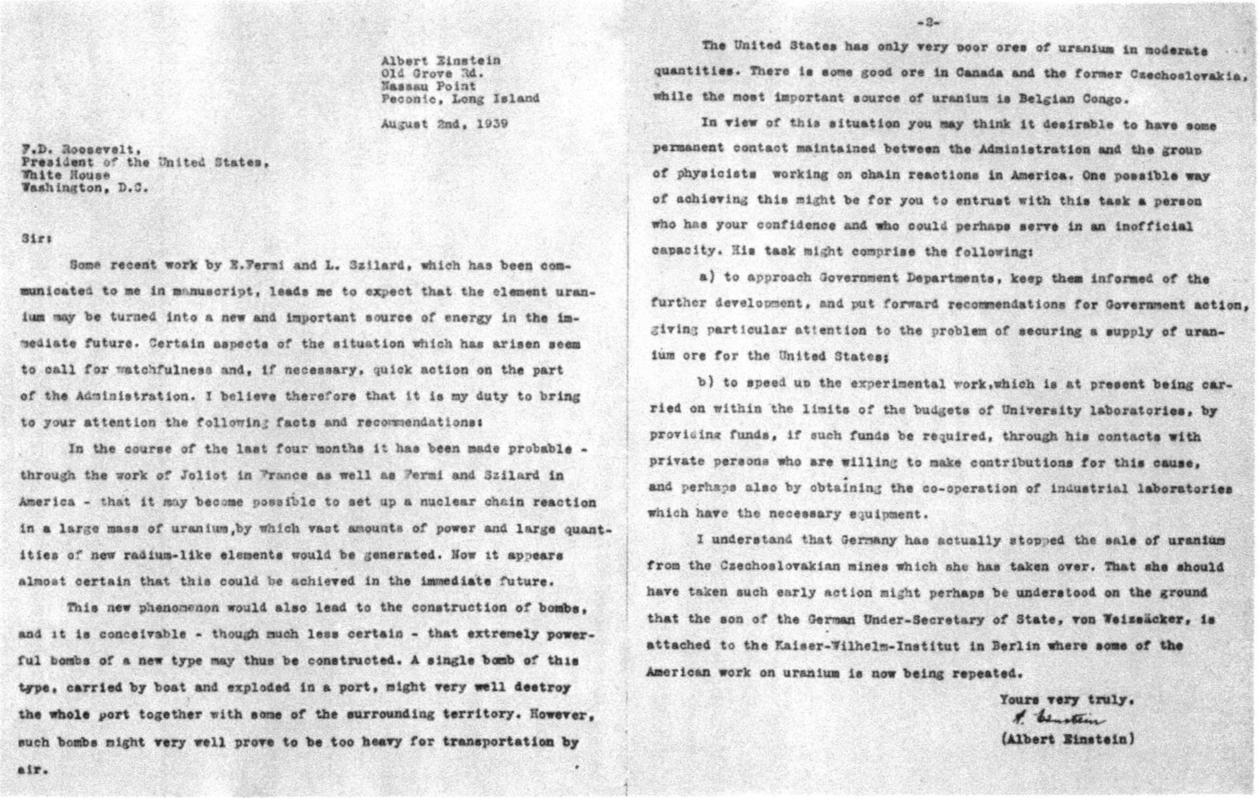

Albert Einstein
Old Grove Rd.
Nassau Point
Peconic, Long Island

August 2nd, 1939

F.D. Roosevelt,
President of the United States,
White House
Washington, D.C.

Sir:

Some recent work by E.Fermi and L. Szilard, which has been communicated to me in manuscript, leads me to expect that the element uranium may be turned into a new and important source of energy in the immediate future. Certain aspects of the situation which has arisen seem to call for watchfulness and, if necessary, quick action on the part of the Administration. I believe therefore that it is my duty to bring to your attention the following facts and recommendations:

In the course of the last four months it has been made probable - through the work of Joliot in France as well as Fermi and Szilard in America - that it may become possible to set up a nuclear chain reaction in a large mass of uranium, by which vast amounts of power and large quantities of new radium-like elements would be generated. Now it appears almost certain that this could be achieved in the immediate future.

This new phenomenon would also lead to the construction of bombs, and it is conceivable - though much less certain - that extremely powerful bombs of a new type may thus be constructed. A single bomb of this type, carried by boat and exploded in a port, might very well destroy the whole port together with some of the surrounding territory. However, such bombs might very well prove to be too heavy for transportation by air.

-2-

The United States has only very poor ores of uranium in moderate quantities. There is some good ore in Canada and the former Czechoslovakia, while the most important source of uranium is Belgian Congo.

In view of this situation you may think it desirable to have some permanent contact maintained between the Administration and the group of physicists working on chain reactions in America. One possible way of achieving this might be for you to entrust with this task a person who has your confidence and who could perhaps serve in an inofficial capacity. His task might comprise the following:

a) to approach Government Departments, keep them informed of the further development, and put forward recommendations for Government action, giving particular attention to the problem of securing a supply of uranium ore for the United States;

b) to speed up the experimental work,which is at present being carried on within the limits of the budgets of University laboratories, by providing funds, if such funds be required, through his contacts with private persons who are willing to make contributions for this cause, and perhaps also by obtaining the co-operation of industrial laboratories which have the necessary equipment.

I understand that Germany has actually stopped the sale of uranium from the Czechoslovakian mines which she has taken over. That she should have taken such early action might perhaps be understood on the ground that the son of the German Under-Secretary of State, von Weizsäcker, is attached to the Kaiser-Wilhelm-Institut in Berlin where some of the American work on uranium is now being repeated.

Yours very truly,

(Albert Einstein)

Bild 41 Einsteins Brief an Präsident Roosevelt vom 2. August 1939

Es mag etwas verwunderlich erscheinen, daß ein Geist, der so theoretisch orientiert war wie der von Albert Einstein, auch an technischen Dingen interessiert gewesen sein soll. Er hörte stets mit Freude von klugen Erfindungen und Lösungen. Auch löste er sehr gern bestimmte Arten von Rätsel. Vielleicht erinnerten ihn die Erfindungen und die Rätsel an die glückliche, sorglose und erfolgreiche Zeit am Patentamt in Bern, an die Tage vor dem Ersten Weltkrieg und an alles, was dann folgte.

H. A. Einstein in G. J. Whitrow: Einstein: The Man and His Achievement

wie Rutherford nur wenige Jahre zuvor die Vorstellung, Kernenergie für praktische Zwecke einzusetzen, als absurd zurückgewiesen hatte. Einsteins Brief wurde Roosevelt schließlich im Oktober 1939 übergeben, zusammen mit einer eher technischen Erläuterung Leo Szilards, der die eigentliche treibende Kraft hinter diesen Vorgängen war und der auch den ersten Entwurf von Einsteins Brief selbst verfaßt hatte. Wie in so vielen anderen Fällen auch bestand der Beitrag Einsteins in seinem ungeheuren Ansehen, das dann tatsächlich eine entscheidende Rolle bei der Entscheidung Roosevelt gespielt haben mag, ein *Advisory Committee on Uranium* ins Leben zu rufen, aus dem schließlich das gesamte Atombomben-Projekt hervorging.

Nach diesem anfänglichen Schritt hatte Einstein mit der Entwicklung der Bombe selbst nichts mehr zu tun. Im März 1945, als die Herstellung der Bombe gesichert war, schrieb er aber noch einmal einen Brief an Roosevelt, und zwar im Namen von Szilard und anderen Wissenschaftlern, die zu diesem Zeitpunkt zu der Erkenntnis gekommen waren, daß die Bombe für militärische Zwecke nicht eingesetzt werden brauche und solle. Die Frage, ob Roosevelt durch diesen Brief hätte beeinflußt werden können, kann nicht beantwortet werden, da Roosevelt, kaum drei Wochen, nachdem der Brief abgeschickt worden war, starb und die Entscheidung danach in andere Hände überging.

4 Die Zeit nach 1945: Das Atomzeitalter

Das furchtbare Ergebnis der Entwicklung und Anwendung der Atomwaffen veranlaßte Einstein, sich erneut für die Schaffung einer wirksamen internationalen Kooperation im Kampf gegen die Kriegsgefahr einzusetzen. Im Jahre 1945 soll er in diesem Zusammenhang gesagt haben: „Die Freisetzung von

> *Einstein war einer der ungewöhnlichsten Menschen. Mir erschien er als der größte Intellekt dieses Jahrhunderts und ganz gewiß auch als die großartigste Verkörperung moralischer Erfahrung. Er war in vieler Hinsicht anders als alle anderen Menschen. Eine Begegnung mit ihm, als er schon im hohen Alter war, war so, als träfe man einen zweiten Jesaja — obwohl er durchaus Spuren einer übermütigen, respektlosen und ganz normalen Menschlichkeit bewahrt hatte und es aufgegeben hatte, Socken zu tragen.*
> *C. P. Snow in* Conversations with Einstein

Atomenergie hat kein wirklich neues Problem geschaffen. Sie hat nur die Notwendigkeit, ein bereits bestehendes Problem endlich zu lösen, noch dringlicher gemacht. So lange es souveräne Nationen von großer Macht gibt, so lange ist der Krieg unvermeidbar. Das aber bedeutet nicht, daß man nun weiß, wann es Krieg geben wird, sondern das heißt nur, daß man sicher sein kann, daß er tatsächlich eines Tages kommen wird. Das aber war schon so, bevor die Atombombe entstanden ist. Was sich geändert hat, ist das Ausmaß der zerstörenden Gewalt des Krieges."

Einstein schlug deshalb die Errichtung einer von den Vereinigten Staaten, der Sowjetunion und Großbritannien geführten Weltregierung vor, der die genannten Nationen alle ihre militärischen Hilfsmittel zur Verfügung stellen sollten. Er hatte starke Bedenken gegen das Offenlegen des „Geheimnisses" der Atombombe gegenüber der großen Zahl der Länder in der neu gegründeten Organisation der Vereinten Nationen. Auch war er der Meinung, daß selbst die Russen in das Geheimnis nicht eingeweiht werden sollten — heute wissen wir natürlich, daß diese durch inoffizielle Kanäle bereits bestens informiert waren. Und so appellierte Einstein an die Öffentlichkeit, ein solches teilweises Abtreten von souveränen Rechten, wie er es sich vorstellte, zu unterstützen.

Er war der Auffassung, daß Physiker und andere Wissenschaftler in dieser Situation eine besondere Verantwortung trügen. In einer Rede in New York im Dezember 1945 brachte er das klar zum Ausdruck:

„Die Physiker sehen sich heute in eine Lage versetzt, die lebhaft an Alfred Nobels Dilemma erinnert. Alfred Nobel erfand einen Explosivstoff von bis dahin unerreichter destruktiver Gewalt. Um für seine ‚Leistung' zu büßen und sein Gewissen zu erleichtern, stiftete er seinen Friedenspreis. Heute sind die Physiker, die die mächtigste Waffe der Welt bauen halfen, von ähnlichen Verantwortungs-, um nicht zu sagen Schuldgefühlen geplagt. Als Wissenschaftler müssen wir unaufhörlich vor der Gefahr dieser Waffe warnen. Unaufhörlich müssen wir den Völkern und insbesondere den Regierungen der Welt die unsagbare Katastrophe vor Augen führen, die sie heraufbeschwören würden, falls sie nicht ihr Verhältnis zueinander ändern und ihre Verantwortung für die Gestaltung der Zukunft erkennen. Wir haben den Bau dieser neuen Waffe gefördert, um die Feinde der Menschheit daran zu hindern, daß sie uns zuvorkämen; bedenkt man die Mentalität der Nazis, so kann man sich die unbeschreibliche Zerstörung und die Versklavung der Welt vorstellen, die die Folge ihrer Priorität im Bau der Bombe gewesen wären. Diese Waffe wurde dem amerikanischen und britischen Volk als Treuhändern der ganzen Menschheit, als Kämpfern für Frieden und Freiheit übergeben. Aber bisher ist weder der Friede noch irgendeine der in der Atlantik-Charta versprochenen Freiheiten gesichert. Der Krieg ist gewonnen — aber nicht der Friede."

Einstein schrieb an den Präsidenten der Akademie der Wissenschaften der UdSSR und bat um Beiträge zu dem Buch *One World or None*, das damals in Vorbereitung war und schließlich 1946 veröffentlicht wurde. In der Antwort wurde zwar wohlwollendes Interesse bekundet, doch es kamen keine Beiträge aus Rußland. Einsteins eigener Beitrag zu diesem Band begann mit einem Rückblick auf den unseligen Verlauf der Dinge nach dem Ersten Weltkrieg und die Wirkungslosigkeit sowohl des Völkerbundes als auch des Internationalen Gerichtshofs in Den Haag. Er äußerte darin auch seine Befürchtungen, daß die Vereinten Nationen, die sich auf keine andere als nur auf moralische Autorität stützen können, sich als ebenso wirkungslos erweisen würden. Einstein schlug deshalb verschiedene Maßnahmen vor, die von einer starken übernationalen Organisation ausgehen sollten. Diese Maßnahmen umfaßten die gegenseitige Kontrolle der militärischen Einrichtungen, den Austausch von technischen Informationen und Personal sowie die Integration der Streitkräfte der einzelnen Länder in einer internationalen Truppe, deren Aufgabe in der Sicherung des Friedens liegen sollte.

Bei allen Überlegungen Einsteins über internationale Probleme spielte diese Idee einer Weltregierung stets eine dominierende Rolle. So unterschrieb er 1946 ein Dokument (*Appeal to the Peoples of the World*), das vor allem die Empfehlung zum Inhalt hatte, „daß die Vereinten Nationen von einer Vereinigung einzelner souveräner Staaten in eine einzige Regierung, die ihre spezifische Macht von den Völkern der Welt erhalte, umzuformen seien".

Im Mai des Jahres 1946 erklärte sich Einstein bereit, das Amt des Vorsitzenden des *Emergency Committee of Atomic Scientists* in den Vereinigten Staaten zu übernehmen. Die Hauptaufgabe dieses Komitees bestand darin, Gelder zur Unterstützung einer massiven Aufklärungskampagne für die Bevölkerung in den Gebieten aufzubringen, die mit der Atomenergie zu tun hatten. Das Komitee arbeitete bis 1951, und so lange es existierte, war die Mitarbeit darin für Einstein die wichtigste seiner nichtwissenschaftlichen Aktivitäten. Er

*Wenn man die frühen Schriften Einsteins liest, so hat man
— vielleicht irrtümlicherweise — das Gefühl, dem Denk-
prozeß dieses Menschen nahe zu sein. Sie sind voll von Sätzen
wie dem: „In einer vor vier Jahren veröffentlichten Abhandlung versuchte ich die Frage zu klären, ob die Lichtausbrei-
tung von der Gravitation beeinflußt wird. Ich greife dieses
Thema nun wieder auf, weil mich meine vorherige Darstellung nicht mehr befriedigt." Wir haben ständig das Gefühl,
daß diese Arbeiten von einem menschlichen Wesen geschrieben worden sind und daß wir Zeuge seines ganz persönlichen
Kampfes mit den Rätseln und Geheimnissen des natürlichen
Universums sind.*
Jeremy Bernstein, Einstein

schrieb viele Artikel, gab Interviews und sprach bei Rundfunksendungen —
stets über das eine Thema: über die Notwendigkeit der Zusammenarbeit in
einer Weltregierung angesichts der Drohung des atomaren Massenmordes.
Einstein unterstrich in diesem Zusammenhang die Verpflichtung Amerikas,
mit der vorläufigen Führung im Bereich der atomaren Technologie habe es
auch die führende Rolle zu übernehmen bei den Bemühungen, den atomaren
Krieg zu verhindern. In einer eloquenten Erklärung im Juni 1946 soll er gesagt haben:

„Man hat sich viel zu sehr um Rechtmäßigkeit und Verfahrensweisen gekümmert. Es ist jedoch wesentlich leichter, Plutonium zu ‚entschärfen‘ als den
bösen Geist des Menschen ... Vor dem Angriff auf Hiroshima haben führende Physiker das Kriegsministerium beschworen, die Bombe nicht gegen hilf-
lose Frauen und Kinder einzusetzen. Der Krieg hätte auch ohne die Bombe
gewonnen werden können. Die Entscheidung für die Bombe ist dann angesichts der Möglichkeit von zukünftigen Verlusten an amerikanischen Menschenleben getroffen worden. Wir müssen aber bei zukünftigen atomaren
Bombardierungen den möglichen Verlust von Millionen Menschenleben in
Betracht ziehen. Die amerikanische Entscheidung kann ein fataler Irrtum gewesen sein, denn die Menschen gewöhnen sich nur zu leicht an den Gedanken,
daß eine Waffe, die einmal benutzt worden ist, auch wieder benutzt werden
kann ... Die Wissenschaft hat nun mal diese Gefahr hervorgebracht, doch das
eigentliche Problem liegt vielmehr in der Gesinnung und den Herzen der Menschen. Wir werden die Herzen anderer Menschen kaum verändern können,
wenn wir nicht zunächst unsere eigenen Herzen verändern und rechtschaffen
auftreten. Wir müssen außerdem, nachdem wir Vorsichtsmaßnahmen gegen
möglichen Mißbrauch getroffen haben, die übrige Welt an unseren Kennt-

nissen über die Kräfte der Natur großzügig teilhaben lassen. Wir sollten nicht einfach nur willig sein, sondern mehr noch: Wir müssen aktiv bereit sein, uns der bindenden Autorität, die für die Sicherheit der Welt so notwendig ist, unterzuordnen. Wir müssen uns klar machen, daß wir nicht gleichzeitig für den Krieg und den Frieden planen können. Nur wenn wir im Herzen und im Geist rein und unbelastet sind, nur dann werden wir den Mut aufbringen können, der Furcht, die in der Welt umgeht, zu begegnen."

Gegen Ende des Jahres 1946 fand eine Sitzung des *Emergency Committee of Atomic Scientists* statt. Als Abschlußkommuniqué wurde folgende Erklärung abgegeben:

„Die folgenden Tatsachen wurden von allen Wissenschaftlern anerkannt:

1. Atombomben können heutzutage billig und in großer Anzahl hergestellt werden. Ihre Zerstörungskraft wird noch größer werden.

2. Es gibt derzeit keine militärische Verteidigungsmöglichkeit gegen die Atombombe, und es ist auch in der Zukunft keine zu erwarten.

3. Andere Nationen können selbst jederzeit unsere geheimen Verfahren entdecken.

4. Sich auf den atomaren Krieg vorzubereiten ist nutzlos, und wenn man es versuchen sollte, wird man die Struktur unserer sozialen Ordnung nur zerstören.

5. Sollte es zu einem Krieg kommen, so werden auch Atombomben zum Einsatz kommen; und sie werden unsere Zivilisation mit Sicherheit zerstören.

6. Es gibt für dieses Problem keine Lösung außer einer internationalen Kontrolle der Atomenergie und letzten Endes die Ausschaltung des Krieges.

Die Aufgabe des Komitees besteht darin, dafür Sorge zu tragen, daß diese Wahrheiten der Öffentlichkeit bekannt werden. Die demokratische Entscheidung über die Atomenergie-Politik dieser Nation muß letztlich in Übereinstimmung mit seinen Bürgern getroffen werden."

Diese Erklärung wurde weit verbreitet und lieferte die Grundlage für die darauffolgenden Bemühungen, das öffentliche Bewußtsein für die politischen Probleme, die durch die Atomenergie entstanden waren, zu wecken. Das aber war gar nicht so einfach. In einem Interview Ende 1947 soll Einstein erklärt haben:

„Seit der Fertigstellung der ersten Atombombe ist nichts getan worden, was die Welt vor der Gefahr des Krieges schützen würde. Viel ist jedoch getan worden, um das Ausmaß der Zerstörung zu vergrößern. Da ich nicht auf diesem Gebiet arbeite, bin ich auch nicht in der Lage, aufgrund von Kenntnissen aus erster Hand über die Entwicklung der Atombombe zu sprechen. Diejenigen aber, die daran arbeiten, haben mehr als genug gesagt, was darauf hinweist,

> *Die Freundschaft zwischen meinem Doktorvater Rudolf Ladenburg und Einstein währte sehr lange. Bevor sie nach Princeton kamen, waren sie bereits in Berlin zusammen gewesen. Ladenburg erzählte gern von ihrer ersten Begegnung im Jahre 1908, als er Einstein im Schweizer Patentamt aufsuchte. Einstein erklärte ihm damals, daß er der erste Physiker sei, den er seit fünf Jahren gesehen habe. Während dieser Jahre hatte Einstein einen großen Teil seiner bedeutenden Arbeiten geleistet. Er zog dann eine Schublade seines Schreibtisches auf und sagte, daß das sein Büro für theoretische Physik sei. Sein Aufgabenbereich im Patentamt, nämlich Patente zu lesen, beanspruchte nur wenig Zeit, und so arbeitete er, wann immer er frei war, an seinen physikalischen Aufgaben.*
> *Yardley Beers, Am. J. Phys.*

daß die Bombe wesentlich wirkungsvoller geworden ist. Man kann sich also mit Sicherheit die Möglichkeit vorstellen, eine weit größere Bombe zu bauen, die ein weit größeres Gebiet als bisher zu zerstören vermag."

Die Sorge Einsteins war prophetisch. Denn im Jahre 1950, also weniger als drei Jahre später, bewilligte Präsident Truman, nachdem die Sowjetunion ihre erste eigene Atombombe gezündet hatte, das Programm zur Entwicklung einer Wasserstoffbombe, und im November 1952 war sie dann eine vollendete Tatsache.

Was aber Einstein ganz besonders mit Bestürzung erfüllte, das war das Wiedererstarken Deutschlands als Militärmacht. Nach Kriegsende war Einstein einer der ersten gewesen, der sich gegen eine militärische Wiederaufrüstung Deutschlands und sogar gegen einen industriellen Wiederaufbau aussprach. Denn falls man Deutschland nicht unter Kontrolle behielte — so war er überzeugt —, würde es wieder zur angreifenden Nation, um sich für die Niederlage im letzten Krieg zu rächen. Als dann die Wiederaufrüstung der Bundesrepublik Deutschland ab 1950 offiziell gebilligt und unterstützt wurde, und zwar hauptsächlich wegen des „Kalten Kriegs" und um ein Bollwerk gegen die Sowjetunion zu schaffen, wiederholte Einstein seine Bedenken bei jeder Gelegenheit. Seine ablehnende Haltung verstärkte sich noch durch seine objektive Beurteilung, daß die Bundesrepublik Deutschland als Militärmacht die Aussicht auf eine Versöhnung der Vereinigten Staaten und der Sowjetunion stark behindern würde. Einstein hatte freilich bis an sein Lebensende sehr intensive persönliche Gefühle gegenüber Deutschland und allem Deutschen. Als sein alter Freund Max Born nach vielen Jahren Aufenthalt in Schottland — er hatte einen Lehrstuhl in Edinburgh — im Jahre 1953 nach Deutschland zurückkehrte, um dort seinen Lebensabend zu verleben, schrieb Einstein ihm einen kritischen und beinahe groben Brief.

Angesichts der gegenseitigen Furcht und des Mißtrauens zwischen den Vereinigten Staaten und Rußland versuchte Einstein bei verschiedenen Anlässen auch russische Wissenschaftler in seinen Feldzug für Kooperation und Weltregierung miteinzubeziehen, was sich jedoch als ein unmögliches Unterfangen erwies. In diesem Zusammenhang warf er den Amerikanern vor, daß sie es versäumt hätten, dem russischen Sicherheitsbedürfnis die richtige Beachtung zu schenken. Gleichzeitig kritisierte er aber auch die Russen wegen ihres Widerstands gegen seine Idee einer Weltregierung. Seine diesbezüglichen Kommentare hatten einen offenen Brief von vier russischen Wissenschaftlern zur Folge, in dem sie seinen Standpunkt heftig angriffen. Etwa zur gleichen Zeit beteiligte sich Einstein auch an sehr unergiebigen Diskussionen mit amerikanischen Kollegen, darunter auch Mitgliedern des *Emergency Committee*. Seine allgemeine Frustration zeigte sich aber weder in Ärger noch in einer depressiven Haltung, sondern schlug sich in der folgenden spöttischen „Scheinerklärung" nieder:

Resolution

Wie amerikanischen Wissenschaftler sind nach drei Tagen sorgfältigster Überlegungen zu folgenden Ergebnissen gekommen:

Wir wissen nicht,

        (a) was wir glauben sollen;
        (b) was wir wünschen sollen;
        (c) was wir sagen sollen;
        (d) was wir tun sollen.

Anhang

Ausgehend von einem offenen Brief, der von russischen Wissenschaftlern unterschrieben worden ist, wollen wir eine parallele Resolution für diese verfassen:

Nach sorgfältigster Überlegung und entsprechenden Konsultationen mit unserer Regierung wissen wir,

        (a) was wir nicht glauben sollen;
        (b) was wir nicht wünschen sollen;
        (c) was wir nicht sagen sollen;
        (d) was wir nicht tun sollen.

Diese ironische Zusammenfassung ist natürlich keineswegs als ein Anzeichen dafür zu werten, daß Einsteins tiefe und ernste Besorgnis über die Probleme der Welt nachgelassen hätte — das machte er auch durch verschiedene veröffentlichte Erklärungen im Laufe des Jahres 1948 deutlich. Die Hauptthemen waren dabei immer dieselben: Immer ging es um die Weltregierung und die Reduzierung militärischer Organisationen. Seine Ansichten liefen jedoch dem allgemeinen Tenor der internationalen Beziehungen in einem Nachkriegsklima des gegenseitigen Mißtrauens völlig zuwider, und so fühlte er sich in seinen letzten Jahren allmählich doch entmutigt. Er mußte sich schließlich eingestehen, daß sowohl die Regierungen wie auch die allgemeine Öffentlichkeit den Appellen und Argumenten besorgter Mitmenschen — wie beredt und einsichtig diese auch sein mochten — größtenteils taub gegenüberstanden. Waffen und nicht Worte waren nun die Basis der internationalen Auseinandersetzung. Und so schrieb er 1952 mit typisch philosophischer Abgeklärtheit an seinen Freund Maurice Solovine: „Sollten auch alle unsere Bemühungen umsonst gewesen sein und der Mensch durch Selbstvernichtung zugrundegehen, so wird das Universum deshalb doch keine Tränen vergießen."

Während der letzten Monate im Leben Einsteins trat Bertrand Russell mit dem Vorschlag an ihn heran, sie sollten eine gemeinsame, nur von ganz wenigen hochqualifizierten und angesehenen Wissenschaftlern unterzeichnete Erklärung abgeben, die eine beschwörende Warnung vor den entsetzlichen Folgen eines atomaren Krieges zum Inhalt haben sollte. Einstein schloß sich diesem Plan voll Begeisterung an und schrieb sogar an Niels Bohr in Kopenhagen, um ihn zur Mitwirkung zu gewinnen. Einstein starb jedoch, bevor die Erklärung in ihrer endgültigen Fassung im Juli 1955 veröffentlicht wurde; sein Engagement in dieser Sache war aber klar und eindeutig: Die Erklärung endete mit einem Appell im allerweitesten Sinn an die Regierungen der ganzen Welt: „Wir fordern [die Regierungen] eindringlich auf, sich endlich klarzumachen und dies auch öffentlich einzugestehen, daß ihre Ziele und Pläne durch einen Weltkrieg keineswegs gefördert werden. Wir beschwören sie darum, alle ihre Differenzen untereinander nur mit friedlichen Mitteln zu bereinigen." Das war gleichsam ein treffendes Resumee der lebenslangen Bemühungen Einsteins um Rationalität und Anständigkeit bei allen zwischenmenschlichen und weltpolitischen Geschehnissen.

5 Schlußbemerkungen

Ein so kurzer Aufsatz wie der vorliegende kann natürlich dem vielseitigen Interesse Einsteins am Wohlergehen des Einzelnen und der Staaten, seiner Sorge um die Wahrung der Menschenrechte und die Sicherung des Friedens und der Freiheit kaum gerecht werden. Ein gutes Jahr vor seinem Tod schrieb Einstein einmal in einer sich selbst und seine Verdienste stark unterschätzenden Erklärung:

„Ich habe in einem langen Leben all meine bescheidenen Kräfte darauf verwandt, der Natur etwas von ihren Geheimnissen abzulauschen. Nie habe ich systematisch daran gearbeitet, das Los der Menschen zu verbessern, Ungerechtigkeit und Unterdrückung zu bekämpfen und die traditionellen Formen menschlichen Zusammenlebens zu verbessern. Das einzige, was ich tat, war dies: Ich habe in langen Zeitabständen meine Meinung über Zustände in der Öffentlichkeit geäußert, wenn diese mir so schlimm und geschmacklos zu sein schienen, daß ich mich geschämt hätte, mich durch Schweigen zum Mitschuldigen zu machen.“

Sein Beitrag zur Lösung der Probleme in der Welt — obwohl er sich zugegebenerweise größtenteils auf geschriebene und mündliche Erklärungen beschränkte — war dennoch beeindruckend und machte einen beträchtlichen Teil seiner Aktivitäten aus. (Seine engagierte Anteilnahme an allen jüdischen Problemen wurde hier kaum erwähnt; sie ist Thema eines gesonderten Artikels.)

Man hat Einstein von vielen Seiten wegen seines unerschütterlichen Festhaltens an der Idee der Weltregierung und an der damit verbundenen Forderung des teilweisen Abtretens von nationaler Autonomie kritisiert. Seiner eigenen Meinung nach würde jedoch eine Kompromißlösung die tatsächliche Verwirklichung des Grundprinzips mit Sicherheit verhindern. Dieser Grundsatz galt auch für seine Ansichten über die Abrüstung. Otto Nathan schreibt in seinem Vorwort zu *Einstein on Peace*: „Er hat niemals daran geglaubt, daß eine schrittweise Abrüstung eine praktikable Politik gegen den Krieg wäre, eine Politik, die wirklich zur totalen Abrüstung und zum Frieden führen könnte. Er war vielmehr der Überzeugung, daß eine Nation nicht gleichzeitig aufrüsten und abrüsten könne.“ Über eine solche Einstellung sollte man eigentlich bei Einstein nicht überrascht sein, denn es ist die gleiche Haltung, die ihn auch bei seinen wissenschaftlichen Arbeiten dazu gebracht hatte, alle Flickwerk-Kompromisse beiseite zu legen und sich zu neuen fundamentalen Theorien durchzuringen.

Einstein war der entschiedenen Ansicht, daß nicht die Wissenschaftler diejenigen sind, die die menschlichen Belange verändern. 1952 schrieb er in diesem Zusammenhang: „Eine Verbesserung der Bedingungen auf der Welt ist im wesentlichen nicht von wissenschaftlicher Kenntnis, sondern vielmehr von der

Erfüllung humaner Traditionen und Ideale abhängig. Ich glaube deshalb, daß Menschen wie Konfuzius, Buddha, Jesus und Gandhi für die Menschheit und die Entfaltung ethischen Verhaltens mehr getan haben als die Wissenschaft je erreichen wird.'' Wendet man das aber auf Einstein an, so muß man doch sagen, daß der Mensch Einstein als Sprecher für Wahrheit und Güte tatsächlich sehr viel erreicht hat.

8

Einstein und der Zionismus

Gerald E. Tauber

„Die Menschheit hat ihren edelsten Sohn verloren, dessen Verstand sich bis ans Ende des Universums erstreckte, dessen Herz jedoch überfloß vor Sorge um den Frieden auf der Welt und das Wohlergehen der Menschheit, womit er nicht ein abstraktes Gebilde, sondern gewöhnliche Männer und Frauen überall auf der Welt meinte."
Israel Goldstein

„Die Sorge um den Menschen selbst und sein Schicksal muß stets das Hauptanliegen aller fachwissenschaftlichen Bestrebungen bilden. Das sollte man inmitten seiner Diagramme und Gleichungen nie vergessen."

(Einstein, *Mein Weltbild*)

Es war diese Sorge, die Einstein von allen anderen großen Wissenschaftlern unterschied; er war ein Mensch, der für seine Glaubensanschauungen und seine Prinzipien offen eintrat, der seine Verpflichtung der Gesellschaft gegenüber ernst nahm und der sein Volk und dessen Sehnsüchte niemals vergaß.

Einstein verbrachte seine Jugend in einem Haus, das zwar jüdisch, aber keineswegs religiös war. Er besuchte die örtliche katholische Volksschule, weil sie billiger und näher war als die weiter entfernte jüdische Privatschule. Seine jüdische Erziehung wurde jedoch nicht vernachlässigt; er erhielt Privatstunden und lernte schon in frühen Jahren sowohl die Lehre Moses' als auch die Lehre Jesu kennen. Auch der Antisemitismus war Einstein und den Menschen seiner Zeit nicht fremd; später schrieb er in diesem Zusammenhang: „Tätliche Angriffe und Beleidigungen kamen auf dem Weg zur Schule häufig vor, obwohl sie noch nicht wirklich bösartig waren. Sie genügten jedoch, einem Kind selbst meines Alters das lebhafte Gefühl des Nichtdazugehörens zu vermitteln." (Hoffmann, *Einstein and Zionism*)

Doch erst als Einstein 1911 Professor in Prag wurde, hatte er wirklichen Kontakt mit Juden, die auch tatsächlich lebten und dachten wie Juden; erst dann verstand er allmählich die besonderen Probleme, mit denen sie zu kämpfen hatten. In Prag kam er auch in Kontakt mit Zionisten, die einen „kleinen Zirkel von philosophisch-zionistischen Enthusiasten gebildet hatten, der in loser Verbindung zur Universität stand." (Frank, *Einstein — His Life and Times*). Einstein war aber zu dieser Zeit an den Problemen des Weltjudentums nicht interessiert.

„Streben nach Erkenntnis um ihrer selbst willen, an Fanatismus grenzende Liebe zur Gerechtigkeit und Streben nach persönlicher Selbständigkeit — das sind die Motive der Tradition des jüdischen Volkes, die mich meine Zugehörigkeit zu ihm als ein Geschenk des Schicksals empfinden lassen." (Einstein, ‚Jüdische Ideale‘, in: *Mein Weltbild*)

In Deutschland erkannte Einstein noch mehr als in Prag, daß der Antisemitismus nicht durch Anpassung, sondern nur durch überlegenes Wissen bekämpft werden konnte. „Bevor wir den Antisemitismus wirksam bekämpfen können, müssen wir uns zunächst selbst erziehen, Distanz von ihm und der Sklavenmentalität, die er bedeutet, zu gewinnen. Wir müssen in unseren eigenen Reihen mehr Würde entwickeln, mehr Unabhängigkeit zeigen. Nur wenn wir den Mut haben, uns selbst als Nation zu sehen, nur dann werden wir uns selbst auch respektieren und nur dann können wir auch den Respekt der anderen verlangen, d. h. der Respekt der anderen wird dann von selbst kommen." (Einstein, *Assimilation and Nationalism*)

Auch hatte Einstein nur wenig Verständnis für den „Central-Verein deutscher Staatsbürger jüdischen Glaubens", die das Judentum als eine bloße religiöse Überzeugung abstempeln wollten.

„Wenn ich auf die Formulierung ‚deutscher Bürger jüdischen Glaubens‘ stoße, kann ich mir ein melancholisches Lächeln kaum verkneifen. Was meint diese hochtrabende Bezeichnung eigentlich wirklich? Was ist dieser ‚jüdische Glaube‘? Gibt es denn eine Art von Nicht-Glauben, auf Grund dessen man dann aufhört, ein Jude zu sein? Es gibt ihn nicht. Was die Bezeichnung wirklich meint, ist dies: Unsere *beaux esprits* wollen damit zwei Dinge zum Ausdruck bringen: 1. Ich will nichts mit meinen armen jüdischen Brüdern zu tun haben. 2. Ich will nicht als Sohn meines Volkes, sondern nur als Mitglied einer religiösen Glaubensgemeinschaft angesehen werden. Ist das nun ehrlich? Kann ein Arier solche Heuchler wirklich respektieren? Ich bin kein deutscher Staatsbürger, auch gibt es nichts an mir, das als ‚jüdischer Glaube‘ beschrieben werden könnte; und doch bin ich ein Jude, und ich bin froh, zum jüdischen Volk zu gehören, obwohl ich es durchaus nicht als ein ‚auserwähltes‘ betrachte. Laßt uns doch den Antisemitismus den Nicht-Juden überlassen, erwärmen wir lieber unser Herz für unsere Verwandten und Bekannten." (Einstein, *Assimilation and Nationalism*)

> *„Solange mir eine Möglichkeit offensteht, werde ich mich nur
> in einem Land aufhalten, in dem politische Freiheit, Toleranz
> und Gleichheit aller Bürger vor dem Gesetz herrschen. Zur
> politischen Freiheit gehört die Freiheit der mündlichen und
> schriftlichen Äußerung politischer Überzeugung, zur Tole-
> ranz die Achtung vor jeglicher Überzeugung eines Individu-
> ums."*
> *Albert Einstein, nachdem er gehört hatte, daß Reichspräsident
> von Hindenburg 1933 die Nationalsozialisten mit der Bildung
> einer deutschen Regierung beauftragt hatte*

Es ist also gar nicht verwunderlich, daß sich Einstein schließlich zum Zionis-
mus hingezogen fühlte. 1897 hatte Theodor Herzl, der österreichische Journa-
list und Autor des Buches *Der Judenstaat*, beim Kongreß in Basel den politi-
schen Zionismus ins Leben gerufen; es wurde beschlossen, „dem jüdischen
Volk eine öffentlich-rechtlich gesicherte Heimstätte in Palästina zu schaffen".
Im Jahre 1917 schien dieser Traum Wirklichkeit zu werden, als die britische
Regierung durch ihren Außenminister Lord Balfour die sogenannte „Balfour-
Deklaration" herausgab. Sie besagte, daß „die Regierung Ihrer Majestät die
Schaffung einer nationalen Heimstätte für das jüdische Volk in Palästina mit
Wohlwollen betrachtet und die Verwirklichung dieses Plans mit besten Kräf-
ten fördern wird". Nach Beendigung des Kriegs wurde Palästina britisches
Mandat, das vom Völkerbund gebilligt wurde. Großbritannien wurde mit der
Durchführung seiner Zusagen beauftragt — ein Auftrag, der dreißig Jahre be-
anspruchen und viele blutige Konfrontationen und Kriege erleben sollte.

In der Zwischenzeit versuchte die zionistische Bewegung, die ihr Hauptquar-
tier nach dem Tode Herzls im Jahre 1904 von Wien nach Deutschland — zunächst nach Köln und dann schließlich 1911 nach Berlin — verlegt hatte, bedeutende Juden zur Mitwirkung zu gewinnen. Einstein gehörte natürlich zu
den in Frage kommenden Kandidaten, obwohl er zu dieser Zeit noch nicht
zu jenem Weltruhm gelangt war, der erst mit der experimentellen Überprüfung und Bestätigung der allgemeinen Relativitätstheorie bei einer Sonnenfinsternis kommen sollte. Zunächst konnte sich Einstein als Gegner jeder Art
von Nationalismus nur schwer für die Idee einer nationalen Heimstätte für die
Juden erwärmen, doch schließlich wurde er von der Notwendigkeit eines solchen nationalen jüdischen Heimatlandes überzeugt. Bei einer seiner zahlreichen Diskussionen mit Kurt Blumenfeld, einem Führer in der zionistischen
Bewegung, sagte er: „Ich bin gegen den Nationalismus, aber für den Zionismus. Der Grund dafür ist mir heute klar geworden. Wenn ein Mann noch
beide Arme hat und doch immer nur sagt, ich habe einen rechten Arm, dann

„Ich würde die Einführung einer praktischen Arbeit als Pflichtfach verlangen. Jeder Schüler sollte ein Handwerk erlernen. Die Auswahl, welches es sein soll, sollte ihm selbst überlassen bleiben. Doch ich würde niemand erlauben, ohne eine handwerkliche Fähigkeit — entweder als Tischler, Buchbinder, Schlosser oder als Mitglied irgendeines anderen Gewerbes — aufzuwachsen und ohne irgendein nützliches Produkt dieser Fähigkeiten geschaffen zu haben."
Albert Einstein

ist er ein Chauvinist. Wenn aber der rechte Arm fehlt, dann muß er etwas tun, um das fehlende Glied zu ersetzen. Als Mensch bin ich deshalb ein Gegner des Nationalismus, doch als Jude unterstütze ich ab heute die jüdisch zionistischen Bemühungen" (Blumenfeld, *Erlebte Judenfrage*). Einstein war also Zionist geworden.

Nachdem er einmal von der Richtigkeit seiner Entscheidung überzeugt war, wurde er — wie bei allen Anliegen, für die er Partei ergriff — zu einem freimütigen Kämpfer für die Bewegung.

„Ich bin in dem Sinn ein nationaler Jude, als ich die Bewahrung der jüdischen Nationalität wie die jeder anderen fordere. Ich betrachte die jüdische Nationalität als eine Tatsache — und ich meine, daß jeder Jude diese Tatsache zur Grundlage aller seiner definitiven Entscheidungen bei allen jüdischen Problemen machen sollte. Ich bin der Ansicht, daß ein wachsendes jüdisches Selbstbewußtsein sowohl für Nicht-Juden wie auch für Juden von Interesse ist. Das war auch der Hauptgrund für meine Entscheidung, mich der zionistischen Bewegung anzuschließen. Für mich ist der Zionismus nicht nur eine Frage der Kolonisation. Die jüdische Nation ist vielmehr für mich ein lebendes Gebilde, und das Gefühl für den jüdischen Nationalismus muß in Palästina ebenso wie überall sonst auf der Welt gefördert werden. Daß man die Nationalität der Juden in der Diaspora in Abrede stellt, ist im höchsten Maße bedauerlich. Denn wenn man die Haltung einnimmt, die jüdisch ethnische Nationalität nur auf Palästina zu beschränken, dann spricht man damit dem jüdischen Volk in Wirklichkeit die Existenz ab."

Es war aber jener zweite, wesentlich wichtigere Aspekt des Zionismus, den Einstein betonte.

„... Doch das Hauptanliegen ist dies: Der Zionismus muß danach streben, die Würde und den Selbstrespekt der Juden in der Diaspora zu stärken. Ich habe mich immer über das unwürdige Trachten und Streben nach Assimilierung, das ich bei so vielen meiner Freunde beobachten mußte, geärgert." (Einstein, *Assimilation and Nationalism*)

1921 wurde Einstein gebeten, den Biochemiker Chaim Weizmann, Präsident der zionistischen Organisation, auf einer Reise in die USA zu begleiten. Zweck der Reise war es, die finanzielle Basis für die Hebräische Universität, die in Jerusalem errichtet werden sollte, zu schaffen. Einstein äußerte zunächst Bedenken und meinte, daß er kein Redner sei und daß „nur sein Name benutzt werden solle". Doch dann überwog anscheinend sein Pflichtgefühl, und er stimmte schließlich zu mitzureisen — obwohl das bedeutete, daß er am nächsten Solvay-Kongreß, dem ersten seit Kriegsende, nicht teilnehmen konnte. Als bekannt wurde, daß Einstein nach Amerika fahren würde, wurde er mit Einladungen und akademischen Ehrengraden nur so überschüttet. Was als ein einfacher Feldzug zum Aufbringen von Geldmitteln geplant war, wurde nun zu einer großen Vortragsreise. Denn Einstein beschränkte sich nicht darauf, einfach nur präsent zu sein. Da er den „Numerus clausus" unmittelbar erlebt hatte, mit dem sich jüdische Studenten im östlichen und zentralen Europa konfrontiert sahen, konnte er mit viel mehr Glaubwürdigkeit über die Notwendigkeit einer jüdischen Universität — für jüdische Studenten, geleitet von Juden — sprechen, für ihn „die größte Sache in Palästina seit der Zerstörung des Tempels in Jerusalem". Er sah sogar schon ihre spätere führende Rolle voraus: „... aber es ist bestimmt zulässig, darauf zu hoffen, daß sich die Universität von Jerusalem im Laufe der Zeit zu einem Zentrum des jüdischen intellektuellen Lebens entwickeln wird, das nicht nur für die Juden allein von Wert sein wird." (Einstein, *The Jews and Palestine*)

Seine Erlebnisse auf dieser Reise faßte er in einem Brief an seinen Freund Michele Besso zusammen:

„Zwei schrecklich anstrengende Monate liegen hinter mir, und doch empfinde ich ein Gefühl großer Befriedigung darüber, daß ich der Sache des Zionismus so sehr nutzen konnte und die Gründung der Universität nun gesichert ist. Wir trafen auf besondere Großzügigkeit bei den ungefähr 6000 jüdischen Ärzten in Amerika, die die Mittel zur Schaffung einer medizinischen Fakultät aufbrachten. Ich mußte mich freilich ausstellen lassen wie ein Preisochse, mußte unzählige Male bei kleinen und großen Versammlungen sprechen und unzählige wissenschaftliche Vorträge halten. Es ist ein Wunder, daß ich das ausgehalten habe. Doch nun ist das vorüber, und es bleibt das herrliche Gefühl, daß man etwas wirklich Gutes geleistet hat und daß man doch, ungeachtet der Proteste von Juden und Nicht-Juden, mutig für die jüdische Sache eingetreten ist."

Die Reisen Einsteins waren damit noch nicht vorüber — sie fingen erst an. Im folgenden Jahr gingen Einstein und seine Frau Elsa, die ihren Mann stets begleitete, um ihn vor den vielen Neugierigen abzuschirmen, auf Reisen — zunächst nach Japan und dann nach Palästina. Es war ein denkwürdiger Besuch, nicht nur für die Tausenden, die die Straßen säumten, um einen Blick auf den berühmten Besucher zu werfen, und die jeden Ort, wo Einstein er-

Bild 42 Albert Einstein mit Chaim Weizmann, 1921

schien oder sprach, überfüllten, sondern auch für Einstein selbst. Bei einem Empfang in der Lempel-Schule sagte er:

„Ich betrachte das als den größten Tag in meinem Leben. Bisher habe ich in der jüdischen Seele stets etwas vorgefunden, das ich bedauert habe, und das war das Vernachlässigen und Vergessen des eigenen Volkes, ja beinahe ein Vergessen seiner Existenz. Heute hat mich jedoch der Anblick jüdischer Menschen, die gelernt haben, sich selbst zu erkennen und als Macht in der Welt anerkannt zu werden, glücklich gemacht. Es ist ein großartiges Zeitalter, das Zeitalter der Befreiung der jüdischen Seele; sie ist durch die zionistische Bewegung erreicht worden, und keine Macht der Welt kann sie zunichte machen." (*Palestine Weekly*, 2.2.1923)

Der Höhepunkt der Reise war ein Besuch des Berges Scopus, der Stätte der zukünftigen Hebräischen Universität, wo Einstein die Einweihungsrede halten sollte. Vom Lesepult aus, „das seit 2000 Jahren auf ihn gewartet hatte", sprach Einstein auf Französisch, später wiederholte er seine Rede auf Deutsch, doch wie er in seinem Tagebuch vermerkte: „Ich mußte mit einem Gruß auf Hebräisch beginnen, den ich jedoch nur mit großer Mühe ablesen konnte." Und so waren die ersten offiziellen Worte, die von der Universität ausgingen, hebräische Worte.

Ebenso wie alle anderen war auch Einstein zutiefst empört über die ständigen arabischen Attacken, und vor allem entsetzte ihn das Massaker der Yeshivah-Studenten in Hebron im Jahre 1929.

„Durch die tragische Katastrophe in Palästina in seinem Innersten erschüttert, muß das Judentum nun beweisen, daß es der großen Aufgabe, die es sich vorgenommen hat, auch wirklich gewachsen ist. Es versteht sich von selbst, daß unsere Opferbereitschaft für unsere Sache und unsere Entschlossenheit, das friedliche Aufbauwerk fortzusetzen, durch solche Rückschläge nicht im geringsten geschwächt werden kann." (Einstein, *Jew and Arab*)

Dennoch setzte er sich weiterhin für eine Zusammenarbeit zwischen Arabern und Juden ein. In seinem „Brief an einen Araber" machte er in diesem Zusammenhang sogar praktische Vorschläge:

„Es wird ein ‚Geheimer Rat' gebildet, zu dem die Juden und die Araber je vier Vertreter senden, die nicht von einer politischen Instanz abhängen dürfen. Die Zusammensetzungen auf jeder Seite wären:

    Ein Arzt, gewählt von der Ärzte-Gesellschaft.
    Ein Jurist, gewählt von den Rechtsanwälten.
    Ein Arbeitervertreter, gewählt von den Gewerkschaften.
    Ein Geistlicher, gewählt von den Geistlichen."

Der Zweck dieses „Geheimen Rates", so fuhr er fort, sei der, „daß allmählich die Differenzen ausgeglichen werden und daß eine gemeinsame Vertretung der

Landesinteressen gegenüber der Mandatarmacht entsteht, die über die Tagespolitik erhaben ist". Es ist eigentlich überflüssig zu erwähnen: Einsteins Vorschlag wurde — wie sich später herausstellte, unglücklicherweise — nicht befolgt, und das Land befand sich weiterhin in Aufruhr.

Als Hitler 1933 an die Macht kam, hielt sich Einstein gerade in Pasadena auf; ein Besuch, der ironischerweise vom Fond zur Förderung der deutsch-amerikanischen Beziehungen finanziert worden war. Er weigerte sich, nach Deutschland zurückzukehren, und erklärte: „Solange mir eine Möglichkeit offensteht, werde ich mich nur in einem Land aufhalten, wo die politische Freiheit der mündlichen und schriftlichen Äußerung politischer Überzeugung und tolerante Achtung vor jeglicher Überzeugung eines Individuums die Regel sind." (*Manifest*, März 1933)

Er löste alle seine Beziehungen zu deutschen Institutionen und wandte sich mit einem Eifer, der an die jüdischen Propheten gemahnte, gegen die Unterdrückung durch die Nazis. Selbst nach Kriegsende lehnte er es ab, irgendetwas mit deutschen Organisationen zu tun zu haben.

„Es ist selbstverständlich, daß seit dem Massenmord, den die Deutschen am jüdischen Volk begangen haben, kein Jude mit Selbstachtung in irgendeiner Weise mit irgendeiner offiziellen deutschen Organisation in Verbindung stehen möchte." (s. Hoffmann, *Einstein and Zionism*)

Einstein wurden viele Positionen angeboten, darunter war natürlich auch ein Angebot der Hebräischen Universität, das er jedoch ablehnte. Er war nämlich der Meinung, daß diese Stätte für junge, vergleichsweise unbekannte Wissenschaftler, die einen Zufluchtsort benötigten, offenstehen sollte. Stattdessen nahm er — nachdem er sich vergewissert hatte, daß sein junger jüdischer Assistent Walther Mayer ihn begleiten konnte — eine Position am *Institute for Advanced Study* in Princeton an. Mayer war nur der erste von vielen Freunden und auch Fremden, die Einstein vor dem Tode durch die Nazis retten konnte. Einstein wurde mit Bitten, bei zahllosen Versammlungen und Essen zu Wohltätigkeitszwecken zu sprechen oder seinen Namen für zahlreiche Anliegen herzugeben, geradezu überschüttet. Er wies jedoch alle zurück außer jenen, die dem ständig wachsenden Strom der Flüchtlinge oder den Juden in ihrem eigenen Land zugute kamen.

Im Jahre 1939, nur Monate vor dem Ausbruch des Zweiten Weltkriegs, veröffentlichte die britische Regierung jenes berüchtigte *Weißbuch*, das die Einwanderung beschränkte und damit die Tore Palästinas für die jüdischen Flüchtlinge aus Deutschland und anderen besetzten Gebieten verschloß. Die tiefe Verbundenheit mit seinem Volk, die Einstein schon immer empfunden hatte, wurde noch verstärkt, als das ganze Ausmaß des Massenmordes bekannt wurde. Er erschien vor dem *Anglo-American Committee of Inquiry on Palestine* und hielt ein Plädoyer für ein jüdisches Heimatland. Als die Verein-

Bild 43 Einstein spielt Violine während eines Wohltätigkeitskonzerts in einer Berliner Synagoge, 1930

ten Nationen 1947 für eine Zweiteilung und für den Staat Israel — der dann später im Mai 1948 proklamiert wurde — stimmten, feierte Einstein dieses Ereignis als „die Erfüllung eines alten Traumes, wodurch die Voraussetzungen gegeben sind, daß das geistige und kulturelle Leben einer hebräischen Gemeinschaft zur freien Entfaltung gelangen kann."

Als Chaim Weizmann, der der erste Präsident des Staates Israel geworden war, im Jahre 1952 starb, fragte man Einstein, ob er die Präsidentschaft annehmen würde, wenn sie ihm von der Knesset, dem Parlament, angeboten würde — seine Annahme würde dieses Angebot zur reinen Formsache machen. Einstein war von diesem Anerbieten tief gerührt; er lehnte es jedoch ab und wies darauf hin, daß ihm sowohl „die natürliche Fähigkeit als auch die Erfahrung im richtigen Verhalten zu Menschen in der Ausübung offizieller Funktionen" fehle. Schon diese Gründe allein, so fuhr er fort, wobei er nicht einmal seine Inanspruchnahme durch seine Arbeit erwähnte, würden ihn für die Erfüllung der hohen Aufgabe ungeeignet machen, selbst wenn sein vorgerücktes Alter seine Kräfte nicht im steigenden Maße beeinträchtigen würde.

„Diese Sachlage betrübt mich um so mehr, als die Beziehung zum jüdischen Volke meine stärkste menschliche Bindung geworden ist, seitdem ich über unsere prekäre Situation unter den Völkern volle Klarheit erlangt habe." (aus einem Brief an Abba Eban vom 18.11.1952)

Aus Anlaß des siebten Jahrestages der Unabhängigkeit Israels wurde Einstein gebeten, eine Erklärung zu verfassen, die die kulturellen und wissenschaftlichen Leistungen Israels hervorheben sollte und die als Teil der Feierlichkeiten im Rundfunk verlesen werden konnte. „Ich würde Israel bei den derzeit herrschenden schwierigen und gefährlichen Verhältnissen sehr gerne helfen", antwortete er, doch er empfand, daß eine solche Erklärung eher die arabisch-israelischen Beziehungen zum Thema haben sollte als die kulturelle und wissenschaftliche Entwicklung Israels.

„Ich meine deshalb: Wenn man der öffentlichen Meinung einen Denkanstoß geben will, so sollte eine solche Ansprache versuchen, die politische Situation darzulegen. Ich neige tatsächlich zu der Ansicht, daß eine eher kritische Analyse der Politik der westlichen Nationen in bezug auf Israel und die arabischen Staaten viel wirkungsvoller sein würde. Mir ist klar, daß solche Bemerkungen für mich leichter sind, als für irgend jemanden, der offiziell mit einer jüdischen Organisation in Verbindung steht." (aus einem Brief an den israelischen Konsul vom 4.4.1955)

Damit eine solche Erklärung auch sinnvoll werde, schlug Einstein vor, sie in Zusammenarbeit mit zuständigen israelischen Beamten zu verfassen. Als Ergebnis dieses Vorschlags trafen sich Botschafter Abba Eban und Konsul Reuben Dafni mit Einstein am 11. April und dann noch einmal am 13. April. Zwei Stunden nach dem letzten Besuch brach Einstein zusammen und wurde ins Princeton Hospital gebracht. Er ließ seine Notizen an sein Bett bringen, weil er hoffte, seine Rede doch schreiben zu können. Obwohl ein unvollendeter Entwurf von einer Seite Länge vorliegt, konnte Einstein dieses Vorhaben doch niemals beenden — er starb am 18. April 1955 nach einer ruhigen Nacht.

Heute, da wir den 100jährigen Geburtstag Einsteins feiern, sollten wir uns fragen, was Einstein wohl vom Zionismus und vom heutigen Israel halten würde. Viele seiner Träume und Voraussagen haben sich erfüllt, doch andere sind immer noch nicht verwirklicht — allen voran unsere allumfassende Sehnsucht nach Frieden.

„Dazu gehört: Friede, gegründet auf Verstehen und Selbstbescheidung, nicht auf Gewalt. Wenn wir von diesem Ideal erfüllt sind, mischt sich etwas wie Wehmut mit unserer Freude. Unsere Beziehung zu den arabischen Nachbarn ist einstweilen weit davon entfernt, diesem Ideal zu entsprechen. Es mag sein, daß wir dieses Ideal doch erreicht haben würden, wenn man uns nur erlaubt hätte, unsere Beziehungen zu unseren Nachbarn ungestört durch andere zu gestalten, denn wir wollen den Frieden, und wir wissen, daß unsere zukünftige Entwicklung vom Frieden abhängt." (Einstein, *Unsere Sorge um Israel*)

Bibliographie

Blumenfeld, Kurt, *Erlebte Judenfrage* (Stuttgart, 1962)

Einstein, A., *Assimilation and Nationalism, Jew and Arab* und *The Jews and Palestine*, in: *About Zionism: Speeches and Letters*, Sir L. Simon (Hrsg.) (New York: Macmillan, 1931)

Einstein, A., *Jewish Ideals*, Rundfunksendung für UJA, 27. November 1949, in: *Out of My Later Years* (New York: Philosophical Library, 1950)

Frank, P., Einstein and Zionism, in: *General Relativity and Gravitation*, G. Shaviv und J. Rosen (Hrsg.) (Jerusalem: John Wiley, The Keter Press, 1975) Dieses Buch enthält auch den Brief an M. Besso und Auszüge aus dem Tagebuch Einsteins.

Nathan, O., und Norden H., *Einstein on Peace* (New York: Simon und Schuster, 1960)

9

Einstein und das akademische Establishment

Martin J. Klein

„Die Überzeugung ist eine gute Triebfeder, aber ein schlech-
ter Regulator."
Albert Einstein zu Willem De Sitter

Der französische Schriftsteller Stendhal beginnt seinen genialsten Roman mit
dem Satz: „Am 15. Mai 1796 marschierte General Bonaparte an der Spitze
seiner jungen Armee, die gerade die Brücke von Lodi überquert hatte, in Mailand ein und lehrte die Welt, daß Cäsar und Alexander nach so vielen Jahrhunderten einen Nachfolger gefunden hatten." In seinem militärischen Kontext ist dieses Zitat hier völlig irrelevant; man kann es aber adaptieren: Fast
genau 100 Jahre später kam ein anderer junger Fremder in Mailand an, der die
Welt bald lehren sollte, daß Galilei und Newton nach so vielen Jahrhunderten
einen Nachfolger gefunden hatten. Es würde freilich eine übermenschliche
Einsicht verlangt haben, in dem Jungen von 15 Jahren, der gerade, von München kommend, die Alpen überquert hatte, den kommenden intellektuellen
Eroberer zu erkennen. Denn dieser Junge, Albert Einstein, dessen Name in
späteren Jahren das Symbol für profunde wissenschaftliche Erkenntnis werden sollte, hatte München als sogenannter „Aussteiger", wie wir heute sagen
würden, als ein Schulabgänger ohne Abschlußzeugnis, verlassen.

Er war, wie es heute heißt, ein Spätentwickler gewesen: Das Sprechen hatte er
erst viel später als der Durchschnitt gelernt, und auch in der Volksschule
hatte er keinerlei besondere Fähigkeiten erkennen lassen — außer dem Talent
zum Tagträumen. Der Unterricht an der höheren Schule in München, einem
der vielgepriesenen humanistischen Gymnasien, gefiel ihm gar nicht. Die
strengen, reglementierten Methoden der Schule paßten ihm noch weniger.
Denn er hatte bereits damit begonnen, ganz eigene intellektuelle Interessen zu
entwickeln — die Anregung dazu kam allerdings nicht aus der Schule. Das
Geheimnis, das sich hinter jenem Kompaß verbarg, der ihm als Fünfjährigem
geschenkt worden war, die Klarheit und Schönheit der euklidischen Geome-

313

trie, auf die er gestoßen war, als er im Alter von 12 Jahren ein altes Geometriebuch verschlungen hatte — diese Dinge hatten ihm einen eigenen Weg zum unabhängigen Studieren und Denken gewiesen. Der Drill in der Schule dagegen hielt ihn nur von seinen eigentlichen Interesse ab. Nach ein paar Monaten hatte er genug davon und beschloß, die Schule zu verlassen. Sein Entschluß wurde durch die Art, wie seine Lehrer auf seine Einstellung zur Schule reagierten, noch unterstützt. „Du wirst es niemals zu etwas bringen, Einstein", sagte einer von ihnen, und ein anderer schlug tatsächlich vor, daß Einstein schon deshalb die Schule verlassen solle, weil allein seine Gegenwart im Klassenzimmer den Respekt der Schüler vor den Lehrern untergrabe. Diesen Vorschlag nahm Einstein dankbar an, und so machte er sich auf den Weg zu seiner Familie in Mailand. Die nächsten Monate waren eine Zeit des herrlichen Herumbummelns und Herumwanderns im nördlichen Italien, wo er sich an den vielen Kontrasten zu seinem Heimatland erfreute. Ohne Abschlußzeugnis und ohne Zukunftsaussichten schien er tatsächlich das Modell eines typischen „Aussteigers". Andererseits ist es ernüchternd zu sehen, daß keiner seiner Lehrer die in ihm steckenden Möglichkeiten erkannt hatte.

Bild 44 Einstein (in der ersten Reihe rechts) mit Dr. Jost Winteler im Klassenzimmer in Aarau

Mit dem Verlassen der Schule hatte Einstein seine Liebe zur Wissenschaft keineswegs abgeschüttelt. Da es die Geldmittel seiner Eltern ihm notwendig erscheinen ließen, seinen Lebensunterhalt selbst zu verdienen, entschloß er sich, seine wissenschaftlichen Studien in offiziellen Bahnen fortzusetzen. Er bewarb sich um Zulassung zur Schweizer Eidgenössischen Technischen Hochschule in Zürich. Da er kein Abschlußzeugnis der höheren Schule vorweisen konnte, mußte er eine Aufnahmeprüfung machen — und fiel durch! Er mußte dann ein Jahr lang eine Schweizer höhere Schule besuchen, um seine Wissenslücken in beinahe allen Fächern, außer in Mathematik und Physik, den Fächern seiner Privatstudien, zu schließen. Und als er endlich an der Technischen Hochschule zugelassen war, nahm er dann den, wie wir meinen würden, ihm zustehenden Platz an der Spitze seiner Klasse ein? Ganz und gar nicht! Obwohl die Kurse nur mathematische und physikalische Themen behandelten, blieb Einstein den meisten Vorlesungen fern. Er arbeitete zwar gern im Labor, aber er verbrachte dennoch die meiste Zeit in seinem Zimmer und studierte die Originalwerke der großen Physiker des 19. Jahrhunderts und sann darüber nach, was sie an den Tag gebracht hatten.

Die Vorlesungen über höhere Mathematik vermochten es nicht, ihn zu fesseln, denn damals konnte er für die höhere Mathematik noch keinerlei Notwendigkeit oder Anwendungsmöglichkeit als Hilfsmittel bei der Erforschung der Struktur der Natur erkennen. Außerdem schien die Mathematik in so viele Spezialgebiete gespalten zu sein, von denen jedes einzelne die gesamte Zeit und Energie, die man überhaupt besaß, in Anspruch nehmen konnte. Er befürchtete, niemals zu der Einsicht zu gelangen, sich für eines von ihnen als dem Wichtigen, Grundlegenden zu entscheiden. Er wäre damit in der gleichen Lage wie Buridans Esel, der vor Hunger starb, weil er sich nicht entscheiden konnte, welchen Heuhaufen er fressen sollte.

Die Physik gab ihm — selbst damals schon — solche Probleme nicht auf. Viele Jahre später schreibt er in diesem Zusammenhang: „Freilich war auch die Physik in Spezialgebiete geteilt, deren jedes ein kurzes Arbeitsleben verschlingen konnte, ohne daß der Hunger nach tieferer Erkenntnis befriedigt würde ... Aber schon bald lernte ich, in der Physik jene Pfade aufzuspüren, die in die Tiefe führen, von allem anderen abzusehen, von dem Vielen, das den Geist ausfüllt und von dem Wesentlichen ablenkt. Der Haken dabei war freilich, daß man für die Examina all diesen Wust in sich hineinstopfen mußte, ob man nun wollte oder nicht."

Dazu schreibt er: „Dieser Zwang wirkte so abschreckend, daß mir nach überstandenem Endexamen jedes Nachdenken über wissenschaftliche Probleme für ein ganzes Jahr verleidet war." Er fährt fort: „Es ist eigentlich ein Wunder, daß der moderne Lehrbetrieb die heilige Neugier des Forschens noch nicht ganz erdrosselt hat; denn dies delikate Pflänzchen bedarf neben Anregung hauptsächlich der Freiheit; ohne diese geht es unweigerlich zugrunde ... Ich

315

denke, daß man selbst einem gesunden Raubtier seine Freßgier wegnehmen könnte, wenn es gelänge, es mit Hilfe der Peitsche fortgesetzt zum Fressen zu zwingen, wenn es keinen Hunger hat."

In den zwei Jahren, die auf seinen Studienabschluß an der Technischen Hochschule folgten, schien Einstein auf nicht mehr Erfolg zuzusteuern, als seine Vorgeschichte als „Aussteiger" erwarten lassen konnte. Er bewarb sich um eine Assistentenstelle, aber ein anderer bekam sie. Er schaffte es gerade, sich mit akademischen Gelegenheitsjobs über Wasser zu halten. Er vertrat einen Lehrer an einer Schweizer Höheren Schule, der seinen zweimonatigen Militärdienst ableistete; er half dem Professor für Astronomie bei einigen Berechnungen; er gab Unterricht an einer Knabenschule. Im Frühling des Jahres 1902 kam ihm schließlich sein guter Freund Marcel Grossmann zu Hilfe. Der Vater Grossmanns empfahl Einstein dem Direktor des Schweizer Patentamts in Bern, und nach einer eingehenden Prüfung erhielt er auch tatsächlich die Stelle eines Patent-Prüfers. Über sieben Jahre hatte er diese Stellung inne, und in späteren Jahren erwähnte er sie oft als eine „Art von Rettung". Sie befreite ihn von seinen finanziellen Sorgen; er fand die Arbeit eigentlich auch interessant, und manchmal war sie ihm sogar Anregung für seine wissenschaftliche Phantasie. Außerdem beanspruchte sie nur acht Stunden des Tages, so daß ihm genügend Zeit blieb, über die Rätsel des Universums nachzusinnen.

Während dieser sieben Jahre in Bern schuf der junge Patent-Prüfer in seiner Freizeit eine Reihe wissenschaftlicher Wunderwerke — jedes andere Wort wäre zu schwach. Ihm gelang nichts geringeres, als die Hauptrichtlinien abzustecken, denen gemäß sich die Theoretische Physik des 20. Jahrhunderts in der Folge weiterentwickeln sollte. Was aber noch mehr wiegt: Einstein gelang dies völlig allein — ohne irgendwelche akademische Verbindungen und im wesentlichen ohne Kontakt mit den Arrivierten seines Berufs. Jahre später erzählte er Leopold Infeld, daß er vor seinem 30. Lebensjahr niemals einen echten Theoretischen Physiker gesehen habe. Dieser Bemerkung Einsteins könnten wir natürlich die Anmerkung hinzufügen — was Infeld auch beinahe getan hätte, was aber Einstein bestimmt niemals gemacht hätte — „außer im Spiegel".

Ich nehme an, daß sich einige von uns schon einmal gefragt haben, was Einstein während dieser sieben Jahre wohl geleistet haben würde, wenn er unter wirklich günstigen Bedingungen, d. h. einer Ganztagsbeschäftigung an einer großen Universität, hätte arbeiten können, anstatt auf seine Freizeit beschränkt zu sein, während er sich seinen eigentlichen Lebensunterhalt als ein untergeordneter Staatsbeamter verdienen mußte. Wir sollten dieser Frage nicht nachgehen: Unsere Überlegungen würden nicht nur fruchtlos, sondern zudem ganz und gar unbegründet sein. Einstein hat ja gar nicht bedauert, damals keine akademische Anstellung zu haben; er betrachtete dies sogar eher

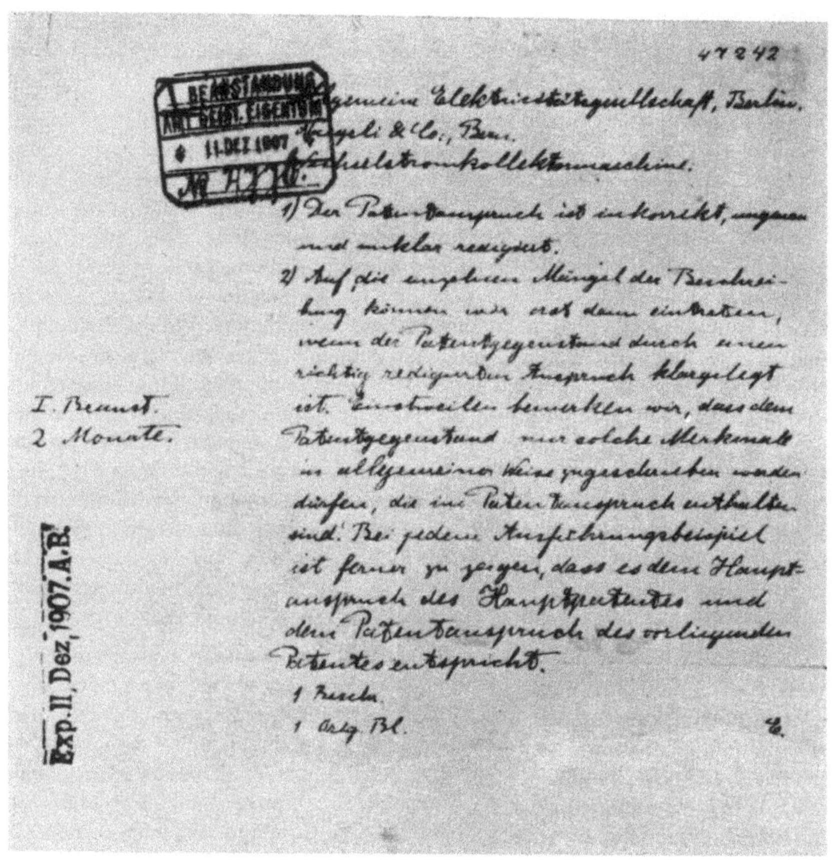

Bild 45 Eine von Albert Einstein verfaßte Patentbewertung, abgestempelt am 11. Dezember 1907

als einen Vorteil. „Denn eine akademische Karriere versetzt einen jungen Mann in eine peinliche Lage", schrieb er kurz vor seinem Tod, „weil von ihm die Produktion wissenschaftlicher Publikationen in beeindruckenden Mengen verlangt wird. Es besteht also die Verführung zur Oberflächlichkeit, der nur starke Charaktere widerstehen können." Einstein zögerte sogar etwas, jene reine Forschungsprofessur in Berlin anzunehmen, teils weil die preußische Strenge und das bürgerliche akademische Leben seinen eher bohemehaften Vorstellungen nicht zusagten. Doch zögerte er auch, weil er sehr genau wußte, daß von einem solchen Professor eine Art von Preishennen-Dasein erwartet wurde, und er wollte nicht garantieren, daß er weitere goldene Eier legen würde.

Die Art unseres Physikunterrichts wird stark beeinflußt von unserer Einstellung zu den Fragen, wie und warum Physik überhaupt betrieben wird. Einstein trat der Professionalisierung der Forschung zwar mit Skepsis entgegen, war jedoch in seinem Streben nach einem fundamentalen Verständnis unbeirrbar. Er war ein Naturphilosoph im weitesten Sinn dieses alten Begriffs. Er empfand wenig Achtung für diejenigen, die Wissenschaft als Spiel zur persönlichen Befriedigung betrachteten, oder die die Probleme nur lösten, um ihre eigene intellektuelle Virtuosität zu beweisen oder zu verteidigen. Betrachtet man Physik mit den Augen Einsteins, dann bedeutet das, daß man sie wie ein Drama der Ideen und nicht wie ein System von Techniken lehren müßte. Es bedeutet auch, daß die Evolution der Ideen, d. h. die Geschichte unserer Bemühungen um Verständnis der physischen Welt, betont werden müßte, so daß unsere Studenten die richtige Perspektive erhalten und sich klar machen, daß — wie Einstein es formuliert — „die gegenwärtige Position der Wissenschaft keine ewige Bedeutung haben kann". Haben wir uns diese liberale Betrachtungsweise in bezug auf unsere Wissenschaft bewahrt oder ist sie vielmehr unter all dem, was wir die notwendige Vorbereitung für Promotionsarbeit und Forschung nennen, verloren gegangen?

Eine der letzten öffentlichen Erklärungen Einsteins war die Antwort auf die Bitte, er möge doch die Situation der Wissenschaftler in Amerika analysieren. Seine Antwort lautete: „Anstatt den Versuch zu unternehmen, das Problem zu analysieren, möchte ich meine Meinung in einer kurzen Bemerkung zum Ausdruck bringen. Wenn ich noch einmal ein junger Mann wäre und entscheiden müßte, wie ich meinen Lebensunterhalt verdienen sollte, so würde ich mich nicht bemühen, Wissenschaftler, Gelehrter oder Lehrer zu werden. Ich würde lieber Installateur oder Hausierer in der Hoffnung, jenen bescheidenen Grad von Unabhängigkeit zu bewahren, der unter den heutigen Umständen noch möglich ist." Wir mögen zwar überlegen, wie wörtlich Einstein diese Bemerkung wohl verstanden wissen wollte, doch können wir nicht umhin, die ganze Wucht des Affronts gegen unser gesamtes institutionalisiertes intellektuelles Leben zu verspüren.

Während wir uns des Erfolgs der Physik und der Physiker in der heutigen Welt rühmen, sollten wir doch nicht vergessen, daß sich Einstein gerade gegen diesen Erfolg und die Art und Weise, wie er erreicht wurde, wandte. Auch sollten wir nicht vergessen, nach dem Grund zu fragen; er könnte uns etwas Wesentliches über uns und unsere Gesellschaft verraten.

10
Einstein und Erziehung

Arturo Loria

*Er sagte mir oft, daß eines der wichtigsten Dinge in seinem
Leben die Musik sei. Immer wenn er merkte, daß er in eine
Sackgasse oder bei seiner Arbeit in eine schwierige Situation
geraten war, suchte er Zuflucht bei der Musik; für gewöhnlich löste das alle seine Schwierigkeiten.*
H. A. Einstein, Einstein in: G. J. Whitrow, Einstein: The Man
and His Achievement

Meiner Meinung nach sollte jeder, der die Ansichten Einsteins zu Erziehungsfragen verstehen will, zuerst seinen Vortrag über Erziehung lesen, den er am
15. Oktober 1936 hielt und der auch unter der Überschrift „*Über Erziehung*"
in seinem Buch *Aus meinen späten Jahren* veröffentlicht wurde. Es ist sicherlich kaum sinnvoll, das, was er dort anführt, hier zu umschreiben oder zusammenzufassen. Ich beschränke mich deshalb darauf, einige seiner einleitenden Bemerkungen zu zitieren. Alle anderen Zitate Einsteins in diesem Artikel
stammen aus Schriften, die mit Erziehungsproblemen direkt nichts zu tun
haben. Diesen Zitaten werde ich die eine oder andere Anmerkung hinzufügen,
die unter anderem auch durch den autobiographischen Essay Einsteins aus
dem Jahre 1946 angeregt worden ist.

1 Der Vortrag „Über Erziehung" wurde in Albany, bei einer Feier aus Anlaß
des 300jährigen Bestehens der höheren Schulbildung in den Vereinigten Staaten gehalten. Man hätte vom Redner eigentlich erwartet, daß er seinen Zuhö-
rern bei dieser Gelegenheit die bedeutendsten Namen und Daten aus der Geschichte der Erziehung in Amerika in Erinnerung rufen würde. Einstein aber
entzog sich dieser Verpflichtung auf geschickte Weise und sprach stattdessen
über Themen, die ihm am meisten am Herzen lagen, über Fragen sehr allgemeiner Natur, die unabhängig von bestimmten Zeiten oder Orten bestehen.

Doch auch für ihn blieb dabei ein gewisser Zweifel, eine gewisse Verlegenheit:

> *„Zur religiösen Sphäre gehört das Vertrauen in die Möglich-*
> *keit, daß die in der Welt des Seienden geltenden Gesetzmäßig-*
> *keiten vernünftig sind, d.h. durch die Vernunft begreifbar.*
> *Ohne solchen tiefen Glauben kann ich mir einen wirklichen*
> *Forscher nicht vorstellen. Man kann den Sachverhalt durch*
> *ein Bild ausdrücken: Wissenschaft ohne Religion ist lahm,*
> *Religion ohne Wissenschaft ist blind."*
> *Albert Einstein*

„Woher soll ich den Mut nehmen, Ihnen als halber Laie auf pädagogischem Gebiete Thesen vorzutragen, hinter denen nichts steht als persönliche Erfahrung und persönliche Überzeugung? Wenn es sich um einen eigentlich wissenschaftlichen Gegenstand handeln würde, würde man durch derartige Erwägungen wohl zum Schweigen veranlaßt werden."

Und er fährt fort:

„Bei Angelegenheiten des lebendigen Daseins und Handelns ist es anders."

So gelangt Einstein zu einer zustimmenden Antwort, der vielleicht nur ein vermeintlicher Anschein von Bescheidenheit beigemengt ist. Jener bemerkenswerte Vergleich, den Einstein in seinem Vortrag zwischen der Wahrheit und einem Standbild aus Marmor zieht, das unter dem Sand der Wüste verschüttet zu werden droht, soll wohl folgendes zum Ausdruck bringen: Schon bevor man daran geht, den Glanz der Statue zu schützen und zu bewahren, haben Erfahrung und persönliche Überzeugung bereits zur Entdeckung der Wahrheit über Erziehung geführt.

Nach diesen einführenden Bemerkungen geht der Vortrag direkt zum Kern der Sache über. Wir sehen, daß Einstein dem Menschen das Recht, eine Meinung über Erziehungsprobleme zu äußern, auch dann zuspricht, wenn er sich damit nicht wissenschaftlich beschäftigt hat. Und das ist keine Aussage, die nur für diese besondere Gelegenheit erdacht worden ist — im Gegenteil, sie spiegelt seine tiefe Überzeugung wider, die bekanntlicherweise nicht von vielen geteilt wurde, daß nämlich dann, wenn die menschlichen Daseinsbedingungen in Gefahr sind, ein jeder von uns seinen eigenen persönlichen Beitrag zu den Diskussionen und Entscheidungen, von denen unsere Zukunft letztlich abhängt, leisten sollte. Nur aufgrund dieser Überzeugung nimmt Einstein, wie er oft ausdrücklich betont, überhaupt Stellung zu politischen und sozialen Fragen. Ein beeindruckendes Beispiel in diesem Zusammenhang ist sein Artikel „*Warum Sozialismus?*" aus dem Jahre 1949, der folgendermaßen beginnt:

„Ist es richtig, wenn ein Nicht-Fachmann auf ökonomischem und sozialem Gebiete sich über das Thema Sozialismus äußert? Ich glaube, dies aus verschiedenen Gründen bejahen zu dürfen."

Und an anderer Stelle in diesem Artikel sagt er:

„Aus diesen Gründen sollten wir auf der Hut sein, die Wissenschaft und ihre Methoden zu überschätzen, wenn es sich um menschliche Probleme handelt. Auch sollten wir nicht von vornherein annehmen, daß die Experten die einzigen sind, die das Recht haben, ihre Meinung über Fragen zu äußern, die die Organisation der Gesellschaft betreffen."

Die gleichen Ideen sind auch in anderen Schriften, mit anderen Worten und manchmal variiert oder in neuen Zusammenhängen wiederzufinden.

Über die Freiheit von Forschung und Lehre schreibt Einstein an einen Minister Mussolinis:

„Wir sehen und lieben beide in den Blüten der europäischen Geistesentwicklung unsere höchsten Güter. Diese ruhen auf der Freiheit der Überzeugung und der Lehre, auf dem Grundsatz, daß das Streben nach Wahrheit allem andern Streben vorangestellt werden muß."

Und weiter heißt es:

„Aber das von praktischen Interessen des Alltags losgelöste Streben nach wissenschaftlicher Wahrheit sollte jeder Staatsgewalt heilig sein, und es liegt im höchsten Interesse aller, daß die aufrichtigen Diener der Wahrheit in Ruhe gelassen werden."

In einer Diskussion zum Thema „Freiheit" im Jahre 1940 bemerkt Einstein, daß die fundamentalen Werte und Ziele des Menschen einer rationalen Argumentation nicht offenstünden — ein Punkt, auf den wir bei Gelegenheit zurückkommen werden. Hätten wir jedoch einmal über gewisse Werte und Ziele Einigkeit erlangt, dann könnten wir auch über die Mittel, durch die sie erreicht werden können, rational argumentieren. Es seien hier als Beispiele nur zwei Ziele genannt, über die allgemeine Einigkeit besteht:

„(1) Die zur Erhaltung von Leben und Gesundheit aller Menschen nötigen Gebrauchsgüter sollen durch den geringstmöglichen Arbeitsaufwand aller erzeugt werden.

(2) Die Befriedigung der körperlichen Bedürfnisse allein ist zwar unerläßliche Vorbedingung für ein befriedigendes Dasein, aber die Erfüllung dieses Ziels genügt noch nicht. Um befriedigt sein zu können, muß der Mensch auch die Möglichkeit haben, sich geistig und künstlerisch so weit zu entwickeln, wie es seiner persönlichen Eigenart und Fähigkeit entspricht."

Das erste dieser Ziele verlangt die Erforschung der Phänomene der Natur und Gesellschaft, und das wiederum setzt das größtmögliche Ausmaß an Freiheit

> *Einstein haßte die meisten Dinge, die anderen Menschen lieb*
> *waren. In seinen späteren Jahren erklärte er: „Bequemlich-*
> *keit und Glück sind für mich nie ein Ziel gewesen. Ich nenne*
> *solche ethischen Grundlagen die Ideale eines Schweinehir-*
> *ten ... Die üblichen Ziele des menschlichen Strebens — Be-*
> *sitztümer, äußerer Erfolg und Luxus — sind mir seit meiner*
> *frühesten Jugend verachtenswert erschienen."*
>
> *G. J. Whitrow*, Einstein: The Man and His Achievement

der Meinungsäußerung und der Kommunikation voraus. Gesetze allein, die
diese Freiheit — die wir die „äußere" Freiheit nennen wollen — garantieren,
genügen jedoch nicht. Es ist vielmehr dringend notwendig, daß in jedem von
uns die Bereitschaft zur Toleranz heranwächst. Diese äußere Freiheit kann natürlich nicht vollkommen und ein für alle Male erreicht werden, sondern muß
in einem nie endenden Kampf bewahrt und erweitert werden. Die äußere
Freiheit und das erste der oben genannten Ziele stehen deshalb in einem gegenseitigen Ursache-Wirkung-Verhältnis.

Diesen Punkt betont Einstein unter anderem auch in seinem Essay „*Erziehung*
zu selbständigem Denken" aus dem Jahre 1952; dort verweist er darauf, daß
es nicht genüge, „den Menschen ein Spezialfach zu lehren. Dadurch wird er
zwar zu einer Art benutzbarer Maschine, aber nicht zu einer vollwertigen
Persönlichkeit. Es kommt darauf an, daß er ein lebendiges Gefühl dafür
bekommt, was zu erstreben wert ist. Er muß einen lebendigen Sinn dafür
bekommen, was schön und was moralisch gut ist. Sonst gleicht er mit seiner
spezialisierten Fachkenntnis mehr einem wohl abgerichteten Hund als einem
harmonisch entwickelten Geschöpf. Er muß die Motive der Menschen, deren
Illusionen, deren Leiden verstehen lernen, um eine richtige Einstellung zum
einzelnen Mitmenschen und zur Gemeinschaft zu erwerben. Diese wertvollen
Dinge werden der jungen Generation durch den persönlichen Kontakt mit den
Lehrenden, nicht — oder wenigstens nicht in der Hauptsache — durch Text-
bücher vermittelt. Dies ist es, was Kultur in erster Linie ausmacht und erhält.
Sie habe ich im Auge, wenn ich die menschlich-geistige Bildung als wichtig
empfehle, nicht einfach trockenes Fachwissen auf geschichtlichem und
philosophischem Gebiet. Überbetonung des kompetitiven Systems und
frühzeitiges Spezialisieren unter dem Gesichtspunkt der unmittelbaren Nützlichkeit töten den Geist, von dem alles kulturelle Leben und damit schließlich
auch die Blüte der Spezialwissenschaften abhängig ist. Zum Wesen einer
wertvollen Erziehung gehört es ferner, daß das selbständige kritische Denken
im jungen Menschen entwickelt wird, eine Entwicklung, die weitgehend durch
Überbürdung mit Stoff gefährdet wird (Punktsystem). Überbürdung führt

notwendig zu Oberflächlichkeit und Kulturlosigkeit. Das Lehren soll so sein, daß das Dargebotene als wertvolles Geschenk und nicht als saure Pflicht empfunden wird."

Einstein lehnt grundsätzlich den kompetitiven Aspekt der meisten Erziehungssysteme ab; er schreibt 1948:

„Der Konkurrenzgeist setzt sich sogar in der Schule durch. Er zerstört alle Gefühle der menschlichen Brüderlichkeit und der Zusammenarbeit; er bewirkt, daß eine Leistung nicht als das Ergebnis der Bereitschaft zu produktiver und durchdachter Arbeit entspringt, sondern als Produkt persönlichen Ehrgeizes und der Angst, abgelehnt oder zurückgewiesen zu werden."

Einstein plädiert außerdem eindringlich für die Lektüre klassischer Autoren — sei es aus dem Bereich der Literatur oder dem der Naturwissenschaften (1952):

„Wer nur Zeitungen oder bestenfalls Bücher zeitgenössischer Autoren liest, kommt mir wie eine stark kurzsichtige Person vor, die es ablehnt, eine Brille zu tragen. Er ist von den Vorurteilen und Modetrends seiner Zeit völlig abhängig, da er niemals irgendetwas anderes sieht oder hört. Was aber ein nur auf sich allein gestellter und nicht von fremden Gedanken und Erfahrungen angeregter Mensch denkt, das ist selbst im günstigsten Fall eher armselig und langweilig.

Innerhalb eines Jahrhunderts gibt es nur wenige aufgeklärte Menschen, die einen leuchtend klaren Verstand, Stil und guten Geschmack besitzen. Was von ihren Werken erhalten ist, gehört zu den kostbarsten Besitztümern der Menschheit. So verdanken wir es einigen wenigen Schriftstellern der Antike, daß sich die Menschen im Mittelalter von Aberglauben und Unwissenheit, die ihr Leben für mehr als ein halbes Jahrtausend verdunkelt hatten, befreien konnten. Nichts ist notwendiger, um den Snobismus des modernistischen Menschen von heute zu überwinden!"

2 Ich bin davon ausgegangen, daß der Leser mit der Schrift „*Über Erziehung*" und den dort dargestellten Ideen bereits vertraut ist, und habe nach Spuren dieser Ideen in anderen Schriften gesucht. Doch einige Hauptthemen fehlen entweder völlig oder es wird ihnen meiner Meinung nach nicht die Bedeutung zugemessen, die sie in Einsteins Gedankenwelt mit Sicherheit hatten. Als Einstein bereits ein alter Mann war, erklärte er: „Eines habe ich in meinem langen Leben gelernt: Daß nämlich unsere gesamte Wissenschaft — mißt man sie an der Wirklichkeit — primitiv und kindlich ist, und doch ist sie das Kostbarste, was wir besitzen."

Und weiter sagt er (1948): „Wir haben schmerzlich erleben müssen, daß rationales Denken allein die Probleme des sozialen Lebens keineswegs zu lösen vermag."

Einstein beschäftigte sich oft mit dem korrumpierenden Einfluß des Erfolgszwanges auf den Wissenschaftler. In seinen Schriften und in Gesprächen diskutierte er oft darüber. Er meinte, daß der Beruf des Leuchtturmwärters für einen Wissenschaftler ein sehr netter Beruf wäre, da er intellektuell nicht sehr anspruchsvoll sei und genügend Zeit ließe, über andere Dinge nachzudenken.

P. Bergmann, in: G. J. Whitrow, Einstein: The Man and His Achievement

Viele Leser, die zum ersten Mal mit Einsteins Schriften in Berührung kommen, sind überrascht, welche große Rolle ethische Fragen und somit auch die Religion — als ein Weg, sich der Ethik zu nähern — darin spielen. Besonders wichtig in diesem Zusammenhang sind seine Aufsätze „*Wissenschaft und Religion*" (1939) und „*Religion und Wissenschaft: Unvereinbar?*" (1948). Es lohnt sich, sie im vorliegenden Kontext kurz zusammenzufassen.

Im 19. Jahrhundert bzw. schon gegen Ende des 18. Jahrhunderts meinten viele Leute, daß zwischen Wissen und Glauben ein unvereinbarer Gegensatz bestünde und daß man sich auf die Seite des Wissens schlagen sollte. Einstein schreibt dazu 1939: „Erziehung hat nach dieser Auffassung ausschließlich Denken und Wissen zu vermitteln; die Schule, das vornehmste Organ der Volkserziehung, habe ausschließlich diesem Ziele zu dienen." Und er fährt fort: „Wahr ist es gewiß, daß Überzeugungen nicht solider gestützt werden können als auf Erfahrung und bewußtes, klares Denken. Hier wird man dem extremen Rationalisten unbedingt beistimmen. Der schwache Punkt der Auffassung liegt aber darin, daß diejenigen Überzeugungen, die für unser Handeln und Werten maßgebend und nötig sind, auf diesem soliden wissenschaftlichen Wege allein überhaupt nicht zu gewinnen sind." Diese „Überzeugungen" bestehen nun einmal in einer gesunden Gesellschaft; sie sind tief in ihr verwurzelt; sie werden jedoch nicht durch Begründung etabliert, sondern durch das Wirken starker Persönlichkeiten.

Die erhabensten dieser Überzeugungen sind in der jüdisch-christlichen Tradition zu finden. Entkleidet man sie ihrer religiösen Form und betrachtet sie einfach als menschliche Werte, so fordern sie „… freie und selbstverantwortliche Entfaltung des Individuums, damit es seine Kräfte froh und freiwillig in den Dienst der Gemeinschaft aller Menschen stelle". Sie erklären außerdem: „Das hohe Schicksal dieses einzelnen aber ist freiwilliges Dienen und nicht etwa Herrschen oder sich sonst wie zur Geltung bringen." Weiter heißt es: „Achtet man nur auf den Inhalt und nicht auf die Form, so mag man dieselben Worte als den Ausdruck der demokratischen Grundeinstellung betrachten." Die Schlußfolgerung (1939): „Was aber ist bei alldem die Aufgabe der Erziehung und der Schule? Sie soll den jungen Menschen in einem Geiste aufwachsen lassen, daß ihm diese Grundsätze so selbstverständlich sind wie die Luft, die er atmet. Mit dem Lehren allein ist da nichts geleistet."

Diese Ausführung wirft ein klärendes Licht auf die folgende Ermahnung an die Erzieher, enthalten in der Schrift „*Über Erziehung*": „Das Ziel muß die Heranbildung selbständig handelnder und denkender Individuen sein, die aber im Dienste an der Gemeinschaft ihre höchste Lebensaufgabe sehen."

Es entspricht nicht meiner Absicht, hier die besondere Form von Einsteins Religiosität erschöpfend zu erläutern, die die Existenz eines personalen Gottes leugnet und — wie er selbst versichert — eine Position einnimmt, die der Spinozas sehr ähnlich ist. Was ich jedoch vom pädagogischen Standpunkt aus für sehr wichtig halte, ist die Tatsache, daß er beim Vergleich Wissenschaft-Religion zu eher einschränkenden Definitionen der Wissenschaft gelangt. So beschreibt er Wissenschaft z. B. als „methodisches Denken, das darauf gerichtet ist, regulative Zusammenhänge zwischen unseren Sinneserfahrungen zu finden" (1948). Damit verneint er eindeutig, daß Wissenschaft bzw. rationales Denken unserem menschlichen Streben fundamentale Zielsetzungen geben oder ethische Urteile fällen kann. 1939 schreibt er dazu: „Die Setzung der fundamentalen Ziele und Wertungen und ihre Befestigung im effektiven Leben des einzelnen scheint mir die wichtigste Funktion der Religionen im sozialen Leben der Menschen zu sein." Und noch ausführlicher äußert er sich 1951: „Die moralische und ästhetische Vervollkommnung ist ein Ziel, das den Bemühungen der Kunst näher steht als denen der Wissenschaft. Wohl ist das Verstehen der Nächsten von Bedeutung. Dies Verstehen wird aber nur dann fruchtbar, wenn es von Mit-Freude und von Mit-Leid getragen ist. Die Pflege dieser wichtigsten Triebfedern moralischen Handelns ist es, was von der Religion übrig bleibt, wenn man sie von der Komponente des Aberglaubens reinigt. In diesem Sinne bildet die Religion einen wichtigen Teil der Erziehung, der viel zu wenig und besonders auch zu wenig systematisch Berücksichtigung findet."

Nach Einsteins Meinung ist die Entwicklung der Wissenschaft weit davon entfernt, einen Konflikt zwischen Wissenschaft und Religion zu begründen; die Entwicklung der Wissenschaft liefert vielmehr eine nie versiegende Quelle der Bereicherung für die Religion: „Wenn die Lehrer der Religion den angedeuteten Prozeß der Läuterung vollzogen haben werden, werden sie gewiß freudig anerkennen, daß wahre Religion durch wissenschaftliche Erkenntnis veredelt und vertieft worden ist." (1941). Einstein äußerte jedoch auch die Auffassung, daß „... in diesem unserem materialistischen Zeitalter die ernsthaften wissenschaftlichen Arbeiter die einzigen zutiefst religiösen Menschen sind" (1953).

„Die ersten Unterrichtsstunden in Physik sollten nur Experimente und solche Dinge bringen, die man mit Interesse verfolgen kann. Ein faszinierendes Experiment ist oft wertvoller als 20 Formeln, die wir unserem Verstand entreißen. Es ist besonders wichtig, einem jungen Geist, der sich in der Welt der Phänomene noch nicht zurechtgefunden hat, Formeln ganz zu ersparen. Im Physikunterricht spielen sie dieselbe schreckliche Rolle wie die Jahreszahlen im Geschichtsunterricht."

Albert Einstein

Um das Bild von Einsteins Gedanken zum Thema Erziehung zu vervollständigen, müssen wir uns auch an seine strikte Ablehnung jeder Art von militärischer Erziehung erinnern. Die Ablehnung wurzelt in seinem grundsätzlichen Widerwillen gegen jeden Militarismus und in seiner Antipathie gegenüber jeglicher Unterdrückung des Menschen durch seine Mitmenschen. Das folgende Zitat ist zweifellos von Einsteins ganz persönlichen Gefühlen stark beeinflußt; es endet jedoch mit einer pädagogischen Anmerkung (1931): „Bei diesem Gegenstand komme ich auf die schlimmste Ausgeburt des Herdenwesens zu reden: auf das mir verhaßte Militär! Wenn einer mit Vergnügen in Reih und Glied zu einer Musik marschieren kann, dann verachte ich ihn schon; er hat sein großes Gehirn nur aus Irrtum bekommen, da für ihn das Rückenmark schon völlig genügen würde. Diesen Schandfleck der Zivilisation sollte man so schnell wie möglich zum Verschwinden bringen. Heldentum auf Kommando, sinnlose Gewalttat und die leidige Vaterländerei — wie glühend hasse ich sie, wie gemein und verächtlich erscheint mir der Krieg; ich möchte mich lieber in Stücke schlagen lassen, als mich an einem so elenden Tun beteiligen! Ich denke immerhin so gut von der Menschheit, daß ich glaube, dieser Spuk wäre schon längst verschwunden, wenn der gesunde Sinn der Völker nicht von geschäftlichen und politischen Interessenten, durch Schule und Presse systematisch korrumpiert würde."

Und später äußert sich seine Sorge um die erzieherische Seite dieser Frage in einer eindeutigen Warnung (1934): „Der Geschichtsunterricht in der Schule sollte dazu genutzt werden, den Fortschritt der Zivilisation zu interpretieren, nicht aber dazu, den Schülern die Ideale imperialistischer Macht und militärischen Erfolges einzuimpfen. Aus diesem Gesichtspunkt sollte meiner Ansicht nach den Schülern *,Die Geschichte unserer Welt'* von H. G. Wells empfohlen werden. Ferner ist es von zumindest indirekter Bedeutung, daß ebenso wie im Geschichtsunterricht auch im Geographieunterricht mitfühlendes Verständnis für die charakteristischen Eigentümlichkeiten der verschiedenen Völker geweckt wird; dieses Verständnis sollte auch solche Völker miteinbeziehen, die allgemein als ‚primitiv‘ oder ‚rückständig‘ bezeichnet werden.“ Man sollte im übrigen beachten, daß Einstein die Worte „primitiv“ und „rückständig“ in Anführungszeichen setzt; auch bei anderen ähnlichen Textstellen vergißt er niemals, sie hinzuzufügen. Diese Tatsache ist zweifellos ein Anhaltspunkt dafür, wie er einen Vergleich zwischen verschiedenen Kulturen und Erziehungssystemen bewertet.

Über militärische Erziehung äußerte sich Einstein noch weitaus drastischer (1934): „Bevor die militärische und aggressiv patriotische Erziehung nicht völlig abgeschafft ist, können wir auf keinerlei Fortschritt hoffen. Der Staat hält es außerdem für notwendig, seine Bürger auf die Möglichkeiten des Krieges vorzubereiten, eine ‚Erziehung‘, die nicht nur die Seele und den Geist der Jungen verdirbt, sondern auch die Mentalität der Erwachsenen nachteilig beeinflußt.“

Einstein nimmt also stets Stellung zu seinen Prinzipien. Wir sollten uns aber auch vor Augen halten, daß ihn seine Ansichten keineswegs daran hinderten, das belgische Volk zu ermutigen, sich und das Land gegen den Angriff der Nazis zu verteidigen; auch hinderten sie ihn nicht daran, sich zustimmend zur amerikanischen Intervention im Zweiten Weltkrieg zu äußern. Er — wie viele andere auch — sah darin nichts Widersprüchliches. Es ist nicht meine Absicht, dieses Thema hier ausführlich zu erörtern, doch kann ich nicht umhin festzustellen, daß er einen ganz wesentlichen Aspekt der Sache übersehen zu haben scheint: daß nämlich keine Nation sich wirkungsvoll gegen einen Aggressor verteidigen kann, wenn sie nicht zuvor irgendeine Art von militärischer Ausbildung erhalten hat. Einstein war der festen Überzeugung, daß dabei ein Teufelskreis vorläge: militärisch-patriotische Erziehung — allgemeine Wehrpflicht — Krieg. Und er sah es als seine Pflicht an, beim Durchbrechen dieses Kreises mitzuarbeiten. Deshalb unterstützte er so nachdrücklich wie möglich den Kampf gegen den Krieg, die Kampagne der Kriegsdienstverweigerer und die weltweiten Bemühungen um eine Weltregierung.

Eine der wichtigsten Quellen für Einsteins Ideen zu Erziehungsfragen liegt in seinem Bestreben nach Verbesserung des Schicksals der Menschheit. 1930 sagte er in diesem Zusammenhang vor einer Zuhörerschaft junger Leute: „Ich sagte Ihnen anfangs, daß das Schicksal der Menschheit heute stärker als je zuvor von ihren moralischen Kräften abhängt. Überall führt der Weg zu frohem und glücklichem Dasein über Verzicht und Selbstbeschränkung. Woher können die Kräfte für eine solche Entwicklung kommen? Nur von denen, welchen die Möglichkeit geboten wurde, in jungen Jahren durch Studium den Geist zu stärken und den Blick frei zu machen. So sehen wir Ältere auf euch und hoffen von euch, daß ihr mit euren besten Kräften strebt und erreicht, was uns versagt blieb.“

Es war vor allem sein Interesse an pädagogischen Fragen, das ihn dazu veranlaßte, seine Meinung zu Problemen der Gesellschaft und ganz besonders seine Unterstützung des Sozialismus zum Ausdruck zu bringen. Nach einer Bemerkung über die „Verkrüppelung der sozialen Seite in der Veranlagung der Individuen" erklärt Einstein: „Diese Verkrüppelung halte ich für das größte Übel, das der ‚Kapitalismus‘ mit sich bringt. Es macht sich schon im Erziehungswesen geltend, in dem das junge Individuum mit einem übertriebenen kompetitiven Geist erfüllt und zur Bewunderung des aquisitiven Erfolges erzogen wird: eine Vorbereitung für das spätere Berufsleben. Nach meiner Überzeugung gibt es nur einen Weg zur Beseitigung dieser schweren Übel, nämlich die Etablierung der sozialistischen Wirtschaft, vereint mit einer auf soziale Ziele eingestellten Erziehung: Die Arbeitsmittel werden Eigentum der Gesellschaft und werden von dieser planwirtschaftlich verwendet. Die Planwirtschaft mit ihrer dem elementaren Warenbedarf der Gesellschaft angepaßten Gütererzeugung verteilt die zu leistende Arbeit auf alle arbeitsfähigen Individuen und sichert alle gegen Not. Die Erziehung des Individuums erstrebt neben der Entwicklung der individuellen Fähigkeiten die Erweckung eines auf den Dienst am Nebenmenschen gerichteten Ideals, das an die Stelle der Glorifizierung von Macht und Erfolg zu treten hat. Dennoch ist es notwendig, sich daran zu erinnern, daß die Planwirtschaft noch kein Sozialismus ist."

3 Wir wollen das Thema abschließen mit einem Rückblick darauf, wie Einstein selbst in den Erziehungsprozeß einbezogen war.

Die an den Münchner Schulen üblichen militärähnlichen Methoden empfand Einstein als sehr unangenehm, und zwar sowohl in der Volksschule als auch am Luitpold-Gymnasium, wo er sich besonders durch die rein mechanische und verbalistische Art des Lernens abgestoßen und unterdrückt fühlte. Die Disharmonie zwischen dem Schüler und seiner Umgebung führte zu sehr schwierigen Situationen — unter anderem auch in seinem persönlichen Verhältnis zu seinen Lehrern. So entschloß sich Albert im Alter von 15 Jahren, als er allein und von den Eltern getrennt war, die Schule zu verlassen und seinen Eltern nach Mailand zu folgen.

Im Alter von 16 Jahren versuchte er, die Aufnahmeprüfung an der Technischen Hochschule in Zürich abzulegen — doch ohne Erfolg. Schließlich fand er zu seiner freudigen Überraschung an der Schweizer Kantonsschule in Aarau, wo er ein Jahr zubrachte, eine völlig andere Atmosphäre vor als sie am Luitpold-Gymnasium herrschte.

Die in diesem Artikel dargestellten Ideen über Erziehung stammen natürlich von einem bereits gereiften Geist, der sich einem edlen Ziel verschrieben hat. Sie sind jedoch ursprünglich auf den harten Bänken der Münchner Schulen entstanden, und wirklich bewußt wurde sich Albert ihrer erst in Aarau. Später erinnerte er sich der Schweizer Schule immer mit Vergnügen und Dankbarkeit, und noch einen Monat vor seinem Tode erklärte er: „Sie machte einen unvergeßlichen Eindruck auf mich, und zwar vor allem wegen ihres liberalen Geistes und der schlichten Ernsthaftigkeit ihrer Lehrer, die sich auf keinerlei äußerliche Autorität stützten." Seine eigene Beschreibung dieser Schule sowie die seiner Biographen legen den Gedanken nahe, daß diese hauptsächlich von den Prinzipien Pestalozzis beeinflußt war. Sie scheint in der Tat eine große Ähnlichkeit mit jener Idealschule gehabt zu haben, die später in der Schrift

Bild 46 Einstein mit 17 Jahren

> *Bei Einstein beeindruckte mich eines vielleicht mehr als alles andere: Einstein war seinen eigenen Theorien gegenüber äußerst kritisch, und zwar nicht nur in dem Sinne, daß er versuchte, ihre Grenzen zu entdecken und herauszustellen, sondern in dem Sinne, daß er bei jeder Theorie, die er entwickelte, auch versuchte herauszufinden, unter welchen Bedingungen er sie als durch Experimente widerlegt betrachten müßte.*
> K. Popper, in: G. J. Whitrow, Einstein: The Man and His Achievement

„Über Erziehung" dargestellt wird. In der angenehmen Atmosphäre der Schweizer Schule gewann Einstein endlich den Glauben an die eigenen geistigen Fähigkeiten, und zum ersten Mal befand er sich in einer Umgebung, die diesen Fähigkeiten Entfaltungsmöglichkeiten bot.

Ein junger Mensch dieses Alters sieht die Gesellschaft im wesentlichen durch das Medium der Schule. Und so erfolgte auch Einsteins Entscheidung, das Schweizer Bürgerrecht zu beantragen, vor allem nach dem Vergleich der beiden Erziehungssysteme, die er selbst miterlebt hatte. Seinem Antrag wurde bald stattgegeben, und er behielt seine Schweizer Nationalität bis an sein Lebensende. Seine Tendenzen und seine Wertskala spiegeln sich auch bei seinem Eintritt in die Technische Hochschule im Alter von 17 Jahren in seinem Entschluß wider, doch lieber Lehrer zu werden anstatt Ingenieur, wie es der familiäre Hintergrund eigentlich hätte erwarten lassen.

Einstein verließ die Technische Hochschule mit einem Abschlußdiplom im Alter von 21 Jahren; doch waren die dort verbrachten Jahre keine glückliche Zeit. Er empfand die herrschende Routine als erdrückend, und über die Examen sagte er: „Für die Examina mußte man all diesen Wust in sich hineinstopfen, ob man nun wollte oder nicht. Dieser Zwang wirkte so abschreckend, daß mir nach überstandenem Endexamen jedes Nachdenken über wissenschaftliche Probleme für ein ganzes Jahr verleidet war."

Wir sollten bei all dem dennoch eines bedenken: Wie erdrückend und schädlich für die seelische und intellektuelle Entwicklung der Schüler die deutsche höhere Schule auch zweifelsohne gewesen sein mag, so ist es doch kaum möglich, sich irgendeine Universität — und noch viel weniger eine Technische Hochschule — vorzustellen, die einem so außergewöhnlichen Studenten, wie Einstein es war, zugesagt hätte. Er fühlte sich bereits unwiderstehlich zum Studium der Theoretischen Physik hingezogen und war bereits dabei, sich auf jenen Weg des unabhängigen Forschens zu begeben, der es ihm dann im Verlauf von nur sehr wenigen Jahren ermöglichen sollte, die Resultate zu erzielen, die wir heute alle kennen.

> *Obwohl es bekanntermaßen überaus schwierig ist, das Schweizer Bürgerrecht zu bekommen, wurde es ihm doch verliehen. Später, als er nach Berlin ging, wurde er wieder zum deutschen Staatsbürger gemacht. Und viele Jahre später, in Princeton, New Jersey, wurde ihm durch einen Erlaß des Kongresses die amerikanische Staatsbürgerschaft verliehen. Die Nationalitäten wurden ihm beinahe wie Ehrengrade gegeben. Er behielt aber seine Schweizer Staatsbürgerschaft bis an sein Lebensende. Dadurch hatte er einen traditionell neutralen Status, und er war sich dessen Bedeutung auch bewußt. Hier sollte man auch erwähnen, daß das einzige Diplom, das er an der Wand seines Arbeitszimmers in Princeton aufgehängt hatte, die Urkunde der Ehrenmitgliedschaft der Berner Naturforschenden Gesellschaft war.*
>
> H. Mercier, in: G. J. Whitrow, Einstein: The Man and His Achievement

Die Reaktion Einsteins auf das Leben an der Technischen Hochschule bestand also wiederum in einer ablehnenden Haltung, was natürlich zur Folge hatte, daß ihn keiner der Professoren als Assistent einstellen wollte. Und so war das günstigste, was er im Jahre 1901 bekommen konnte, das Angebot, aushilfsweise an einer technischen Gewerbeschule in Winterthur zu unterrichten. Danach wurde er von einem Lehrer, der ein Studentenwohnheim in Schaffhausen leitete, als Tutor für zwei Schüler angestellt. Einstein machte diese neue Tätigkeit sogar Spaß, und er stürzte sich voll Begeisterung in die Arbeit. Vielleicht sogar mit etwas zu viel Begeisterung, denn als er schließlich bemerkte, daß die Methoden der anderen Lehrer mit seinen eigenen nicht übereinstimmten, bat er, daß man ihm den Unterricht der beiden Schüler allein anvertrauen möge. Der Leiter des Heims war durch diese Bitte aufgebracht; er fühlte sich durch Einsteins Einstellung beunruhigt und entließ ihn.

Während der außergewöhnlich produktiven Periode am Berner Patentamt, wo er 1902 eintrat, lehrte Einstein gleichzeitig auch als Privatdozent an der Berner Universität. Danach erst gelangt es ihm 1909 offiziell, die Schwelle zur akademischen Welt als außerordentlicher Professor für Theoretische Physik der Universität Zürich zu überschreiten. In dieser Welt sollte er während seines ganzen Lebens in verschiedenen, oft sehr bedeutenden Stellungen verbleiben: in Prag, an der Technischen Hochschule in Zürich, in Berlin und nach 1939 schließlich in Princeton.

Über Einsteins Befähigung als Lehrer gibt es unterschiedliche Meinungen. Die lebendigste und eindrucksvollste Darstellung stammt von seinem Kollegen, Freund und Biographen Philipp Frank. Folgendes basiert größtenteils auf seinem Bericht.

Im Herbst des Jahres 1912 wurde mir zum ersten Mal bewußt, daß Einsteins Theorie über die „Relativität der Zeit" eine Weltsensation werden würde. Zu dieser Zeit sah ich in Zürich eine Wiener Tageszeitung mit der Überschrift: „Die Minute in Gefahr! Eine Sensation der Mathematik!" In dem Artikel erklärte ein Physikprofessor der erstaunten Öffentlichkeit, daß es mit Hilfe eines beispiellosen mathematischen Tricks einem Physiker namens Einstein gelungen sei zu beweisen, daß unter bestimmten Bedingungen die Zeit sich selbst verkürzen oder ausdehnen könne, so daß sie manchmal schneller und zu anderen Zeiten langsamer vergehen könne. Diese Idee verändere unsere gesamte Konzeption über die Beziehung des Menschen zum Universum. Menschen kamen und gingen, Generationen wechselten, aber der Fluß der Zeit blieb unverändert. Seit Einstein sei das alles zu Ende.
Philipp Frank, Einstein: His Life and Times

Einstein war niemals das, was die Mehrheit der Studenten als einen guten Lehrer bezeichnen würde. Als beispielsweise Kleiner, der Vorstand des Physikalischen Instituts der Züricher Universität, nach Bern kam, um eine Vorlesung des Privatdozenten Einstein zu hören — gleichsam als Vorbereitung für dessen Anstellung in Zürich —, gewann er den Eindruck, daß Einsteins Unterricht für Studenten ungeeignet sei. Es gibt genügend gute Gründe für die Annahme, daß er tatsächlich recht hatte. Unter anderem war der Unterrichtsstoff zu neuartig und schwierig, um für Schüler verständlich zu sein; die Zuhörerschaft Einsteins beschränkte sich in der Tat für gewöhnlich auf nur wenige Freunde.

In Zürich, nachdem die Dinge besser liefen, erkannte Einstein, daß die Zusammenarbeit mit Schülern und Kollegen, die im allgemeinen bei persönlichen Begegnungen zustande kam, nicht nur durchaus möglich war, sondern ihm darüber hinaus sogar großes Vergnügen bereitete und außerdem einen Gewinn für ihn bedeutete; auch wenn sein eigenes Verhalten gar nicht dazu angetan war, immer nur zustimmende Antworten zu wecken. So machte er beispielsweise in seiner Art zu reden keinerlei Unterschied, ob er mit dem Rektor der Universität oder einer Putzfrau sprach. Auch bereiteten ihm Späße und satirische Pointen und Geschichten das größte Vergnügen.

Sein Wunsch zu helfen und sein künstlerisches Feingefühl kamen ihm bei seinem Unterricht sehr zustatten. Daneben war er jedoch auch manchmal zutiefst verschlossen, was ihm durchaus bewußt war. Das machte es natürlich schwierig, ja sogar unmöglich, eine wirklich enge gefühlsmäßige oder wissenschaftliche Bindung mit seinen Kollegen einzugehen.

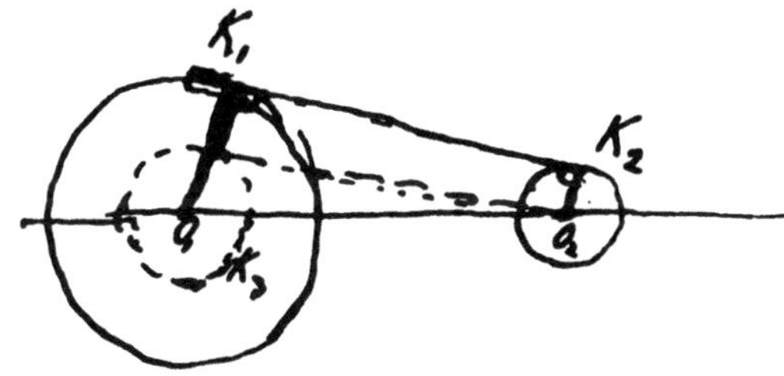

Bild 47 Einsteins Lösung des Problems, für zwei Kreise mit unterschiedlichen Radien eine gemeinsame Tangente zu finden. Eine 15jährige Schülerin hatte ihn um Hilfe gebeten.

Da er selbst frei war von Ehrgeiz oder Eitelkreit, konnte er seinen Unterrichtsstoff auf einfachste Weise darlegen, so daß er für jeden Zuhörer verständlich wurde. Er pflegte seine Argumente mit phantasievollen Vergleichen zu veranschaulichen und mit humorvollen Anmerkungen unterhaltsam zu gestalten. Es fiel ihm jedoch immer schwer, sich durch systematische Vorlesungszyklen hindurchzuarbeiten, bei denen es nur darum ging, die Studenten mit Wissensfakten zu beliefern. Viel lieber mochte er über das sprechen, was ihn gerade interessierte. Und so waren seine Vorlesungen natürlich sehr unterschiedlich und waren nicht Teile eines organischen Ganzen. Doch immer boten sie Wertvolles und hinterließen in der Erinnerung seiner Zuhörerschaft einen unauslöschlichen Eindruck.

Seine Beziehung zu seinen Studenten war gekennzeichnet durch seine Bereitschaft, bei Problemen, die im Verlauf des Studierens oder Forschens auftraten, zu helfen und zu beraten. Er war sehr dafür, daß man den Schwierigkeiten ins Auge sah, auch wenn es nicht gelang, sie zu lösen. Er wollte jedoch nichts mit der Produktion von „Makulatur" in Form von übermäßigen und sinnlosen wissenschaftlichen Veröffentlichungen zu tun haben – ein Problem, das bereits zu seiner Zeit ein großer Makel der akademischen Welt war. So war er nicht als Professor, sondern als Freund stets bereit, seine reichliche Freizeit zur Verfügung zu stellen, um seinen Studenten zu helfen. Es schien ihm auch keine Mühe zu bereiten, den Faden seiner eigenen Arbeit wieder aufzunehmen, nachdem er sich mit einer Sache beschäftigt hatte, die mit der seinen gar nichts zu tun hatte. Außerdem zeigte er außergewöhnliches Interesse an den Einwänden und der Kritik, die von sogenannten „Uneingeweihten" vorgebracht wurde; und wenn sie im Unrecht waren, wies er ihnen mit unglaublicher Geduld ihre Fehler nach.

Bemerkenswert sind auch einige seiner Aussagen über Erziehung und Schule. So sagte er beispielsweise in einer Rede vor Studenten, die sich in einem Davoser Sanatorium einer Behandlung unterziehen mußten, daß ein gewisses Maß an geistiger Arbeit auch eine physisch stärkende Wirkung haben könne. Bei anderer Gelegenheit erklärte er, daß ein Buch, das den Leser durch seinen lebendigen Argumentationsstil fessele, ein Wissen vermittele, das nicht nur im Gedächtnis gespeichert werde, sondern tatsächlich wie in der Erfahrung erlebt werde. Ein anderes Mal verlangte er — als forschender Wissenschaftler — die volle Anerkennung für jene Menschen, für die das Unterrichten zur Lebensaufgabe geworden sei: „Erkenntnis lebendig zu machen und lebendig zu erhalten, ist ebenso wichtig wie einzelne Probleme zu lösen" (1932). In seiner typischen humorvollen Art zeigte er sich ernsthaft besorgt über einen nur zu häufigen Verdruß im Leben des Lehrers, der sogar den Erfolg seiner Arbeit gefährden könne: „Nun zum Gehalt der Lehrer: In einer gesunden Gesellschaft wird jede nützliche Tätigkeit so entschädigt, daß sie einen angemessenen Lebensunterhalt erlaubt. Die Ausübung einer sozial wertvollen Tätigkeit schenkt auch innere Befriedigung; doch diese kann natürlich nicht als ein Teil der Bezahlung angesehen werden. Der Lehrer kann seine innere Befriedigung nicht dazu benutzen, die Mägen seiner Kinder damit zu füllen."

4 Um das Bild von Einsteins Ansichten zum Thema Erziehung zu vervollständigen, müssen wir ihn auch einmal so sehen, wie er sich selbst gesehen hat: „An Freiheit des Menschen im philosophischen Sinn glaube ich keineswegs. Jeder handelt nicht nur unter äußerem Zwang, sondern auch gemäß innerer Notwendigkeit. Schopenhauers Spruch: ‚Ein Mensch kann zwar tun, was er will, aber nicht wollen, was er will', hat mich seit meiner Jugend lebendig erfüllt." Im eigenen Fall hat er diesen inneren Zwang ausdrücklich mit seiner Zugehörigkeit zum jüdischen Volk in Verbindung gebracht: „Streben nach Erkenntnis um ihrer selbst willen, an Fanatismus grenzende Liebe zur Gerechtigkeit und Streben nach persönlicher Selbständigkeit — das sind die Motive der Tradition des jüdischen Volkes, die mich meine Zugehörigkeit zu ihm als ein Geschenk des Schicksals empfinden lassen."

Er setzte sich nachdrücklich für die Emanzipation der amerikanischen Neger durch Erziehung und soziale Integration ein. Genau so wurde er auch ein

überzeugter Zionist, der diese Bewegung vor allem als ein kulturelles und er-
zieherisches Ereignis von größter Bedeutung für die jüdischen Minoritäten be-
wertete, die weltweit unter den verschiedensten Formen der Unterdrückung
zu leiden hatten. Die Hauptaktivität Einsteins innerhalb der zionistischen
Bewegung galt der Gründung einer jüdischen Universität.

Aufgrund des hier vorgelegten Materials können wir — so meine ich — zu dem
Schluß kommen, daß Einsteins Interesse an Erziehungsfragen für ihn nicht
nur ein Thema am Rande und nebensächlich war, sondern daß es vielmehr tief
verwurzelt und beständig war, obwohl es nur in einem eher bescheidenen Teil
seiner Reden und Schriften zum Ausdruck kommt.

An dieser Stelle möchte ich meine Dankbarkeit gegenüber meinen Kolleginnen
Carmen Malagodi und Marisa Michelini für ihre ständige Hilfe und die nützlichen Diskussionen zum Ausdruck bringen.

11

Philosophische Überlegungen zu Raum und Zeit

Herbert Hörz

Die Auffassungen von Raum und Zeit sind untrennbar mit dem Verständnis der Struktur, der Bewegung und der Veränderung materieller Objekte verbunden.[1]) Aus der Anschauung übernommen wird im vorwissenschaftlichen Verständnis der Raum als die Ordnung des Nebeneinander von Objekten und die Zeit als die Ordnung des Nacheinander von Veränderungen erfaßt. Durch mathematische und physikalische Einsichten in die existierenden räumlichen und zeitlichen Strukturen gelang es, das Wesen von Raum und Zeit, ihre innere Einheit und den Zusammenhang von Raum, Zeit und Bewegung besser zu erfassen. Deshalb sind philosophische Konzeptionen erstens aus der Geschichte der Raum-Zeit-Auffassungen zu erklären, die eine Geschichte des tieferen Eindringens in das Verständnis der Raum-Zeit-Strukturen von der systematisierten Anschauung bis zur wissenschaftlichen Erkenntnis ist. Wir unterscheiden dabei das vorwissenschaftliche philosophische Verständnis der Bewegung in Raum und Zeit ohne physikalische Grundlagen, die Raum-Zeit-Auffassung der klassischen Physik und ihre philosophische Deutung und die vor allem durch Einstein und die Entdeckung der speziellen (SRTh) und allgemeinen Relativitätstheorie (ARTh) durchgeführte Revolution unserer Raum-Zeit-Vorstellungen. Damit ist das Vordringen in das Wesen der Raum-Zeit nicht abgeschlossen. Auch andere Wissenschaften, außer Physik und Mathematik, tragen zu ihrem besseren Verständnis bei. Zweitens kann die Geschichte der Raum-Zeit-Auffassungen besser verstanden werden, wenn gegenwärtiges Verständnis der Raum-Zeit als Maßstab genommen wird, um die Vielzahl historischer Auffassungen als Beitrag dazu zu ordnen. Die moderne philosophische Raum-Zeit-Auffassung wurde vor allem von F. Engels und W. J. Lenin entwickelt, die Raum und Zeit als Existenzformen der Materie charakterisierten und die innere Einheit von materieller Bewegung und Raum-Zeit betonten. Insofern soll zuerst bestimmt werden, was wir unter Raum und Zeit verstehen. Danach wird die Geschichte der Raum-Zeit-Auffassungen in ihrer allgemeinen Tendenz charakterisiert, das Verhältnis von Raum-Zeit und Bewegung, Raum-Zeit und Kausalität betrachtet, um dann zwei offene Probleme, den Raum als Struktur und die Zeitrichtung, darzustellen.

1 Was sind Raum und Zeit?

Lenin unterschied die Frage nach der Veränderung der Begriffe Raum und Zeit von der erkenntnistheoretischen Fragen nach der objektiven Realität der Raum-Zeit-Strukturen. Erst die materialistische Anerkennung der objektiv-realen Raum-Zeit ermöglicht das wissenschaftliche Verständnis der Entwicklung unserer Raum-Zeit-Begriffe. Lenin stellt fest: „In der Welt existiert nichts als die sich bewegende Materie, und die sich bewegende Materie kann sich nicht anders bewegen als im Raum und in der Zeit. Die menschlichen Vorstellungen von Raum und Zeit sind relativ, doch setzt sich aus diesen relativen Vorstellungen die absolute Wahrheit zusammen, diese relativen Vorstellungen entwickeln sich in der Richtung der absoluten Wahrheit, nähern sich dieser. Die Verändlichkeit der menschlichen Vorstellungen von Raum und Zeit widerlegt die objektive Realität beider ebensowenig, wie die Veränderlichkeit der wissenschaftlichen Kenntnisse über Struktur und Bewegungsformen der Materie die objektive Realität der Außenwelt widerlegt."[2] Die Geschichte der Raum-Zeit-Auffassungen führt zum wissenschaftlichen Verständnis objektiv-realer Raum-Zeit-Strukturen. Dabei ist die Einsicht in den inneren Zusammenhang von Bewegung, Raum und Zeit wissenschaftlich erst spät zu belegen. Zuerst mußte der Unterschied zwischen Raum und Zeit herausgearbeitet werden. Der innere Zusammenhang von Raum und Zeit hebt die relativen Unterschiede dieser Existenzformen der Materie nicht auf. Aus der Geschichte der Philosophie ergibt sich der Raumbegriff als Widerspiegelung der Anschauung. Materielle Objekte sind ausgedehnt. Für Descartes waren sie res extensa. Seine prinzipielle Unterscheidung zwischen der res extensa und der res cogitans läßt sich nicht sehr aufrecht erhalten, da auch die materiellen Grundlagen der Bewußtseinsprozesse ausgedehnte Objekte sind. Wenn wir also von jeder konkreten Struktur eines Systems, von der konkreten Wechselwirkung, von jeder konkreten Bewegung abstrahieren, dann bleibt die Ausdehnung als Existensform der Objekte. Der reine Raumbegriff ist deshalb nichts anderes als die Zusammenfassung unserer Erkenntnisse über existierende Ausdehnungen. Diese existieren im globalen Sinn als ausgedehnter Bereich materieller Veränderungen, in dem Objekte wechselwirken. Einen solchen Raumbereich können wir als System bezeichnen, dessen Ausdehnung durch die Existenzbedingungen der entsprechenden Systemgesetze begrenzt ist. Solche Raumbereiche sind Atome, Moleküle, Galaxien, Metagalaxien. Der Zusammenhang der Systeme ergibt eine Hierarchie der Raumbeziehungen. Elementare Räume existieren in globalen Raäumen. Verabsolutiert man die Existenz eines letzten globalen Raumes, so hat man die Annahme eines absoluten Raumes.

Ausdehnung existiert im elementaren Sinn als Ausdehnung relativ elementarer Objekte. Für nicht wechselwirkende Objekte ist nun die Frage nach der inneren Struktur berechtigt. Das bedeutet jedoch nicht, daß das Verständnis des Raumes als Ausdehnung unbedingt die Existenz von Teilen eines Ganzen verlangt. Es kann sich hier auch um Wechselbeziehungen elementarer Objekte handeln, bei denen die Objekte nicht an sich, in individueller elementarer Ausdehnung, existieren. Ausdehnung existiert in einem Beziehungsgefüge miteinander verbundener Objekte. Wird Ausdehnung im elementaren Sinn verabsolutiert, dann ergibt sich die Vorstellung von immateriellen punktförmigen Elementen ohne Struktur. Berechtigte Abstraktionen wie die von den globaleren Räumen und den Punkten des Raumes führen, verabsolutiert, zu einseitigen philosophischen Auffassungen. Die Raumbeziehungen existieren zwischen relativ globalen Systemen und relativ elementaren Objekten, als Raumerfüllung von Objekten, als Lagebeziehung, als Objektbahn. Die Strukturen des Raumes, d. h. die konkrete Art und Weise existierender Ausdehnungen sind immer besser zu erkennen. Es existiert keine Ausdehnung ohne Materie (absoluter Raum), und es gibt keine wirklichen Objekte ohne Ausdehnung (immaterielle punktförmige Elemente).

Raum als Ausdehnung wird durch die Wissenschaft in verschiedener Weise erfaßt. Erstens erfaßt der Begriff Raum die in Strukturen manifeste Ausdehnung von Objekten. Diese Einsicht ist mit der Änderung unserer Vorstellung von Vakuum verbunden. Unter der Voraussetzung der Existenz identischer kleinster Teilchen, aus denen die Welt aufgebaut ist, muß für die Bewegung dieser Teilchen notwendig der leere Raum zu Erklärung herangezogen werden. Betrachtet man nur die Ortsveränderung undurchdringlicher Körper, so können sie den Raum (Bereich, in dem sich die Bewegung vollzieht) nicht konzentriert erfüllen. Das war auch der Gedanke Demokrits, der zur Erklärung der Bewegung das Volle und das Leere benutzte. Mit dem Fortschritt der Wissenschaft wurde die Unhaltbarkeit der Hypothese gezeigt, daß man alles auf identische, kleinste Teile reduzieren kann. Die moderne Physik zeigt nicht nur die Abhängigkeit der Elementarteilchen voneinander, sondern auch ihre gegenseitige Umwandelbarkeit. Damit fällt die Notwendigkeit der Hypothese vom leeren Raum zur Erklärung der Bewegung. Bewegung ist nicht einfach Ortsveränderung von Körpern. Bewegung ist Veränderung im allgemeinsten Sinne. Zu ihr gehören die Ortsveränderung, die äußere und innere Wechselwirkung, die Umwandelbarkeit einer Materieart in eine andere und die Entwicklung. Da die materiellen Prozesse sich gegenseitig durchdringen können, bedarf es für die Vielfalt der Bewegung keines materiefreien Raumes. Die Untersuchung der Materiefelder zeigte, daß nicht die äußere Form eines Körpers oder einer Korpuskel die Grenze ihrer Wirksamkeit darstellt. Elementarobjekte haben die Möglichkeit zur Wirkung in einem größeren Bereich als den, in welchem sie dann direkt wirken. Wir müssen die Felder der Objekte berücksichtigen.

Betrachtet man den Raum als Bereich, in dem sich Bewegung vollzieht, dann stellt man die Erfülltheit dieses Bereichs mit Materie fest. Mehr noch, die Angabe des Bereichs muß durch die Angabe materieller Prozesse erfolgen. Damit kann man sich aber auch, entgegen der Auffassung Kants, den Raum nicht mehr ohne Materie vorstellen. Die Entwicklung der Raum-Zeit-Auffassung hat die These vom absoluten Raum widerlegt.

Zweitens umfaßt der Begriff Raum bestimmte Raumbereiche, die durch die Existenz von Systemgesetzen als relativ geschlossene Systeme bestimmt sind. Dazu gehören die Bereiche quantenmechanischen Verhaltens, Atombewegungen, Molekularveränderungen, die Erde, das Sonnensystem, Galaxien.

Drittens umfaßt der Begriff Raum die Lagebeziehungen und Bewegungsbahnen der Objekte. Auf die Problematik der Erfassung der Bewegung als Summe von Ruhepunkten ist noch zurückzukommen.

Um zum Zeitbegriff zu kommen, unterscheiden wir konkrete Veränderungen, mit denen wir die Zeit messen, von der reinen Zeit. Diese erhalten wir, wenn wir von den konkreten Veränderungen absehen und nur noch die Existenz einer Dauer, eines Geschehens ohne konkreten Inhalt berücksichtigen. Der reine Zeitbegriff drückt damit die reine Dauer aus, die durch konkrete Veränderungen gemessen wird. Daraus ergeben sich Konsequenzen für die Zeitauffassung: Einerseits bestimmt der Charakter der objektiv-realen Veränderungen die Dauer der Veränderungen, also die Zeit. Jedes System hat damit seine Eigenzeit, nämlich die durch seine Systemgesetze bestimmte Dauer der Strukturveränderungen.

In dem Zusammenhang wurde stets die Frage gestellt, ob es ein umfassendes System gäbe, mit dem eine absolute Zeit zu bestimmen wäre. Das ist offensichtlich nicht der Fall. Deshalb ist andererseits stets der Zusammenhang zwischen den verschiedenen Eigenzeiten herzustellen. Aus ihnen wurde der Zeitbegriff abstrahiert. Ihr Zusammenhang ist in der materiellen Einheit der Welt gegründet, denn es gibt keinen materiellen Bereich, der nicht durch materielle Prozesse mit anderen Bereichen verbunden ist. Insofern existiert für Teilsysteme eines umfassenden Systems neben den Eigenzeiten der Teilsysteme die Zeit des Gesamtsystems. Die Zeitbeziehungen sind wieder als Wechselbeziehungen zwischen globalen Zeiten umfassender Systeme und relativ elementaren Zeiten, die sich aus der Irreversibilität elementarer Veränderungen ergeben, zu bestimmen. Deshalb ist das Verhältnis von Irreversibilität und Zeit noch gesondert zu betrachten. Während der Raum Ausdehnung ist, ist die Zeit reine Dauer. Auch sie kann global und elementar verabsolutiert werden, was zur absoluten Zeit oder zu zeitloser Existenz führt. Beides widerspricht unseren Erkenntnissen.

2 Zur Geschichte der Raum-Zeit-Auffassung

Mit der SRTh und ARTh wurden die Auffassungen zu Raum und Zeit revolutioniert. Die systematisierte Anschauung reichte nicht mehr aus. Es erschien so, als ob die Relativitätstheorie dem gesunden Menschenverstand widerspräche. Die sorgfältige philosophische Analyse führte jedoch zu wesentlichen philosophischen Einsichten, die uns Raum und Zeit tiefer verstehen lassen. Erstens wurde der innere Zusammenhang von Raum und Zeit aufgedeckt, ohne daß die Spezifik dieser Existenzformen der Materie verloren ging. Zweitens erwies sich die innere Einheit von Raum-Zeit und bewegter Materie, was zur Überprüfung bisheriger Bewegungsauffassungen beitrug. Hier spielte die Quantentheorie und die Heisenbergschen Unbestimmtheitsrelationen eine wichtige Rolle, aber auch die ARTh, die den Zusammenhang von Massenverschiebung und Geometrie zeigte. Drittens erwies sich die Raum-Zeit-Struktur als wesentliche Bestimmung der Kausalstruktur, da erstere den Rahmen für kausales Verhalten zeigte. Diese drei Aspekte sollen kurz betrachtet werden.

2.1 Physikalische und philosophische Raum-Zeit-Theorien

Die Entwicklung der Raum-Zeit-Auffassung vollzog sich in verschiedenen Etappen. Durch die Bedürfnisse der Landvermessung, später der Schiffahrt usw. finden wir eine frühzeitige Ausbildung einer wissenschaftlichen Raumauffassung. So liegt uns bereits in den Elementen Euklids um 300 v.Chr. eine umfassende Theorie der Raumverhältnisse vor. Verbunden war diese Raumauffassung mit der Annahme einer absoluten Zeit, die für alle räumlichen Systeme gleich ist.

Es handelt sich bei der euklidischen Geometrie um eine Geometrie des dreidimensionalen Raumes, die mit gradlinigen Koordinaten erfaßt wird. Das Wesen dieser Raumauffassung besteht in folgendem: Der Raum ist dreidimensional. Die Koordinaten des Raumes sind geradlinig. Die Winkelsumme im Dreieck ist $180°$. Diese Raumauffassung nutzt die klassische Physik. Physik und Geometrie sind in diesem Stadium getrennt. Die Physik untersucht die Bewegung der realen Körper und die Geometrie die Struktur des Raumes. Der Zusammenhang beider besteht darin, daß die Physik zur Darstellung der Bewegung die Lehre von der Struktur des Raumes braucht. Philosophisch wesentlich ist die Absolutheit des Raumes, d.h. seine Unabhängigkeit von der materiellen Bewegung.

Der Angriff auf diese Raumauffassung erfolgte im vergangenen Jahrhundert. Philosophisch wurde die Absolutheit des Raumes verworfen. Wenn Raum und Zeit Existenzformen der Materie sind, dann ergibt sich für die Physik die Aufgabe, sowohl den Zusammenhang zwischen Raum und Zeit als auch ihre Abhängigkeit von der Materie nachzuweisen. So wurde die Ungültigkeit des Parallelenaxioms und die Möglichkeit nichteuklidischer Geometrien behauptet. Die neue Geometrie übernahm die Dreidimensionalität und die Absolutheit des Raumes. Neu war, daß die Winkelsumme im Dreieck ungleich 180° ist und die Koordinaten nicht gradlinig sind. Noch hatten aber die Gedanken der nichteuklidischen Geometrie nur den Charakter einer logischen Erweiterung der Raumauffassung. Sie fanden zuerst keine Anwendung in der Physik. Helmholtz befaßte sich mit erkenntnistheoretischen Problemen der Begründung von Geometrie. Er verwies auf die Arbeiten von Lobatschewski, Rieman n u.a. Riemann hatte auf analytischem Weg den Raum als ein System von Unterschieden bestimmt, in welchem das Einzelne durch n Abmessungen erfaßt werden kann. Damit wird der Raum als Struktur gefaßt. Der Unterschied zwischen anschaulichen Raumvorstellungen des dreidimensionalen Raums und der Mannigfaltigkeit von n-Dimensionen ist offensichtlich. Helmholtz stellt dazu fest: „Somit zeigte sich, daß der Raum, als Gebiet meßbarer Größen betrachtet, keineswegs dem allgemeinsten Begriffe einer Mannigfaltigkeit von drei Dimensionen entspricht, sondern noch besondere Bestimmungen erhält, welche bedingt sind durch die vollkommen freie Beweglichkeit der festen Körper mit unveränderter Form nach allen Orten hin und bei allen möglichen Richtungsänderungen; ferner durch den besonderen Wert des Krümmungsmaßes, welches für den tatsächlich vorliegenden Raum gleich Null zu setzen ist oder sich wenigstens in seinem Werte nicht merklich von Null unterscheidet. Diese letztere Festsetzung ist in den Axiomen von den geraden Linien und von den Parallelen gegeben."[3] Es gehört zu den Leistungen von Helmholtz, die Bedeutung nicht-euklidischer Geometrien für die Raumwahrnehmung erkannt zu haben. Er griff die Gedanken von Riemann auf und verband sie mit seinen physiologischen Forschungen. „Während Riemann von den allgemeinsten Grundfragen der analytischen Geometrie her dieses neue Gebiet betrat, war ich selbst, teils durch Untersuchungen über die räumliche Darstellung des Systems der Farben — also durch Vergleichung einer dreifachen ausgedehnten Mannigfaltigkeit mit einer anderen —, teils durch Untersuchungen über den Ursprung unseres Augenmaßes für Abmessungen des Gesichtsfeldes, zu ähnlichen Betrachtungen gekommen."[4] Für Helmholtz sind die geometrischen Axiome des Euklid keine synthetischen Urteile *a priori*, weil sie, mit der Wirklichkeit verbunden, sich ändern können. Zwar ist die euklidische Geometrie anschaulich verständlich für die Bewegung fester Körper im dreidimensionalen Raum. Verbindet man Physik und Geometrie, dann ist eine bestimmte Geometrie durch Erfahrung zu widerlegen. So meint Helmholtz: „Nehmen wir aber zu den geometrischen Axiomen noch Sätze hinzu, die sich auf die mechanischen Eigenschaften der Naturkörper beziehen, wenn auch nur den Satz von der Trägheit oder den Satz, daß die mechanischen und physikalischen Eigenschaften der Körper unter übrigens gleichbleibenden Einflüssen nicht vom Orte, wo sie sich befinden, abhängen können, dann erhält ein solches System von Sätzen einen wirklichen Inhalt, der durch Erfahrung bestätigt oder widerlegt werden, eben deshalb aber auch durch Erfahrung gewonnen werden kann."[5]) Es ist der Gedanke von den durch die Bewegung materieller Objekte bestimmten Raumstrukturen, den Einstein später konsequent aufnahm, indem er die nicht-euklidischen Geometrien als Raumstrukturen physikalischer Bewegung verstand.

Die Zeit wurde durch die Dauer objektiver Veränderungen gemessen. Die klassische Zeitauffassung verlangte die Eindimensionalität der Zeit, d.h. sie läßt sich nicht in verschieden gerichtete Komponente aufspalten. Sie ist kein Vektor, sondern ein Skalar. Außerdem wurde die Unumkehrbarkeit der Zeit betont. Die Zeit war dabei in allen Systemen gleich, d.h. unabhängig von der sich bewegenden Materie. Sowohl die klassische Raum- als auch die klassische Zeitauffassung wurde von der Philosophie wegen ihres absoluten Charakters kritisiert. Diese Absolutheit hatte zwei Seiten: erstens die Unabhängigkeit des Raumes von der Zeit und umgekehrt, zweitens die Unabhängigkeit von Raum und Zeit von der sich bewegenden Materie und umgekehrt. Die marxistische Philosophie hob den Zusammenhang von Materie, Bewegung, Raum und Zeit hervor.

In der zu Beginn unseres Jahrhunderts von Einstein ausgearbeiteten SRTh wurde der Zusammenhang zwischen Raum und Zeit ausgearbeitet. Die Annahme einer absoluten Zeitskala ist falsch. Voraussetzung für diese neue Auffassung ist die Konstanz der Lichtgeschwindigkeit. In der Lorentztransformation wird die Abhängigkeit des Raumes von der Zeit und umgekehrt mathematisch gefaßt. Minkowski benutzte zur Darstellung eines Ereignisses ein vierdimensionales Schema (Lichtkegel). Ein Ereignis erforderte damit zu seiner Bestimmung sowohl die räumlichen als auch die zeitlichen Angaben. Die neue Raum-Zeit-Auffassung, obwohl noch klassisch mit geradlinigen Koordinaten arbeitend, lieferte das philosophisch interessante Ergebnis, daß die Eindimensionalität der Zeit und die Dreidimensionalität des Raumes erhalten blieben, aber der Zusammenhang zwischen Raum und Zeit bestätigt wurde. Es verblieb in dieser Theorie die Unabhängigkeit der Raum-Zeit von der sich bewegenden Materie. Der weitere Fortschritt mußte im Nachweis dieses Zusammenhangs liegen. Er erfolgte in der ARTh. Ihr philosophisch wichtiger Gesichtspunkt ist der Zusammenhang von Raum-Zeit und bewegter Materie. In der ARTh bestimmt die Masseverteilung die Bewegungsgleichungen der Körper. Die Verteilung der sich bewegenden Materie bestimmt die Geometrie. Diese welchselt aber ständig, entspechend der sich ändernden Masseverteilung. Die materiellen Körper bewegen sich entsprechend der durch die bestimmten Geometrie. Sie verändern dadurch die Masseverteilung, d.h. auch die Geometrie. So haben wir es mit der von der Philosophie aufgedeckten und der Physik bestätigten wechselseitigen Bestimmung von Raum, Zeit, Bewegung und Materie zu tun.

2.2 Raum-Zeit und Bewegungen

Die Bewegungsgleichungen der klassischen Mechanik, beispielsweise die Hamiltonschen Gleichungen, geben die Möglichkeit, die zeitliche Änderung der Impulse p und der Koordinaten q zu bestimmen:

$$\dot{q} = \frac{\partial H}{\partial p}, \qquad \dot{p} = -\frac{\partial H}{\partial q}.$$

Nach der einmaligen genauen Angabe von Ort und Impuls (Geschwindigkeit) eines Teilchens ist die weitere Bewegung des Teilchens genau bestimmt, und ihr weiterer Verlauf kann außerdem genau vorhergesagt werden. Untersuchen wir diese Darstellung der Bewegung etwas genauer, so finden wir, daß das Teilchen sich stets an einem bestimmten Ort befinden muß, wenn die Voraussagen der klassischen Mechanik Gültigkeit haben sollen. Die Geschwindigkeit wird ebenfalls durch Messungen des Ortes ermittelt, indem man die Zeit an einem bestimmten Ort feststellt. Für zwei solche Orts- und die entsprechenden Zeitangaben gilt dann für die Geschwindigkeit des Teilchens

$$v = \frac{x_2 - x_1}{t_2 - t_1}.$$

Nun bedarf es aber zur Anwendung der Bewegungsgleichungen der Geschwindigkeit an einem bestimmten Ort durch den Grenzübergang von t_2 gegen t_1. Damit geht x_2 in x_1 über. Die Geschwindigkeit an einem bestimmten Ort ergibt sich als Differentialquotient des Weges nach der Zeit, $v = \dfrac{ds}{dt}$. Sollte mit dem Grenzübergang von t_2 nach t_1 nicht automatisch der Übergang von x_2 nach x_1 erfolgen, so wäre die Bewegung mit der Bestimmung von Ort und Impuls eines Teilchens nicht genau bestimmt, denn es ergäbe sich für v das paradoxe Ergebnis, daß die Geschwindigkeit an einem bestimmten Ort unendlich wäre. Die wirkliche Geschwindigkeit ist aber endlich. Diese Voraussetzung, daß mit dem Übergang von t_2 zu t_1 auch x_2 zu x_1 übergehe, ist unter zwei Bedingungen berechtigt. Erstens muß zu jedem bestimmten Zeitpunkt der Körper einen genau definierten Ort besitzen, sonst würden wir beim Grenzübergang von t_2 nach t_1 eine unendlich große Geschwindigkeit erhalten. Zweitens muß der Übergang von x_1 zu x_2 stetig (kontinuierlich) sein, da sonst die Grenzwertbildung des Differentialquotienten aus dem Differenzenquotienten nicht erfolgen könnte. Das Ergebnis wäre bei einem genau bestimmten Ort, aber bei unstetigen (diskontinuierlichen) Übergängen eine unbestimmte Geschwindigkeit. Nach der ersten Bedingung ist die Bewegung das Befinden des Körpers im gegebenen Zeitpunkt an einem bestimmten Ort und in einem anderen Zeitpunkt zu einem anderen Ort. Das ist das Ergebnis der Bewegung, nicht aber die Bewegung selbst. Die Bewegung ist damit eine Summe von Ruhezuständen.

Diese Einseitigkeit wird durch die zweite Bedingung nicht aufgehoben. Die Kontinuität bringt zwar ein Moment der Bewegung zum Ausdruck, aber um die Bewegung mit den vorhandenen Begriffen erfassen zu können, muß man diese Stetigkeit ja gerade durchbrechen und die Grenzwertbildung durchführen. Ohne die Stetigkeit bei der theoretischen Erfassung der Bewegung zu durchbrechen, würde man das Ergebnis erhalten, daß sich der Körper zur selben Zeit an einem Ort und nicht an einem Ort befindet. Beide Bedingungen erfassen zwei zusammengehörende Seiten der Bewegung. Dabei schränkt jede Bedingung die andere ein. Heben wir ihre Beziehungslosigkeit auf, so kommen wir zu einem tieferen Verständnis der Bewegung als Einheit von Kontinuität und Diskontinuität. Wenn ein bewegter Körper zu jedem Zeitpunkt sich an einem bestimmten Ort befinden würde, so wäre es ein in diesem Zeitpunkt (relativ) ruhender Körper. Bewegung ist aber nicht nur diskontinuierliches Fortschreiten. Kontinuität der Bewegung heißt, daß der Körper diesen Ort passiert. Bewegung ist Einheit von kontinuierlichen Passieren von Orten und von diskontinuierlichen Erreichen von Orten im Resultat der Bewegung. Läßt man in der klassischen Bewegungsauffassung Kontinuität und Diskontinuität in der Bewegung beziehungslos auseinanderfallen, dann erscheint die Bewegung als Summe von Ruhezuständen, wobei nur das Ergebnis der Bewegung, nicht aber sie selbst erfaßt wird. Die Quantenmechanik führte zu einem tieferen Verständnis der Einheit von diskontinuierlicher Werbung und kontinuierlicher Möglichkeit der Wirkung. Sie drückt sich in der Einheit von Faktischem und Möglichem, von objektiv existierender Wellen- und Korpuskeleigenschaften aus. Insofern zeigen die Heisenbergschen Unbestimmtheitsrelationen den Zusammenhang von materieller Bewegung und Raum-Zeit, denn es gibt keinen absoluten Raum mit feststehenden räumlichen Punkten als Maß der Bewegung. Maß der Bewegung materieller Objekte sind mehrere bewegte materielle Objekte. Insofern ist jede konkrete Bewegung relativ in ihren raumzeitlichen Bestimmungen, da letztere selbst Existenzformen konkreter materieller Bewegungen sind.

Stets müssen wir die Abhängigkeit der Raum-Zeit von der materiellen Bewegung berücksichtigen. Sie kommt in den relativistischen Effekten bei hohen Energien zum Ausdruck und dient als heuristisches Prinzip für die Aufstellung von Hypothesen, die eine Änderung der raum-zeitlichen Struktur in bisher unerforschten Bereichen annehmen. Das gilt für das tiefere Eindringen in die innere Struktur der Elementarobjekte wie für die Erweiterung der Quantenelektrodynamik. Um diesen engen Zusammenhang zwischen der Raum-Zeit und der materiellen Bewegung zum Ausdruck zu bringen, werden auch manchmal der Raum-Zeit selbst Wirkungen zugesprochen. In der Physik ist jedoch die Frage, ob die Struktur des Raumes im bestimmten Bereich gewissermaßen eingeprägt oder das Ergebnis wirkender Kräfte ist, schwierig zu beantworten. Geht man jedoch von der Abhängigkeit der Raum-Zeit von der materiellen

Bewegung in bestimmten Bereichen aus, dann bestätigt das sowohl die Einheit von Materie und Raum-Zeit als auch die Auffassung der Raum-Zeit als Existenzform der Materie.

Die philosophische Raum-Zeit-Theorie hebt die Objektivität der Raum-Zeit hervor, definiert sie als Existenzformen der Materie, zeigt die Relativität der menschlichen Vorstellungen über die Raum-Zeit und untersucht die Entwicklungstendenz dieser Vorstellungen.[6] Zweifellos wird man eine verabsolutierte Raumauffassung, die nur Kontinuität oder Diskontinuität berücksichtigt, zurückweisen. Entsprechend der Einheit von Kontinuität und Diskontinuität in der materiellen Bewegung hat auch die Raum-Zeit als Form dieser Bewegung diese Merkmale. Die wirkliche Erfassung der Bewegung kann nur durch die moderne Physik als Konkretisierung der Formen der Wechselwirkung erfolgen. Dabei kann und muß sie die Änderungen der Raum-Zeit berücksichtigen. Für die weitere Entwicklung der Physik ist die Einheit von Materieformen und Materiearten zu berücksichtigen, da sie die Einheit von Raum-Zeit und Bewegung ausdrückt.

Unter Materiestruktur verstehen wir die Gesamtheit der Beziehungen (Materieformen) zwischen materiellen Objekten (Materiearten). Es gibt Versuche, die Einheit der Physik in einheitlichen Theorien zu erfassen, die entweder als Grundlage Materiearten wie Elementar- und Fundamentalteilchen nehmen oder Materieformen, wie in der Geometrodynamik. Einstein meinte, mit einer neuen Feldphysik strukturelle Gesetze zu finden, die überall und immer gelten. Die Materiearten erweisen sich als Regionen im Raum, in denen das Feld außerordentlich stark ist. Während Heisenberg die Materiearten auf die mathematische Form zurückführte, nahm Einstein zum Ausgangspunkt der Theorie die Raum-Zeit (Materieform), die sich in einem Gravitationsfeld physikalisch realisiert. Für ihn ist die Gravitation nicht nur universell, sondern fundamental. Das Gravitationsfeld konstituiert die Elementarteilchen. Sie sind selbstkonsistente Lösungen der relativistischen Gravitationsgleichungen. Das Problem ist damit die Vereinigung von Quanten- und Relativitätstheorie, was in Fortsetzung der Ideen von Einstein zu einer Quantentheorie des Gravitationsfeldes, also zur Quantengeometrodynamik führt. Einstein wollte die Einheit von Physik und Geometrie realisieren, indem er die geometrischen Eigenschaften der Raum-Zeit-Welt physikalisch interpretierte, was den Versuch einschließt, die physikalischen Strukturen geometrisch zu erfassen. Wird dabei das Gravitationsfeld mit den anderen physikalischen Feldern gleichgesetzt, dann ergibt sich aus der Quantelung der schwachen Gravitationsfelder die Existenz von Gravitonen (Materieart). Wird die Existenz von Gravitonen mit starken Gravitationsfeldern verbunden, dann zeigt sich die geometrische Natur des Gravitationsfeldes, und die Gravitonen können als raum-zeitliche Gebilde (Materieform) verstanden werden. Das Verhältnis von Materieform und Materieart bedarf noch der Lösung. Ob sie in einer einheitlichen Theorie erfolgen kann, ist fraglich. Einstein entwickelte die Idee, Materie (Materiearten) als ungeheure Zusammenballungen von Energie auch mit dem fundamentalen geometrischen Feld in einer einheitlichen Gravitationstheorie zu erfassen. Es wären dann solche Feldgesetze zu finden, die auch für konzentrierte Energiemengen in kleinen Bereichen gelten. „Bislang ist es uns allerdings noch nicht gelungen, diesen Gedanken zu einer Überzeugenden und folgerichtigen Theorie zu verarbeiten. Die Entscheidung darüber, ob eine Lösung dieses Problems im Bereich des Möglichen liegt oder nicht, bleibt der Zukunft vorbehalten. Vorläufig müssen wir noch bei allen unseren theoretischen Konzeptionen zwei Dinge als gegeben hinnehmen — Feld und Materie."[7] Diese Einschätzung von Einstein und Infeld gilt immer noch.

2.3 Raum-Zeit und Kausalität

Damit ist auch der Zusammenhang zwischen Raum-Zeit und Kausalität zu beachten. Wenn wir als erste Etappe in der Entwicklung physikalischer Kausalitätskonzeptionen die der klassischen Mechanik betrachten, so ist sie durch den Energieerhaltungssatz bestimmt, der den Rahmen für mögliche Kausalbeziehungen gibt, sowie durch die notwendige Beziehung zwischen dem Anfangs- und Endzustand eines Prozesses, wobei Zustände durch Ort und Impuls charakterisiert sind.

In der nächsten Etappe, die durch die Entwicklung der Thermodynamik und Elektrodynamik bestimmt werden kann, wurde der Energieerhaltungssatz beibehalten, aber die Form kausaler Zusammenhänge mittels Nahwirkung und Feldgesetzen anders bestimmt. Damit blieb der Rahmen für mögliche Kausalbeziehungen erhalten, ihre Form wurde jedoch besser erkannt. Zu offensichtlichen Widersprüchen kam es nicht, weil die Reduktion der mit der statistischen Thermodynamik verbundenen statistischen Größen auf Bewegung klassischer Partikel und ihre Zustandsbestimmungen als prinzipiell möglich angenommen wurde. Die folgende Entwicklung der Relativitätstheorie erforderte eine Präzisierung der These vom universellen Zusammenhang. Nicht alles hängt gleichzeitig und damit universell mit allem zusammen, sondern die These vom objektiven Zusammenhang besagt: Es gibt keinen materiellen Bereich, der nicht durch die materiellen Prozesse mit anderen Bereichen verbunden ist. Grenzgeschwindigkeit und Nahwirkung führten zu einer Raum-Zeit-Struktur, die die Möglichkeiten kausalen Verhaltens auf zeit- und lichtartige Prozesse einschränkte und raumartige Prozesse nicht zuließ. Die Raum-Zeit-Struktur erwies sich als Grundlage der Kausalstruktur, indem sie die raum-zeitlichen Möglichkeiten kausalen Verhaltens bestimmte. Gerade die weitere Entwicklung der allgemeinen Relativitätstheorie führte zu einer Problematik, die den Energieerhaltungssatz als die bereits erarbeitete Grundlage für mögliche Kausalbeziehungen betraf. Es kann in der allgemeinen Relativitätstheorie kein globaler Energieerhaltungssatz formuliert werden. Das bedeutet nicht, daß die Kausalität im allgemeinen Sinne als Vermittlung des Zusammenhangs nicht mehr existiert. Sie muß aber in ihrer konkreten Form als physikalische Konzeption überprüft werden. Darüber hinaus ist das Problem der Lokalität interessant, weil es auf die Beziehungen zwischen philosophischen und physikalischen Aussagen verweist.

Das physikalische Kausalitätsprinzip ist mit der SRTh charakterisiert. Die Minkowski-Welt gibt den Rahmen für physikalisch mögliche Zusammenhänge, wobei der mögliche Zusammenhang eine notwendige Bedingung für Kausalverhältnisse ist. Innerhalb dieses Raumes, der die möglichen Einwirkungen von Ereignissen auf Punkt P und vom Ereignis P auf andere erfaßt, muß jedoch die Kausalitätsbeziehung genauer gefaßt werden. Sie ist bisher durch die Einwirkung von Punkt zu Punkt bestimmt, wobei es keine Wirkungen gibt, die sich schneller als mit Lichtgeschwindigkeit fortpflanzen, und auch keine Ursache kann mit Überlichtgeschwindigkeit Wirkungen hervorrufen.

Die theoretischen Voraussetzungen für die Anwendung dieses spezifischen Kausalitätsprinzipts sind: Erstens existiert für die Verursachung von Wirkungen eine Grenzgeschwindigkeit, nämlich die Lichtgeschwindigkeit, die den universellen denkbaren Zusammenhang zwischen allen Ereignissen auf den objektiven Zusammenhang einschränkt, bei dem es keinen materiellen Bereich gibt, der nicht durch materielle Prozesse mit anderen Bereichen verbunden ist. Der Kausalitätskegel umfaßt das Gebiet möglicher Verursachungen von Wirkungen auf P oder durch P. Zweitens wird damit das Gebiet möglicher Wirkungen von dem Gebiet physikalisch nicht möglicher Wirkungen scharf getrennt. Berücksichtigt man jedoch die Ausdehnung der wechselwirkenden Objekte, dann wird diese Grenze nicht so scharf, sondern mehr vorschwommen sein. Drittens erfolgt die Verursachung der Wirkung durch die Einwirkung eines Weltpunkts auf den anderen. Kausale Beziehungen können durch Weltlinien, d.h. Verbindungslinien zwischen Weltpunkten, charakterisiert werden. Viertens muß die Lokalisierung der Ereignisse vorgenommen werden. Ein Ereignis ist dabei nur durch seine raum-zeitlichen Beziehungen und nicht durch seine innere Struktur, seinen inneren Mechanismus charakterisiert. Der Zusammenhang wird ja auch nur als raum-zeitlicher und nicht als inhaltlicher Zusammenhang, der das Einwirken eines Ereignisses mit einer bestimmten Struktur auf ein anderes mit einer anderen Struktur und deren wirkliche physikalische Wechselwirkung erfaßt, bestimmt. Fünftens ist keine Zeitrichtung ausgezeichnet. Bei Berücksichtigung der Gravitation in der allgemeinen Relativitätstheorie ändert sich jedoch die Form des Lichtkegels, und es können bestimmte Asymmetrien zur Definition einer Zeitrichtung genutzt werden.

Wesentlich für das Verständnis des Zusammenhangs von Kausalität und Lokalität ist das Nahwirkungsprinzip. Wir benutzen zwei verschiedene Nahwirkungsprinzipien. Einerseits geht es um die in der Kausalität zum Ausdruck gebrachte direkte Vermittlung des objektiven Zusammenhangs zwischen zwei Ereignissen. Diese direkte Vermittlung wird aber nicht in allen ihren Aspekten und auf allen existierenden Systemniveaus untersucht. Andererseits gibt es allgemein-notwendige und wesentliche Zusammenhänge, die auf der Grundlage von Kausalbeziehungen existieren und die Beziehungen zwischen dem Anfangs- und Endzustand eines Prozesses bestimmen, wobei die dazwischenliegenden konkreten und direkten Vermittlungen nicht beachtet werden. In beiden Fällen handelt es sich um Nahwirkung. Der Zusammenhang zwischen beiden Prinzipien in der Erkenntnis besteht darin, daß wir stets versuchen, in der Kausalforschung den direkten Zusammenhang zwischen Ereignissen zu erforschen und dabei die Gesetze entdecken. Das wiederum zwingt uns, zur Erklärung von Gesetzen eines Systems im höheren Niveau zum niederen Niveau überzugehen, wobei wir dieselbe Feststellung treffen können. Das Fernwirkungsprinzip dagegen stellt Beziehungen zwischen Ereignissen her, die physikalisch nicht miteinander verbunden sein können. Manchmal wird jedoch schon das zweite Nahwirkungsprinzip als Fernwirkungsprinzip bezeichnet, weil unter Nahwirkung nur die direkte Vermittlung des Zusammenhangs angesehen wird, die Grundlage für die Existenz von Gesetzen ist, denn jede Beziehung zwischen verschiedenen Ereignissen, soweit sie als allgemein-notwendiger und wesentlicher Zusammenhang erkannt ist, muß einen Komplex direkter Vermittlungen zur Grundlage haben, die im Laufe der Zeit immer genauer erkannt werden. Insofern ist die Aufdeckung von objektiven Gesetzen zugleich die Aufforderung an die Forschung, sich mit den zugrunde liegenden direkten Zusammenhängen zu befassen, um Gesetze auf dem niederen Niveau zu finden. Das Nahwirkungsprinzip im engeren Sinne betrifft deshalb die kausalen Zusammenhänge, während das Nahwirkungsprinzip im weiteren Sinne die auf der Grundlage von Komplexen von Kausalbeziehungen existierenden Gesetze betrifft. Im Gesetz wird von direkten Zusammenhang abstrahiert und der allgemein-notwendige und wesentliche Zusammenhang zwischen zwei Ereignissen hervorgehoben.

Wir können also den Unterschied zwischen der philosophischen Kausalitätsauffassung und den strengen Forderungen der lokalen Kausalität in folgenden Punkten formulieren:

Erstens faßt der dialektische Determinismus die Kausalität als objektive, direkte, konkrete und fundamentale Vermittlung des Zusammenhangs zwischen Prozessen, wobei der eine Prozeß den anderen hervorbringt. Daraus ergibt sich eine inhaltliche und zeitliche Richtung. Die lokale Kausalität ist eine Präzisierung und Einengung dieser Forderungen, die auf der Lokalisierung der Ereignisse, ihrem Aufeinandereinwirken von Punkt zu Punkt und auf der Trennung des Gebiets möglicher kausaler Wirkungen von dem nichtmöglicher Wirkungen beruht.

Zweitens unterscheidet der dialektische Determinismus die Kausalität vom Gesetz, d.h. dem allgemein-notwendigen und wesentlichen Zusammenhang. Die lokale Kausalität dagegen bestimmt die raumzeitlichen Bedingungen für

Bild 48 Albert Einstein mit Paul Ehrenfest

kausale Beziehungen, muß jedoch in ihrer Bedeutung für physikalische Gesetze überprüft werden. Streitpunkt ist dabei vor allem die Lokalisierung von Ereignissen, die stets durchführbar ist, wenn man noch ein niederes Niveau von physikalischen Vorgängen annimmt, als es das untersuchte darstellt.

Drittens fordert die philosophische Auffassung keine lineare Beziehung zwischen dem Anfangs- und Endzustand, da für die Beziehung zwischen beiden Gesetze formuliert werden, wobei der Komplex von Kausalbeziehungen, der den Gesetzen zugrundeliegt, nicht vollständig erforscht wird. Der Anfangszustand kann auch als definierte Einwirkung auf ein System und der Endzustand als definierte Wirkung auf diese Einwirkung gefaßt werden. Dann wird mit dem Gesetz gerade nicht die direkte Vermittlung des Zusammenhangs erfaßt.

Viertens unterscheiden wir deshalb zwischen dem Nahwirkungsprinzip im engeren und dem im weiteren Sinne. Das Nahwirkungsprinzip im engeren Sinne betrifft die direkte, konkrete und fundamentale Vermittlung der Zusammenhänge; das im weiteren Sinne dem allgemein-notwendigen und wesentlichen Zusammenhang zwischen Ereignissen, der nur auf der Grundlage des direkten Zusammenhangs existieren kann.

Fünftens muß überlegt werden, ob es eine zeitliche Richtung gibt ohne räumliche lokale Unterscheidbarkeit von Ereignissen. Für die philosophische Auffassung reicht die inhaltliche und zeitliche Gerichtetheit der Ereignisse aus. Die Lokalisierbarkeit ist nicht gefordert. Sie ist eine für die physikalische Erkenntnis wichtige Idealisierung, die die Ausdehnung der Objekte nicht berücksichtigt. Damit wird auch ihre innere Struktur vernachlässigt. Das ist jedoch für die Aufdeckung physikalischer Gesetze möglich, da die Struktur für wechselwirkende Objekte bis zu gewissen Grenzen vernachlässigt werden kann. Erst wenn sie zu neuen Effekten in der Wechselwirkung führt, muß die Idealisierung des punktförmigen Objektes aufgegeben werden. Wie wir sehen, ist die lokale Kausalität nicht mit der philosophischen Auffassung identisch.

3 Raum und Zeit als Forschungsproblem

Der Nachweis der Einheit von Raum-Zeit und bewegter Materie hebt bestimmte Spezifika des Raums und der Zeit nicht auf. Auf zwei offene Probleme soll hier hingewiesen werden.

3.1 Raum als Struktur

Wir haben schon auf die Entwicklung der Raumauffassung von der Annahme des absoluten Raums, unabhängig von der materiellen Bewegung bis zum Nachweis der Raum-Zeit als Existensform der Materie, hingewiesen. Sie vollzog sich einerseits im Nachweis der Einheit von Physik und Geometrie, indem die physikalische Bedeutung nichteuklidischer Geometrien erkannt und die Kantsche Behauptung von der *A-priori*-Gültigkeit der euklidischen Geometrie zurückgewiesen wurde. Andererseits wurde der Raumbegriff in der Mathematik immer weiter verallgemeinert, so daß abstrakte Räume eine Menge von Elementen mit definiertem Grenzübergang in der Funktionalanalysis darstellen. Innerhalb dieser abstrakten Räume kann man Ergebnisse von Messungen definieren. Sie existieren also nicht unabhängig von den materiellen Prozessen und widerspiegeln objektiv-reale Beziehungen, wenn sie zur Darstellung von

Ergebnissen physikalischer Messungen benutzt werden. In diesem Sinne ist der Streit um die indefinite Metrik des Hilbert-Raums in der Heisenbergschen Theorie keine Meinungsverschiedenheit über die Existenz abstrakter Räume, sondern über ihre Ausnutzung bei der theoretischen Erfassung physikalischer Prozesse. Deshalb ist philosophisch auch die Beziehung zwischen mathematischen und physikalischen Räumen interessant, weil die mathematische Verallgemeinerung des Raumbegriffs eine immer bessere Widerspiegelung der objektiv-realen Struktur physikalischer Prozesse erlaubt und der objektiv-reale Raum sich immer mehr als objektiv-reale Struktur erweist, wobei der von uns von der allgemeinen Struktur getrennt betrachtete Anschauungsraum mit seinen drei Dimensionen ein Spezialfall der abstrakten Räume ist.

Die Mathematik befaßt sich mit möglichen formalisierbaren Strukturen in Systemen ideeller Objekte, unabhängig von den objektiv realen Eigenschaften dieser Objekte. Beim Aufbau ihrer Theorien muß sie den logischen Kriterien, wie Widerspruchsfreiheit und anderen, genügen, in bestimmten philosophischen Richtungen auch der Entscheidbarkeit oder der Angabe einer Meßvorschrift. Sie ist aber nicht beziehungslos zum objektiven Raum, da ihre denkmöglichen Strukturen zur Widerspiegelung objektiv-realer wirklicher oder möglicher Strukturen dienen und die Interpretation von mathematischen Objekten in einer mathematisch dargestellten physikalischen Theorie eine wichtige Aufgabe der physikalischen Erkenntnis ist. Hier sei nur an die Diracsche Löchertheorie und ihre Bedeutung zur Entdeckung der Positronen erinnert. Der mathematische Raum beansprucht Interesse für Physik und Philosophie als physikalisch interpretierte Struktur, als Bestandteil des tieferen Eindringens in die Materiestruktur. Insofern haben zwar die Theoretiker Recht, die den Unterschied zwischen dem mathematischen und dem physikalischen Raum betonen, zugleich ist für uns aber die immer bessere Widerspiegelung der objektiv-realen Strukturen in mathematischen Räumen wesentlich. Mathematische Theorien können sich zwar unabhängig von der Physik und anderen Wissenschaft entwickeln, wie sie auch als mathematische Lösungen wissenschaftlicher und praktischer Probleme entstehen können, entscheidend für den materialistischen Philosophen ist der Widerspiegelungscharakter mathematischer Theorien, der sich bei der Interpretation erweist. Die Forderungen nach neuen mathematischen Theorien ist deshalb mit der Forderung nach neuen theoretischen Möglichkeiten zur Erfassung der Materiestruktur in mathematisch formulierten wissenschaftlichen Theorien identisch. Daraus ergibt sich auch der heuristische Wert der Mathematik. Da neue Denkmöglichkeiten nicht nur bessere Theorien erlauben, sondern auch zu noch nicht interpretierten Beziehungen führen, ist die Suche nach dem objektiv-realen Inhalt bestimmter mathematischer Formen von der mathematischen Theorie, die zur Darstellung bekannter physikalischer Sachverhalte benutzt wird, ausgelöst worden. Ohne die Beachtung logischer und innermathematischer Kriterien beim Aufbau der Theorie könnte die Mathematik diese Rolle nicht spielen.

Neue Denkmöglichkeiten werden gefunden, man löst sich von bisherigen Vorstellungen über existierende Objekte mit bestimmten Eigenschaften und betrachtet mögliche Beziehungen zwischen abstrakten Objekten. Neben dem Unterschied zwischen den denkmöglichen und den objektiv-realen Strukturen muß deshalb auch die Beziehung zwischen beiden beachtet werden, die in folgenden Punkten ausgedrückt werden kann: Erstens gestatten es die abstrakten Räume der Mathematik, physikalische Meßergebnisse zu formulieren und so zu einem System von Aussagen zu kommen, die in ihren Folgerungen überprüft werden können und Beschreibungen von Beobachtungen durch wesentliche funktionale qualitative und quantitative Abhängigkeiten ersetzen. Man kann das die Darstellungsfunktion der Mathematik nennen, die es gestattet, physikalische Erkenntnisse in mathematischer Form dazustellen. Zweitens ergeben sich bei der Überprüfung der Folgerungen nicht interpretierte mathematische Objekte und Beziehungen, die entweder auf die Unzulänglichkeiten des mathematischen Formalismus für die entsprechende physikalische Theorie verweisen, was noch die Darstellungsfunktion betreffen würde, da die mathematische Theorie durch eine andere zur besseren Darstellung ersetzt werden muß, oder auf noch zu suchende physikalische Objekte und Beziehungen hinweist, die es erst zu finden gilt. Wie schwierig es ist, beides auseinanderzuhalten, zeigt das Beispiel Schrödingers, der seine zeitabhängige Gleichung nicht mit den Experimenten in Einklang bringen konnte, sie ein halbes Jahr liegen ließ und mit der zeitunabhängigen Gleichung arbeitete, während dann die Entdeckung des Spins die Richtigkeit seiner zeitabhängigen Gleichung nachwies. Um die heuristische Funktion der Mathematik zu erkennen, um die es sich handelt, wenn mathematische Objekte und Beziehungen erst noch in ihrem physikalischen Gehalt gefunden werden müssen, bedarf es umfangreicher Arbeiten, Diskussionen und eines gewissen Spürsinns des Theoretikers, der Hinweise für Experimente geben muß. Drittens sind die mathematisch abstrakten Räume Widerspiegelungen der objektiv-realen Strukturen, wenn sie mit physikalischem Inhalt erfüllt werden. Die Darstellungs- und heuristische Funktion der Mathematik finden deshalb ihre Vereinigung in der Widerspiegelungsfunktion. Dienen abstrakte Räume zur Darstellung von objektiv-realen Beziehungen, die sich aus Meßergebnissen ergeben, und erweisen sich bestimmte mathematische Objekte und Beziehungen dann als theoretische Voraussagen von zu entdeckenden objektiven Prozessen, dann kann man diesen mathematischen Raum als Widerspiegelung der objektiv-realen Struktur fassen. Objektiver Raum und objektive Struktur sind in diesem Sinne vom mathematischen Raum in der Erkenntnis nicht zu trennen. Zwar existieren objektiver Raum und objektive Struktur vor dem mathematischen Raum, auch wenn sie noch nicht erkannt sind; aber der mathematische Raum, der vom Menschen erdacht wurde, bringt die Schöpferkraft des menschlichen Bewußtseins zum Ausdruck, das sich mögliche Beziehungen erdenkt, die zur Widerspiegelung gefundener und noch zu findender Strukturen geeignet sind. Viertens entwickelt sich unsere Kenntnis über die objektiv-realen Strukturen in zweifacher Hinsicht. Einerseits erhalten wir aus den Experimenten neue Meßdaten, die es zu deuten gilt. Dazu brauchen wir die mathematischen Räume. Andererseits werden durch die Mathematik neue Denkmöglichkeiten erforscht, um bessere Voraussetzungen für die Widerspiegelung komplizierter objektiver Sachverhalte in mathematischen Räumen zu gewinnen. Dieser Erkenntnisprozeß begann mit allgemeinen Raumvorstellungen in der Philosophie und hatte seinen ersten Höhepunkt in der Aufstellung der euklidischen Geometrie. Als Raumvorstellung diente sie lange Zeit zur Darstellung physikalischer Prozesse, wobei der Raum als absolut existierend angesehen wurde. Die Kritik dieser Auffassung und der Nachweis, daß Raum und Zeit Existenzformen der Materie sind, verlangte noch nicht die Beseitigung allgemeiner Eigenschaften der Raum-Zeit, wie die Größer- und -Kleiner-Beziehung, das Neben- und Nacheinander usw. In der Elementarteilchenphysik zeigt sich jedoch schon die Schwierigkeit, Elementarteilchen räumlich zu teilen. Hier kann vorerst nicht bestimmt werden, was räumlich kleiner bedeuten soll, wohl aber kann die Teilung von Quantenzahlen vorgenommen werden, die zur Hypothese der Quarks führt, wenn man die Elementarladung teilt. Der Raum erweist sich hier im eigentlichen Sinne als Struktur materieller Prozesse, für die die allgemeinen Charakteristika entweder zu abstrakt sind oder nicht mehr bestimmt werden können. Insofern kann man bei der Charakteristik der Entwicklung unserer Raumauffassung dazu kommen, den Raum als Nebeneinander materieller Prozesse zu betrachten, wie das viele Philosophen schon taten, aber man darf nicht dabei stehenbleiben, sondern muß dieses Nebeneinander inhaltlich durch die Aufdeckung der Gesetze und Beziehungen materieller Prozesse bestimmen. Dann erweist sich aber auch der objektiv-reale Raum als Struktur der materiellen Prozesse, wobei unter bestimmten Bedingungen Entfernungen, Bereiche und Bahnkurven bestimmt werden können. In diesem Sinne nähert sich unsere philosophische Raumauffassung der Allgemeinheit topologischer Räume, die zur Darstellung physikalischer Sachverhalte mit bestimmten Eigenschaften versehen werden müssen, so wie die allgemeine These vom Raum als Existenzform der Materie präzisiert werden muß.

3.2 Zeitrichtung und Irreversibilität

Da der Zeitbegriff die reine Dauer ausdrückt, ist damit noch nichts über die Richtung der Zeit ausgesagt. Die Zeit als Existenzform der Materie wird durch die materiellen Veränderungen determiniert. Sie müssen so erkannt sein, daß Aussagen über die Zeitrichtung möglich sind. Da schon auf die Eigenzeit verwiesen wurde, kann es sich bei der Zeitrichtung nicht um eine ablaufende einsinnig gerichtete absolute Weltzeit handeln, an der alle Eigenheiten zu messen wären. Einerseits müssen wir das Kausalprinzip beachten. So können Wirkungen von bestimmten Ursachen diesen Ursachen nicht zeitlich

Bild 49 Cartoon von Herblock

vorausgehen. Andererseits ist die Wiederholung gleicher Zustände oder die Rückkehr zum Ausgangszustand zu beachten. Wir kommen also mit der Frage nach der Zeitrichtung zum Verhältnis von Irreversibilität und Reversibilität von Vorgängen. Reversibel ist ein Vorgang in einem System dann, wenn alle Veränderungen, die während seines Ablaufs im System und in seiner Umgebung entstanden, dadurch vollständig verschwinden, daß der Vorgang genau in der umgekehrten Richtung abläuft. Bei einem irreversiblen Vorgang stellt sich der Ausgangszustand nicht vollständig wieder her. Wenn wir die Unerschöpflichkeit objektiv-realer Beziehungen berücksichtigen, die sich im zufälligen individuellen Verhalten ausdrückt, dann müssen wir die Existenz elementarer irreversibler Prozesse anerkennen. Jedoch ist ihre Erkenntnis möglich, indem wir die allgemein-notwendigen, d.h. reproduzierbaren Seiten eines Vorganges hervorheben. Wir beschreiben nicht die irreversiblen Prozesse, sondern nutzen die Existenz allgemein-notwendiger und wesentlicher Zusammenhänge zur Erkenntis von Gesetzen irreversibler Vorgänge.

Diese Gesetze sind in ihrer mathematischen Formulierung kovariant gegenüber Zeitumkehr. Die objektive Dialektik von Reversibilität und Irreversibilität zeigt sich jedoch in verschiedenen Formen, in Abhängigkeit vom Charakter der Veränderungen. Bewegung ist Veränderung überhaupt. Sie umfaßt sowohl prozessuale Strukturzusammenhänge, als auch Prozesse, die zu neuen Qualitäten führen, sowie das Entstehen höherer Qualitäten in einem Entwicklungszyklus, in dem Entwicklungskriterien die höhere Qualität als qualitativ bessere und quantitativ umfangreichere Erfüllung der Funktion der Ausgangsqualität ausweisen. Die Irreversibilität zeigt sich also nicht nur in der Individualität von Objekten in ihren Veränderungen, sondern auch im Entstehen neuer und in der Entwicklung höherer Qualitäten. Mit der Untersuchung von Struktur-, Prozeß- und Entwicklungsgesetzen wird diese Irreversibilität in ihren reversiblen Aspekten so erfaßt, daß Voraussagen für die Zukunft möglich sind. Dabei reproduziert sich die Dialektik von Gesetz und Zufall auf jeder Ebene. Die Irreversibilität (Individualität) von Elementarprozessen wird im Elementarteilchenbereich, in der klassischen Mechanik usw. durch die Erkenntnis der Gesetze aufgehoben. Die Durchbrechung von Erhaltungssätzen bei schwachen Wechselwirkungen zeigt die Schwierigkeit, nur die Invarianz zu berücksichtigen. Mit der theoretischen Erfassung irreversibler Prozesse ergibt sich die theoretische Möglichkeit biologischer Evolution und der Untersuchung der Strukturbildung von irreversiblen Prozessen, die vom Standpunkt der allgemeingültigen Kovarianz physikalischer Gesetze bei Zeitumkehr nicht vorhanden wäre. Wenn also kovariante Gesetze die Aufhebung der elementaren Irreversibilität in der Erkenntnis sind, so taucht die Irreversibilität bei der Durchbrechung der Kovarianz wieder auf, was zur Erkenntnis umfassender Systemgesetze und zur theoretischen Möglichkeit des Entstehens von Neuem führt. Die Gesetze für die irreversible Veränderung von Systemen erklären jedoch noch nicht die Entwicklung höherer Qualitäten, die im Vergleich mit der Ausgangsqualität, gemessen an spezifischen Entwicklungskriterien, die Funktion der Ausgangsqualität qualitativ besser und quantitativ umfangreicher erfüllen. Irreversibilität tritt bei elementaren Prozessen auf, die in reversiblen Theorien erfaßt werden. Damit reproduziert sich für die Erkenntnis das Verhältnis von Irreversibilität und Reversibilität als Erscheinungsform des Verhältnisses von Gesetz und Zufall auf verschiedenen Ebenen. Deshalb ist es wichtig, verschiedene Ordnungen der Irreversibilität zu unterscheiden. Irreversibilität erster Ordnung zeigt sich in der Durchbrechung von Symmetrien, die in umfassenderen Symmetrien aufgehoben wird. Irreversibilität zweiter Ordnung ist das bedingt zufällige Entstehen von neuen Strukturen, das in der Theorie dissipativer Strukturen untersucht wird.[8] Irreversibilität dritter Ordnung ist das Entstehen qualitativ neuer Systeme und neuer Eigenschaften, wie z.B. Sensibilität, Vermehrung usw., in der biologischen Revolution. Irreversibilität vierter Ordnung ist die Entwicklung von Systemen mit höheren Qualitäten gegenüber der Ausgangsqualität.

Die irreversiblen Veränderungen in der Zeit definieren eine Zeitrichtung für die Systeme, in denen diese Veränderungen vor sich gehen. Da Systeme nicht isoliert voneinander existieren, beziehen sich die gerichteten Eigenzeiten von Teilsystemen auf die in umfassenderen Systemen existierende Zeitrichtung. Das führt dazu, von zwei Aspekten der Historizität von Systemen zu sprechen, von den irreversiblen Veränderungen in der Zeit und von der Existenz einer Richtung von der Vergangenheit in die Zukunft. Dabei könnte der zweite Aspekt im Sinne einer gerichteten absoluten Zeit verstanden werden, die jedoch nicht existiert. Sie wäre die Verabsolutierung der Zeitrichtung eines umfassenden Systems. Damit würde die Zeit nicht mehr als Existenzform der Materie begriffen. Eben weil die Irreversibilität nicht nur in elementaren Prozessen existiert, sondern auch im Kosmos, im Entstehen neuer und in der Entwicklung höherer Qualitäten, ist die Zeitrichtung konkret ausweisbar. Damit sind aber objektive Gesetze nicht nur reproduzierbare reversible Seiten irreversibler Elementarprozesse, sondern als Entwicklungsgesetze auch reproduzierbare Prozesse, die zu irreversiblen neuen und höheren Qualitäten führen. Es wird das gesetzmäßige Entstehen neuer Qualitäten untersucht, die sich in der Evolution herausbilden und ihren Entstehungsprozeß nicht wieder rückläufig durchmachen. Sie sind die Grundlage für die Entwicklung höherer Qualitäten. Gesetzeserkenntnis und historisch-beschriebene Erkenntnis sind damit nicht zwei Erkenntnisweisen, deren eine nur in Bereichen möglich ist, in denen von der Zeit abstrahiert werden kann und deren andere Anwendung findet, wenn es um die Historizität von Systemen geht. Die materielle Bewegung wird in allen ihren gesetzmäßigen Aspekten untersucht, als Struktur, Prozeß und Entwicklung. Dabei wird von der Irreversibilität der Elementarprozesse als Grundlage der Zeitrichtung abstrahiert. Da Irreversibilität sich aber auch in der Qualitätsänderung manifestiert, wird die dadurch bestimmte Zeitrichtung des umfassenderen Systems als Maßstab für die Veränderung der

Teilsysteme genommen, um Vergangenheit und Zukunft zu bestimmen. Sicher ist es notwendig, das Verhältnis von Zeit und Bewegung durch die differenzierte Betrachtung der Dialektik von Reversibilität und Irreversibilität noch genauer zu untersuchen. Aber es zeigt sich auch hier der innere Zusammenhang von Zeit (Dauer) und Bewegung (Veränderung überhaupt), wobei jede materielle Bewegung in ihren elementaren inneren und globalen äußeren Raumstrukturen begriffen werden muß.

Literatur

1 Einstein, A. und Infeld, L., *Die Evolution der Physik* (Hamburg, 1956); Grünbaum, A., *Philosophical Problems of Space and Time* (New York, 1963); Jammer, M., *Concepts of Space* (Cambridge, 1954); Prostranstwo, Wremja, Dwishenie (Moskau, 1971); Treder, H. J., *Philosophische Probleme des physikalischen Raums* (Berlin, 1974); Vjalzew, A. N., *Diskretnost prostpanstwa i wremeni* (Moskau, 1965).
2 Lenin, W. I., *Materialismus und Empiriokritizismus*, Werke Bd. 14 (Berlin, 1962), S. 171f.
3 Helmholtz, H. v., Über den Ursprung und die Bedeutung der geometrischen Aeroine, in: *Philosophische Vorträge und Aufsätze* (Berlin, 1971), S. 203.
4 Ebenda.
5 Ebenda, S. 216.
6 Hörz, H., *Atome, Kausalität, Quantensprünge* (Berlin, 1964); —, *Werner Heisenberg und die Philosophie* (Berlin, 1968); —. *Marxistische Philosophie und Naturwissenschaften* (Berlin, 1974). Omeljakowski, M. E., *Philosophische Probleme der Quantenmechanik* (Berlin, 1962); vgl. die Arbeiten von W. S. Barashenkow; D. I. Blochinzew; W. S. Gott; V. Fok.
7 Einstein, A. und Infeld, L., *Die Evolution der Physik*, S. 163.
8 Ebeling, W., *Strukturbildung bei irreversiblen Prozessen* (Leipzig, 1976).

Bild 50 Einstein auf Briefmarken (Auswahl und Zusammenstellung von E. J. Burge, Chelsea College of Science and Technology, London, UK)

12

Verschiedene Methoden der Einführung
in die spezielle Relativitätstheorie

Geoffrey Dorling

Einleitung

Einsteins spezielle Relativitätstheorie — erstmals im Jahre 1905 in den *Annalen der Physik* veröffentlicht — hat einen immensen Einfluß auf die physikalischen Ideen des 20. Jahrhunderts ausgeübt. Die begrifflichen Schwierigkeiten, die mit ihrer Entstehung und ihren Grundlagen verbunden sind, sowie der mathematische Spürsinn, der häufig erforderlich ist, um die Bedeutung ihrer Konsequenzen überhaupt verstehen zu können, haben es jedoch mit sich gebracht, daß das Unterrichten der Theorie bis vor kurzem auf die letzten Abschnitte des Physikstudiums an der Universität beschränkt war.

Viele, die selbst Physikunterricht erteilen, haben sich jedoch dafür eingesetzt, daß bereits während eines früheren Lernabschnittes auch einige Arbeiten über die spezielle Relativitätstheorie in den Unterricht einbezogen werden. J. Rekveld, dessen Einführung in die Relativitätstheorie wir später noch erwähnen werden, hat in seinem Aufsatz in *Teaching Physics Today* verschiedene Argumente für eine Beschäftigung mit der Relativitätstheorie bereits in den Kursen der höheren Schulen vorgelegt.

Während der vergangenen zehn Jahre sind mehrere erfolgreiche Versuche unternommen worden, die spezielle Relativitätstheorie so darzustellen, daß sie für den nicht fortgeschrittenen Physiker verständlich ist und dennoch den Begriffen und Konsequenzen der Theorie voll Rechnung getragen wird. Alle diese Versuche sind vor allem bestimmt durch folgenden Satz von Eric Rogers, veröffentlicht in *Physics for the Inquiring Mind*: „Da die Relativität auch ein Teil der Mathematik ist, werden alle jene populären Darstellungen mit Sicherheit fehlschlagen, die sie unter Außerachtlassung der Mathematik zu erklären versuchen." Und so bestand auch für die Autoren dieser Darstellungen das große Problem, die mathematischen Aspekte in verständlicher Weise wiederzugeben, wodurch sich diese Versuche freilich ganz wesentlich von den vielen populären Wiedergaben, die nur für Laien verfaßt worden sind, unterscheiden.

361

*Jeder Wissenschaftler wird sich bei seiner Forschungsarbeit
zu gewissen Dingen hingezogen fühlen, die auf der Grenze
zwischen Bekanntem und Unbekanntem liegen; und er neigt
dazu, seine eigene wissenschaftliche Anschauung von diesen
Dingen bestimmen zu lassen. Man kann freilich nicht davon
ausgehen, daß diese individuellen Aspekte ein vollständiges
Bild ergeben werden oder daß sie den einzigen Weg weisen,
auf dem die Wissenschaft Fortschritte erzielen kann.*
Albert Einstein

Die Schwierigkeiten, denen sich solche „Neuerer" gegenübersahen, werden
besonders deutlich, wenn man sich Einsteins ursprüngliche Ausführungen über
das Relativitätsprinzip in Erinnerung zurückruft. Es gibt große begriffliche
Schwierigkeiten, und doch treffen sie den Kern der Relatitvitätstheorie.

Nach dem Hinweis auf gewissen offensichtliche Anomalien bei den Beobachtungen des elektromagneitschen Feldes fährt Einstein fort: „Beispiele ähnlicher Art, sowie die mißlungenen Versuche, eine Bewegung der Erde relativ
zum ‚Lichtmedium' zu konstatieren, führen zu der Vermutung, daß dem
Begriffe der absoluten Ruhe nicht nur in der Mechanik, sondern auch in der
Elektrodynamik keine Eigenschaften der Erscheinungen entsprechen, sondern
daß vielmehr für alle Koordinatensysteme, für welche die mechanischen Gleichungen gelten, auch die gleichen elektrodynamischen und optischen Gesetze
gelten, wie dies für die Größen erster Ordnung bereits erwiesen ist. Wir wollen
diese Vermutung (deren Inhalt im folgenden ‚Prinzip der Relativität' genannt
werden wird) zur Voraussetzung erheben und außerdem die mit ihm nur
scheinbar unverträgliche Voraussetzung einführen, daß sich das Licht im
leeren Raume stets mit einer bestimmten, vom Bewegungszustande des emittierenden Körpers unabhängigen Geschwindigkeit c fortpflanze!"

Diese Aussage Einsteins ebenso wie seine gesamte wissenschaftliche Entwicklung bestimmten während der folgenden 50 Jahre die eher gleichförmige Art
der Darstellung der Relativitätstheorie im Unterricht. Diese Art der Einführung
in die Theorie entspricht dem auf S. 363 dargestellten Schema, an das sich
auch alle Darstellungen der jüngeren Zeit halten.

Im Physikunterricht werden in der Regel folgende zwei Aspekte der Theorie
dargestellt:

(a) Einsteins Relativitätsprinzip stellt eine vernünftige Beschreibung des
    physikalischen Verhaltens dar,

(b) Aufzeigen der Konsequenzen dieses Prinzips anhand unserer Vorstellun-
    gen über das Messen von Masse, Länge und Zeit.

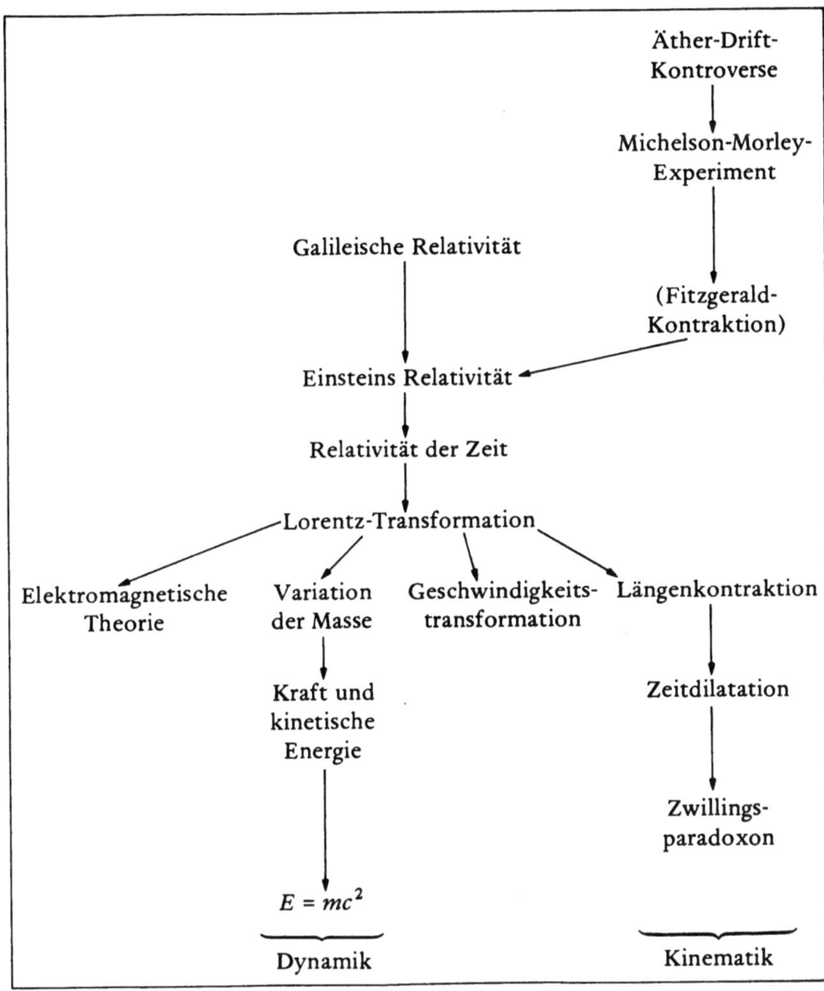

Schema zur Einführung in die Relativitätstheorie

Seit kurzem existieren mehrere recht erfolgreiche Konzepte zur Einführung in beide Problemkreise. Der vorliegende Aufsatz beschränkt sich auf die Darstellung einiger erwähnenswerter Beispiele und beansprucht nicht, einen vollständigen Überblick über das gesamte Gebiet zu geben.

Verschiedene Methoden der Einführung in das Einsteinsche Relativitätsprinzip und die Invarianz der Lichtgeschwindigkeit

Die in letzter Zeit vorgelegten Darstellungen der Theorie, die für einführende Kurse geeignet sind, lassen sich deutlich in zwei Gruppen unterteilen: Auf der einen Seite gibt es die sorgfältige Vereinfachung des bereits erwähnten traditionellen Ansatzes, wobei das Wesen der Äther-Drift-Kontroverse diskutiert wird und dann das Michelson-Morley-Experiment und die Invarianz der Lichtgeschwindigkeit behandelt werden. Von dieser experimentellen Tatsache ausgehend, wird schließlich das Relativitätsprinzip entwickelt.

Andere Darstellungen betrachten dagegen die Äther-Drift-Kontroverse zwar als geschichtlich interessant, für das Verständnis der Theoria *an sich* jedoch als nicht notwendig. Wir wollen einige Beispiele dieser beiden Ansätze kurz untersuchen.

1 Der Äther-Drift-Ansatz

Das PSSC beginnt seine Darstellung in *Advanced Topics Supplement* folgendermaßen:

„Die Wellen einer Schraubenfeder, die Wasserwellen, die Schallwellen und die ‚Starter-Welle‘ einer Reihe von Autos bei einer Ampel — sie alle pflanzen sich in einem Medium fort. Es gibt immer irgend etwas, dessen äußere Gestalt sich bewegt. Es ist nur natürlich, wenn man sich fragt, was eigentlich jenes Medium ist, in dem sich Lichtwellen bewegen. Oder, um es anders auszudrücken, was ist es, das in einer Lichtwelle schwingt?

Diese Frage beschäftigte viele Physiker des 19. Jahrhunderts. Sie ersannen die verschiedenartigsten Experimente, um das Vorhandensein eines lichttragenden Mediums, des ‚Äthers‘, zu beweisen. Dabei gelangten sie zu der Erkenntnis, daß der Äther von allen anderen wellentragenden Medien sehr verschieden sein müsse, da er offensichtlich selbst im höchsten Vakuum ebenso wie in transparenten Materialien vorhanden zu sein schien. Es erschien daher unwahrscheinlich, daß der Äther eine Art von Materie, die man durch Eigenschaften wie etwa chemische Zusammensetzung oder Dichte charakterisieren kann, sein könne. Die Physiker des 19. Jahrhunderts suchten daher auch nicht nach solchen materiellen Eigenschaften, sie stellten sich vielmehr die folgende Frage:

Der Äther erfüllt den gesamten Raum bis hin zu den entferntesten Sternen. Die Erde bewegt sich durch diesen Raum, wobei sie um ihre eigene Achse und um die Sonne rotiert. Wie bewegt sich nun der Äther in bezug auf die Erde? Folgt der Äther der Bewegung der Erde und ist er somit, bezogen auf die Erde, als ruhend anzusehen, oder aber ist der Äther in bezug auf die Sonne und andere Fixsterne im Ruhezustand? Ist letzteres der Fall, so folgt daraus, daß sich der Äther in bezug auf die Erde bewegen muß.‘‘

*Ihm kam der Gedanke, daß die Zeitmessung von der Idee der
Gleichzeitigkeit abhängig sei. Und auf einmal wurde ihm
bewußt, daß diese Idee zwar dann völlig einleuchtend ist,
wenn die beiden Ereignisse am gleichen Ort stattfinden, daß
sie aber nicht in gleicher Weise eindeutig ist bei Ereignissen,
die an verschiedenen Orten geschehen. Genau das war der
entscheidende Abschnitt in der Entwicklung seines Denkens.
Denn er erkannte, daß er in der klassischen Betrachtung der
Zeit eine große Lücke entdeckt hatte. Ungefähr zehn Jahre
brauchte er, um bis zu diesem Wendepunkt zu gelangen, doch
von dem Zeitpunkt ab, als er schließlich die traditionelle
Idee der Zeit in Frage zu stellen begann, benötigte er nur
noch fünf Wochen, um seine Schrift fertigzustellen, obwohl
er den ganzen Tag im Patentamt beschäftigt war.*

G. J. Whitrow, Einstein: The Man and His Achievement

Nach dem Hinweis auf experimentelles Beweismaterial, das der Behauptung
widerspricht, der Äther sei in bezug auf die Erde ruhend, erläutert der PSSC-
Kurs die verschiedenen Versuche der Physiker, die Äther-Drift-Geschwindigkeit zu messen. Die Diskussion des Michelson-Morley-Experiments steht dabei
im Mittelpunkt. Gewisse Schwierigkeiten, die das wirkliche Verständnis dieses
Experiments erschweren, werden durch die Einführung eines *Labor*-Experi-
ments beseitigt, bei dem ein Interferenz-Muster benutzt wird, das von teilweise durch Wasser gehendem Licht gebildet wird.

Die Wiedergabe der Relativitätstheorie in *Senior Science for High School
Students* in Neusüdwales folgt einem ähnlichen Einführungsschema. Nach
einem kurzen Bericht über Römers Messung der Lichtgeschwindigkeit wird
die Äther-Drift-Frage mit dem gleichen Problem wie auch bei PSSC eingeführt:

„…Es stellte sich die Frage: ‚Was ist das eigentlich, das die Wellen trägt?‘
Die Physiker des 19. Jahrhunderts beantworteten die Frage auf eine – wie
uns heute erscheinen mag – seltsame Weise. Sie äußerten die Ansicht, daß der
gesamte Raum, der *leere* Raum, mit einem ‚Stoff‘, den sie Äther nannten, gefüllt sein müsse. Sie nahmen an, daß dieser keine physikalischen Eigenschaften besitze, aufgrund derer er nachgewiesen werden könne, so daß er dem
Menschen wie ein Vakuum vorkomme. Seine einzige Eigenschaft war die, daß
er elektromagnetische Strahlung tragen konnte, die sich mit Lichtgeschwindigkeit c durch ihn hindurch bewegte. Trotz der Annahme, der Äther besäße
keine feststellbaren Eigenschaften, meinte man doch, daß er – wenn er überhaupt vorhanden sei – seine Gegenwart bei bestimmten Gelegenheiten verraten müsse. Um das zu verstehen, erscheint es notwendig, zwei einfache
Analogien heranzuziehen.“

Die beiden Analogien sind zum einen die Zeit, die ein Boot benötigt, um eine bestimmte Distanz auf einem fließenden Strom sowohl flußauf- wie flußabwärts zurückzulegen, und zum anderen die Zeit, die das Boot braucht, um eine Strecke von gleicher Länge quer durch den Fluß zu bewältigen. Diese Analogie zu den Michelson-Morley-Messungen wurde gleichfalls von H. Bondi (1965) vorgeschlagen: Durch eine arithmetische Methode wird dabei ein Teil der schwierigen algebraischen Probleme vermieden, die mit der Analyse dieses Experiments an sich verbunden sind.

Als Folge des negativen Ergebnisses bei der Messung der Äther-Drift-Geschwindigkeit durch Michelson und Morley wird dann die Lösung Einsteins vorgeschlagen: „Im Jahre 1905 erklärte Einstein, daß es absurd sei, den Begriff des Äthers nur deshalb einzuführen, weil wir der Meinung seien, daß sich das Licht im Vakuum wie der Schall in der Atmosphäre verhalten müsse. Er betrachtete es als fundamentale experimentelle Tatsache, daß *die Vakuum-Lichtgeschwindigkeit stets konstant sei, gleichgültig wie sich der Beobachter bewege.* Aufgrund dieses ‚Lichtgesetzes‘ war er in der Lage, ein völlig neues und andersartiges Bild von Raum und Zeit vorzulegen."

2 Die „linearen" Methoden

Unter der Überschrift „Relativität" präsentiert J. Rekveld in *Teaching Physics Today* einen völlig anderen Weg, wie die Relativitätstheorie auf der elementaren Unterrichtsstufe dargestellt werden soll. Er schreibt:

„Dieser Aufsatz enthält zwar auch einen kurzen historischen Überblick, aber der Autor vertritt dennoch nicht die Meinung, daß der Relativitätstheorie notwendigerweise ein mehr oder weniger vollständiger Überblick über das geistige Ringen im letzten Jahrhundert, das schließlich zu Einsteins Theorie geführt hat, vorangestellt werden müsse. Schon die Annahme eines alles durchdringenden Äthers ist schwierig genug. Natürlich erklärt die Untersuchung des historischen Prozesses, warum eine neue und revolutionäre Theorie notwendig geworden war, doch sie fördert das Verständnis der Theorie nicht im geringsten.

Aus diesem Grunde sollte auch in der zweiten Hälfte des zwanzigsten Jahrhunderts ein Einführungskurs in die Relativitätstheorie, dem überdies meistens nur begrenzte Zeit zur Verfügung steht, sogleich mit den Grundlagen der Theorie Einsteins beginnen, und die historische Entwicklung sollte vielleicht in einem fortgeschrittenen Kurs behandelt werden."

Andererseits ist Rekveld der Meinung, daß der Darstellung der Theorie durchaus eine genaue Betrachtung der Galileischen Relativität vorangehen sollte; und zwar „…um die Aufmerksamkeit der Schüler nachdrücklich auf die große Bedeutung des Begriffs ‚Bezugssystem‘ zu lenken und sie mit dem Ausdruck ‚Inertialsystem‘ vertraut zu machen. Das leitet dann über zu einem ein-

> *Einstein mußte die Anträge an das Patentamt, die oft un-*
> *genau formuliert waren, in eine präzise Form bringen. Er*
> *mußte vor allem die Grundidee der Erfindung aus der Be-*
> *schreibung herausheben. Das war mitunter gar nicht einfach,*
> *doch bot es Einstein die Gelegenheit, sich mit vielen neuen*
> *und interessanten Ideen zu beschäftigen. Vielleicht war es*
> *gerade diese Tätigkeit, die seine ungewöhnliche Fähigkeit*
> *entwickeln half, die wesentlichsten Konsequenzen jeder vor-*
> *gelegten Hypothese sogleich zu erfassen; eine Fähigkeit, die*
> *viele bewunderten, die ihn bei der wissenschaftlichen Diskus-*
> *sion erleben konnten.*
> *Philipp Frank,* Einstein: His Life and Times

geschränkten Prinzip der Invarianz, d.h. also zu den Gesetzen der Mechanik. Das bringt den Studenten die einfachen Transformationen näher, die es er- möglichen, von einem Inertialsystem zum anderen zu gehen — und der Weg für die sehr viel komplizierteren Transformationsgleichungen in der Theorie Einsteins wird dadurch vorbereitet."

Dieser Einführung folgt dann eine Diskussion darüber, wie Geschwindigkeiten relativ zu verschiedenen Inertialsystemen für gewöhnlich bestimmt werden; Rekveld fährt dann fort: „Wir wissen, daß sich unsere Erde auf einer an- nähernd kreisförmigen Bahn mit einer Geschwindigkeit von $30\,\mathrm{km s^{-1}}$ um die Sonne bewegt. Sie bewegt sich zu verschiedenen Jahreszeiten in verschiedene Richtungen. Das sollten wir zum Anlaß nehmen, die Abhängigkeit der Licht- geschwindigkeit von der Erdbewegung zu untersuchen. In diesem Zusammen- hang können wir auf das berühmte Michelson-Morley-Experiment verweisen, das zum ersten Mal im Jahre 1887 durchgeführt worden ist. Wegen der Rolle, die ein Interferenz-Effekt dabei spielt, ist es jedoch kaum möglich, dieses Ex- periment angesichts der Kenntnisse, die in einem solchen Kurs vorauszusetzen sind, im Detail zu erklären. Wir sollten nur die Ergebnisse des Experiments anführen und auf die Konstanz der Lichtgeschwindigkeit in allen Inertial- systemen hinweisen."

Er fährt dann fort: „Wenn das Licht in bezug auf alle Inertialsysteme die gleiche Geschwindigkeit hat, so kann durch ein eher einfaches Gedankenex- periment gezeigt werden, daß der Dauer eines Ereignisses, das von verschiede- nen Beobachtern beobachtet wird, keine absolute Bedeutung beizumessen ist."

Sears und Brehme (1968) beginnen mit einem sogar noch kürzeren Überblick über die historischen Hintergründe. Sie beginnen mit den Worten: „Die Licht- geschwindigkeit im Vakuum beträgt $2{,}9979 \cdot 10^8\,\mathrm{ms^{-1}}$, also fast $3 \cdot 10^8\,\mathrm{ms^{-1}}$. Aufgrund des experimentellen Beweismaterials ist der Schluß erlaubt, daß

> *Obwohl er sehr sparsam war, mußte er doch manchmal Geld*
> *für Dinge ausgeben, die ihm keinerlei Vergnügen bereiteten,*
> *die aber aufgrund seiner gesellschaftlichen Stellung erforder-*
> *lich waren. Um die finanzielle Situation der Familie etwas zu*
> *verbessern, nahm seine Frau Studenten im Hause auf. Einmal*
> *sagte er im Spaß: „In meiner Relativitätstheorie stelle ich an*
> *jedem Punkt im Raum eine Uhr auf, doch in Wirklichkeit*
> *fällt es mir schwer, mir nur eine einzige Uhr für mein Zimmer*
> *zu besorgen."*
>
> *Philipp Frank,* Einstein: His Life and Times

diese Geschwindigkeit für alle Beobachter die gleiche ist, und zwar unabhängig von ihrer Bewegung in bezug aufeinander oder in bezug auf die Lichtquellen. Diese Tatsache ist die Grundlage der Relativitätstheorie."

Im weiteren befaßt sich ihre Darstellung mit der Auswirkung dieser Tatsache auf den gesamten Bereich der physikalischen Theorie. Im Vorwort zu ihrem Buch heißt es: „Das vorliegende Buch ist ein Lehrbuch der Physik. Es wird daher auch nicht der Versuch unternommen, die philosophischen oder meta-physischen Aspekte der Relativitätstheorie zu erörtern. Auch geht es dabei nicht um eine Darstellung der Geschichte der Relativität. Das berühmte Michelson-Morley-Experiment, das erstmals auf die Invarianz der Licht-geschwindigkeit hindeutete, wird kaum erwähnt, und das Ätherproblem scheint nur in einer Fußnote auf. Diese interessanten und historisch zweifellos bedeutenden Aspekte sind für das Verständnis der Theorie ohne wesentliche Bedeutung."

Die beiden zuletzt zitierten Darstellungen (Rekveld sowie Sears und Brehme) betonen, daß eine Untersuchung der historischen Hintergründe nicht *not-wendig* sei. H. Bondi geht sogar noch weiter; er unterstreicht die völlige *Irrelevanz* einer solchen Betrachtung für das Verständnis. Er selbst bezeichnet sich als einen „Traditionalisten", der die Theorie als eine natürliche Weiter-entwicklung der klassischen Physik betrachte. Er leitet seine Darstellung fol-gendermaßen ein:

„Als die Relativitätstheorie zum ersten Male veröffentlicht wurde, wurde sie als etwas Revolutionäres angesehen, und an dieser Auffassung sollte sich auch während der folgenden Jahre nichts ändern. Die Aufmerksamkeit konzentrier-te sich auf die außergewöhnlichsten Aspekte der Theorie. Doch im Laufe der Zeit hat sich das geändert. Die sensationellen Aspekte des Werks Albert Einsteins rufen — zumindest unter den Physikern — nicht länger Verwun-derung hervor, und heutzutage ist man allmählich so weit, die Theorie nicht

> *Als Einstein 1931 in Hollywood war, wurde er von Charlie Chaplin zum Essen in dessen Haus und hinterher zu einer Vorführung des Filmes „City Lights" im Privatvorführraum eingeladen. Während der Fahrt zur Stadt wurden sie von der Menge erkannt und begeistert begrüßt. Chaplin sagte daraufhin ganz gelassen zu seinem Gast: „Die Leute applaudieren Ihnen, weil keiner von ihnen Sie versteht, und sie applaudieren mir, weil jeder mich versteht."*
> *Carl Seelig,* Albert Einstein: A Documentary Biography

als Revolution zu bewerten, sondern als die natürliche Konsequenz und das Ergebnis der gesamten Arbeit, die seit den Tagen Isaac Newtons und Galileis in der Physik geleistet worden ist."

Diese Einleitung gibt den Ton an für den gesamten Bericht. So versucht Bondi etwa bei der Entwicklung der speziellen Relativitätstheorie nachzuweisen, daß die *Theorie* eigentlich gar nicht so außergewöhnlich gewesen sei, daß aber unser ursprünglicher, vor-relativistischer Zeitbegriff aufgrund unserer begrenzten Erfahrung von hohen relativen Geschwindigkeiten völlig falsch gewesen sei.

Die Einzigartigkeit des Lichtes wird dadurch herausgestellt, daß auf die „Absurdität" des Äther-Begriffs verwiesen wird. Eine kritische Darstellung des Michelson-Morley-Experiments schließt mit der zum Nachdenken anregenden Bemerkung: „Es kann wohl kein größeres Lob für eine wissenschaftliche Entdeckung geben als die Feststellung, daß man es schon nach kurzer Zeit für sehr seltsam hält, daß sie überhaupt jemals als Entdeckung angesehen worden ist." Ein kurzer, aber wichtiger Überblick über die „Weg-abhängigen" Größen, wie etwa die Wegstrecke zwischen zwei bestimmten Punkten, enthält auch den Gedanken, daß die Zeit gleichfalls als eine „Weg-abhängige" Größe zu betrachten sei.

3 Die „Zuerst-die-Dynamik"-Methode

Bevor wir den Überblick über die verschiedenen Möglichkeiten der Einführung in das Relativitätsprinzip Einsteins abschließen, sollten wir noch auf eine ganz andersartige Darstellungsmethode verweisen, die man den „Zuerst-die-Dynamik"-Ansatz nennen könnte. Heutzutage liegen viele experimentelle Beobachtungen über Körper vor, die sich mit einer Geschwindigkeit bewegen, die derjenigen des Lichtes nahekommt. Dieses Beobachtungsmaterial gab es zu Einsteins Zeiten noch nicht. Es besteht jedoch kein Grund, warum diese experimentellen Ergebnisse beim Unterricht über die spezielle Relativitätstheorie nicht verwendet werden sollten. So ist z.B. A. P. French (1968) durch die

Wie ist es möglich, daß die Mathematik, die doch ein von aller Erfahrung unabhängiges Produkt des menschlichen Denkens ist, auf die Gegenstände der Wirklichkeit so vortrefflich paßt? Kann denn die menschliche Vernunft ohne Erfahrung durch bloßes Denken Eigenschaften der wirklichen Dinge ergründen? Hierauf ist nach meiner Ansicht kurz zu antworten: Insofern sich die Sätze der Mathematik auf die Wirklichkeit beziehen, sind sie nicht sicher, und insofern sie sicher sind, beziehen sie sich nicht auf die Wirklichkeit.

Albert Einstein „Geometrie und Erfahrung"

Verwendung von Daten über die Beschleunigung von Elektronen in einem linearen Beschleuniger in der Lage, eine Einführung in die Thematik vorzulegen, in der er untersucht, warum die Geschwindigkeiten von Elektronen so sehr von denen abweichen, die aufgrund der Newtonschen Dynamik vorhergesagt werden. Die Daten stammen von einem gefilmten Experiment*, das für die Behandlung des Themas „Relativität" für PSSC's *Advanced Topics* durchgeführt worden ist; dabei ging es freilich darum, die dynamischen Konsequenzen der Relativität zu entwickeln, und zwar an ihrem angestammten Platz *nach* den kinematischen Überlegungen.

French zeigt, daß die Relation zwischen Photonen-Energie und Impuls ähnlich derjenigen für *Elektronen von hoher Geschwindigkeit* ist; er fährt fort: „Das dient dazu, unseren Glauben zu bestärken, daß die Dynamik der Photonen und anderer Teilchen — zumindest für gewisse Zwecke — in den gleichen deskriptiven Gesamtrahmen gebracht werden kann. Unser nächster Schritt wird zeigen, wie dieser Gesamtrahmen wohl sein mag. Unser Argument appelliert dabei an unser Gefühl für das, was als plausibel angesehen wird; es wird nicht logisch zwangsläufig folgen."

Ein von Einstein selbst stammendes Gedankenexperiment zeigt, daß Photonen der Energie E eine effektive Masse E/c^2 haben. Es wird angenommen, daß diese Verbindung zwischen Energie und Masse universell sein kann. Als Folge davon werden Formeln entwickelt, die Masse und kinetische Energie mit Geschwindigkeit in Beziehung setzen, und es wird gezeigt, daß letztere mit den Daten des gefilmten Experiments übereinstimmt. So wird jenes allgemein

---

* „Die Höchstgeschwindigkeit", ein Film, der vom *Education Development Center*, Newton, Massachusetts, produziert worden ist.

bekannte Resultat, das die meisten Leute mit der Theorie Einsteins in Verbindung bringen, nämlich $E = mc^2$, gleich zu Beginn abgeleitet. Damit ist gleichsam der Anreiz gegeben, die Besonderheit der Lichtgeschwindigkeit gründlicher zu erforschen.

Die Konsequenzen des Relativitätsprinzips im Hinblick auf unsere Vorstellungen von Masse, Länge und Zeit

Eine der größten Schwierigkeiten, denen sich Schüler stets gegenübersahen, wenn sie versuchten, diese Konsequenzen zu überschauen, bestand wohl im Mangel an wirklichem Beobachtungsmaterial über Geschehnisse, die mit beinahe Lichtgeschwindigkeit vonstatten gingen. Es sollte festgehalten werden, daß ein Körper eine Geschwindigkeit von einem Siebentel von derjenigen des Lichtes relativ zu einem Beobachter haben muß, bevor überhaupt eine einprozentige Zunahme in seiner Masse feststellbar ist. Diese Geringfügigkeit des auf Beobachtung beruhenden Beweises wurde bisher durch Gedankenexperimente ergänzt. Einstein war vermutlich der Schöpfer dieser Experimente, und zwar in seiner „gemeinverständlichen" Darstellung der Relativitätstheorie aus dem Jahre 1916. In letzter Zeit sind solche Gedankenexperimente vor allem bei der Entwicklung quantitativer Resultate benutzt worden, doch wie Bondi 1965 dargelegt hat, haben diese in der Zwischenzeit einen neuen Realismus angenommen. So befaßt sich ein großer Teil der quantitativen Entwicklung in *Relativity and Common Sense* mit den Luftsprüngen der Astronauten Alfred, Brian und Charles. Bondi schreibt dazu:

„Als Einstein im Jahre 1916 ein Buch über die Relativität für die breite Öffentlichkeit verfaßte, gab es für ihn kein besseres Beispiel, um seine Ideen zu veranschaulichen, als die Vorstellung unendlich langer Züge, die auf einem unendlich langen Bahndamm fahren, und zwar mit Geschwindigkeiten, die sich der Lichtgeschwindigkeit nähern." Nun mag dieses Beispiel weit hergeholt sein, doch lieferten diese Züge das einzig mögliche Bild, das auch der Laie zu verstehen vermochte und das nicht nur als Jules-Verne-Phantasterei abgetan wurde...

Heute ist das natürlich ganz anders. Wir schicken Raketen zum Mond und in die Nähe der Venus. Selbst der hartnäckigste Skeptiker kann nicht länger zweifeln, daß es noch zu Lebzeiten der jüngsten Leser dieser Seiten Raumstationen in irgendeiner Form geben wird. Russische und amerikanische Astronauten umkreisen die Erde mit Geschwindigkeiten von nahezu 20 000 Meilen in der Stunde. Und wenn auch die 71 000 Meilen pro Sekunde unseres Brian natürlich noch nicht zu verwirklichen sind, so können wir uns doch auch ganz realistisch Geschwindigkeiten vorstellen, die noch jenseits des Vorstellungsvermögens unserer Väter und Großväter lagen. Jeden Tag arbeiten Experimentatoren mit Geschwindigkeiten von neun Zehnteln der Lichtgeschwindigkeit an den großen Beschleunigungsmaschinen, den ‚Atom-Zertrümmerern'. Relativistische Effekte sind bei ihrer Arbeit an der Tagesordnung. Innerhalb weniger Jahre nur ist die spezielle Relativitätstheorie aus den Wolken der Phantasie oder der philosophischen Spekulation herabgestiegen zu ihrem rechtmäßigen Standort, und das ist der feste Boden des allgemeinen öffentlichen Bewußtseins.

Es entspricht der Natur des menschlichen Verstandes, daß das Lernen leichter fällt, wenn für das Lernen auch eine beweisbare *Notwendigkeit* besteht. Für unsere Väter war die Notwendikgeit, die Relativitätstheorie auch tatsächlich zu verstehen, nicht wirklich gegeben; für uns aber besteht sie. Wir können uns auch den Abenteuern von Alfred, Brian und Charles ohne jenes gefühlsmäßige Mißbehagen zuwenden, das noch vor 40 Jahren die Reisenden in Einsteins unendlich langen Zügen empfunden haben mögen. Alfred, Brian und Charles sind darum nicht weniger fiktive Gestalten, doch ihre Manöver im Raum werden als stellvertretend für Situationen angesehen, die — obzwar wesentlich komplexer und raffinierter — den Aufgabenbereich der Wissenschaftler und Ingenieure der Gegenwart ausmachen und gleichsam eine Herausforderung an ihre Fähigkeiten im Laboratorium bedeuten."

Die Arbeit der „Wissenschaftler und Ingenieure der Gegenwart" hat zu guten Ergebnissen geführt. Wir haben bereits gesehen, wie French ein gefilmtes Experiment über Elektronen von hoher Geschwindigkeit als Einleitung in seine Darstellung benutzt hat. PSSC, wo dieser Film im übrigen eingeführt wurde, verwendet einen weiteren Film über die Halbwertszeit der Myonen, um dadurch ihrer Arbeit über die Zeitdilatation Realität zu verleihen. French benutzt diesen Film gleichfalls in seiner Darstellung.

Diese wirklichen und Gedanken-Experimente sind für das Verständnis sicherlich eine ganz wesentliche Stütze, doch andererseits ist auch die Mathematik der Lorentz-Transformationen in Darstellungen, die — um Sears und Brehme zu zitieren — „Physiklehrbücher" sein wollen, unvermeidbar. Die traditionelle inhaltliche Abfolge ist bereits skizziert worden. Vor den Lorentz-Transformationen steht die Ausführung über die Relativität der Gleichzeitigkeit. Die Lorentz-Transformationen selbst werden zunächst einmal auf kinematische Probleme wie Länge, Kontraktion, Zeitdilatation und Zusammensetzung von Geschwindigkeiten und dann erst auf dynamische Probleme angewendet. In letzter Zeit sind jedoch viele Autoren von dieser traditionellen Reihenfolge abgegangen. PSSC z.B. stellt das Gesetz der Zusammensetzung der Geschwindigkeiten an den Anfang, Bondi beginnt mit der Ableitung der Formel der Zeitdilatation; Sears und Brehme leiten ihre Darstellung mit den Lorentz-Transformationen ein, und French beginnt — wie wir bereits gesehen haben — mit $E = mc^2$.

Bei der Bearbeitung der wesentlichen mathematischen Aspekte zeigen sich verschiedene, teilweise auch überschneidende Darstellungsmethoden. Auch

> *Wie es der Stolz vieler Menschen ist, niemals Zeit zu haben,
> so war es Einsteins Stolz, immer Zeit zu haben. Ich erinnere
> mich eines Besuchs bei ihm, bei dem wir uns entschlossen,
> das astrophysikalische Observatorium in Potsdam gemeinsam
> zu besuchen. Wir verabredeten, uns auf einer bestimmten
> Brücke in Potsdam zu treffen. Doch da ich in Berlin ziemlich
> fremd war, sagte ich, daß ich es nicht versprechen könne, zur
> fraglichen Zeit auch wirklich dort zu sein. Einstein meinte
> daraufhin: ,,Das macht nichts, dann werde ich eben auf der
> Brücke warten." Auf meinen Einwand, daß das doch zu viel
> seiner Zeit verschwenden würde, kam die Antwort: ,,Aber
> nein, die Art von Arbeit, die ich tue, kann überall getan
> werden. Warum sollte es mir auf der Brücke in Potsdam weni-
> ger möglich sein, über meine Probleme nachzudenken, als zu
> Hause?"*
> *Philipp Frank,* Einstein: His Life and Times

auf die Gefahr hin, daß wir die Sache zu sehr vereinfachen, lassen sich doch grundsätzlich drei Richtungen erkennen:

(a)   Eine Vereinfachung der traditionellen algebraischen Verfahrensweise
(b)   Der k-Kalkül
(c)   Geometrische Verfahrensweisen.

Wir wollen jede dieser Richtungen kurz erläutern.

Die Vereinfachung der traditionellen algebraischen Verfahrensweise

Ein Beispiel für diese Darstellungsweise findet sich bei PSSC (1966). Um den neuen Formeln Realität zu verleihen, wird das Experiment Fizeaus über den Durchgang des Lichtes durch bewegtes Wasser beschrieben. Die Verschiebung wird freilich nicht dazu benutzt — so wie es bei Fizeau geschah —, um Fresnels ,,Driftkoeffizienten" zu messen, sondern um die Notwendigkeit eines neuen Gesetzes für die Zusammensetzung von Geschwindigkeiten nachzuweisen. Es wird gezeigt, daß das hergeleitete Ergebnis

$$w = \frac{u + v}{1 + uv/c^2}$$

mit den experimentellen Resultaten übereinstimmt. ,,Der Definition nach ist Geschwindigkeit Verschiebung, dividiert durch die Zeit. Wenn aber hohe Geschwindigkeiten sich nicht so verhalten, wie wir es von niedrigen Geschwin-digkeiten gewohnt sind, dann müssen wir befürchten, daß unsere Begriffe von Länge und Zeit nicht passend sind. Wir werden also genau untersuchen müs-

Einstein begann stets mit den möglichst einfachen Ideen, und dann stellte er das Problem, das er so beschrieb, wie er es sah, in den entsprechenden Zusammenhang. Dieses intuitive Herangehen an das Problem war beinahe wie das Malen eines Bildes. Es war für mich eine Erfahrung, die mich den Unterschied zwischen Wissen und Verstehen lehrte.
E. H. Hutten, In: G. J. Whitrow: Einstein: The Man and His Achievement

sen, was wir tatsächlich meinen, wenn wir die Intervalle von Länge und Zeit in einem Bezugssystem messen, das in bezug auf uns in Bewegung ist."

Die Notwendigkeit, für diese Messungen zwei Uhren synchron einzustellen, führt dann schon bald zu der Erkenntnis, daß Uhren, die für den einen Beobachter synchron gehen, für den anderen Beobachter aber, der in bezug auf den ersten in Bewegung ist, nicht synchron gehen. Wenn man nun annimmt, daß die relative Geschwindigkeit der beiden Beobachter (Bezugssysteme) sehr viel geringer als c ist, dann lassen sich einige einfache Transformationen erster Ordnung herausarbeiten, und es zeigt sich, daß das relativistische Gesetz für die Zusammensetzung der Geschwindigkeiten daraus folgt.

Die Lorentz-Transformationen werden dadurch entwickelt, daß eine notwendige Korrektur zweiter Ordnung von $\sqrt{(1 - v^2/c^2)}$ eingeführt wird, um die Transformationen von Distanz und Zeit zwischen zwei Bezugssystemen symmetrisch zu machen. Die weit ausführlichere Behandlung der Längen-Kontraktion und der Zeitdilatation, die daran anschließt, wird durch das gefilmte Experiment über die Halbwertszeit der Myonen veranschaulicht.

Im Kapitel „Relativität und Mathematik" in *Physics for the Inquiring Mind* behandelt Eric Rogers die Schwierigkeiten der Mathematik auf andere Weise. Er gesteht ihre Komplexität ein und schreibt: „Um die Relativitätstheorie zu verstehen, sollte man entweder ihre algebraischen Aspekte in den entsprechenden Lehrbüchern verfolgen oder aber, wie im vorliegenden Fall, nur ihren Ursprung und die Ergebnisse untersuchen und das Funktionieren der mathematischen Maschinerie guten Glaubens akzeptieren."

Um den Weg für seine Vorgangsweise zu bereiten, hat Rogers vorher bereits vier Seiten seines Kapitels darauf verwendet, um dem Leser die richtige Perspektive von der Rolle der Mathematik in der Physik nahezubringen. Die Mathematik wird dabei als „Sprache" und als „kluger Diener" vorgestellt. Nach einer ausführlichen Diskussion über die beiden Versuche, die Erdgeschwindigkeit relativ zum Äther zu messen, geht Rogers dann davon aus, daß die mathematische Analyse, die notwendig ist, um die dabei entstandene Widersprüchlichkeit aufzulösen, in einer „logischen Maschine" enthalten sei. Das ist der „kluge Diener", der die Antworten auf alle gestellten Fragen geben kann, nachdem ihm vorher alle verfügbaren Informationen und alle gewünschten Annahmen eingegeben worden sind.

Der k-*Kalkül*

Diese Methode, die mathematischen Elemente der Relativitätstheorie darzustellen, wurde von H. Bondi in *Relativity and Common Sense* vorgestellt; sie ist in ihren wesentlichen Grundzügen in *Senior Science for High School Students* verwendet worden. Wir wollen Bondis Ansatz hier kurz skizzieren.

Bondi nimmt die mathematischen Aspekte der Relativitätstheorie folgendermaßen in Angriff: Er untersucht, wie Beobachter in verschiedenen Inertialsystemen Zeitintervalle messen werden. Und zwar geschieht das durch den Vergleich jener Geschwindigkeit, in der eine Folge von Lichtsignalen von einem Beobachter nacheinander ausgesandt wird, mit der Geschwindigkeit, in der diese von einem anderen Beobachter, der sich relativ zum ersten bewegt, empfangen werden. Um ein konkretes Beispiel zu nehmen: Es wird ein Beobachter auf der Erde, nämlich Alfred, angenommen, der in regelmäßigen Abständen Lichtsignale zu einer Raumstation sendet, in der sich David befindet, der in bezug auf Alfred in Ruhe ist. Ein dritter Beobachter, nämlich Brian, der auf dem Wege von Alfred zu David ist, fängt diese Signale ab. Sowie er ein Signal von Alfred empfängt, sendet er sogleich ein eigenes Signal aus. Bondi folgert:

„Wenn Alfred seine Signale im Intervall h gesendet hat, dann müßte David diese im Intervall h gesehen haben; jedes Signal braucht die gleiche Zeit, um zu ihm zu gelangen. Brian müßte sie nach seiner Uhr im Intervall kh gesehen haben, so daß k das Verhältnis des Intervalls des Empfangens zum Intervall des Übertragens ist. Wenn Brian seine Lampe nach seiner Uhr im Intervall kh leuchten läßt, dann werden diese Signale, die gemeinsam mit jenen wandern, die Alfred ausgestrahlt hat, im Intervall h zu sehen sein, womit das reziproke Verhältnis $1/k$ zwischen Brian und David gegeben ist."

Nachdem Bondi darauf hingewiesen hat, daß die Beziehung zwischen zwei Beobachtern in verschiedenen Inertialsystemen durch den Wert k vollständig gegeben ist, fährt er fort: „Man sollte beachten, daß das Relativitätsprinzip durch das Betonen der Äquivalenz aller Beobachter in verschiedenen Inertialsystemen es ganz klar macht, daß das Verhältnis k stets das gleiche sein muß — gleichgültig, welches Beobachterpaar in verschiedenen Inertialsystemen auch immer die Übertragung vornimmt. Aufgrund dieser Regel unterscheidet sich unsere Arbeit über das Licht so sehr von der Arbeit über den Schall, bei der — wie man sich erinnern wird — auch der Geschwindigkeit des Transmitters und des Empfängers relativ zur Luft Rechnung getragen werden muß."

375

Ist das einmal außer Frage gestellt, so kann gezeigt werden, daß Beobachter in verschiedenen Inertialsystemen in bezug auf die Länge von scheinbar entsprechenden Zeitintervallen unterschiedlicher Meinung sein werden. Das Ausmaß dieser unterschiedlichen Meinung ist natürlich der wesentliche Teil der Relativitätstheorie. Bondi zeigt im weiteren, wie k zu den relativen Geschwindigkeiten der beiden Beobachter in Beziehung steht; danach werden das Gesetz der Zusammensetzung der Geschwindigkeit und die Lorentz-Transformationen mit Hilfe von k entwickelt.

Geometrische Verfahrensweisen: Die Minkowski-Diagramme

Im Jahre 1908 erarbeitete H. Minkowski eine geometrische Interpretation der Lorentz-Transformationen. Dabei wird ein Ereignis durch *vier* Koordinaten, nämlich x, y, z und t, in jedem beliebigen Koordinatensystem beschrieben. Die gesamte kinematische Geschichte eines jeden Punkts wird durch eine Linie im vierdimensionalen Raum mit den Achsen x, y, z und t dargestellt. Diese Linie wird „Weltlinie" genannt. Da die Relativitätstheorie für gewöhnlich mit zwei Bezugssystemen in gleichförmiger Bewegung in bezug zueinander zu tun hat, wird die Richtung dieser Bewegung als x-Achse dargestellt, und somit sind die Probleme, die mit der Beschreibung einer Folge von Ereignissen verbunden sind, auf die Betrachtung der beiden Dimensionen x und t beschränkt.

Es gibt nicht viele Lehrbücher über Relativitätstheorie der letzten Zeit, die diese Diagramme heranziehen; Rekveld (1965) und French (1968) behandeln sie jedoch sehr ausführlich. Rekveld schreibt in diesem Zusammenhang: „Die kinematischen Ergebnisse der Relativitätstheorie können auch auf geometrischem Wege abgeleitet werden, wobei die sogenannten Minkowski-Diagramme als visuelle Hilfsmittel benutzt werden können. Eine geometrische Darstellung der Theorie kann entweder als unabhängige Darstellungsmethode oder als Möglichkeit der Unterstützung der algebraischen Diskussion angewendet werden. In einigen Fällen hat die geometrische Methode sicherlich ihre Vorteile — vor allem dann, wenn es darum geht, den Studenten die Begriffe zu vermitteln, denn das erfordert von ihnen ein großes Maß an Einbildungskraft."

Um sie in der Folge auch anwenden zu können, entwickelt Rekveld zunächst die Lorentz-Transformationen, indem er eine geometrische Darstellung der Galileischen Transformation vorlegt (Bild 51a). Ein Ereignis E wird durch die Koordinaten x_1, t_1 im Koordinatensystem x, t und durch x_1', t_1' im Koordinatensystem x', t' beschrieben.

Im Anschluß daran zeigt er wie schon French, daß die korrekte Beschreibung des Durchganges eines Lichtsignals es erfordert, daß die x-Achse in den beiden Bezugssystemen nicht zusammenfallen dürfen (Bild 51b).

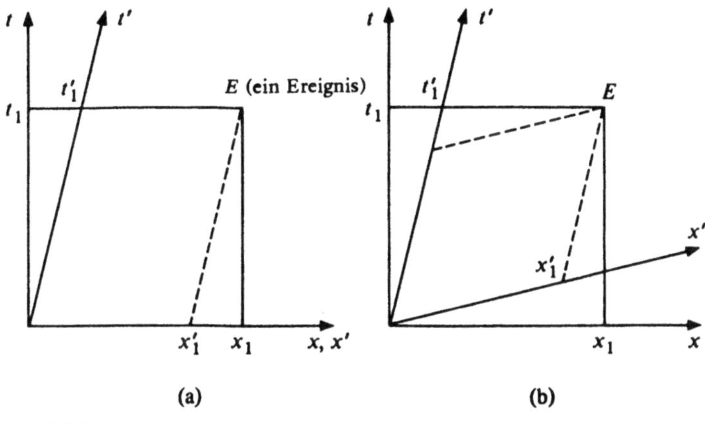

Bild 51

Ist das Bild 51b einmal akzeptiert, so wird die Behandlung der Lotentz-Transformationen zur geometrischen Übung, und die Effekte der Längen-Kontraktion und der Zeitdilatation können als direkte Folgen der Veränderungen in $(\Delta E')_{t\,\text{konstant}}$ und $(\Delta E)_{x\,\text{konstant}}$ vorgestellt werden.

Die Anwendung der Diagramme von Brehme

Die Minkowski-Diagramme sind nicht die einzige geometrische Darstellungsmöglichkeit der Relativitätstheorie. Wir wollen deshalb aus der Reihe der vielen Möglichkeiten einen weiteren geometrischen Ansatz herausgreifen, und zwar die Darstellung von R. W. Brehme, die in *Introduction to the Theory of Relativity* ausführlich angewendet worden ist.

Sears und Brehme beginnen ihre geometrische Darstellung ebenfalls mit der Untersuchung der Galileischen Transformation. Ein Ereignis E wird durch die Koordinaten x_1, t_1 im Bezugssystem x, t und durch x'_1, t'_1 im System x', t' abgebildet (Bild 52a). In ihrem Buch heißt es: „Die Koordinaten des Ereignisses werden gefunden, indem man die Senkrechten zu den Achsen zieht, auch wenn diese Achsen nicht rechtwinkelig sind."

In diesem Fall sind es die t-Achse und die t'-Achse, die zusammenfallen. Eine besondere Schwierigkeit bei der Anwendung der Minkowski-Diagramme besteht darin, daß die Maßstäbe auf der x- und der x'-Achse sowie auf der t- und der t'-Achse nicht gleich sind, d.h. das Zeiteinheitsintervall hat auf der t- und der t'-Achse nicht die gleiche graphische Länge. Die Folge davon ist, daß die

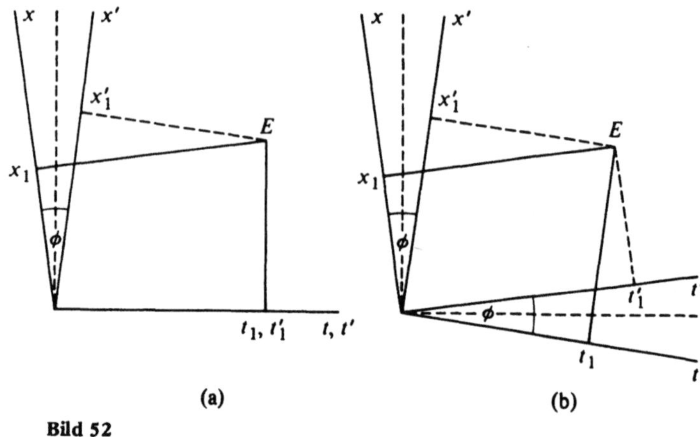

Bild 52

Längen auf x und t zwar *größer aussehen* können als auf x' und t', daß sie aber *in Wirklichkeit kleiner* sein können. Bei den Diagrammen von Brehme sind die graphischen Maßstäbe identisch.

Es kann gezeigt werden, daß die t- und t'-Achse nicht zusammenfallen können, wenn der Durchgang eines Lichtsignals in den beiden Koordinatensystemen richtig beschrieben werden soll (Bild 52b). Der Winkel ϕ zwischen t- und t'-Achse ist nur dann der gleiche wie zwischen x- und x'-Achse, wenn es ein Maßstabsverhältnis c (Lichtgeschwindigkeit) zwischen x- und t-Achse (und somit zwischen x'- und t'-Achse) gibt.

Sind diese Diagramme einmal verstanden, so sind die Konsequenzen des Relativitätsprinzips wieder leicht vorstellbar und berechenbar. Ein anderes Merkmal dieser speziellen Diagramme liegt darin, daß aufgrund ihrer Symmetrie weder das x/t- noch das x'/t'-Koordinatensystem besonders bevorzugt erscheint.

Schlußfolgerung

Mit diesem Artikel soll gezeigt werden, wie zahlreich und verschiedenartig die vielen elementaren oder einführenden Darstellungen der Relativitätstheorie der letzten Zeit gewesen sind. Es muß noch einmal betont werden, daß die angeführten Beispiele nur gewählt worden sind, um diese Vielfalt zu verdeutlichen. Es ist — hoffentlich — klar geworden, daß keine dieser Darstellungen wirklich einzig in ihrer Art ist, und doch haben sie alle jeweils auch einzigartige Merkmale. Es leuchtet also ein, daß nach Beschreibung von 20 verschiedenen Darstellungsweisen auch eine 21. erdacht werden könnte, indem man nämlich die jeweils besten Merkmale zusammenfügt.

Anmerkung

Dieser Artikel wurde mit nur geringfügigen Änderungen aus *Teaching School Physics*, J. L. Lewis (Hrsg.) (Harmondsworth: Penguin Books; Unesco, 1972) in der englischen Originalausgabe dieses Buches abgedruckt.

Bild 53 Karikatur von Wim van Wieringen, 1950. Die Überschrift lautet: „Unsere gelehrten Professoren untersuchen ein Einstein-Problem"

Literatur

Bondi, H., *Relativity and Common Sense* (London: Heinemann, 1965)
Einstein, A., *Zur Elektrodynamik bewegter Körper*
French, A. P., *Special Relativity* (London: Nelson, 1968)
PSSC, *Advanced Topics Supplement* (Farnborough: Heath, 1966)
Rekveld, J., *Relativity*, Kap. 10 in *Teaching Physics Today*, OECD
Rogers, E. M., *Physics for the Inquiring Mind* (New Jersey: Princeton University Press, 1960)
Sears, F. W. u. Brehme, R. W., *Introduction to the Theory of Relativity* (New York: Addison-Wesley, 1968)
Sexl, R. U. u. Schmidt, H. K., *Raum–Zeit–Relativität* (Braunschweig: Vieweg, 1979)
Sikjaer, S. (Hsrg.), *Seminar on the Teaching of Physics in Schools* (Kopenhagen: Gyldendal, 1971)

Anhang

Inzwischen sind weitere Beiträge zur Behandlung der Relativitätstheorie im Physikunterricht erschienen. Die Relativitätstheorie scheint überhaupt starke Anziehung auf Physiklehrer, Schüler und auch auf Laien zu haben.

Mehrere Darstellungen der letzten Zeit offenbaren ein wachsendes Interesse an pädagogischen Strategien ebenso wie an einer speziellen Auswahl und Abfolge der Themen. Eine ausführliche Beschreibung einiger dieser Kurse der jüngsten Zeit findet sich in *Seminar on the Teaching of Physics in Schools*, herausgegeben von S. Sikjaer. Wir wollen hier nur einige von ihnen herausgreifen und skizzieren.

Haber-Schaim (1971), der auch im oben angeführten Band erwähnt wird, bringt eine detaillierte Beschreibung jener Entwicklung, die — ebenso wie diejenige von French (1968) — das gefilmte Experiment der „Höchstgeschwindigkeit" als Ausgangspunkt wählt. Dann aber geht er daran, das Problem der möglichen Form des Geschwindigkeit-Additionstheorems in gleicher Weise zu untersuchen, wie es bereits in PSSC, *Advanced Topics* (1966) behandelt worden ist. Diese Vorgangsweise hat enge Parallelen zum Vorgehen in PSSC, *Physik* (Vieweg, Braunschweig 1975, Kap. 30 u. 32), obwohl die Reihenfolge dort umgekehrt ist.

Messel (1971), den Sikjaer gleichfalls erwähnt, skizziert einen Weg, der zwar ursprünglich von Bondis k-Kalkül beeinfluß ist, der aber weiter ausholt: Zunächst geht es um die Grundlagen von Zeit und Zeit-Maßstab, dann aber wird der Themenkreis bis zu kosmologischen Fragen, wie etwa das Olbers-Paradoxon, und auf die Untersuchung des Magnetismus als eines im wesentlichen relativistischen Phänomens ausgedehnt.

Ein Artikel von Swartz (1971), der ebenfalls bei Sikjaer zitiert wird, beschäftigt sich mit der „relativistischen Beziehung zwischen Elektrizität und Magnetismus". Swartz verweist auch darauf, daß es wünschenswert sei, individuelles Studienmaterial für diese Probleme ebenso wie auch für die anderen Themen zu entwickeln.

Angotti et al. (1977) beschreibt ein Programm, das in São Paulo und noch von einer zweiten brasilianischen Institution getestet worden ist und das sich völlig auf die pädagogische Struktur von „Verhaltens-Objektivierung" konzentriert. Es beginnt zunächst mit dem Film über die Höchstgeschwindigkeit; dann werden die Studenten aufgefordert, ihre eigenen Versionen über möliche Verbindungen zwischen Energie, Impuls und Geschwindigkeit zu entwickeln. Sie werden außerdem aufgefordert, die Implikationen des gefilmten Zeitdilatations-Experiments zu überdenken. Die Lorentz-Transformationen selbst werden nicht ausdrücklich hervorgehoben. Die Vielzahl inhaltlicher Themen wird ganz bewußt zugunsten des wesentlich wertvolleren Lernens aus Erfahrung, und zwar durch Versuche, Irrtümer, Diskussionen in der Klasse und geleitete Spekulationen, eingeschränkt.

Kagan und Mendoza (*The Physics Teacher* 16, 225 (1978)) beschreiben ihre aufschlußreichen Erfahrungen mit einer Gruppe von High-School-Studenten in Israel. Sie gingen dabei bewußt von einem nicht-historischen Ansatz aus, der sich auf Experimente über relativistische Teilchen-Dynamik gründete; sie gingen also ähnlich wie PSSC und Haber-Schaim vor.

Einige Lehrer — vor allem an den Universitäten — sind inzwischen dazu übergegangen, die unzähligen Blasenkammer-Fotografien, die von Forschergruppen im Bereich der Hochenergiephysik hergestellt worden sind, zu benutzen, um dadurch den Studenten konkrete Arbeitsdaten liefern zu können. Indem sie Bahn-Krümmungen und Bereiche etc. messen, können die Studenten die Wirkungsweise der relativistischen Dynamik aus erster Hand erleben.

Duboc (*Bulletin de l'Union des Physiciens* 569, 139—71 (1974); 577, 43—73 (1975)) beschreibt sehr ausführlich ein Programm dieser Art, das bereits mit Schülern an zahlreichen höheren Schulen in Frankreich mit Erfolg durchgeführt worden ist und bei dem Blasenkammer-Fotografien von CERN eingesetzt wurden. Seine Schriften enthalten eine Beschreibung der experimentellen Anordnungen und bringen eine Reihe von Fotografien der verschiedenartigsten Ereignisse; außerdem liefern sie Beispiele von Analyseergebnissen der Studenten.

Ein besonders interessanter und origineller Weg wurde von R. U. Sexl (1976) beschritten; er basiert auf der Existenz von atomaren Uhren, die eine zuvor nie erreichte Genauigkeit der Zeitmessung ermöglichen. Die Synchronisierung von Uhren, die weit voneinander entfernt sind — beispielsweise auf verschiedenen Kontinenten — mit Hilfe von Radiosignalen ist inzwischen nicht mehr nur hypothetisch, sondern sie ist zur Realität geworden; sie liefert die direkte Bestätigung dafür, daß die Übertragungszeit sowohl mit der Erdbewegung als auch gegen sie die gleiche ist. Bei Cäsium-Uhren, die mit einer Geschwindigkeit von 550 km/h im Flugzeug mitgeführt wurden, hat man die Zeitdilatation direkt messen können. Dynamische Effekte, wie z.B. die Äquivalenz von Masse und Energie oder die Änderung der Masse mit der Geschwindigkeit, werden dann aus kinematischen Ergebnissen hergeleitet. Diese Methode findet sich in *Raum–Zeit–Relativität* von Sexl und Schmidt (Vieweg, Braunschweig 1978).

Obwohl sich die bisherigen Ausführungen nur mit den Entwicklungen der jüngsten Zeit beschäftigt haben, erscheint es doch angebracht, diesen Epilog mit dem Hinweis auf Max Borns großartiges Buch *Die Relativitätstheorie Einsteins* (1924, neu gedruckt bei Dover Publications, 1962) zu beschließen. Es ist zwar kein Lehrbuch, aber es stellt eine gute Einführung in die Theorie dar, und zwar auf einem Niveau, das durchaus dem eines Einführungskurses an höheren Schulen oder dem Standard von Vorlesungen für junge Semester entspricht. In Borns Schrift findet man tatsächlich die wesentlichen Grundlagen für Lehrbücher, die erst viele Jahrzehnte später konzipiert worden sind, und daher kann sie immer noch als eine der besten einführenden Darstellungen der Relativitätstheorie empfohlen werden.

Quellenverzeichnis

Teil I

Selbstbiographie Einsteins: Erstmals abgedruckt in *Festgabe zur Jahresversammlung 1979/80 Raum und Zeit.* Halle (S.): Deutsche Akademie der Naturforscher Leopoldina, 1980 (*Acta historica Leopoldina* Nr. 14), S. 93—96 und Faksimile. Wiedergegeben mit Genehmigung der Deutschen Akademie der Naturforscher Leopoldina.

Die Einstein-Sitzung der Päpstlichen Akademie: Veröffentlicht in *Einstein — Galileo, Commemorazione di Albert Einstein 1979*, Libreria Editrice Vaticana, Vatikanstadt 1980. Ins Deutsche übersetzt mit Genehmigung der Päpstlichen Akademie der Wissenschaften.

Teil II

Kapitel 1: aus C. P. Snow, *Varity of Men* (London: Macmillan, 1967) in deutscher Übersetzung

Kapitel 2: aus A. Einstein, *Lettres à Maurice Solovine* (Paris: Gauthier-Villars, 1956) in deutscher Übersetzung

Kapitel 3: aus P. Speziali (Hrsg.), *Albert Einstein et Michele Besso: Correspondance 1903—1955* Paris: Edition Hermann, 1972) in deutscher Übersetzung

Kapitel 5: aus L. L. Whyte, *Focus and Diversions* (The Cresset Press, London 1963) in deutscher Übersetzung

Kapitel 7: zusammengestellt aus P. Franck, *Einstein's Philosophy of Science*, Rev. mod. Phys. 21, 349 (1949); in deutscher Übersetzung

Kapitel 9: aus Philippe Halsman, *Sight and Insight* (New York: Doubleday, 1972); in deutscher Übersetzung

Kapitel 10: aus G. Gamov, *My World Line.* © 1970 by the Estate of George Gamov; Viking Press. In deutscher Übersetzung

Kapitel 17: aus C. Seelig, *Albert Einstein. Eine dokumentarische Biographie* (Europa Verlag, Zürich 1954)

Kapitel 18: aus „*Einstein's Presence*" in *Science and Syntheses* (UNESCO Publications, Paris 1967) in deutscher Übersetzung

Quellen der im Text kleingedruckten Zitate

Alfvén, Hannes: „*Cosmolgy, Myth or Science?*" in W. Yourgrau und A. D. Breck (Hrsg.), *Cosmology, History and Theology* (Plenum Press, New York 1977)

Beers, Yardley: *American Journal of Physics* 45, 506 (1978)

Bernstein, Jeremy: *Einstein* (Fontana, London 1973)

Brillouin, Léon: *Relativity Reexaminated* (Academic Press, New York 1970)

Einstein, Albert: *Aus meinen späten Jahren* (Deutsche Verlags-Anstalt, Stuttgart 1979)

Einstein, Albert: *Mein Weltbild* (Ullstein, Frankfurt 1970)

Frank, Philipp: *Einstein. Sein Leben und seine Zeit* (Vieweg, Braunschweig 1979)

Hoffmann, Banesh, mit Dukas, Helen: *Albert Einstein: Creator and Rebel* (The Viking Press, New York 1972)

Holton, Gerald: *The Scientific Imagination:* Case Studies (Cambridge University Press, Cambridge 1978)

Hutten, E. H.: *The Language of Modern Physics* (George Allen & Unwin, London 1956)

Infeld, L.: *Quest: The Evolution of a Scientist* (New York 1941)

Jaki, Stanley L.: *The Relevance of Physics* (University of Chicago Press, Chicago 1966)

Margenau, H. (Hrsg.): *Integrative Principles of Modern Thought* (Gordon and Breach, New York 1972)

Mehra, Jagdish: *The Solvay Conferences on Physics* (D. Reidel, Dortrecht 1970)

Moszkowski, Alexander: *Einstein: Einblicke in seine Gedankenwelt* (Hoffmann und Campe, Hamburg 1921)

Newman, James R.: *Science and Sensibility*, Band 1 (Simon and Schuster, New York 1961)

Science and Synthesis, An UNESCO International Colloquium (UNESCO Publications, Paris 1967)

Seelig, Carl: *Albert Einstein. Eine dokumentarische Biographie* (Europa Verlag, Zürich 1954)

Synge, J. L.: *Talking about Relativity* (North-Holland, Amsterdam 1970)

Russel, B.: Vorwort in Otto Nathan und Heinz Norden (Hrsg.), *Einstein über den Frieden* (Lang & Cie, Bern 1965)

Whitrow, G. J. (Hrsg.): *Einstein: The Man and his Achievement* (British Broadcasting Corporation, London 1967)

Bildquellenverzeichnis

Frontispiz: © Fred Stein

Selbstbiographie Einsteins: erstmals vollständig abgedruckt in: *Festgabe zur Jahresversammlung 1979/80 Raum und Zeit.* Halle (S.): Deutsche Akademie der Naturforscher Leopoldina, 1980 (*Acta historica Leopoldina* Nr. 14, S. 93–96 und Faksimile. Wiedergegeben mit Genehmigung der Deutschen Akademie der Naturforscher Leopoldina.

Bild 1, Bild 2 und **Bild 3:** Päpstliche Akademie der Wissenschaften, Vatikanstadt

Bild 4: nach W. Finkelnburg, Einführung in die Atomphysik, Springer 1967

Bild 6, Bild 17, Bild 21, Bild 44, Bild 45 und **Bild 48:** Amerikan Institute of Physics, Niels Bohr Library

Bild 7 und **Bild 46:** Wiedergabe mit Genehmigung der Seelig-Nachlasses

Bild 8, Bild 37 und **Bild 53:** Solvay-Institut, Brüssel

Bild 10: © Philippe Halsman

Bild 11: Wiedergabe mit Genehmigung von Ippei Okamoto. Das Bild wurde vom Einstein-Archiv zur Verfügung gestellt

Bild 12 und **Bild 13:** © Alan Richards

Bild 14 und **Bild 18:** Wiedergabe mit Genehmigung des Einstein-Nachlasses. Das Bild wurde vom American Institute of Physics, Niels Bohr Library, zur Verfügung gestellt.

Bild 15: American Institute of Physics, Niels Bohr Library, Fritz Reiche Collection

Bild 16: Wiedergabe mit Genehmigung der Underwood and Underwood News Photo, Inc. Das Bild wurde vom American Institute of Physics, Niels Bohr Library, zur Verfügung gestellt.

Bild 24: C. Davidson, Space, Time and Gravitation, Cambridge University Press

Bild 28 und **Bild 30:** Wiedergabe mit Genehmigung des Einstein-Archivs

Bild 31: Wiedergabe mit Genehmigung des Einstein-Nachlasses und der Mount Wilson Observatory of the Carnegie Institution of Washington. Das Bild wurde von der Millikan Library, California Institute of Technology, zur Verfügung gestellt.

Bild 36: R. A. Millikan, *The Electron*, University of Chicago Press

Bild 38: Martin J. Klein. Das Negativ wurde von William R. Whipple zur Verfügung gestellt.

Bild 39: Wiedergabe mit Genehmigung der Low Trustees, Bild von London Picture Express

Bild 40: Archiv des California Institute of Technology

Bild 41: Mit Genehmigung des Einstein-Nachlasses. Das Bild stellte die Franklin D. Roosevelt Library zur Verfügung.

Bild 43: Wiedergabe mit Genehmigung der Underwood and Underwood News Photos, Inc.

Bild 47: Wiedergabe mit Genehmigung der United Press International

Bild 49: aus *Herblock's Here and Now*, Simon and Schuster, New York 1955

Namen- und Sachwortverzeichnis